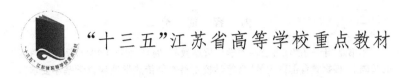

"十三五"江苏省高等学校重点教材

传 热 学

（第三版）

张靖周 常海萍 谭晓茗 编著

科学出版社

北京

内 容 简 介

本书是"十三五"江苏省高等学校重点教材(编号:2017-1-104),是在前两版的基础上,根据教育部制定的"高等学校工科本科传热学课程教学基本要求",以新时代全国高等学校本科教育工作会议精神为指引,结合近年来教学改革成果修订而成。

本书在内容上力争既体现航空航天科学技术特色又兼顾专业面向,注重知识基础的夯实和深度难度的有机拓展,以适应传热学课程研究性教学理念转变和创新型人才培养的需要。全书内容共 9 章。第 1 章～第 8 章主要介绍传热学的基本理论,包括导热基本定律及稳态导热、非稳态导热、对流换热的理论分析、单相流体对流换热的准则关联式、有相变的对流换热、热辐射的理论基础和辐射换热的计算等内容;第 9 章遴选了导热波动学说、换热器热计算、射流冲击换热、气膜冷却和传质学简介五个专题。全书采用国际单位制,各章都附有思考题和练习题。

本书可作为高等学校航空航天类、能源动力类等专业的教材或参考书,也可供其他专业选用和有关科技人员参考。

图书在版编目(CIP)数据

传热学 / 张靖周,常海萍,谭晓茗编著 .—3 版 .—北京:科学出版社,2019.9

"十三五"江苏省高等学校重点教材

ISBN 978-7-03-062649-3

Ⅰ.①传… Ⅱ.①张…②常…③谭… Ⅲ.①传热学-高等学校-教材 Ⅳ.①TK124

中国版本图书馆 CIP 数据核字(2019)第 231273 号

责任编辑:余 江 陈 琪 / 责任校对:郭瑞芝
责任印制:张 伟 / 封面设计:迷底书装

科学出版社 出版

北京东黄城根北街 16 号
邮政编码:100717
http://www.sciencep.com

北京凌奇印刷有限责任公司 印刷
科学出版社发行 各地新华书店经销

*

2009 年 1 月第 一 版 开本:787×1092 1/16
2015 年 2 月第 二 版 印张:19
2019 年 9 月第 三 版 字数:451 000
2022 年 10 月第十次印刷

定价:69.00 元
(如有印装质量问题,我社负责调换)

第三版前言

传热学是一门研究热量传递规律的科学,传热学课程几乎是具有工科类专业的高等学校必开的专业基础课程之一。由于传热学课程教学面向的学科专业背景不同,因此编写的传热学教材也具有不同的特色。本书是"十三五"江苏省高等学校重点教材,是在前两版的基础上,根据教育部制定的"高等学校工科本科传热学课程教学基本要求",以新时代全国高等学校本科教育工作会议精神为指引,本着锤炼"有深度、有难度和挑战性"的《传热学》精品教材的初衷,结合近年来教学改革成果修订而成。

本版教材继承了前两版教材的教学内容编排体系,以及体现航空航天科学技术特色又兼顾专业面向的特点,在修订过程中对部分内容进行了调整或整合,使得教材的基础部分和拓展部分安排更加合理;同时进一步结合传热学理论和航空航天科学技术发展,适度补充传热学理论在工程实际中的应用素材,以拓展学生视野。

全书共9章。第1章~第8章主要介绍传热学的基本理论,包括导热基本定律及稳态导热、非稳态导热、对流换热的理论分析、单相流体对流换热的准则关联式、有相变的对流换热、热辐射的理论基础和辐射换热的计算等内容;第9章遴选了导热波动学说、换热器热计算、射流冲击换热、气膜冷却和传质学简介五个专题。

相对于第二版教材,新版教材的主要变化如下:

(1)为了更加突出传热学内容体系中基础性知识的基本要求、精练程度和相对完整性,新版教材删减了原教材"等截面直肋—微修正导热方程及近似解""外掠平板的边界层积分方程组及其求解"等内容;将原教材"等截面直肋的肋化判据"归并至新版教材的"通过肋壁的导热",并将原教材中的"非傅里叶效应概述"、"气膜冷却的相似准则"和"射流冲击的对流换热准则"调整至拓展部分的专题之中;将原教材"导热问题的数值计算"的部分内容,调整为新版教材的"非稳态导热数值计算方法简介",同时,将原教材中"对流换热强化技术"的部分内容,有机分解至新版教材"单相流体对流换热的强化"和"相变对流换热的强化"之中;鉴于湍流对流换热是最广泛的传热现象,将原教材"湍流的影响"进行适当拓展,改为"湍流对流换热边界层微分方程组",同时在"边界层类比"一节中补充了湍流类比律发展的内容。

(2)为了增强拓展部分各专题的深度,以及与基础部分的有机结合,对专题的主题进行了改动。在"导热波动学说"专题中,将原教材"非傅里叶效应概述"纳入,补充了通用的傅里叶定律和导热微分方程的内容;在"射流冲击换热"专题中,将原教材"射流冲击的对流换热准则"纳入,补充了射流冲击强化换热策略的内容;在"气膜冷却"专题中,将原教材"气膜冷却的相似准则"纳入,补充了离散孔气膜冷却及其强化的内容。

(3)为了增进传热学理论与工程实际的联系,进一步结合航空航天科学技术的发展和专业特点,挖掘传热学基础问题应用的素材。例如,大飞机工程和民用航空发动机技术中,飞行器机翼前缘、发动机进气道的结冰和防冰技术涉及相变对流换热和强化传热基础问题;低污染、低耗油的间冷回热发动机中的关键部件(间冷器、回热器)涉及换热器设计的基础理论;利用热管的超导热性作为温度控制元件或高效传热元件的典型应用案例等。

(4)为了让学生更好地理解传热学的相关知识,提高其阅读英文文献的能力,有机融入了传热学理论中的关键专业英文词汇。同时,注重吸取国内外教材的精华,培养学生研究性学习能力。本书精选了大量的思考题,并仔细筛选了例题和习题,力图深化学生对基本概念和物理过程本质的认识,培养学生的创新思维能力。

本书的修订大纲由张靖周教授、常海萍教授和谭晓茗副教授共同确定,修订工作主要由张靖周教授和谭晓茗副教授完成,其中谭晓茗副教授负责第 4 章~第 6 章以及第 9 章内容的修订,张靖周教授负责其余章节内容的修订。在本书的修订及定稿过程中,得到了南京航空航天大学传热学课程教学团队各位同事的热心指导和帮助,在此一并表示感谢。

感谢科学出版社的大力支持,使本书得以如期出版。

由于作者对于传热学理论精髓的理解还存在一定的差距,书中难免存在不妥之处,敬请读者批评指正。

作 者

2019 年 6 月

目　　录

第1章 绪 论

传热学是研究由温度差引起的热量传递规律的一门科学（Heat transfer is the science that deals with the determination of the energy transfer rate as a result of a temperature difference）。

能量以不同的形式存在于自然界中。基于热力学的定义,热（heat）是一种传递中的能量。传递中的能量不外乎是处于无序状态的热和有序状态的功,它们的传递过程常常发生在能量系统处于不平衡的状态下,而系统的状态是可以用其状态参数来确定的。对于一个不可压缩的热力学系统而言,温度的高低就反映了系统能量状态的高低和单位质量系统内热能（或称热力学能,简称内能）的多少。热力学第二定律告诉我们,能量总是自发地从高能级状态向低能级状态传递和迁移。因此,热的传递和迁移就会发生在热力学系统的高内能区域和低内能区域之间,也就是高温区域和低温区域之间。对于自然界的物体和系统,将其视为热力学系统时,它们往往是处于能量不平衡的状态之下,各部位存在着压力差和温度差,因而功和热的传递是一种非常普遍的自然现象。

利用热力学理论可以分析出热力系统的状态、能量传递和迁移的多少以及系统的发展方向与性能的优劣。但是,能量以何种方式传递和迁移,传递和迁移的速率以及能量状态随时间和空间的分布如何,热力学都没有给予回答。处理和解决诸如此类的问题就是传热学的根本任务所在。例如,对于一个物体的加热或冷却过程,我们可以将其视为一个热力学过程,热力学可以根据能量守恒的原则（conservation of energy principle）,研究这一系统最终达到的平衡温度,以及初态与终态之间的系统内能变化,它可以告知我们在一个特定的热力学状态改变过程中所传递的热量数值,但却难以告知我们这一热力学状态改变过程所经历的时间以及不同时间历程中的温度变化和瞬时热量传递速率;而传热学则可以基于热传递现象的机理和理论,研究该物体在达到平衡以前的任何时刻、任意位置的温度变化,以及加热/冷却过程中热量随时间的变化关系。传热学（heat transfer）与热力学（thermodynamics）的差异体现在,热力学讨论的是系统的平衡过程,即系统内热能与其他形式能量之间的转换规律,关注的是当系统经历从一个平衡状态到达另一个平衡状态的过程时热量传递的"量（amount）";传热学则主要分析系统内或系统间发生的热量传递"速率（rate）",即热能传递的不平衡过程。

在以热能作为研究对象时,系统内或系统间的传热过程总是受热力学的基本定律所支配:热力学第一定律要求在传热过程中能量必须守恒,也就是说,一系统失去的热量必等于另一系统（或环境）得到的热量;热力学第二定律要求热量自发地从高温部分传给低温部分,显示了热量传递的方向性。在传热学文献中经常使用"能量平衡"或"热平衡"（energy or heat balance）这一术语描述热力学第一定律的具体应用。

传热学的应用十分广泛,是现代技术科学的重要基础学科之一。几乎所有的工程领域都会遇到一些在特定条件下的传热（heat transfer）问题,甚至有伴随相变（phase change）和传质（mass transfer）过程的复杂传热问题。例如,在评价锅炉、制冷机、换热器和反应器等各类动力装置的设备大小、能力和技术经济指标时,就必须进行详细的传热分析;一些工作在高温环境中的部件,如燃气轮机的透平叶片和燃烧室能否在设计工况下正常、长期地运行,将取决于保护金属材料的冷却措施是否可靠合适,同时还必须重视热应力和由此引起的形变等问题;许多新兴技术装备,如原子反应堆的堆芯、大功率火箭的喷管、集成的电子器件和要求重返地面的航天飞行器等,成功的设计都必须严密控制传热情况,维持合理的预期工作温度;在机械制造工艺方面,不仅热加工过程牵涉温度分布及其随时间变化速率的控制问题,精密机床的切削速度也会引起刀具和工件的发热,影响加工精度和刀具寿命;在电子技术领域,随着大规模集成电路的集成密度不断提高,电子器件每平方厘米的功率已由 20 世纪 70 年代的 10W 左右提高到 21 世纪初的百瓦量级以上,电子器件的冷却问题已成为影响其寿命和可靠性以及向更高程度集成的关键技术之一;在航空动力领域,提高涡轮前燃气温度是增加航空发动机推重比、减少燃油消耗的重要措施,随之带来的发动机热端部件强化冷却以及发动机排气系统红外辐射抑制等关键技术需要不断突破;当飞行器穿过含过冷水滴的云层或者在有冻雾的气象条件下飞行时,机翼和发动机进气道前部容易形成结冰,必须采取有效的防冰/除冰技术来保障飞行的安全性。所有这些列举的传热问题,归纳起来有两种类型:一类是着眼于传热速率及其控制问题,或者增强传热、缩小设备尺寸或提高生产能力,或者削弱传热、避免散热损失或保持设备正常运行的温度控制;另一类则着眼于温度分布及其控制问题。要解决这些问题,都需要以传热学理论为支撑。

以热形式传递的能量难以直接测量,但它总是与可测量的物理量"温度(temperature)"有关系。类似于电流驱动力是电压差(voltage difference)、流体流动驱动力是压力差(pressure difference)、热量传递驱动力是温度差(temperature difference),因此,在传热研究中,知悉系统内的温度分布,具有十分重要的意义。一旦知道了温度分布,就可以根据有关定律求出热量的传递速率。

表征热量传递速率的物理参数如下:

(1)热流量(heat transfer rate)Φ。单位时间内通过某一给定面积传递的热量,单位为瓦(W)。

(2)热流密度(heat flux)q。单位时间内通过单位面积传递的热量,单位为瓦/米^2(W/m^2)。

热量传递按其不同机理可归纳为三种基本方式(three basic modes of heat transfer):热传导、热对流和热辐射。在大多数实际传热过程中,系统内的温度分布,常常是两种或三种传热基本方式综合作用的结果。要想从这种综合作用中,单独考察某一种传热方式作用的效果,往往是十分困难的。但是,为了分析上的方便,常常在某些场合,忽略次要的传热方式,只考虑某一种主要的传热方式。本章首先简单介绍传热的三种基本方式,然后讨论综合的传热过程。

1.1 传热的三种基本方式

热量传递按其不同机理可归纳为三种基本方式:热传导、热对流和热辐射。

1.1.1 热传导(Thermal conduction)

热传导也称导热。导热是指物体各部分之间不发生相对位移时,依靠分子、原子以及自由电子等微观粒子的热运动而引起的热量传递现象。具体而言:气体中,导热是由于气体分子热运动时相互碰撞的结果;在非导电固体中,导热是通过晶格结构中原子、分子在其平衡位置附近的振动所形成的弹性波作用的结果;在导电固体中,导热是大量自由电子在晶格间运动的结果;至于液体中的导热机理,有一种观点认为定性上类似于气体,也有观点认为类似于非导电固体。对于液体和气体来说，由于流体内部温度差异往往造成流体的自由浮升运动，故导热常常伴随有对流现象。一般说来，固体和静止流体中热量传递依靠导热，但在严格意义上，纯粹的导热只能在不透过热射线、热膨胀系数极小的密实固体内进行。

导热的基本定律建立在实验获得的导热量与温度变化率的本构关系基础之上，由法国物理学家傅里叶(Fourier)于1822年通过对实践经验的提炼、运用数学方法演绎得出，也称傅里叶定律(Fourier's law of heat conduction)。考察如图1-1所示的两个表面均维持均匀温度的平板一维稳态导热，傅里叶定律的一维表达式可以表述为

$$\Phi = -\lambda A \frac{\mathrm{d}T}{\mathrm{d}x} \tag{1-1}$$

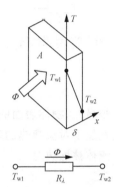

式中，Φ 为导热热流量(W)，单位时间内通过某一给定面积的热量；A 为与热流方向垂直的面积(m^2)；$\mathrm{d}T/\mathrm{d}x$ 表示该截面上沿热流方向的温度增量，简称为温度梯度(temperature gradient)(K/m)；λ 是比例系数，称为导热系数或热导率(thermal conductivity)[W/(m·K)]，它是物体的热物性参数。其值的大小反映了物体导热能力的强弱；公式右边的"一"号表征热流方向与温度梯度方向相反。

若将式(1-1)改写为

$$\Phi = \lambda A \frac{T_{w1} - T_{w2}}{\delta} = \frac{T_{w1} - T_{w2}}{\left(\frac{\delta}{\lambda A}\right)}$$

图1-1　通过平壁的导热

并与电学中的欧姆定律相比较，不难看出，$\delta/(\lambda A)$ 具有类似于电阻的作用。因此 $\delta/(\lambda A)$ 称为导热热阻(thermal resistance for conductive heat transfer)，记作 R_λ。

物体的导热可以依据内部温度随时间和空间坐标的变化情况，分为稳态、非稳态和一维、多维等导热类型。更具普遍意义的傅里叶定律矢量表达式将在第2章叙述。

例题1-1　为了测量某材料的导热系数，用该材料制成一块厚5mm的平板试件，平板的长和宽远大于厚度，在平板的一侧采用电热膜加热，并保证所有的加热热量均通过该侧传至平板的另一侧。在稳定状态下，测得平板两侧表面的温度差为40℃，单位面积的热流量为9500 W/m^2，试确定该材料的导热系数。

解　根据式(1-1)，有

$$q = \frac{\Phi}{A} = -\lambda \frac{\mathrm{d}T}{\mathrm{d}x} = -\lambda \frac{T_{w2} - T_{w1}}{x_2 - x_1} = \lambda \frac{T_{w1} - T_{w2}}{x_2 - x_1}$$

$$9500 = \frac{40\lambda}{5 \times 10^{-3}}$$

$$\lambda = 1.187 \text{W/(m·K)}$$

讨论：利用平板测试材料的导热系数，要保证所有的加热热量均通过该侧传至平板的另一侧，需要在平板的边缘和加热膜的另一侧采取绝热措施。

1.1.2　热对流(Thermal convection)

热对流是指由于流体的宏观运动，流体各部分之间发生相对位移、冷热流体相互掺混所引起的热量传递过程，热对流仅发生在流体中。由于流体微团的宏观运动不是孤立的，与周围流体微团也存在相互碰撞和相互作用，因此对流过程必然伴随有导热现象。流体既充当载热体，

又充当导热体。

对流换热（convective heat transfer）是指流体与固体壁面之间有相对运动，且两者之间存在温度差时所发生的热量传递现象。对流换热概念在本质上有别于热对流，在实际工程应用中，普遍关心的问题是流体与固体壁面之间的热量传递，因此本书重点讨论对流换热问题。

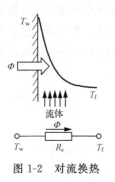

图 1-2 对流换热

当流体流过某一固体表面时，流体在壁面法线方向上的温度分布按一定的规律变化着（见图 1-2），除了流体各部分之间产生冷热流体相互掺混所引起的热量传递过程之外，相邻流体接触也发生导热行为。因此对流换热是对流与导热共同作用的热量传递过程。

1701 年，英国科学家牛顿（Newton）提出，当高温物体受到温度为 T_f 的流体冷却时，物体表面温度随时间的变化符合式（1-2）所示的规律

$$\frac{\mathrm{d}T_w}{\mathrm{d}\tau} \propto (T_w - T_f) \tag{1-2}$$

很显然，物体表面的温度变化与壁面和流体之间的换热量密切相关。后人在式（1-2）的基础上发展了对流换热的基本计算式，称之为牛顿冷却定律（Newton's law of cooling）。

流体被加热时

$$\Phi = hA(T_w - T_f) \tag{1-3a}$$

流体被冷却时

$$\Phi = hA(T_f - T_w) \tag{1-3b}$$

式中，Φ 为对流换热热流量（W）；T_w 和 T_f 分别表示壁面温度和流体温度（℃）或（K）；A 为固体壁面对流换热表面积（m²）；h 为表面传热系数，也称对流换热系数（convective heat transfer coefficient）[W/(m²·K)]。

必须注意，h 不是物性参数，其值反映了对流换热能力的大小，与换热过程中的许多因素有关。

若将式（1-3a）改写为

$$\Phi = \frac{T_w - T_f}{\frac{1}{hA}}$$

不难看出，$1/(hA)$ 具有类似于电阻的作用。因此 $1/(hA)$ 称为对流换热热阻（thermal resistance for convective heat transfer），记作 R_c。

牛顿冷却定律虽形式简单，但把影响对流换热的众多复杂的因素都集中在对流换热系数 h 上了。因此牛顿冷却定律并没有揭示种种复杂因素对于对流换热过程的影响，它仅仅给出了对流换热系数的定义。运用理论和实验方法确定对流换热系数的数值，是对流换热研究的主要内容。

例题 1-2 一根外径为 0.3m，壁厚为 3mm，长为 10m 的圆管，入口温度为 80℃ 的水以 0.1m/s 的平均速度在管内流动，管道外部横向流过温度为 20℃ 的空气，实验测得管道外壁面的平均温度为 75℃，水的出口温度为 78℃。已知水的定压比热为 4187J/(kg·K)，密度为 980kg/m³，试确定空气与管道之间的对流换热系数。

解 根据热量传递过程中能量守恒的定理，管内水的散热量必然等于管道外壁与空气之间的对流换

热量。

（1）管内水的散热量为

$$\Phi = \rho u A_c c_p (T_{in} - T_{out})$$

式中，A_c 为管道流通截面积。

$$A_c = \frac{\pi}{4} d_i^2 = \frac{\pi}{4}(d_0 - 2\delta)^2 = \frac{\pi}{4}(0.3 - 2 \times 0.003)^2 = 0.0679(m^2)$$

$$\Phi = 980 \times 0.1 \times 0.0679 \times 4187 \times (80 - 78) = 55722.27(W)$$

（2）管道外壁与空气之间的对流换热量为

$$\Phi = hA(T_w - T_f) = \pi d_0 l(T_w - T_f)h = \pi \times 0.3 \times 10 \times (75 - 20)h = 518.1h(W)$$

（3）管内水的散热量等于管道外壁与空气之间的对流换热量

$$518.1h = 55722.27$$

$$h = 107.55 W/(m^2 \cdot K)$$

1.1.3 热辐射（Thermal radiation）

物体通过电磁波或光子（electromagnetic waves or photons）来传递能量的方式称为辐射。物体会因各种原因发出辐射能，其中因受热而向外发射辐射能的现象称为热辐射。

在热量传递方式上，热辐射与热传导和热对流相比具有诸多固有的特点。热传导和热对流均需要有媒介物质才能实现，而热辐射则无需物体直接接触，可以在无中间介质的真空中传递，并且真空度越高，热辐射传递效果越好。热辐射的另一个特点是在传递过程中伴随着能量形式的转换，即发射时将热能转换为辐射能，而被吸收时又将辐射能转换为热能。

热辐射的第三个特点是任何热力学温度大于零的物体都能不停地向空间发出热辐射。辐射与吸收过程的综合结果就造成了以辐射方式进行的物体间的热量传递，即辐射换热（radiation heat transfer）。尽管当物体与周围环境处于热平衡时，辐射换热量等于零，但这只是动态平衡，辐射与吸收过程仍在不停地进行，只不过物体辐射出去的能量和物体从环境中吸收的能量相等而已。

物体表面发出的热辐射能量，取决于热力学温度和表面性质。在探索热辐射规律的研究过程中，黑体的概念具有重要意义。所谓黑体（black body），是指能将投射到其表面上的所有热辐射能全部吸收的物体。黑体的吸收能力和辐射能力在同温度的物体中是最大的。

黑体表面在单位时间内所发出的热辐射能量，可按照奥地利科学家斯特藩（Stefan）于1879年通过实验发现，而后于1884年由玻尔兹曼（Boltzmann）从理论上证明的斯特藩-玻尔兹曼定律（Stefan-Boltzmann's law）来计算

$$\Phi = \sigma A T^4 \tag{1-4}$$

式中，Φ 为辐射热流量（W）；T 为热力学温度（K）；A 为辐射表面积（m²）；σ 为斯特藩-玻尔兹曼常数，也称为黑体辐射常数，其值为 $5.67 \times 10^{-8} W/(m^2 \cdot K^4)$。

一切实际物体的辐射能力都小于同温度下的黑体。实际物体辐射热流量的计算可以采用斯特藩-玻尔兹曼定律的经验修正形式

$$\Phi = \varepsilon \sigma A T^4 \tag{1-5}$$

式中，ε 称为该物体的发射率（emissivity），也称黑度。其值总小于1，与物体的种类及表面状态有关。

应当指出，式(1-4)和式(1-5)都是物体自身向外辐射的热流量，是不随环境条件变化的。

但是,要计算它与周围有温差的物体之间发生的辐射换热量,还必须考虑投射到该物体上的辐射热量的吸收过程。这种净热量交换是辐射换热研究的主要内容。

通常,两个表面之间的辐射换热量可以表示为

$$\Phi = F\sigma A(T_1^4 - T_2^4) \tag{1-6}$$

式中,修正因子 F 是一个小于1的数值,它主要考虑辐射表面相对几何关系、表面辐射特性等因素。

在许多工程问题中,例如燃烧室中高温燃气与壁面的热量传递,辐射换热往往与对流换热过程联系在一起,这种对流换热和辐射换热同时存在的换热过程属于复合换热(combined heat transfer)。对于复合换热,工程上为计算分析方便,采用把辐射换热量折合成对流换热量的处理方法,即

$$\Phi = Ah_r(T_1 - T_2) = F\sigma A(T_1^4 - T_2^4) \tag{1-7}$$

式中,h_r 称为辐射换热系数(radiation heat transfer coefficient)。显然辐射换热系数与温度有很强的函数关系。

$$h_r = \frac{F\sigma(T_1^4 - T_2^4)}{T_1 - T_2}$$

这样就可以对照对流换热热阻的概念来确定辐射换热热阻。

例题 1-3 一块发射率为0.8的钢板,面积为 $1m^2$,表面温度为30℃,试确定单位时间内钢板所发出的辐射能。

解 根据式(1-5),得

$$\Phi = 0.8 \times 5.67 \times 10^{-8} \times 1 \times (273+30)^4 = 382.33(W)$$

讨论 本例题计算的是钢板对外辐射出去的能量,并不是辐射换热量。试想如果钢板所处的环境温度也是30℃,那么钢板与环境之间的辐射换热量是多少呢?

1.2 综合的传热方式

在1.1节中分别讨论了热传导、热对流和热辐射三种热量传递的基本方式。在实际问题中,这些基本方式往往不是单独出现的,可能有两种或三种传热基本方式同时存在。

对于一个复杂的实际热量传递过程,应该明确这一过程是由哪些换热环节组成,以及在每一环节中有哪些热量传递方式起作用或主要作用,这是分析实际热量传递问题并采取针对性强化或减少传热措施的基本功。

在传热学中,传热过程(overall heat transfer process)这一术语有着明确的含义,它与一般性论述中把热量传递过程统称为传热过程不同,是针对热量由固体壁面一侧的热流体通过固体壁传到另一侧冷流体中去的特定过程。

下面来考察在燃烧室中的一个典型的传热过程,燃烧室壁内侧存在高温燃气的流动,燃烧产物中包含能发射和吸收辐射的气体;燃烧室壁外侧用相对较冷的空气加以冷却。这一过程可以模化为冷、热流体通过一块大平壁交换热量的传热过程[见图1-3(a)]。

一般来说,这个传热过程包括串联着的三个环节:

(1)从高温燃气到燃烧室内壁的热量传递,这一环节通常耦合作用对流换热和辐射换热

两种传热方式。

（2）从燃烧室内壁（高温侧）到外壁（低温侧）的热量传递，即通过固体壁的导热。

（3）从燃烧室外壁到冷却流体的热量传递，主要通过对流换热进行热量传递。

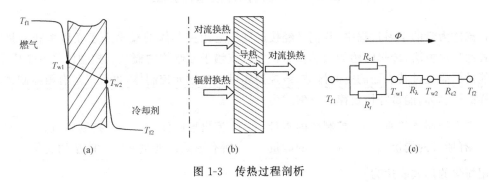

图 1-3　传热过程剖析

对于稳态过程，通过串联着的每个环节的热流量 Φ 应该是相同的。这一热量传递过程是由于燃烧室内高温燃气与燃烧室外冷却流体的温度差引起的，工程中通常可以用下面的传热方程式加以计算

$$\Phi = AK(T_{f1} - T_{f2}) \tag{1-8}$$

式中，T_{f1} 和 T_{f2} 分别表示高温燃气和冷却流体的温度；K 称为传热系数（overall heat transfer coefficient）[W/(m² · K)]，是表征传热过程强烈程度的标尺。

若将式(1-8)改写成如下的形式：

$$\Phi = \frac{T_{f1} - T_{f2}}{\dfrac{1}{AK}} = \frac{\Delta T}{R_T} \tag{1-9}$$

并与电学中的欧姆定律相比较，不难看出，$1/(AK)$ 具有类似于电阻的作用。因此 $1/(AK)$ 称为传热过程热阻（thermal resistance for overall heat transfer），它是由各换热环节的热阻（导热热阻、对流换热热阻、辐射换热热阻）构成的。图 1-3(c)是对应于传热过程[见图 1-3(b)]的热阻网络图，热阻叠加原则与电学中电阻叠加原则相对应。热阻分析的方法在工程上很有用，本书在以后还要进一步介绍。

例题 1-4　在换热器设计中，管道金属壁的最高温度不得超过 800K。已知热流体温度为 1300K，热流体与壁面的对流换热系数为 $h_1 = 200$W/(m² · K)；冷流体温度为 300K，对流换热系数为 $h_2 = 400$W/(m² · K)，试确定满足设计要求的金属壁单位面积导热热阻。

解　参考图 1-3 中的热阻图，金属壁的最高温度出现在热流体接触的管道壁面处。由于传热过程是稳定的，且不计辐射换热热阻，则传热过程的热流为

$$\Phi = \frac{T_{f1} - T_{f2}}{R_{c1} + R_\lambda + R_{c2}} = \frac{T_{f1} - T_{w1}}{R_{c1}}$$

取面积 $A = 1\text{m}^2$，所以

$$\frac{1300 - 300}{1/200 + R_\lambda + 1/400} = \frac{1300 - 800}{1/200}$$

由此求得金属壁单位面积导热热阻为

$$R_\lambda = 0.0026 \text{m}^2 \cdot \text{K/W}$$

按照题意,设计中管道的金属壁单位面积导热热阻应小于 $0.0026\mathrm{m}^2 \cdot \mathrm{K/W}$。

1.3 控制体的能量方程

在流体力学的学习过程中,我们已经接触到了运用控制体的概念来建立质量和动量守恒关系式的基本方法,传热问题的数学模型建立也依赖于控制体的概念。控制体是一个质量、动量和能量都能通过其表面的空间区域,该控制体可以是微元控制体,也可以是有限控制体。对于这样的控制体,能量守恒定律可以叙述为

| 进入控制体的所 | | 控制体内本身 | | 流出控制体的 | | 控制体内储存 |
| 有形式的能量 | + | 所产生的能量 | = | 所有形式的能量 | + | 能量的变化 |

用简化的形式表达为

$$Q_{\mathrm{in}} + Q_{\mathrm{generate}} = Q_{\mathrm{out}} + Q_{\mathrm{change}} \tag{1-10}$$

式(1-10)除了控制体内本身所产生的能量项之外,其他各项的物理意义都不难理解。Q_{generate} 是控制体内自身释放或吸收的能量,譬如控制体内有一个通电的电阻器或物质进行化学反应。控制体内本身所产生的能量项称为内热源(internal heat generation)。

式(1-10)中,Q 的单位为焦耳。针对单位时间内控制体的能量平衡,则

$$\Phi_{\mathrm{in}} + \Phi_{\mathrm{generate}} = \Phi_{\mathrm{out}} + \Phi_{\mathrm{change}} \tag{1-11}$$

在分析传热过程时,所选控制体的大小或形状取决于实际问题,如微元控制体、有限控制体、单方向微小而其他方向有限的控制体。式(1-11)应用于不同的控制体得到的是不同类型的方程式(偏微分方程式、积分方程式、常微分方程式或代数方程式)。运用控制体的概念来进行数学建模在以后的学习中应进一步领会。

例题 1-5 一台输出功率为 750W 用于水中工作的电阻加热器,总的暴露面积为 $0.1\mathrm{m}^2$,在水中的表面对流换热系数为 $h = 200\mathrm{W/(m^2 \cdot K)}$,水温为 37℃。试确定:(1)在设计工况下加热器的表面温度;(2)如果放置在 37℃ 的空气中,表面对流换热系数变为 $h = 80\mathrm{W/(m^2 \cdot K)}$,此时的稳态表面温度如何变化?

解 取整个加热器作为控制体,由于处于稳定状态,故控制体内储存能量的变化为零。根据式(1-11),有

$$0 + 750 = hA(T_{\mathrm{w}} - T_{\mathrm{f}})$$

(1) $T_{\mathrm{w}} = 74.5$℃;

(2) $T_{\mathrm{w}} = 130.75$℃。

讨论 本例题得到的是一个代数方程式。运用控制体的概念来进行数学建模在以后的学习中可以进一步领会。

1.4 传热学的研究方法

1.4.1 实验研究方法

所谓实验研究方法是在实验里重复产生所研究的现象。在实验中设法控制影响该现象的种种因素,往往撇某些次要因素,而着重研究对该现象有影响的几个主要因素。

实验研究是发现客观规律最基本、最重要的方法。通过实验可提出合理的假设,进而建立理论分析模型,同时又通过实验来检验理论的正确性。

实际热工设备往往庞大复杂。若用真实物体进行实验,则需花费大量的人力、物力和时间,况且有些设备也无法进行实物实验。最有效的实验研究方法是以相似理论为指导的模型实验,它不仅可节省人力、物力和时间,而且还可扩大实验结果应用范围,达到事半功倍之效果。传热学实验研究不仅需要读者掌握基本的传热学理论知识,而且需要具备必要的实验研究能力。

1.4.2 理论研究方法

所谓理论研究方法就是在科学分析的基础上提出一些合理假设,并由此建立该现象的物理模型,结合自然界中的普遍定律并运用数学方法,从而转换为数学模型。最后在给定的单值性条件下求解。

在传热学的发展过程中,理论分析解法对解决很多工程问题发挥了极其重要的作用,在目前仍不失为解决传热问题的一个有效手段。分析解法(又称精确解法)是以数学分析为基础,通过求解微分方程获得用函数形式表示的温度分布,进而确定热量传递规律。但是,分析解局限于求解比较简单的传热问题,对于几何形状复杂、变物性或复杂边界条件等问题,分析解往往很繁琐甚至难以获得。因此,针对实际的物理模型进行合理的假设,使描述传热现象的控制方程得以简化,从而得到近似分析解,在传热学研究中也曾发挥了重要作用。

1.4.3 数值研究方法

工程实际中所遇到的传热问题,常常是十分复杂的,如非规则形状,非均匀的边界条件,物性参数随温度变化等,很难用分析解法获得结果。在有些情况下,经过一些必要的简化假设,虽然精确分析解在原则上是可能的,但解题技巧要求很高,且解的形式往往冗长繁琐。

数值解法是有效解决复杂问题的一种精度较高的近似解法,其理论基础是离散数学。基本思想是,把原来在时间和空间坐标上连续分布的温度场用有限个离散点上的温度值的集合来代替,为此需要对求解域作离散化处理,通过对控制体进行热平衡分析或直接应用差分代替微分建立起关于节点温度的离散方程(组),借助于计算机进行编程求解。这种方法所用的数学技巧较少,但却涉及求解过程及其收敛性和稳定性等特定的数值计算方法问题。

随着计算机技术和计算学的发展,利用计算机数值分析解决传热问题已成为一种基本手段。特别是计算机的迅速发展,用数值计算的方法对传热问题进行分析研究取得了重大进展,在 20 世纪 70 年代已经形成一个新兴分支——数值传热学。近年来,数值传热学得到了蓬勃发展,在解决传热实际问题中显示出它的巨大活力。

1.5　传热研究在航空宇航科学技术中的典型应用

1.5.1　燃气涡轮发动机热端部件强化冷却

燃气涡轮发动机的经典理论是建立在热力学和气动力学这些基础科学原理的基础之上。随着燃气涡轮发动机循环参数的提高和采用先进的冷却系统,传热研究对促进航空宇航推进理论与工程学科的进步与发展发挥了日益巨大的作用。

提高循环的最高温度是改善各种热能动力机械性能最基本的技术途径。以燃气涡轮发动机为例,其理想循环为布莱顿循环,即由两个绝热过程和两个等压过程构成(见图 1-4)。

0→2 为绝热压缩过程,其中 0→1 为气流在进气道中的扩压,1→2 为气流在压气机中的增压过程；

2→3 为气流在燃烧室中的等压加热过程；

3→5 为绝热膨胀过程，其中 3→4 为气流在涡轮中的膨胀过程，4→5 为气流在尾喷管中的膨胀过程。

根据工程热力学理论，单位质量气体的理想循环功为

$$w_0 = c_p \left[(T_3^* - T_2^*) - (T_5^* - T_0^*) \right] \tag{1-12}$$

其理想循环热效率为

$$\eta_0 = 1 - \frac{1}{\pi_c^{*\frac{k-1}{k}}} \tag{1-13}$$

式中，$\pi_c^* = p_2^* / p_0^*$，为发动机的总增压比，k 为绝热比，上标表示气流的总参数。

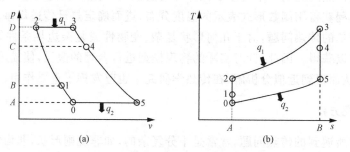

图 1-4　燃气涡轮发动机的理想循环

可见，提高单位质量气体理想循环功的有效措施就是提高涡轮前温度 T_3^*。理想循环热效率随增压比 π_c^* 的提高而增加。

从表面上看，单位质量气体理想循环功似乎与总增压比 π_c^* 无关，但要注意，气流在压气机中进行的是绝热压缩，提高增压比的同时，压气机出口温度 T_2^* 也必然提高。

$$\frac{T_2^*}{T_0^*} = \left(\frac{p_2^*}{p_0^*} \right)^{\frac{k-1}{k}} \tag{1-14}$$

可见，增压比的提高引起压气机出口温度的提高，必然带来气流在燃烧室中的等压加热过程（2→3）加热量的下降，从而引起循环功的下降。因此在提高循环热效率的同时，要保持做功能力不下降，必须相应提高涡轮前温度 T_3^*。

以航空燃气涡轮动力装置为例，涡轮前温度逐年在提高，20 世纪 60 年代以后大约以每年20K 的速度在增长，例如，推重比 8 一级的航空发动机涡轮前燃气温度约为 1600K，推重比 10一级的航空发动机涡轮进口温度已高达 1900～2000K。根据未来发动机的技术发展趋势，新一代航空发动机的涡轮进口温度还要进一步提高，届时涡轮进口燃气温度将达到 2200K 甚至更高（见图 1-5）。

日益提高的燃气温度使燃气涡轮动力装置的高温零件的工作环境严重恶化，高效冷却是发展下一代燃气涡轮动力装置的紧迫需求。统计表明，燃气涡轮中 60％以上的故障均出现在高温部件，并有不断上升的趋势。因此提高燃气涡轮高温零件的寿命和可靠性至关重要，除了不断发展新材料和新工艺以外，决定性的因素之一是在设计过程中对高温零件的受热状态进行准确的预测，大量的研究已经表明，在高温下 15K 的温差可导致零件寿命降低一半，因此必

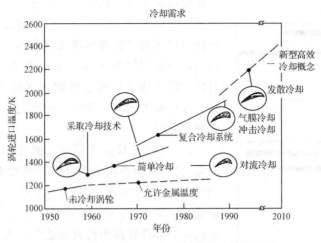

图 1-5　燃气涡轮发动机涡轮前温度变化趋势

须大力提高高温零件受热状况的分析精度,这就要求深化对复杂的高温零件传热机理和规律的认识,丰富进行热分析的相关数据。另一个决定性的因素是研究和发展高效冷却技术,目前许多燃气涡轮中的燃气温度已超过了耐热金属的熔点,冷却已成为必不可少的措施,在一些先进的燃气涡轮发动机中,用于冷却涡轮的空气量已高达 $15\%\sim20\%$,大量空气用于冷却也带来动力装置性能损失的负面影响。在提高空气压缩比的同时,不可避免地会提高冷却空气的温度,降低其吸热能力,使得冷却的难度增大。因此研究冷却新概念和发展新型高效冷却方式,减少冷却的用气量,已成为发展下一代燃气涡轮的紧迫需求。图 1-6 显示了涡轮叶片冷却结构的发展变化。

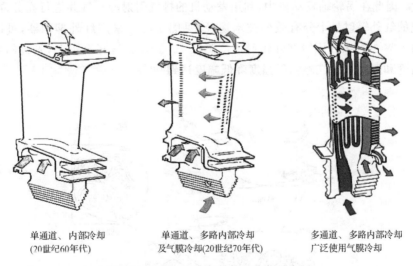

图 1-6　涡轮叶片冷却结构的变化示意图

1.5.2　飞行器红外辐射特征控制

红外辐射特征是装备热动力推进系统的各类飞行器所固有的信号特征,高温的排气喷管

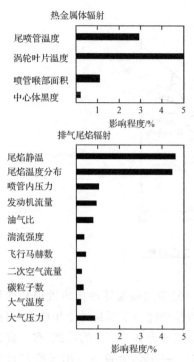

热金属体辐射

尾喷管温度
涡轮叶片温度
喷管喉部面积
中心体黑度

影响程度/%

排气尾焰辐射

尾焰静温
尾焰温度分布
喷管内压力
发动机流量
油气比
湍流强度
飞行马赫数
二次空气流量
碳粒子数
大气温度
大气压力

影响程度/%

图 1-7　确定红外信号的主要因素

可视壁面和排气尾焰所形成的红外辐射源为红外制导武器提供了自然的"寻的"目标。日益发展的红外探测和制导技术严重地威胁着作战飞机的生存力。高推重比发动机涡轮前温度的提高，使这种威胁更加严重。这样，无论对已有的作战飞机和新研制的飞机，都提出了降低飞机目标红外辐射信号的要求，并把红外隐身列为一项重要的战术指标。

图 1-7 定性反映了影响飞机发动机红外信号的各项因素，它用数值表明了各自的影响程度，即各个影响因素（譬如涡轮叶片温度）变化 1％所引起的红外辐射信号变化量。比较表明：飞行器的红外辐射，主要来自发动机外露的高温部件和排出的高温燃气。前者产生连续的高发射率的灰体辐射，后者产生不连续的选择性光谱辐射。它们都是红外制导武器的主要探测与跟踪目标。以降低飞机目标的红外辐射信号为目的的红外辐射抑制系统（简称红外抑制系统），它的主要任务在于采用冷气掺混、壁面冷却或遮挡的方法，在发动机能量损失为最小的情况下，把飞行器红外辐射的强度降低到最低的程度。使红外制导导弹探测不到或只能在很近的距离内才能探测到目标，从而降低目标被红外系统探测的距离以及红外制导武器损伤的概率。

对以输出轴功率的直升机涡轮轴发动机而言，因为不需要利用排气速度来产生推力，所以它可以充分利用排气的动能来引射大量的环境冷空气与热排气充分掺混，从而大幅度降低排气流的温度。因此在涡轮轴发动机中，利用发动机的排气引射冷空气并进行充分混合，实现抑制排气系统的红外辐射是十分有效的技术途径（见图 1-8）。采用红外抑制器，可以实现在主要探测方向上将 3～5 μm 原始红外辐射强度降低 70％～80％，甚至更多，先进的红外抑制器则可以使喷管和尾喷流的红外辐射强度降低幅度达到 90％。

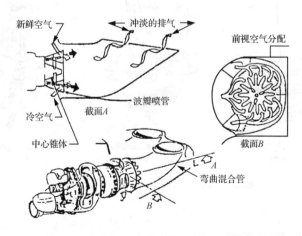

图 1-8　直升机用波瓣喷管引射红外抑制器

1.5.3 气动加热与热防护系统

高超声速飞行器在飞行过程中,由于物面对高速气流的阻滞作用和压缩作用,使大量的动能转变为热能,从而产生气动加热,造成飞行器表面温度升高,并形成结构内部的温度梯度和不均匀的热膨胀。由于这种热膨胀受到结构本身的约束和限制而产生热应力。图 1-9 显示了高超声速飞行器在飞行高度为 27km,飞行马赫数为 8 时表面的温度分布状况。

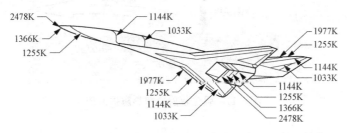

图 1-9 高超声速飞行器表面温度(飞行高度 27km,飞行马赫数 8)

高超声速飞行器结构既要求承载,又要求承受巨大的气动加热热负荷,对于设计者来说,这是一项具有挑战性的任务。除了发展新型的材料,如碳-碳基复合材料,金属基复合材料等,使其制成的结构或部件能够在高温下仍具有足够的强度和重复使用性,当前的解决方法是在主要承力的结构上外加热防护结构,或称热防护系统。

热防护系统的形式是多种多样的,现有热防护系统的基本形式有:吸热式热防护系统、传质换热热防护系统、烧蚀热防护系统、辐射热防护系统等。或以功能来划分有:被动式、半被动式和主动式。

主动防热技术是依靠另外的一种流动介质来带走热量,借以达到热防护的目的,如采用发汗冷却、薄膜冷却和对流冷却等;被动热防护技术则依靠防护结构的吸收和辐射特性来防热,如热沉结构、辐射结构等;至于半被动热防护技术则介于两者之间,如烧蚀结构、热管等。美国 NASA 曾对机翼前缘热管结构开展了研究,机翼前缘驻点区作为热管的蒸发段、机翼后部成为热管的冷凝段,试验中热管的热流密度达到 $391kW/m^2$,热管工作时蒸发段和冷凝段之间的温度差仅有 12℃,起到了均温的作用(见图 1-10)。

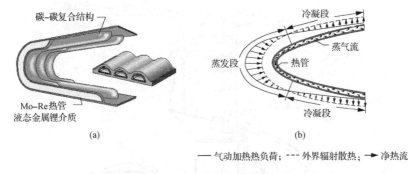

—— 气动加热热负荷;--- 外界辐射散热;→ 净热流

图 1-10 机翼前缘热管防护结构

图 1-11 是应用于高超声速飞行器的一种热防护结构,由承力层、含水多孔层、狭小通道层和蒙皮组成。作用在蒙皮的气动热负荷,一部分以辐射的方式向外部空间发射,另一部分则通

过蒙皮的导热向内部传递。含水的多孔层吸收向内辐射的热量后,当达到沸腾温度后产生相变,蒸气对于蒙皮可形成对流冷却,然后过热蒸气沿蒙皮和多孔层之间的狭小通道流动并溢出。由于多孔层的温度不会大于液体的相变温度,因此可以起到良好的热防护作用。

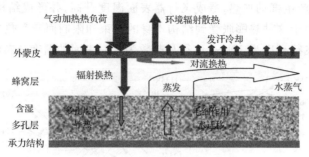

图 1-11　强化辐射冷却热防护系统

1.5.4　飞行器防冰

当飞机穿过含过冷水滴的云层或者在有冻雾的气象条件下飞行时,机翼和发动机进气道前部容易形成结冰。对于发动机而言,进气道前部结冰不仅会限制通过发动机的空气流量从而导致发动机性能的损失和功率的降低,甚至脱落的冰块可能会对进气道和压气机部件形成撞击,从而引起发动机损伤、停车等严重后果。

防冰技术涉及诸多的学科领域,是一项综合性的系统工程。就防冰措施而言,目前已经发展了多种方法,包括:热气防冰、电热防冰、热管防冰、滑油防冰以及表面结构改性等,其中热气防冰是工作十分可靠且应用最为广泛的系统。

为了解决发动机进口导向器支板和整流帽罩的防冰问题,可采取热气防冰结构(见图 1-12),利用发动机压气机压缩后的空气经过特定的引气管路,进入进口导向器支板空腔和整流罩,在对导向器支板和整流帽罩进行加热之后,经过支板和整流帽罩的狭缝或孔流入发动机的主流道,并在表面形成热气膜。从传热的基本原理上分析,热气防冰腔实质上是一个热交换器,其核心的技术问题是"在一定的发动机引气量下,优化防冰腔结构,强化热气防冰腔内部

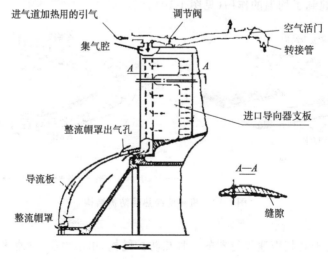

图 1-12　发动机热气防冰结构示意图

的对流传热"。因此,在发动机进口导向器支板和整流帽罩的热气防冰结构设计中,广泛借鉴了航空发动机涡轮叶片以及强化传热的诸多技术成果,譬如射流冲击、翅片或肋化表面、微小尺度通道以及气膜防护等。

1.5.5 航空发动机中的紧凑式换热器

换热器不仅是飞行器环控系统中的关键部件,而且在飞行器和发动机热量/能量管理系统也是一个重要的功能部件。

在高性能航空发动机中,为了提高热力循环的最高温度,压气机增压比和涡轮进口温度均呈现出不断提升的趋势,对热端部件的冷却技术带来了很大的技术难度和挑战:① 为了降低冷却空气量过大导致的气动热力性能损失,热端部件冷却空气系数趋于减小;② 在提高空气压缩比的同时,不可避免地会提高冷却空气的温度,降低其冷却品质。从提升冷却空气的品质出发,可在发动机外涵设置换热器(见图 1-13),将从压气机级间引出的用于涡轮叶片冷却的空气流经外涵换热器后再输送至涡轮叶片的冷却通道,利用温度相对较低的外涵气流对这股冷却气流进行降温,从而达到提升其冷却品质的目的。

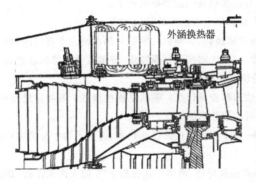

图 1-13　发动机外涵换热器

在民用航空发动机中,间冷回热涡扇发动机是在简单的发动机循环基础上加入了间冷和回热两个环节(见图 1-14),间冷器的应用降低了高压压气机进口温度,减小了高压压气机耗功,同时增大了回热器中空气和燃气的温差,提高了回热效率。高压压气机出口气流再与低压涡轮出口燃气通过回热器进行热交换,有效利用了涡轮出口燃气余热,增加了进入燃烧室的空气温度,在涡轮前温度不变的前提下可以减少燃烧室供油量,增大了发动机热效率,耗油率也相应降低。因此,间冷回热涡扇发动机具有经济性高、噪声和污染排放低的优势,是一个已引起关注的、具有环境友好特征的新概念发动机。

应用于间冷回热涡空发动机中的换热器包括间冷器和回热器,它们的用途不尽相同,尽管都属于换热器的范畴,但在结构形式和设计中具有各自的特点。间冷回热换热器的性能对于发动机的总体性能和可靠性均具有重要的影响,间冷回热虽带来了发动机耗油率和排放指标的降低,但间冷器和回热器的存在增加了发动机的重量,并造成涡扇发动机内、外涵气流流动的损失。因此,换热器设计是间冷回热发动机能够充分体现其优越性的关键技术之一,理想的换热器除满足使用条件外,在航空发动机上使用的换热器对设计优化提出了特别的要求:换热效果要好,结构紧凑,质量轻,同时还要尽量减少内、外涵道及换热器管内空气的压力损失。

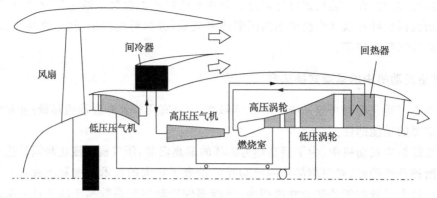

图 1-14 间冷回热循环发动机概念示意图

思 考 题

1-1 列举日常生活及工程实际中导热、对流换热及辐射换热的例子。

1-2 简述传热学与工程热力学在研究内容和研究方法上的异同。

1-3 传热有哪几种基本形式？热对流与对流换热、热辐射与辐射换热在概念上有何区别？

1-4 写出以热流密度表示的傅里叶定律、牛顿冷却定律及斯特藩-玻尔兹曼定律的表达式。对辐射换热来说,斯特藩-玻尔兹曼公式中的 Φ 是物体的辐射换热量吗？

1-5 导热系数、对流换热系数及传热系数的单位是什么？哪些是物性参数？哪些与过程有关？

1-6 简述导热热阻、对流换热热阻和辐射换热热阻的概念。

1-7 用一只手握住盛有热水的杯子,另一只手用筷子快速搅拌热水,握杯子的手会显著地感到热。试用传热过程分析其原因。

1-8 夏季在维持 20℃的室内工作,穿单衣感到舒适,而冬季在保持 20℃的室内工作时,却必须穿绒衣才觉得舒服。试从传热的观点分析原因。

1-9 冬季晴朗的夜晚,测得室外的温度高于零摄氏度,有人却发现地面上结有一层薄冰,试解释原因。

1-10 试分析热水瓶胆的保温作用(一般瓶胆是镀有低发射率银的真空玻璃夹层),并说明哪些因素会影响其保温效果。

1-11 试分析室内暖气片的传热过程,各环节主要有哪些热量传递方式？

1-12 理解复合换热、传热过程的基本概念。

1-13 结合所学专业,简述典型的传热现象和传热问题。

1-14 通过文献检索和阅读,初步了解涡轮导向叶片、工作叶片、火焰筒和排气喷管等热端部件的典型冷却结构。

练 习 题

1-1 用平板法测量导热系数的装置,已知在稳态情况下试件沿厚度方向测得两表面温度分别为 40℃和 30℃,用热流计测得加热的热流密度为 15W/m^2,试件厚度为 10mm,试求该试件的导热系数。

1-2 一外径为 0.3m,壁厚为 5mm 的圆管,长为 5m,入口温度为 20℃的水以 0.1m/s 的平均速度在管内流动,200℃的空气在管外横向掠过,对流换热系数为 80W/(m^2·K)。外表面平均温度为 80℃,如果过程处于稳态,试确定水的出口温度。水的比定压热容为 4184J/(kg·K),密度为 980kg/m^3。

1-3 在一次测定空气横向外掠单根圆管的对流换热系数实验中,得到以下数据:管壁平均温度 T_w＝69℃,空气温度 T_f＝20℃,管子外径 d＝14mm,加热段长 80mm,输入加热段的功率为 8.5W。如果全部热量通过对流换热传给空气,试问此时的对流换热系数为多大？

1-4 半径为 0.5m 的球状航天器在太空中飞行,其表面发射率为 0.8。航天器内电子元件的散热量总共为 175W,假设航天器没有从宇宙空间接受到任何辐射能,试估算其外表面的平均温度。

1-5 有一台气体冷却器,气侧表面对流换热系数 $h_1=95\mathrm{W/(m^2 \cdot K)}$,壁面厚 $\delta=2.5\mathrm{mm}$,导热系数 $\lambda=46.5\mathrm{W/(m \cdot K)}$,水侧表面对流换热系数 $h_2=5800\mathrm{W/(m^2 \cdot K)}$。设传热壁可以看作平壁,试计算各个环节单位面积的热阻及从气到水的总传热系数。为了强化这一传热过程,应首先从哪一个环节着手?

1-6 一金属板背面完全绝热,其正面接受太阳辐射的热流密度为 $800\mathrm{W/m^2}$。金属板与周围空气之间的对流换热系数为 $12\mathrm{W/(m^2 \cdot K)}$。

(1) 假定周围空气温度为 20℃,且不计金属板与包围面之间的辐射换热,试求平板在稳态下的表面温度;

(2) 若空气温度保持不变,平板发射率为 0.8,大包围面的温度也是 20℃,试求平板在稳态下的表面温度。

1-7 一平壁两侧温度分别维持在 40℃ 及 20℃,且高温侧受到流体的加热。已知,平壁厚度 $\delta=0.08\mathrm{m}$,热流体温度 $T_{\mathrm{f1}}=120℃$,对流换热系数 $h_1=200\mathrm{W/(m^2 \cdot K)}$,过程是稳态的,试确定平壁材料的导热系数。

1-8 将厚度为 0.05mm、导热系数为 $15\mathrm{W/(m \cdot K)}$、表面发射率为 0.2 的金属薄膜敷贴在一块厚度为 10mm、导热系数为 $0.1\mathrm{W/(m \cdot K)}$ 的平板上侧。对金属薄膜通电加热,加热热流密度为 $2000\mathrm{W/m^2}$,金属薄膜表面上方用风扇气流进行对流换热,气流温度为 25℃,当达到稳定时测得金属薄膜表面温度(T_{w1})和平板下侧表面温度(T_{w2})分别为 50℃ 和 25℃,假定环境温度为 20℃,试确定风扇气流的对流换热系数。

1-9 提高燃气进口温度是提高航空发动机推重比的有效方法。为了使发动机的叶片承受更高的温度而不至于损坏,叶片均用耐高温的合金制成,同时还采用了在叶片表面上涂以陶瓷材料薄层和内部冷却的措施,如图 1-15 所示。若陶瓷层的导热系数为 $1.3\mathrm{W/(m \cdot K)}$,厚度 0.2mm,耐高温合金能承受的最高温度为 1250K,其导热系数为 $25\mathrm{W/(m \cdot K)}$,厚度 1.5mm。如果燃气的平均温度为 1700K,与陶瓷层间的对流换热系数为 $1000\mathrm{W/(m^2 \cdot K)}$,冷却空气的平均温度为 400K,与内壁面的对流换热系数为 $500\mathrm{W/(m^2 \cdot K)}$,试分析在忽略辐射换热的前提下,耐高温合金是否可以安全地工作。

图 1-15 练习题 1-8 附图

1-10 试证明增加涡轮叶片外换热热阻或减小内换热热阻均会降低叶片的外表面温度。

参 考 文 献

曹玉璋,陶智,徐国强,等,2005. 航空发动机传热学[M]. 北京:北京航空航天大学出版社:1-15

范绪箕,2004. 气动加热与热防护系统[M]. 北京:科学出版社:3-21

侯晓春,季鹤鸣,刘庆国,等,2002. 高性能航空燃气轮机燃烧技术[M]. 北京:国防工业出版社:98-103

李立国,张靖周,2007. 航空用引射器[M]. 北京:国防工业出版社:7-10

林宏镇,汪火光,蒋章焰,2005. 高性能航空发动机传热技术[M]. 北京:国防工业出版社:1-15

沈维道,蒋智敏,童钧耕,2001. 工程热力学[M]. 2 版. 北京:高等教育出版社:3-4,33-40

寿荣中,何慧姗,2004. 飞行器环境控制[M]. 北京:北京航空航天大学出版社:153-156

谈和平,夏新林,刘林华,等,2006. 红外辐射特性与传输的数值计算[M]. 哈尔滨:哈尔滨工业大学出版社:1-2,357-358

陶文铨,2001. 数值传热学[M]. 2 版. 西安:西安交通大学出版社:14-20

王宝官,1997. 传热学[M]. 北京:航空工业出版社:1-3

王补宣,1998. 工程传热传质学(上册)[M]. 北京:科学出版社:1-4

杨世铭,陶文铨,2006. 传热学[M]. 4 版. 北京:高等教育出版社:12-21

朱春玲,2006. 飞行器环境控制与安全救生[M]. 北京:北京航空航天大学出版社:47-59,165-176

庄骏,张红,2000. 热管技术及其工程应用[M]. 北京:化学工业出版社:380-382

Cebeci T,Kafyeke F,2003. Aricraft icing[J]. Annual Review of Fluid Mechanics,35:11-21

Cengel Y A,2003. Heat transfer,A practical approach[M]. 2nd ed. New York:McGraw-Hill Book Company:1-16

Gladden H J,Simoneau R J,1988. HOST turbine heat transfer program summary[R]. NASA-TM-100280

Han J,Dutta S,Ekkad S,2000. Gas turbine heat transfer and cooling technology[M]. London:Taylor & Francis:1-20

Holman J P,2002. Heat transfer[M]. 9th ed. New York:McGraw-Hill Book Company:1-13

McDonald C F,Rodgers C,2009. Heat exchanged propulsion gas turbines:a candidate for future lower SFC and reduced emission military and civil aeroengines[R]. ASME Paper GT2009-5915

Taylor J R,1980. Heat transfer phenomena in gas turbines[R]. ASME Paper 80-GT-172

第 2 章　导热基本定律及稳态导热

导热是一种基本的传热方式,也是最容易进行数学分析的一种热量传递方式。本章首先阐述导热的机理和基本定律,建立导热微分方程并介绍三类边界条件;在此基础上,对工程中常见的三种典型几何形状物体(平板、圆筒壁及球壳)的一维稳态导热过程进行详细讨论,并引出临界绝热直径的概念以及肋片结构的导热问题;最后扼要介绍接触热阻的基本概念和二维稳态导热问题的分析解法。

2.1　导热基本定律

2.1.1　温度场和温度梯度

传热现象是以温差的存在为前提的。建立有关温度分布的概念,对分析传热现象具有十分重要的作用。

以宏观方法研究导热问题,必须引入连续介质假定,以便用连续函数来描述温度分布。所谓温度场(temperature field),就是指物体内部各点的温度分布状况。一般来说,物体内部的温度是空间坐标和时间坐标的函数,即

$$T = T(x, y, z, \tau) \tag{2-1}$$

温度场有两大类。一类是稳态工作条件下的温度场,这时物体内各点的温度不随时间变化,$\partial T / \partial \tau = 0$,称为稳态温度场(steady temperature field);另一类是变动条件下的温度场,例如热机的部件在启动、停机或变工况时就出现这类温度场,这时温度分布随时间改变,称为非稳态温度场(unsteady temperature field)。

温度场又可按空间坐标变化划分。如果物体内的温度仅在一个坐标方向上有变化,如,$\partial T / \partial x \neq 0$ 且 $\partial T / \partial y = \partial T / \partial z = 0$,为一维温度场。可以类推得到二维温度场和三维温度场的概念。

一维稳态导热时,温度场具有最简单的形式

$$T = T(x) \tag{2-2}$$

某一瞬间,物体内温度相同的点构成的面称为等温面(isothermal surface),不同数值的等温面彼此不会相交。在任何一个二维的截面上等温面表现为等温线(isotherm),图 2-1 是用等温线图表示二维温度场的实例,可以直观清晰地反映出物体内部的温度分布状况。

等温面或等温线具有如下特点:① 等温线(面)不可能相交;② 对连续介质,等温线(面)只能在物体边界中断或完全封闭;③ 沿等温线(面)无热量传递。

沿着等温线(面)方向不存在热量的传递,因此热量传递只能在等温线(面)之间进行。如图 2-2 所示,给定温度场内有三条等温线,A 点所在的等温线温度为 T,与之相邻的两条等温线温度分别为 $T + \Delta T$ 和 $T - \Delta T$,试问 A 点的温度变化率为多少?显然,温度变化率的大小与方向有关。如果从 A 点出发,沿着方向 l 发生变化,达到另一等温线所经过的距离为 Δl,则平均温度变化率为 $\Delta T / \Delta l$,对其取极限

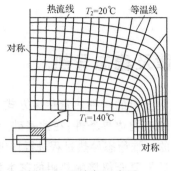

图 2-1 温度场示意图

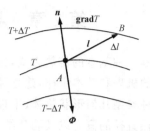

图 2-2 温度梯度示意图

$$\lim_{\Delta l \to 0} = \left(\frac{\Delta T}{\Delta l}\right)_A = \left(\frac{\partial T}{\partial l}\right)_A \tag{2-3}$$

这是 A 点沿 l 方向的温度变化率,在数学上称为方向导数。

若沿等温线法线方向 n 变化,这个温度变化率就称为温度梯度(temperature gradient)。热量从一个等温面到另一个等温面,其最短距离在该等温面的法线方向。对于均质系统而言,在这个方向上应该有最大的热量通过。因而定义,系统中某一点所在的等温面和相邻等温面之间的温差与其法线间距离比值的极限为该点的温度梯度。温度梯度是 A 点处最大的温度变化率,是一个矢量,其方向沿着等温线的法线方向,并指向温度增加的方向。用符号 ∇T 或 $\mathrm{grad}T$ 表示。

$$\nabla T = \mathrm{grad}T = \frac{\partial T}{\partial n} \tag{2-4}$$

在直角坐标系中表示为

$$\mathrm{grad}T = \frac{\partial T}{\partial x}\boldsymbol{i} + \frac{\partial T}{\partial y}\boldsymbol{j} + \frac{\partial T}{\partial z}\boldsymbol{k} \tag{2-5}$$

对于连续可导的温度场,温度梯度场也是连续的。

2.1.2 导热基本定律

导热的基本定律也称傅里叶定律(Fourier's law of heat conduction)。本教材仅介绍适用于连续均匀、各向同性介质的傅里叶定律。

在第 1 章中简要介绍了傅里叶定律的一种简单形式[见式(1-1)]。这里将给出更具普遍意义的傅里叶定律的一般数学表达式

$$\boldsymbol{\Phi} = -\lambda A\,\mathrm{grad}T \tag{2-6a}$$

或

$$q = \boldsymbol{\Phi}/A = -\lambda\,\mathrm{grad}T \tag{2-6b}$$

式中,$\boldsymbol{\Phi}$ 为导热热流量(W);q 为热流密度(W/m²);λ 为导热系数[W/(m·K)];A 为垂直于热流方向的截面积(m²);$\mathrm{grad}T$ 为温度梯度(K/m);"—"号表征热流方向沿着温度降度方向,与温度梯度方向相反。这是满足热力学第二定律所必需的,即在无外界作用下,热流总是自发地由高温物体流向低温物体。

傅里叶定律用文字来表达是:单位时间内通过给定截面的导热量,正比于该截面的温度梯

度,而热量传递的方向则与温度梯度方向相反。

提醒读者注意的一个问题是,热流密度本身是一个矢量,其走向可以用热流线来表示。它在各坐标轴上的分量为标量,在笛卡儿坐标系中,有

$$q = q_x i + q_y j + q_z k$$

因此有:$q_x = -\lambda \dfrac{\partial T}{\partial x}$,$q_y = -\lambda \dfrac{\partial T}{\partial y}$,$q_z = -\lambda \dfrac{\partial T}{\partial z}$。

这里 q_x、q_y、q_z 分别为热流密度矢量在 x,y,z 三个坐标轴上的投影。为行文和书写方便,通常把热流密度的分量也简称为热流密度,在不至于引起误解的前提下,也用符号 q 表示。

必须指出的是,傅里叶定律是根据稳态导热实验得到的唯象定律,它是将从实验现象中得到的热流密度与温度梯度之间的本构关系,经过数学上的处理推广而得到的规律性总结。傅里叶定律虽然不显含时间,但在非稳态条件下,可以认为该定律描述的是某一时刻的导热热流密度与温度梯度的关系。随着人们对于导热现象认识的深入,描述热流量和温度分布之间的导热本构方程也不断得到修正和发展(例如,考虑各向异性热物性的导热定律,考虑非傅里叶效应的导热定律等)。

2.1.3　导热系数

导热系数(thermal conductivity)是物质的一项重要的物理性质。它反映了物体的导热能力,即在单位温度梯度作用下能够通过单位面积进行传递的热流量。

导热系数的数值取决于物质的种类和温度等若干因素。不同形态的物质,导热能力的差异是与其导热机理密切相关的。一般固态物质的导热系数较高,液体次之,气体最低。

导热是由于微观粒子的扩散作用形成的。描述物质内部导热机理的物理模型可以归纳为以下三种:

(1) 分子的热运动(random motion of molecules)。

(2) 晶格振动形成的声波辐射或声子运动(lattice vibrating wave)。

(3) 自由电子的运动(flow of free electrons)。

物质内部的导热过程依赖于上述三种机理中的部分项。这几种机理在不同形态物质中所起的作用是不同的。

1. 气体的导热系数

气体的导热系数一般在 $0.006 \sim 0.6 \mathrm{W/(m \cdot K)}$ 的范围内。

当物质相变到气态时,原先存在于液态或固态的分子键大大地松开并使分子间的距离增大,分子可沿任何方向自由地运动,其运动范围只受容器边界壁面或其他分子碰撞的限制。图 2-3 为分子热运动引起的热量传递示意图。气体的导热机理正是由于分子热运动过程中的分子间相互碰撞和扩散所引起的热量传递。

从经典的分子运动论可以推导出导热系数为

$$\lambda = \frac{1}{3} \rho \bar{\omega} l c_v \tag{2-7}$$

式中,ρ 是气体的密度,$\bar{\omega}$ 是气体分子运动的平均速度,l 是气体分子运动平均自由行程,c_v 是气体的定容比热。

再考虑到气体温度正比于分子运动的平均动能

$$T \propto \frac{M\bar{\omega}^2}{2}$$

式中,M 是气体的分子量。

由此可以定性地归纳出影响气体导热系数的主要因素及其影响规律。

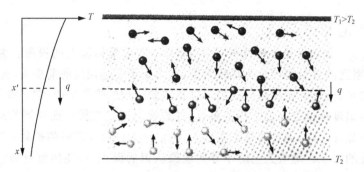

图 2-3 分子热运动引起的热量传递示意图

气体的分子量 M 对 λ 的影响最大。例如,在 300K 时,氢气的 $\lambda = 0.182\text{W}/(\text{m} \cdot \text{K})$,约为空气 $\lambda = 0.026\text{W}/(\text{m} \cdot \text{K})$ 的 7 倍。所以在气冷电机系统中,常采用分子量小的氢、氦作为冷却介质,可以使电机的单位容积功率大大提高。

由于气体的定容比热和分子运动的平均速度都随温度的升高而增加,所以气体的导热系数也是随着温度的升高而增加的。例如,673K 下空气 $\lambda = 0.0521\text{W}/(\text{m} \cdot \text{K})$,比 300K 下空气的导热系数约高出一倍。

在相当大的压力范围内,可以认为气体的导热系数不随压力变化,这是因为气体的密度随压力的升高而增加,但分子的平均自由行程却随压力的升高而减小,两者变化产生的影响互相抵消的缘故。但是,当气体压力很低($<20\text{mmHg}$,$1\text{mmHg} = 1.33322 \times 10^2\text{Pa}$)时,气体稀薄,以致使得分子的平均自由行程主要受到容器壁面的限制,此时的导热则变成主要依靠分子轮流碰撞冷、热壁面来进行,导热系数将随压力的降低而减小;在压力很高时($>20\text{atm}$,$1\text{atm} = 1.01325 \times 10^5\text{Pa}$),分子间的相互作用力不容被忽视,这种作用力随压力的增加而加大,因此,导热系数即随压力升高而增加。

2. 固体的导热系数

固体的导热系数变化范围很大。相对而言,纯金属的导热系数最大,一般在 $12\sim420\text{W}/(\text{m} \cdot \text{K})$ 的范围内;合金的导热系数低于相关的纯金属的导热系数;非金属材料的导热系数相对较低。固体中热量的输运主要依靠两种机理:自由电子运动和晶格振动波迁移(即晶格中原子、分子在其平衡位置附近的热振动形成的弹性波),如图 2-4 所示。所谓晶格,是指理想的晶体中分子在无限大空间里排列成周期性点阵,完全有序的周期性排列是固体中分子聚集的最稳定的状态。

纯金属的结构特点是晶格间有大量的自由电子,自由电子的运动是纯金属固体热量传递的主要

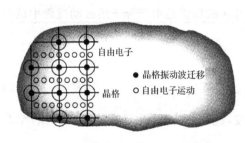

图 2-4 固体中热量传递机理示意图

机理。当温度升高时，晶格振动频率加剧而阻碍自由电子的运动，往往会引起导热系数的下降。

非金属固体的导热主要依靠晶格振动来传递热量，导热系数随温度升高而增大。

对合金而言，上述两种导热机理所起的作用基本相当。一般地，导热系数随温度的升高而增大。

一般地，良好的导电体往往具有良好的导热性能。但是也有个别的例外，例如金刚石(diamond)，它是一个非导电体，但在室温下的导热系数却高达纯银或纯铜的 5 倍。

工程上习惯把导热系数很小的材料称为保温材料或绝热材料(insulation materials)，保温材料导热系数界定值的大小反映了保温材料的制备及节能水平。20 世纪 50 年代我国沿用前苏联的标准，这一界定值取为 0.23W/(m·K)，到 20 世纪 90 年代则降低到 0.12W/(m·K)。常用的保温材料有石棉、软木、泡沫塑料、珍珠岩等，这些材料的特点是内部具有蜂窝状多孔性结构，热量传递包括有几种方式：结构实体的导热、穿过微小孔隙的导热与对流、高温时孔隙间的辐射换热的影响也不可忽视。严格地说，多孔性结构的材料不再是均匀的连续介质，所谓导热系数应理解为把它当作连续介质时的表观导热系数(apparent thermal conductivity)。

影响保温材料导热系数的主要因素是容积重量、湿度和温度。容积重量减轻时，表示孔隙增多，导热系数将下降；但容积重量减轻到一定程度后，反而会因内部孔隙增大造成对流换热增强，从而导致表观导热系数的升高。因此对于每一种保温材料，都存在着最佳容重。由于水的导热系数要比空气的导热系数高数十倍，保温材料吸湿后会使导热系数显著升高。作为保温材料，在应用中必须保持干燥。

3. 液体的导热系数

液体的导热系数一般在 0.07~0.7W/(m·K) 的范围内。

在分子力和分子运动的竞争中，液态是两者势均力敌的状态：理想气体中分子运动占绝对优势（完全无序）；理想晶体中分子力占主导地位（完全有序）。

对于液体的导热机理，至今还存在着两种不同的观点。一种观点认为液体的导热机理类似于气体，只是情况更为复杂，因为液体分子间的距离比较近，分子间的作用力对碰撞过程的影响远比气体大。另一种观点则认为液体的导热机理类似于非金属固体，主要靠弹性波的作用。在液体中，目前还无法从理论上圆满地解释导热系数随温度（或压力）的变化关系。现有的实验数据证明，大多数液体的导热系数随温度的升高而下降，但是也有少数液体（如水和汞）例外。

图 2-5 反映了典型材料对温度的依变关系。本书附录 2~附录 11 提供了部分材料的导热系数值，供应用时查阅。

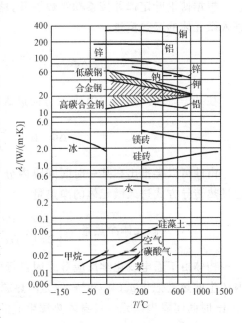

图 2-5　典型材料导热系数对温度的依变关系

2.2　导热微分方程及单值性条件

用傅里叶定律计算导热问题,除了对物体的导热性质有所了解之外,还需要知道物体内部的温度分布情况(或温度梯度)。解决这个问题的思路是建立导热物体中温度场应当满足的导热微分方程式,然后加上具体的单值性定解条件,通过一定的解题方法获得具体的温度分布函数,最后用傅里叶定律确定导热热流。

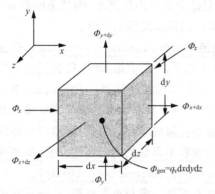

图 2-6　微元体导热分析

2.2.1　导热微分方程式

导热物体中取出一个任意的微元平行六面体作为研究对象(见图 2-6)。假定:①物体是各向同性的连续均匀介质;②各项参数连续变化,可微分求导。

导热微分方程的推导以能量守恒定律和傅里叶定律为基础。

根据能量守恒定律可知:在单位时间内,从 x、y、z 三个方向通过导热进入微元体的净热量,加上微元体自身内热源的生成热,应该等于微元体内能增量。即

$$\boxed{\text{导入微元体净热量}} + \boxed{\text{微元体内热源生成热}} = \boxed{\text{微元体内能增量}} \tag{a}$$

单位时间内,x 方向进入微元体的净热流为 $\Delta\Phi_x = \Phi_x - \Phi_{x+dx}$

y 方向进入微元体的净热流为 $\Delta\Phi_y = \Phi_y - \Phi_{y+dy}$

z 方向进入微元体的净热流为 $\Delta\Phi_z = \Phi_z - \Phi_{z+dz}$

根据傅里叶定律并按泰勒级数展开,略去二阶导数以后的各项,可得单位时间内 x 方向进入微元体的净热流量

$$\Delta\Phi_x = -\frac{\partial\Phi_x}{\partial x}dx, \quad \Phi_x = -\lambda\frac{\partial T}{\partial x}dydz$$

在某一时间间隔($d\tau$)内从 x 方向进入微元体的净热量为

$$\Delta\Phi_x d\tau = \frac{\partial}{\partial x}\left(\lambda\frac{\partial T}{\partial x}\right)dxdydzd\tau$$

由此可以类推出在某一时间间隔内分别从 y 和 z 方向进入微元体的净热量。最终得到通过热传导方式进入微元体的净热量。

$$\text{导入微元体净热量} = \left[\frac{\partial}{\partial x}\left(\lambda\frac{\partial T}{\partial x}\right) + \frac{\partial}{\partial y}\left(\lambda\frac{\partial T}{\partial y}\right) + \frac{\partial}{\partial z}\left(\lambda\frac{\partial T}{\partial z}\right)\right]dxdydzd\tau \tag{b}$$

物体由于通电或化学反应等原因自行生成热量称为内热源。单位体积的物体在单位时间内产生的热量记作 $q_v(\text{W/m}^3)$,称为内热源强度(rate of heat generation per unit volume)。则在 $d\tau$ 时间间隔内微元体自身内热源生成的热量为

$$\text{微元体内热源生成热} = q_v dxdydzd\tau \tag{c}$$

考虑一般在导热问题中物体的密度(ρ)和比热(c)近似不变,所以在 $d\tau$ 时间间隔内,微元

体内能的增量可表示为

$$微元体内能增量 = \rho c \frac{\partial T}{\partial \tau} \mathrm{d}x \mathrm{d}y \mathrm{d}z \mathrm{d}\tau \qquad (d)$$

将式(b)、(c)和(d)代入式(a),经整理得

$$\rho c \frac{\partial T}{\partial \tau} = \frac{\partial}{\partial x}\left(\lambda \frac{\partial T}{\partial x}\right) + \frac{\partial}{\partial y}\left(\lambda \frac{\partial T}{\partial y}\right) + \frac{\partial}{\partial z}\left(\lambda \frac{\partial T}{\partial z}\right) + q_v \qquad (2\text{-}8)$$

此式即为笛卡儿坐标系中三维非稳态导热微分方程式的一般形式。

现在针对一系列具体情形来讨论式(2-8)的相应简化形式。

(1) 导热系数为常数。

$$\frac{1}{a} \frac{\partial T}{\partial \tau} = \frac{\partial^2 T}{\partial x^2} + \frac{\partial^2 T}{\partial y^2} + \frac{\partial^2 T}{\partial z^2} + \frac{q_v}{\lambda} \qquad (2\text{-}8a)$$

式中,$a = \dfrac{\lambda}{\rho c}$,称为热扩散系数或导温系数(thermal diffusivity)($\mathrm{m^2/s}$)。注意到分母是材料密度(ρ)和比热(c)的乘积,称为热容(heat capacity)。无论是比热还是热容,均能够反映材料的储热能力,但前者基于的是单位质量[$\mathrm{J/(kg \cdot K)}$]而后者基于的是单位体积[$\mathrm{J/(m^3 \cdot K)}$]。热扩散系数反映了物体的导热能力与储热能力之比,在非稳态导热过程中可以用来衡量物体内部各点温度趋于一致的能力。

(2) 导热系数为常数、稳态。

$$\frac{\partial^2 T}{\partial x^2} + \frac{\partial^2 T}{\partial y^2} + \frac{\partial^2 T}{\partial z^2} + \frac{q_v}{\lambda} = 0 \qquad (2\text{-}8b)$$

数学上,式(2-8b)称为泊松(Poisson)方程。

(3) 导热系数为常数、无内热源、稳态。

$$\frac{\partial^2 T}{\partial x^2} + \frac{\partial^2 T}{\partial y^2} + \frac{\partial^2 T}{\partial z^2} = 0 \qquad (2\text{-}8c)$$

数学上,式(2-8c)称为拉普拉斯(Laplace)方程。

用同样得方法可以导出圆柱坐标系和球坐标系下的导热微分方程式。

圆柱坐标系[见图 2-7(a)]:

$$\rho c \frac{\partial T}{\partial \tau} = \frac{1}{r} \frac{\partial}{\partial r}\left(\lambda r \frac{\partial T}{\partial r}\right) + \frac{1}{r^2} \frac{\partial}{\partial \varphi}\left(\lambda \frac{\partial T}{\partial \varphi}\right) + \frac{\partial}{\partial z}\left(\lambda \frac{\partial T}{\partial z}\right) + q_v \qquad (2\text{-}9)$$

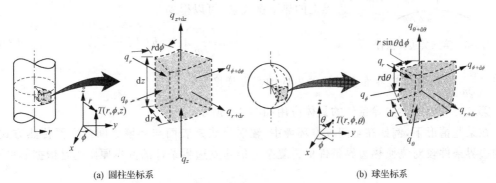

(a) 圆柱坐标系   (b) 球坐标系

图 2-7 圆柱坐标系和球坐标系中的坐标定义

球坐标系[见图 2-7(b)]:

$$\rho c \frac{\partial T}{\partial \tau} = \frac{1}{r^2} \frac{\partial}{\partial r}\left(\lambda r^2 \frac{\partial T}{\partial r}\right) + \frac{1}{r^2 \sin^2\theta} \frac{\partial}{\partial \varphi}\left(\lambda \frac{\partial T}{\partial \varphi}\right) + \frac{1}{r^2 \sin\theta} \frac{\partial}{\partial \theta}\left(\lambda \sin\theta \frac{\partial T}{\partial \theta}\right) + q_v \quad (2\text{-}10)$$

式中, r、φ、z 和 r、φ、θ 的定义见图 2-7。

2.2.2 单值性条件

导热微分方程是描写导热过程共性的通用表达式,从数学角度来看,求解导热微分方程式可获得方程的通解。然而,每一个具体的导热过程总是在特定条件下进行的,具有区别于其他导热过程的特点。因此,为了获得具体唯一的温度分布函数,还必须给出表达该过程特点的补充说明条件,即确定微分方程特解的定解条件,称为单值性条件。所以对于一个具体的导热过程,完整的数学描写应包括两个部分:导热微分方程和单值性条件。

一般地说,单值性条件包括几何条件、物理条件、初始条件和边界条件四项。

(1) 几何条件:说明导热物体的几何形状和尺寸。

(2) 物理条件:说明导热物体的物理特征。诸如,物体的热物性参数 λ、ρc 等的值,它们是否随时间变化;物体内是否有内热源,它的大小及分布情况。

(3) 初始条件(initial condition):给出导热过程开始时物体内部的温度分布状况。可以表示为

$$\tau = 0, \quad T = T(x, y, z) \quad (2\text{-}11)$$

(4) 边界条件(boundary condition):给出物体边界上的温度或与外界的换热情况,体现着"外因"对物体内部温度分布(内因)的影响。

导热问题中常见的边界条件可归纳为以下三类:

第一类边界条件,规定了边界上的温度分布,即

$$T_w = T(x, y, z) \quad (2\text{-}12a)$$

第二类边界条件,规定了边界上的热流密度分布,即

$$q_w = q(x, y, z) \quad \text{或} \quad -\lambda\left(\frac{\partial T}{\partial n}\right)_w = q(x, y, z) \quad (2\text{-}12b)$$

当热流密度为零时,称为绝热边界条件(adiabatic thermal boundary)。

图 2-8　第三类边界条件

第三类边界条件,规定了边界上的对流换热情况,即已知物体与周围流体间的对流换热系数和流体温度,如图 2-8 所示。由边界上的热平衡关系,可以得到

$$-\lambda\left(\frac{\partial T}{\partial n}\right)_w = h(T_w - T_f) \quad (2\text{-}12c)$$

式中, $\left(\dfrac{\partial T}{\partial n}\right)_w$ 为物体边界面上外法线方向的温度梯度。

第二类和第三类边界条件的具体应用如图 2-9 所示。

在某些情形下,例如在空间真空环境中,辐射换热是表面与环境之间的主要传热方式,此时的边界条件较对流换热边界条件更为复杂。但建立边界条件的基本原则仍是依据能量平衡关系。

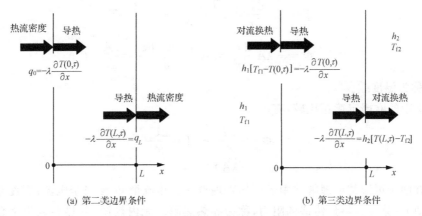

(a) 第二类边界条件   (b) 第三类边界条件

图 2-9　第二类和第三类边界条件

2.3　一维稳态导热

　　无限大平壁、无限长圆筒壁和球壳的导热,当温度场不随时间而变化时,均可视为典型的一维稳态导热问题。一维稳态导热的数学解析过程非常简单,读者在学习时应着重体会单值性条件对温度分布与导热热流的影响。

2.3.1　平壁

1. 第一类边界条件下的单层平壁导热

　　首先讨论无内热源、材料的导热系数可作为常数处理的导热过程。已知平壁的两个表面分别维持均匀而恒定的温度 T_{w1} 和 T_{w2},壁厚为 δ。

　　取坐标如图 2-10 所示,则其完整的数学表达式为

$$\frac{\mathrm{d}^2 T}{\mathrm{d}x^2} = 0 \tag{2-13}$$

相应的边界条件为

$$x = 0 \text{ 时}, \quad T = T_{w1} \tag{2-13a}$$

$$x = \delta \text{ 时}, \quad T = T_{w2} \tag{2-13b}$$

对此微分方程式连续积分两次,得其通解为

$$T = C_1 x + C_2 \tag{2-13c}$$

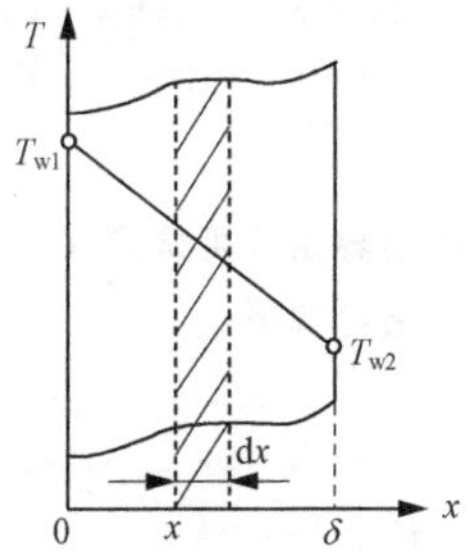

图 2-10　平壁导热

式中,C_1 和 C_2 为积分常数。

　　由边界条件(2-13a)和(2-13b)确定,可得温度分布为

$$T = -\frac{T_{w1} - T_{w2}}{\delta} x + T_{w1} \tag{2-14}$$

可见,在无内热源、导热系数为常数的一维平壁导热中,温度分布呈线性分布。

　　热流密度和热流可由傅里叶定律求出

$$q = -\lambda \frac{dT}{dx} = \lambda \frac{T_{w1} - T_{w2}}{\delta} = \frac{\lambda}{\delta}\Delta T \qquad (2\text{-}15)$$

$$\Phi = -\lambda A \frac{dT}{dx} = \lambda A \frac{T_{w1} - T_{w2}}{\delta} = \frac{\lambda A}{\delta}\Delta T \qquad (2\text{-}16)$$

式中，ΔT 称为温度差。

与电学中的欧姆定律相比较，有

$$\Phi = \frac{\Delta T}{\dfrac{\delta}{(\lambda A)}} \sim I = \frac{\Delta U}{R}$$

这种形式有助于更清楚地理解式中各项的物理意义。热流量 Φ 相当于电流；温度差 ΔT 为热量传递的动力；分母为热量传递的阻力，称为导热热阻。无内热源、导热系数为常数的一维平壁导热热阻为 $\delta/(\lambda A)$。

提醒读者注意，当 $\lambda \neq \mathrm{const}$ 或 $q_v \neq 0$ 时，平壁内温度分布将不再呈现为线性分布的特点，热阻形式也将发生变化。在进行传热问题分析时切不可盲目引用一些既成的结论而忽略该结论成立的条件。

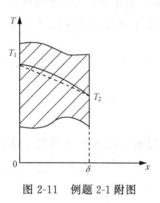

图 2-11 例题 2-1 附图

例题 2-1 一个 10cm 厚的平板（见图 2-11），两侧面分别保持为 100℃ 和 0℃，导热系数按照 $\lambda = \lambda_0(1+bT)$ 关系随温度变化，式中 T 的单位为摄氏度。在 $T=0℃$ 时，$\lambda = 50\mathrm{W/(m \cdot K)}$，$T=100℃$ 时，$\lambda = 100\mathrm{W/(m \cdot K)}$，求热流密度和温度分布。

解 由题意知，$T_1 = 0℃$ 时，$\lambda_1 = 50\mathrm{W/(m \cdot K)}$；$T_2 = 100℃$ 时，$\lambda_2 = 100\mathrm{W/(m \cdot K)}$。

可以解出，$\lambda_0 = 50\ \mathrm{W/(m \cdot K)}$，$b = 0.01/℃$。

由导热微分方程 $\dfrac{d}{dx}\left(\lambda \dfrac{dT}{dx}\right) = 0$，积分两次得

$$\lambda \frac{dT}{dx} = C_1, \quad 即\ \lambda_0(1+bT)\frac{dT}{dx} = C_1$$

$$T + \frac{1}{2}bT^2 = \frac{C_1}{\lambda_0}x + C_2$$

引用边界条件可确定，$C_1 = -75000$，$C_2 = 150$。

最终解得

$$q = -\lambda \frac{dT}{dx} = -C_1 = 75000\mathrm{W/m^2}$$

$$T = \frac{-1 \pm \sqrt{4 - 30x}}{0.01}$$

只有取"+"才符合题意。

讨论 上述温度分布结果定性示于图 2-12。可见当导热系数不为常数时，平壁内的温度不再呈线性分布。读者可思考一下，如果 $b < 0$ 时，物体内温度分布将呈怎样的定性分布趋势？

下面来讨论有内热源的导热问题。假设厚度为 2δ 的平板每单位体积内的生成热量是均匀分布的，且 $q_v = \mathrm{const}$。平板两面温度分别维持均匀而恒定的温度 T_{w1} 和 T_{w2}，导热系数为常数，取坐标

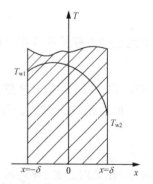

图 2-12 有内热源的平壁导热

如图 2-12 所示。在稳态条件下,导热微分方程为

$$\frac{\mathrm{d}^2 T}{\mathrm{d}x^2} + \frac{q_v}{\lambda} = 0 \tag{2-17}$$

积分解出

$$T = -\frac{q_v}{2\lambda}x^2 + C_1 x + C_2 \tag{2-17a}$$

代入边界条件

$$x = -\delta \text{ 时}, T = T_{w1} \tag{2-17b}$$

$$x = +\delta \text{ 时}, T = T_{w2} \tag{2-17c}$$

最终得到温度分布为

$$T = \frac{q_v \delta^2}{2\lambda}\left(1 - \frac{x^2}{\delta^2}\right) + \frac{T_{w1} - T_{w2}}{2}\left(1 - \frac{x}{\delta}\right) + T_{w2} \tag{2-18}$$

在两侧温度相同时,$T_{w1} = T_{w2} = T_w$,式(2-18)可以简化为

$$T = \frac{q_v \delta^2}{2\lambda}\left(1 - \frac{x^2}{\delta^2}\right) + T_w \tag{2-18a}$$

最高温度出现在壁的正中

$$T_{\max} = \frac{q_v \delta^2}{2\lambda} + T_w \tag{2-19}$$

此时,$(\mathrm{d}T/\mathrm{d}x)_{x=0} = 0$,即隐含有绝热的条件,这也是对称性热边界条件的形式。

由此可见,与无内热源的平壁解相比,内部的温度分布是抛物线形的。对于 $q_v \neq \mathrm{const}$ 的情形,温度分布的规律将更为复杂。

2. 第一类边界条件下的多层平壁导热

在不计及内热源的情形下,可以应用热阻的概念方便地推导出通过多层平壁的导热计算公式。多层平壁是由几层不同材料的平壁所组成,如飞机座舱就是由金属蒙皮、超细玻璃棉及毛毡等绝热材料组成的多层壁。下面以图 2-13 所示的三层壁作为分析对象。假设层与层之间接触良好,没有引入附加热阻(注:如果层和层之间不能达到紧密贴合,那么在相互接触的两表面上就会有不同的温度,即存在温度降落,这是由于表面不平整形成的间隙额外产生的热阻所造成的,详见 2.6 接触热阻)。

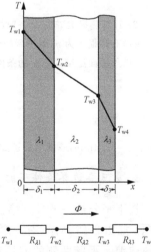

图 2-13 三层平壁的稳态导热

已知各层的厚度为 δ_1、δ_2 和 δ_3,导热系数为 λ_1、λ_2 和 λ_3,除了多层壁两侧表面温度 T_{w1} 和 T_{w4} 之外,中间层与层之间界面的温度是预先不知道的,要求确定通过这个多层壁的热流密度或热流。

运用热阻网络可以方便地导出通过多层壁的热流计算公式

$$\Phi = \frac{T_{w1} - T_{w4}}{\delta_1/(\lambda_1 A) + \delta_2/(\lambda_2 A) + \delta_3/(\lambda_3 A)} \tag{2-20}$$

以此可以类推 n 层平壁组成的多层壁的导热热流计算公式。一旦该热中间层与层之间界面的温度也就容易求出了。

例题 2-2 某飞机座舱用双层外壁结构组成。如图 2-14 所示，内壁由厚 1mm 的铝镁合金组成，$\lambda=160\mathrm{W/(m\cdot K)}$；外壁由厚 2mm 的软铝作蒙皮，$\lambda=200\mathrm{W/(m\cdot K)}$；并有 10mm 厚的超细玻璃棉作为绝热层，$\lambda=0.03\mathrm{W/(m\cdot K)}$；内外壁的空腔宽为 20mm，内有空气存在，$\lambda=0.025\mathrm{W/(m\cdot K)}$。假如座舱温度要求 20℃，飞机在高空飞行中外壁温度为 -30℃，在忽略空腔内自然对流的条件下，试问空调系统需供应座舱的热流量为多少？若要使热损失比原来减小 40%，绝热层应加厚多少？

解 （1）计算热流密度和热流量。

在稳定导热的情况下，空调系统供给座舱的热量应等于座舱壁面向外散走的热量。座舱是筒体，但由于壁厚远远小于座舱的直径，故可按平壁处理。

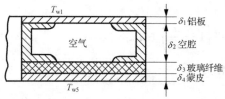

图 2-14　例题 2-2 附图

四层壁面的比热阻分别计算为

铝镁合金层：$R_1=\dfrac{\delta_1}{\lambda_1}=\dfrac{0.001}{160}=6.25\times10^{-6}\,(\mathrm{m^2\cdot K/W})$

空腔空气层：$R_2=\dfrac{\delta_2}{\lambda_2}=\dfrac{0.02}{0.025}=8\times10^{-1}\,(\mathrm{m^2\cdot K/W})$

超细玻璃棉层：$R_3=\dfrac{\delta_3}{\lambda_3}=\dfrac{0.01}{0.03}=3.33\times10^{-1}\,(\mathrm{m^2\cdot K/W})$

蒙皮软铝层：$R_4=\dfrac{\delta_4}{\lambda_4}=\dfrac{0.002}{200}=1\times10^{-5}\,(\mathrm{m^2\cdot K/W})$

由上述热阻分析可见，金属壁的比热阻与绝热材料相比，可忽略不计。

通过座舱壁的热流密度为

$$q=\frac{T_{w1}-T_{w5}}{\delta_1/\lambda_1+\delta_2/\lambda_2+\delta_3/\lambda_3+\delta_4/\lambda_4}=\frac{20+30}{1.133}=44.1(\mathrm{W/m^2})$$

若座舱表面积为 A，则通过座舱壁的热流量为

$$\Phi=qA=44.1A(\mathrm{W})$$

（2）计算热损失减少 40% 时的绝热层厚度 δ_x。

设原有热损失为 q，减少后的热损失为 q_x。根据题意知，$q_x=0.6q$。

在内外壁面温度差不变的条件下，热流量与导热热阻成反比，即

$$\frac{q_x}{q}=\frac{\dfrac{\delta_2}{\lambda_2}+\dfrac{\delta_3}{\lambda_3}}{\dfrac{\delta_2}{\lambda_2}+\dfrac{\delta_x}{\lambda_3}}=0.6$$

所以，$\delta_x=32.4\mathrm{mm}$，厚度增加了 22.4 mm。

3. 第三类边界条件下的平壁导热

接下来分析一下具有第三类边界条件的一维平壁稳态导热问题。如图 2-15 所示，有一厚度为 δ 的平壁，导热系数为常数，无内热源。平壁两侧的流体温度分别维持为 T_{f1} 和 T_{f2}，且 $T_{f1}>T_{f2}$；对流换热系数分别保持为 h_1 和 h_2，并且沿壁面不变。

导热微分方程仍为式（2-13），但相应的边界条件却变为

$$x=0\ \text{时}，\quad -\lambda\left.\frac{\mathrm{d}T}{\mathrm{d}x}\right|_{x=0}=h_1(T_{f1}-T_{w1})\quad(2\text{-}21\mathrm{a})$$

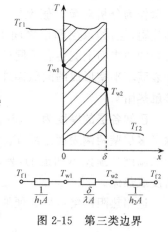

图 2-15　第三类边界
条件下的平壁导热

$$x = \delta \text{ 时}, \quad -\lambda \left.\frac{\mathrm{d}T}{\mathrm{d}x}\right|_{x=\delta} = h_2(T_{w2} - T_{f2}) \tag{2-21b}$$

根据牛顿冷却公式[见式(1-3)]，从温度为 T_{f1} 的热流体到平壁左侧壁面的对流换热热流密度为

$$q_1 = h_1(T_{f1} - T_{w1}) \tag{2-22a}$$

从平壁左侧壁面至右侧壁面的导热热流密度为

$$q_2 = \frac{\lambda}{\delta}(T_{w1} - T_{w2}) \tag{2-22b}$$

从平壁右侧壁面至温度为 T_{f2} 的冷流体的对流换热热流密度为

$$q_3 = h_2(T_{w2} - T_{f2}) \tag{2-22c}$$

在稳态的热量传递状态下，由热力学第一定律可得，$q_1 = q_2 = q_3 = q$。因此联立求解式(2-22a)～式(2-22c)，并消去未知的中间变量 T_{w1} 和 T_{w2}，可以得到

$$q = \frac{T_{f1} - T_{f2}}{\dfrac{1}{h_1} + \dfrac{\delta}{\lambda} + \dfrac{1}{h_2}} \tag{2-23a}$$

或写成

$$\Phi = \frac{T_{f1} - T_{f2}}{\dfrac{1}{h_1 A} + \dfrac{\delta}{\lambda A} + \dfrac{1}{h_2 A}} \tag{2-23b}$$

可见，第三类边界条件下的一维导热问题，实际上就是一个通过平壁的传热过程。整个过程由三个换热环节串联而成，组成一个串联热路，其中，$\dfrac{1}{hA}$ 称为对流换热热阻。

对于多层平壁，运用热阻网络可以得到通过 n 层平壁的热流密度计算公式：

$$q = \frac{T_{f1} - T_{f2}}{\dfrac{1}{h_1} + \sum_{i=1}^{n} \dfrac{\delta_i}{\lambda_i} + \dfrac{1}{h_2}} \tag{2-24}$$

例题 2-3 如图 2-16 所示，A、B 两种材料组成的复合平壁，材料 A 产生热量 $q_v = 1.5 \times 10^6 \, \text{W/m}^3$，$\lambda_A = 75 \, \text{W/(m·K)}$，$\delta_A = 50 \, \text{mm}$；材料 B 不发热，$\lambda_B = 150 \, \text{W/(m·K)}$，$\delta_B = 20 \, \text{mm}$。材料 A 的外表面绝热，材料 B 的外表面用温度为 30℃的水冷却，对流换热系数 $h = 1000 \, \text{W/(m}^2 \cdot \text{K)}$。试求稳态下 A、B 复合壁内的温度分布，绝热面的温度，冷却面温度，A、B 材料的界面温度。

解 在稳态工况下，材料 A 所产生的热量必须全部散失到流过材料 B 表面的冷却水中，而且从材料 A、B 的界面到冷却水所传递的热流量均相同，故可定性地画出复合壁内的温度分布以及从 A、B 界面到冷却水的热阻图(见图 2-16)。图中 R_1 为导热热阻，R_2 为表面对流换热热阻。

根据热平衡，材料 A 产生的热流量为 $\Phi = q_v \delta_A A$，则 A 传入 B 的热流密度 q

$$q = q_v \delta_A$$

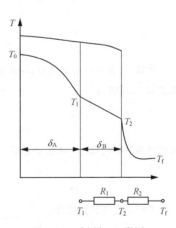

图 2-16 例题 2-3 附图

由牛顿冷却定律，$q=h(T_2-T_f)$，可确定冷却面的温度

$$T_2 = T_f + \frac{q_v \delta_A}{h} = 30 + \frac{1.5 \times 10^6 \times 0.05}{1000} = 105(℃)$$

对材料 B，由傅里叶定律，$q=\lambda_B \dfrac{T_1-T_2}{\delta_B}$，可确定 A、B 的界面温度

$$T_1 = T_2 + \frac{q_v \delta_A \delta_B}{\lambda_B} = 105 + \frac{1.5 \times 10^6 \times 0.05 \times 0.02}{150} = 115(℃)$$

对材料 A，绝热面正好相当于对称发热平板的正中面$(dT/dx)_{x=0}=0$。

此处温度值最高，可按照式(2-20)计算。

$$T_0 = \frac{q_v \delta_A^2}{2\lambda_A} + T_1 = \frac{1.5 \times 10^6 \times 0.05^2}{2 \times 75} + 115 = 140(℃)$$

讨论 图 2-16 的热阻分析是从材料 A、B 界面开始的，而不是从材料 A 外壁面开始。这是因为材料 A 有内热源，不同 x 处截面的热流量不相等，因而不能应用热阻的概念来作定量分析。

例题 2-4 如图 2-17 所示，在空间中的一厚度 $\delta=0.06$m、导热系数 $\lambda=1.2$W/(m·K)的大平板，表面发射率为 $\varepsilon=0.85$，对太阳辐射的吸收率为 $\alpha=0.26$。假设平板的内表面温度维持在 $T_1=27℃$，太阳对表面的辐射热流密度为 $q_{solar}=800$W/m²，外表面与绝对温度为 0K 的空间进行辐射换热。试确定平板外表面的温度。

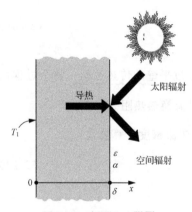

图 2-17　例题 2-4 附图

解 平板内的热量传递可视为无内热源的一维稳态导热。

$$\frac{d}{dx}\left(\lambda \frac{dT}{dx}\right) = 0$$

相应的边界条件为

$$x=0 \text{ 时},\ T=T_1$$

$$x=\delta \text{ 时},\ -\lambda \left.\frac{\partial T}{\partial x}\right|_{x=\delta} = \varepsilon\sigma(T_{x=\delta}^4 - T_{space}^4) - \alpha q_{solar}$$

这里 $T_{space}=0$。当考虑辐射换热时，温度必须使用绝对温度。

对导热微分方程积分，得到

$$T = C_1 x + C_2 \tag{a}$$

利用边界条件

由 $T_{x=0}=C_2$ 得到 $\quad C_2=T_1$

由 $-\lambda \left.\dfrac{\partial T}{\partial x}\right|_{x=\delta} = \varepsilon\sigma(T_{x=\delta}^4 - T_{space}^4) - \alpha q_{solar}$ 得到

$$-\lambda C_1 = \varepsilon\sigma(C_1\delta + T_1)^4 - \alpha q_{solar}$$

尽管 C_1 是唯一的未知量，但由于方程的非线性，难以获得其精确的表达式。若将外表面的温度用 $T_{x=\delta}$ 来表示，则可得到

$$C_1 = \frac{\alpha q_{solar} - \varepsilon\sigma T_{x=\delta}^4}{\lambda} \tag{b}$$

从而得到平板内温度分布的表达式

$$T = \frac{\alpha q_{solar} - \varepsilon\sigma T_{x=\delta}^4}{\lambda}x + T_1 \tag{c}$$

平板外表面的温度为

$$T_{x=\delta} = \frac{\alpha q_{solar} - \varepsilon\sigma T_{x=\delta}^4}{\lambda}\delta + T_1 \tag{d}$$

代入相关数据

$$T_{x=\delta} = \frac{0.26 \times 800 - 0.8 \times 5.67 \times 10^{-8} T_{x=\delta}^4}{\lambda} \times 0.06 + (273 + 27)$$

使用迭代法可以求出

$$T_{x=\delta} = 292.7\text{K}$$

讨论 如果不考虑太阳的辐射,外表面温度将如何变化?

2.3.2　圆筒壁

在工程应用中,许多导热体是圆筒形的。当圆筒壁的外半径小于圆筒壁长度的 $1/10$ 时,圆筒壁两端散热的影响可以忽略不计,如果壁内温度仅沿半径方向变化,$T=T(r)$,这时的圆筒壁导热就为一维导热。考察一个内、外半径分别为 r_1 和 r_2、长度为 l 的圆筒壁(见图 2-18),无内热源,材料的导热系数为常数。圆筒壁的内外两侧表面分别维持均匀而恒定的温度 T_{w1} 和 T_{w2},则其完整的数学表达式为

$$\frac{1}{r}\frac{\mathrm{d}}{\mathrm{d}r}\left(r\frac{\mathrm{d}T}{\mathrm{d}r}\right)=0 \tag{2-25}$$

相应的边界条件为

$$r=r_1 \text{ 时}, \qquad T=T_{w1} \tag{2-25a}$$

$$r=r_2 \text{ 时}, \qquad T=T_{w2} \tag{2-25b}$$

对此微分方程式连续积分两次,得其通解为

$$T=C_1\ln r+C_2 \tag{2-25c}$$

式中,积分常数 C_1 和 C_2 由边界条件确定。

$$C_1=-\frac{T_{w1}-T_{w2}}{\ln(r_2/r_1)}, \qquad C_2=T_w+\frac{T_{w1}-T_{w2}}{\ln(r_2/r_1)}\ln r_1$$

最后,得到温度分布为

$$T=T_{w1}-\frac{T_{w1}-T_{w2}}{\ln(r_2/r_1)}\ln(r/r_1) \tag{2-26}$$

可见,在无内热源、导热系数为常数的一维圆筒壁导热中,温度分布呈对数曲线。

通过长度为 l 的圆筒壁的导热热流可由傅里叶定律求出

$$\varPhi=-2\pi rl\lambda\frac{\mathrm{d}T}{\mathrm{d}r}=\frac{2\pi\lambda l(T_{w1}-T_{w2})}{\ln(r_2/r_1)}=\frac{\Delta T}{\dfrac{1}{2\pi\lambda l}\ln\left(\dfrac{r_2}{r_1}\right)} \tag{2-27}$$

式中,$\dfrac{1}{2\pi\lambda l}\ln\left(\dfrac{r_2}{r_1}\right)$ 即为长度为 l 的圆筒壁导热热阻。

值得注意,在稳态下,尽管通过圆筒壁的导热热流量与坐标 r 无关,但不同半径处的热流密度却因截面面积变化而异。因此为了工程计算方便,常按单位管长计算热流量

$$q_l=\frac{\varPhi}{l}=\frac{T_{w1}-T_{w2}}{\dfrac{1}{2\pi\lambda}\ln\left(\dfrac{r_2}{r_1}\right)} \qquad (\text{W/m}) \tag{2-28}$$

对于不考虑接触热阻的 n 层圆筒壁,运用热阻叠加的原则分析

$$q_l = \frac{\Delta T}{\displaystyle\sum_{i=1}^{n} \frac{1}{2\pi\lambda_i}\ln\left(\frac{r_{i+1}}{r_i}\right)} \quad (\text{W/m}) \qquad (2\text{-}29)$$

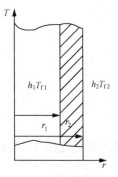

对于具有第三类边界条件的一维稳态圆筒壁导热问题(见图2-19),仍假设导热系数为常数,无内热源。内、外半径分别为 r_1 和 r_2,长度为 l,内外两侧的流体温度分别维持为 T_{f1} 和 T_{f2},且 $T_{f1} > T_{f2}$,对流换热系数分别保持 h_1 和 h_2,并且沿壁面不变。

其导热微分方程仍为式(2-25),但相应的边界条件却变为

$$r = r_1 \text{ 时,} \ -\lambda\frac{\mathrm{d}T}{\mathrm{d}r}\bigg|_{r=r_1} 2\pi r_1 l = h_1 2\pi r_1 l(T_{f1} - T_{w1}) \quad (2\text{-}30\text{a})$$

图 2-19　第三类边界条件下的圆筒壁导热

$$r = r_2 \text{ 时,} \ -\lambda\frac{\mathrm{d}T}{\mathrm{d}r}\bigg|_{r=r_2} 2\pi r_2 l = h_2 2\pi r_2 l(T_{w2} - T_{f2}) \quad (2\text{-}30\text{b})$$

仍然运用与平壁导热相同的分析方法,得到总热阻计算式

$$R = \frac{1}{2\pi r_1 h_1 l} + \frac{1}{2\pi\lambda l}\ln\left(\frac{r_2}{r_1}\right) + \frac{1}{2\pi r_2 h_2 l} \qquad (2\text{-}31)$$

传热过程热流量也就随之确定了。

例题 2-5　有一外直径为 60mm、壁厚为 3mm 的蒸气管道,管壁导热系数 $\lambda_1 = 54\text{W}/(\text{m}\cdot\text{K})$;管道外壁上包有厚 50mm 的石棉绳保温层,导热系数 $\lambda_2 = 0.15\text{W}/(\text{m}\cdot\text{K})$;管内蒸气温度 $T_{f1} = 150℃$,对流换热系数 $h_1 = 120\text{W}/(\text{m}^2\cdot\text{K})$;管外空气温度 $T_{f2} = 20℃$,对流换热系数 $h_2 = 10\text{W}/(\text{m}^2\cdot\text{K})$。试求:

(1) 通过单位长度管壁的导热热流量 q_l;

(2) 金属管道内、外侧表面的温度 T_{w1} 和 T_{w2};

(3) 若忽略不计金属管壁导热热阻,q_l 将发生多大变化?

解　蒸气管道的长度比其外径尺寸大得多,可视作无限长圆筒壁。而 T_{f1}、T_{f2}、h_1 和 h_2 为常数。

(1) 通过单位长度管壁的导热热流量等于此传热过程的传热热流量。

传热过程的热阻组成为

内表面对流换热热阻：$R_1 = \dfrac{1}{2\pi r_1 h_1} = \dfrac{1}{2\pi\times(30-3)\times10^{-3}\times120} = 0.0491(\text{m}\cdot\text{K/W})$

金属管壁导热热阻：$R_2 = \dfrac{1}{2\pi\lambda_1}\ln\left(\dfrac{r_2}{r_1}\right) = \dfrac{1}{2\pi\times54}\ln\left(\dfrac{30}{27}\right) = 5.3736\times10^{-4}(\text{m}\cdot\text{K/W})$

保温材料导热热阻：$R_3 = \dfrac{1}{2\pi\lambda_2}\ln\left(\dfrac{r_3}{r_2}\right) = \dfrac{1}{2\pi\times0.15}\ln\left(\dfrac{80}{30}\right) = 1.0407(\text{m}\cdot\text{K/W})$

外表面对流换热热阻：$R_4 = \dfrac{1}{2\pi r_3 h_2} = \dfrac{1}{2\pi\times80\times10^{-3}\times10} = 0.1989(\text{m}\cdot\text{K/W})$

$$q_l = \frac{T_{f1} - T_{f2}}{\sum R_i} = \frac{150-20}{1.2893} = 100.8(\text{W/m})$$

(2) 金属管道内、外侧表面的温度 T_{w1} 和 T_{w2} 由传热过程环节分析可得

$$T_{w1} = T_{f1} - q_l R_1 = 150 - 100.8\times0.0491 = 145(℃)$$

$$T_{w2} = T_{f1} - q_l(R_1 + R_2) = 150 - 100.8\times(0.0491 + 5.3736\times10^{-4}) = 144.99(℃)$$

(3) 如果不计金属管壁的导热热阻,则

$$q_l = \frac{T_{f1} - T_{f2}}{\sum R_i} = \frac{150-20}{1.2887} = 100.87(\text{W/m})$$

与不忽略金属管壁热阻时比较热流量 q_l 变化甚微,不足 0.07%。

讨论 在传热过程的各个环节中,影响热量传递的因素主要体现在热阻大的环节上。在稳定的传热条件下,传热环节的热阻小意味着热量传递所需的动力小。特别是当这一环节热阻可忽略不计时,引起热量传递的温度差也将趋于零。

例题 2-6 输电的导线可以看作为有内热源的无限长圆柱体(见图2-20)。假设圆柱体壁面有均匀恒定的温度 T_w,内热源 q_v 和导热系数为常数,圆柱体半径为 r_0。试求在稳态条件下圆柱体内的温度分布。

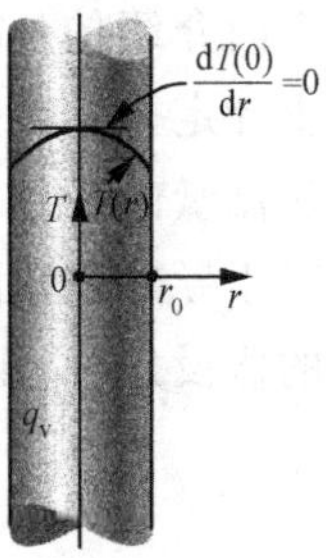

解 由导热微分方程式

$$\frac{1}{r}\frac{\mathrm{d}}{\mathrm{d}r}\left(r\frac{\mathrm{d}T}{\mathrm{d}r}\right)+\frac{q_v}{\lambda}=0$$

积分两次得

$$r\frac{\mathrm{d}T}{\mathrm{d}r}=-\frac{q_v}{2\lambda}r^2+C_1$$

$$T=-\frac{q_v}{4\lambda}r^2+C_1\ln r+C_2$$

图 2-20 例题 2-6 附图

边界条件:①外壁温度已知,$T\mid_{r=r_0}=T_w$。

②在圆柱体中心,温度为最高(这常是一个潜在的边界条件),$(\mathrm{d}T/\mathrm{d}r)\mid_{r=0}=0$。

代入解得

$$C_1=0,\qquad C_2=T_w+\frac{q_v}{4\lambda}r_0^2$$

得到温度分布

$$T=\frac{q_v r_0^2}{4\lambda}\left(1-\frac{r^2}{r_0^2}\right)+T_w$$

讨论 求解的第二个边界条件也可采用,$r\to0$ 时,温度为有限值,从而确定 $C_1=0$。

2.3.3 球壳

对于内、外表面维持均匀而恒定温度的球壳导热,无内热源,材料的导热系数为常数。在球坐标系中也是一个一维导热问题。其完整的数学表达式为

$$\frac{1}{r^2}\frac{\mathrm{d}}{\mathrm{d}r}\left(r^2\frac{\mathrm{d}T}{\mathrm{d}r}\right)=0 \tag{2-32}$$

相应的边界条件为

$$r=r_1 \text{ 时},\quad T=T_{w1} \tag{2-32a}$$

$$r=r_2 \text{ 时},\quad T=T_{w2} \tag{2-32b}$$

温度分布解得为

$$T=T_{w1}-\frac{T_{w1}-T_{w2}}{1/r_1-1/r_2}\left(\frac{1}{r_1}-\frac{1}{r}\right) \tag{2-33}$$

热流量为

$$\Phi=\frac{4\pi\lambda(T_{w1}-T_{w2})}{1/r_1-1/r_2} \tag{2-34}$$

热阻为

$$R=\frac{1}{4\pi\lambda}\left(\frac{1}{r_1}-\frac{1}{r_2}\right) \tag{2-35}$$

由此可见,无内热源、导热系数为常数的球壁内温度分布是沿径向按双曲线规律变化的。

2.3.4 变截面导热问题

上面介绍的是求解导热问题的一般方法,即通过求解导热微分方程确定温度分布,然后根据傅里叶定律获得热流量。对于一维导热问题,也可以不通过求解导热微分方程而直接得出导热热流量的计算式,而且对于变导热系数和变截面的情形更为有效。

对于导热系数随温度变化或沿热流矢量方向导热截面积变化的问题,只要满足一维稳定导热的假设条件,则根据傅里叶定律

$$\Phi = -\lambda(T)A(x)\frac{\mathrm{d}T}{\mathrm{d}x} = 常数$$

注意到 Φ 与 x 无关,分离变量后积分,得

$$\Phi \int_{x_1}^{x_2} \frac{\mathrm{d}x}{A(x)} = -\int_{T_1}^{T_2} \lambda(T)\mathrm{d}T \tag{2-36}$$

若记 $\bar{\lambda}$ 为在 $T_1 \sim T_2$ 范围内的积分平均值,则

$$\bar{\lambda} = \frac{\int_{T_1}^{T_2} \lambda(T)\mathrm{d}T}{T_2 - T_1} \tag{2-37}$$

则

$$\Phi = \frac{\bar{\lambda}(T_1 - T_2)}{\int_{x_1}^{x_2} \frac{1}{A(x)}\mathrm{d}x} \tag{2-38}$$

例题 2-7 题目同例题 2-1,只要求计算热流密度。

解 在计算热流密度时,可以不用求解导热微分方程。利用式(2-37)和(2-38)的关系,当导热系数按照 $\lambda = \lambda_0(1+bT)$ 关系随温度变化时

$$\bar{\lambda} = \lambda_0 \left[1 + b\left(\frac{T_1 + T_2}{2}\right)\right]$$

所以平均导热系数为

$$\bar{\lambda} = 75 \ \mathrm{W/(m \cdot K)}$$

导热热流量为

$$q = \frac{\Phi}{A} = \frac{\bar{\lambda}(T_1 - T_2)}{(x_2 - x_1)} = \frac{75 \times (100 - 0)}{0.1} = 75000(\mathrm{W/m^2})$$

例题 2-8 耐温塞子的直径随 x 变化(见图 2-21),$D = ax$(a 为常数),在 x_1 的小头处温度为 T_1,在 x_2 的大头处温度为 T_2,材料导热系数为 λ。假设侧表面是理想绝热的,试求塞子内的温度分布,及通过塞子的热流量。

解 稳定导热时,通过不同截面的热流量是相同的,但热流密度不相同。

此题导热截面积有限,且沿热流矢量方向是变化的,故不能使用面积为无限大的一维平壁导热方程 $\mathrm{d}^2T/\mathrm{d}x^2 = 0$ 进行计算。

利用傅里叶定律

$$\Phi = -\lambda A(x) \frac{\mathrm{d}T}{\mathrm{d}x} = -\frac{\lambda \pi a^2 x^2}{4} \frac{\mathrm{d}T}{\mathrm{d}x}$$

分离变量并积分

$$\frac{4\Phi}{\lambda \pi a^2} \int_{x_1}^{x} \frac{1}{x^2} \mathrm{d}x = -\int_{T_1}^{T} \mathrm{d}T$$

得到

$$T = T_1 - \frac{4\Phi}{\pi a^2 \lambda} \left(\frac{1}{x_1} - \frac{1}{x} \right)$$

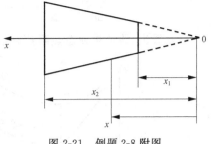

图 2-21　例题 2-8 附图

由 $x=x_2$ 时，$T=T_2$ 可以确定热流量为

$$\Phi = \frac{\pi a^2 \lambda (T_1 - T_2)}{4(1/x_1 - 1/x_2)}$$

解得温度分布为

$$T = T_1 + \left(\frac{1/x - 1/x_1}{1/x_1 - 1/x_2} \right)(T_1 - T_2)$$

2.4　临界绝热直径

工程上，为减少管道内输运流体的散热损失，常在管道外侧覆盖热绝缘层或称隔热保温层，这一传热过程可以视为具有第三类边界条件的多层圆筒壁导热问题。值得探究的一个问题是，覆盖热绝缘层是否在任何情况下都能减少热损失？

设内、外直径为 d_1 和 d_2 的管道，内、外侧流体的对流换热系数分别为 h_1 和 h_2，管道的导热系数为 λ，包敷上导热系数为 λ_{ins} 的保温层（见图 2-22），则单位长度管道上的总热阻为

$$R_l = \frac{1}{h_1 \pi d_1} + \frac{1}{2\pi\lambda} \ln \frac{d_2}{d_1} + \frac{1}{2\pi\lambda_{\mathrm{ins}}} \ln \frac{d_x}{d_2} + \frac{1}{h_2 \pi d_x} \tag{2-39}$$

对于给定管道，h_1、h_2、d_1、d_2、l 给定，从热阻表达式中可以看出，前两项为定值，后两项随 d_x 变化而变化。即

$$d_x \uparrow \Rightarrow \ln \frac{d_x}{d_2} \uparrow , \quad \frac{1}{h_2 \pi d_x} \downarrow$$

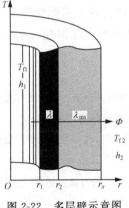

图 2-22　多层壁示意图

显然，当增加绝热层的厚度（或直径 d_x）时，绝热层的导热热阻是按照 $\ln(d_x/d_2)$ 增加的，但是同时外表面的对流换热热阻却是按 $(1/d_x)$ 减小的。导致传热热阻 R_l 与绝热层直径 d_x 之间呈现非单调变化趋势，有极值存在（见图 2-23）。

对式（2-39）求极值

$$\frac{\mathrm{d}R_l}{\mathrm{d}d_x} = \frac{1}{2\pi\lambda_{\mathrm{ins}}} \frac{1}{d_x} - \frac{1}{h_2 \pi d_x^2} = 0$$

得到临界绝热直径的表达式（critical diameter of insulation）

$$d_x = d_{\mathrm{c}} = \frac{2\lambda_{\mathrm{ins}}}{h_2} \tag{2-40}$$

该值使总热阻达到极小值还是极大值呢？运用有关数学知识可以进行判断。

$$\left.\frac{\mathrm{d}^2 R_l}{\mathrm{d}d_x^2}\right|_{d_x=d_c} = \left.\left(-\frac{1}{2\pi\lambda_{\text{ins}}}\frac{1}{d_x^2} + \frac{2}{h_2\pi d_x^3}\right)\right|_{d_c} = \frac{h_2^2}{8\pi\lambda_{\text{ins}}^3} > 0$$

可以看出,该值将使总热阻达到极小值,传热量达到最大值。

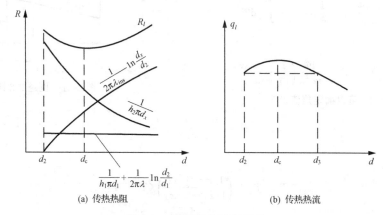

(a) 传热热阻   (b) 传热热流

图 2-23 临界绝热直径示意

临界绝热直径只取决于管道外部的对流换热系数和保温材料的导热系数,该值是工程应用中的一个判据。只有当管道外径大于该临界绝热直径时,包裹绝热层才能无条件地起到保证减少管道散热量的作用。而当裸管外径小于该临界绝热直径时,包裹绝热层则会使得传热量呈现较为复杂的变化规律:若绝热层外径小于临界绝热直径,则传热量随着绝热层厚度的增加而增加;若绝热层外径等于临界绝热直径,则传热量达到最大值;若绝热层外径大于临界绝热直径,则传热量随着绝热层厚度的增加而减小。只有当绝热层外径达到某一数值时(对应于图 2-23 中的 d_3),传热量与裸管传热量相当,此时,再增加绝热层的厚度,才能起到减少管道散热量的作用。因此,对于裸管外径小于临界绝热直径的情形,包裹绝热层是起到增强传热还是减少传热的作用,应具体加以分析。

上述分析是在假设外表面的对流换热系数 h_2 为常数的情况下进行的。实际情况下,外表面的对流换热系数往往与直径的大小有关。在具体应用中,一定要根据实际情况作出合理的假设,否则就可能脱离实际。

例题 2-9 直径为 10mm 的电缆处在 20℃的大气中,对流换热系数为 8.5W/(m² · K),由于内部发热,电缆表面的温度大约有 65℃,试分析导热系数为 0.155W/(m · K)的橡皮绝热层对传热的作用。

解 在没有橡皮绝热层时,电缆发出的焦耳热全部由表面的对流换热传给大气,故每米长电缆的散热量

$$q_l = 2\pi r_1 h(T_{\text{w1}} - T_{\text{f}}) = 3.14 \times 10 \times 10^{-2} \times 8.5 \times (65 - 20) = 12.02(\text{W/m})$$

若加上橡皮绝热层,则电缆发出的发热量需经过橡皮层的导热作用,再由表面的对流换热传给大气。此时每米长电缆的散热量

$$q_l = \frac{T_{\text{w1}} - T_{\text{f}}}{\dfrac{1}{2\pi\lambda_{\text{ins}}}\ln\dfrac{r_2}{r_1} + \dfrac{1}{2\pi r_2 h}} = \frac{45}{1.027\ln\dfrac{r_2}{5} + 18.7\dfrac{1}{r_2}}$$

当橡皮层直径等于临界绝热直径时,散热量为最大。此时

$$d_2 = d_c = \frac{2\lambda_{\text{ins}}}{h} = \frac{2 \times 0.155}{8.5} = 36.48(\text{mm})$$

$$q_{l\max} = \cfrac{45}{1.027\ln\cfrac{36.48/2}{5} + 18.7\cfrac{1}{36.48/2}} = 19.1(\mathrm{W/m})$$

讨论 当电缆直径小于橡皮绝热层临界直径时,包裹橡皮绝热层可以加强电缆的对外散热作用。请思考一下,当橡皮层厚度在什么范围内不具有对外增强散热的作用?

2.5 通过肋壁的导热

在前面讨论的具有第三类边界条件的导热问题中,传热热阻由三部分组成,即固体壁两侧的冷、热流体与壁面之间的对流换热热阻,以及通过固体壁的导热热阻。以平壁为例

$$R = \frac{1}{h_1 A} + \frac{\delta}{\lambda A} + \frac{1}{h_2 A}$$

毫无疑问,传热过程中热阻最大的这一环节对热流量的影响最为显著。因此为了增强传热,就得设法减小传热过程中的最大热阻。

在对流换热系数较小的一侧采用肋壁是强化传热的一种行之有效的方法。所谓肋壁,是指带有多个肋片的壁面,肋片(fin)则是指依附于基础表面上的扩展表面(extended surface),如图 2-24 所示。在换热面上设置肋片,可以增加换热面积,从而到达降低对流换热热阻,增强传热的目的。因此在许多换热设备中,传热表面常做成带肋的形式。

本节首先对通过肋片的导热进行分析,确定肋片内的温度分布和肋片的散热量;在此基础上,再深入讨论通过肋壁的传热过程。

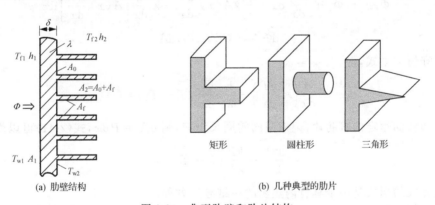

(a) 肋壁结构 　　　　　　(b) 几种典型的肋片

图 2-24　典型肋壁和肋片结构

2.5.1　肋片导热微分方程式

肋片导热不同于平壁和圆筒壁的导热,它有一个基本特征,热量沿肋片伸展方向传导的同时,还有肋片表面与周围流体之间的对流换热。因此在肋片中,沿肋片伸展方向的导热热流量是不断而变化的。

通过肋片的导热过程严格意义上具有二维/三维特征:在肋基处热量导入物体,之后通过建立肋片内部的温度分布而传入流体。既然表面和流体之间有热量交换,那么在物体内部任一截面上就必然存在温度差。

在理论分析中,通过综合考察几何效应、材料物性和边界条件等因素,可以对实际问题的

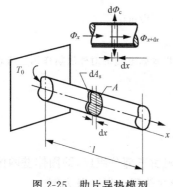

图 2-25　肋片导热模型

物理模型进行合理的简化。对于一个二维导热问题,当其中某个方向上的温度导数远小于另一个方向的温度导数,在温度导数相当小的这个方向上可采用平均温度,且该平均温度是另一个方向上的空间坐标的函数。肋片导热分析就体现了这样一种物理模型简化的特点。

为简化分析,作以下几点假设:① 肋片很细小,材料的导热系数较大,沿肋片伸展方向任一横截面的温度可认为是均匀的,即温度仅仅是肋片伸展方向坐标的函数;② 材料的导热系数及表面对流换热系数均为常数。

肋片导热微分方程式的推导基础是能量守恒定律、傅里叶定律和牛顿冷却定律。

如图 2-25 所示,直肋片的长度为 l,肋片伸展方向截面积 $A(x)$,肋片与周围流体接触的表面积 $A_s(x)$。在肋片上取一长度为 $\mathrm{d}x$ 的微元段作为控制体,分析其能量平衡,得

$$\Phi_x = \Phi_{x+\mathrm{d}x} + \mathrm{d}\Phi_c \tag{a}$$

式中,Φ_x 和 $\Phi_{x+\mathrm{d}x}$ 分别为进入和离开控制体的导热热流量,由傅里叶定律确定;$\mathrm{d}\Phi_c$ 为控制体周边表面的对流换热热流量,由牛顿冷却定律确定。

$$\Phi_x = -\lambda A(x)\frac{\mathrm{d}T}{\mathrm{d}x} \tag{b}$$

$$\Phi_{x+\mathrm{d}x} = \Phi_x + \frac{\mathrm{d}\Phi_x}{\mathrm{d}x}\mathrm{d}x = -\lambda A(x)\frac{\mathrm{d}T}{\mathrm{d}x} - \lambda\frac{\mathrm{d}}{\mathrm{d}x}\left[A(x)\frac{\mathrm{d}T}{\mathrm{d}x}\right]\mathrm{d}x \tag{c}$$

$$\mathrm{d}\Phi_c = h(T - T_f)\mathrm{d}A_s \tag{d}$$

代入能量守恒关系式,得

$$\frac{\mathrm{d}}{\mathrm{d}x}\left(A\frac{\mathrm{d}T}{\mathrm{d}x}\right) - \frac{h}{\lambda}\frac{\mathrm{d}A_s}{\mathrm{d}x}(T - T_f) = 0 \tag{2-41}$$

对于横截面恒定的直肋片,记横截面的周长为 P,则 $\mathrm{d}A_s = P\mathrm{d}x$,式(2-41)可以简化成

$$\frac{\mathrm{d}^2 T}{\mathrm{d}x^2} - \frac{hP}{\lambda A}(T - T_f) = 0 \tag{2-42}$$

可以发现此式的形式是一个具有内热源的一维导热方程。

对于所研究的问题,肋片侧面并不是计算区域的边界(计算区域的边界是 $x=0$ 及 $x=l$),但通过该表面有热量的传递。从物理意义上分析,如果将肋片侧面视为绝热的边界,则肋片通过周边表面与周围流体之间进行的热量交换可以等同于肋片的吸热或放热,即相当于内热源的作用。

$$q_v = -\frac{\mathrm{d}\Phi_c}{\mathrm{d}V} = -\frac{h(T - T_f)P\mathrm{d}x}{A\mathrm{d}x} = -\frac{h(T - T_f)P}{A} \tag{2-43}$$

式中,$\mathrm{d}\Phi_c$ 的计算式暗示了肋片对流体是放热的。根据内热源的定义,吸热为正,故负号的出现是有明确的物理概念的。

2.5.2　通过等截面直肋的导热

非等截面肋片的导热分析在数学上有一定的难度,因此我们将重点放在等截面直肋的导

热问题上。设肋基的温度为 T_0,肋端可视为绝热。

引入过余温度(temperature excess)$\theta = T - T_f$,式(2-42)变为

$$\frac{d^2\theta}{dx^2} - m^2\theta = 0 \tag{2-44}$$

式中,$m = \sqrt{hP/(\lambda A)}$,在导热系数和对流换热系数恒定的前提下为一常量。

式(2-44)是一个二阶线性齐次常微分方程,其通解为

$$\theta = C_1 e^{mx} + C_2 e^{-mx} \tag{a}$$

利用边界条件

$$x = 0, \qquad \theta = T_0 - T_f = \theta_0 \tag{b}$$

$$x = l, \qquad d\theta/dx = 0 \tag{c}$$

解得

$$C_1 = \theta_0 \frac{e^{-ml}}{e^{ml} + e^{-ml}}, \qquad C_2 = \theta_0 \frac{e^{ml}}{e^{ml} + e^{-ml}} \tag{d}$$

最后可得肋片中的温度分布为

$$\theta = \theta_0 \frac{e^{m(l-x)} + e^{-m(l-x)}}{e^{ml} + e^{-ml}} = \theta_0 \frac{\cosh[m(l-x)]}{\cosh(ml)} \tag{2-45}$$

肋端处的过余温度为

$$\theta_l = \theta_0 \frac{1}{\cosh(ml)}$$

沿肋片长度方向的过余温度分布定性示于图 2-26。

在稳态下,肋片表面散至周围流体的热流量,应等于由肋基导入肋片的热流量。利用傅里叶定律,得

$$\Phi = -\lambda A \left(\frac{d\theta}{dx}\right)_{x=0} = \lambda A m \theta_0 \tanh(ml) \tag{2-46}$$

这一计算式也可以从肋片表面对流换热量积分获得。

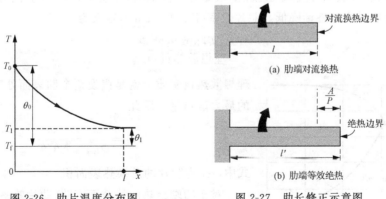

图 2-26　肋片温度分布图　　　　图 2-27　肋长修正示意图

必须注意,以上提供的理论解是根据肋端绝热的边界条件获得的,用于薄而长结构的肋片可以得到工程上足够精确的结果。对于肋端不同的边界条件,其理论解析结果见表 2-1。

表 2-1 肋片的温度分布与传热量

$x=l$ 处边界条件	温度分布 θ/θ_0	肋片散热量 Φ
$-\lambda\left(\dfrac{\mathrm{d}\theta}{\mathrm{d}x}\right)_{x=l}=h\theta_l$	$\dfrac{\cosh[m(l-x)]+\dfrac{h}{m\lambda}\sinh[m(l-x)]}{\cosh(ml)+\dfrac{h}{m\lambda}\sinh(ml)}$	$\sqrt{hP\lambda A}\,\theta_0\dfrac{\sinh(ml)+\dfrac{h}{m\lambda}\cosh(ml)}{\cosh(ml)+\dfrac{h}{m\lambda}\sinh(ml)}$
$\left(\dfrac{\mathrm{d}\theta}{\mathrm{d}x}\right)_{x=l}=0$	$\dfrac{\cosh[m(l-x)]}{\cosh(ml)}$	$\sqrt{hP\lambda A}\,\theta_0\tanh(ml)$
$\theta_{x=l}=\theta_l$	$\dfrac{\theta_l\sinh(mx)+\theta_0\sinh[m(l-x)]}{\theta_0\sinh(ml)}$	$\sqrt{hP\lambda A}\,\dfrac{\theta_0\cosh(ml)-\theta_l}{\sinh(ml)}$
$\theta_{x=l}\to 0$	e^{-mx}	$\sqrt{hP\lambda A}\,\theta_0$

若考虑肋端散热,其温度分布和肋片散热量的理论分析解与肋端绝热情形存在一定的差异。但对于计算肋片散热量,工程上有一个简化处理方法,这个方法就是应用等效换热面积原则,将肋片末端的散热面铺展到侧面上,而把处理后的末端等效为绝热的(见图 2-27)。以厚度为 δ 的等截面直肋为例,其肋长的修正长度为 $l'=l+\delta/2$;直径为 d 的等截面圆柱肋,其肋长的修正长度为 $l'=l+d/4$。将修正的肋长代入式(2-46)计算肋片散热量。

几点说明:

(1)上述分析近似认为肋片温度场为一维,即当毕奥数(Biot number) $Bi=h\delta/\lambda\leqslant 0.05$ 时,误差小于 1%。对于短而厚的肋片,一维温度场假设往往不成立,上述算式不适用。

(2)如果沿整个肋表面的换热系数呈现严重的不均匀性,则问题的处理就要复杂得多。当这种不均匀性不太明显时,可以近似按肋表面换热系数的平均值分析。如果出现严重的不均匀性,则问题的求解可以用数值计算的方法。

(3)敷设肋片不一定就能强化传热,只有满足一定的条件才能增加散热量。关于这一问题的讨论,见 2.5.5 节。

2.5.3 肋片效率

为了比较不同肋片散热的有效程度,引入一个称为肋片效率 η_f 的概念。由等截面直肋的导热分析已知,肋片表面温度从肋基至肋端是逐渐降低的,这就意味着沿肋片伸展方向单位表面积的对流换热量也将逐渐降低。肋片效率(fin efficiency)定义为

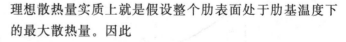

理想散热量实质上就是假设整个肋表面处于肋基温度下的最大散热量。因此

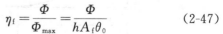

$$\eta_f=\frac{\Phi}{\Phi_{\max}}=\frac{\Phi}{hA_f\theta_0} \qquad (2\text{-}47)$$

式中,A_f 为肋片的总换热表面积。

对于肋端绝热的等截面直肋,肋片效率为

$$\eta_f=\frac{\lambda Am\theta_0\tanh(ml)}{hPl\theta_0}=\frac{\tanh(ml)}{ml} \qquad (2\text{-}48)$$

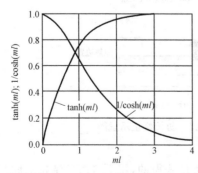

图 2-28 肋片效率示意图

图 2-28 给出了等截面直肋的有关计算公式中的

$1/\cosh(ml)$、$\tanh(ml)$ 随 ml 的变化曲线。表明：当综合参数 m 值一定时，随着肋长 l 的增加，肋片散热量 Φ 总是不断增加的，但增加的幅度却是逐渐减小的；肋端的过余温度是随着肋长 l 的增加而逐渐下降，这意味着肋片表面的平均温度也随之降低，肋片效率下降。

在实际工程应用中通常都采用变截面肋片。图 2-29 给出了矩形、三角形、抛物线形、双曲线形直肋的效率曲线；图 2-30 给出了等厚度环肋和双曲线形环肋的效率曲线。图中，l' 为肋长的修正长度，A_l' 为肋片的纵剖面积，即图中阴影部分显示的纵剖面积。在设计肋片时 ml 的优化选择是十分重要的，可以应用肋片效率，评价分析合理的肋片结构尺寸。评价肋片类扩展表面换热性能的方法在后面将进一步阐述。

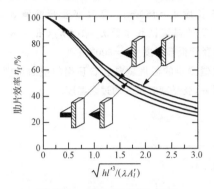

图 2-29　矩形、三角形、抛物
线形和双曲线形直肋

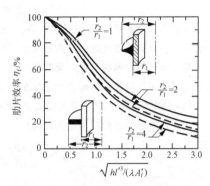

图 2-30　等厚度环肋和双曲线形环肋
——等厚度环肋；- - - 双曲线形环肋

例题 2-10　一根圆截面的不锈钢肋片，导热系数 $\lambda=20\,W/(m\cdot K)$，直径 d 为 20mm，长度 l 为 100 mm，肋基温度为 300℃，周围流体温度为 50℃，对流换热系数为 $h=10\,W/(m^2\cdot K)$，肋尖端面是绝热的。试求：

(1) 肋片的传热量；

(2) 肋端温度；

(3) 不用肋片时肋基壁面的传热量；

(4) 用导热系数为无限大的假想肋片代替不锈钢肋片时的传热量。

解　先计算有关参数。

$$m=\sqrt{\frac{hP}{\lambda A}}=\sqrt{\frac{h\pi d}{\lambda \pi d^2/4}}=\sqrt{\frac{10\times 4}{20\times 0.02}}=10$$

$$\theta_0=T_0-T_f=300-50=250(℃)$$

(1) 肋片的传热量。

$$\Phi=-\lambda A\left(\frac{\mathrm{d}\theta}{\mathrm{d}x}\right)_{x=0}=\lambda Am\theta_0\tanh(ml)$$

$$=20\times\frac{\pi}{4}\times 0.02^2\times 10\times(300-50)\times\tanh(10\times 0.1)=11.96(W)$$

(2) 肋端温度。

$$\theta_l=\theta_0\frac{1}{\cosh(ml)}=250\times\frac{1}{\cosh(10\times 0.1)}=162(℃)$$

$$T_l=\theta_l+T_f=162+50=212(℃)$$

(3) 不用肋片时肋基壁面的传热量。

$$\Phi=hA(T_0-T_f)=h\frac{\pi}{4}d^2(T_0-T_f)=10\times\frac{\pi}{4}\times 0.02^2\times(300-50)=0.785(W)$$

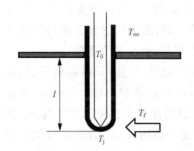

图 2-31 例题 2-11 附图

(4)用导热系数为无限大的假想肋片代替不锈钢肋片时的传热量。

$$\Phi = hA_f(T_0 - T_f) = h\pi dl(T_0 - T_f)$$
$$= 10 \times \pi \times 0.02 \times 0.1 \times (300 - 50) = 15.71(\text{W})$$

例题 2-11 用热电偶测量管道内的气流温度(见图 2-31)。已知热接点温度 $T_j = 650℃$,热电偶套管根部温度 $T_0 = 500℃$,套管长度 $l = 100$ mm,壁厚 $\delta = 1$mm,外直径 $d = 10$mm,导热系数 $\lambda = 25$W/(m·K),气流与套管之间的对流换热系数 $h = 50$W/(m²·K)。试求:(1)热电偶温度与气流真实温度之间的误差;(2)分析在下列条件改变下测量误差的大小。①改变套管长度 $l = 150$mm;②改变套管壁厚 $\delta = 0.5$mm;③更换套管材料 $\lambda = 16$W/(m·K);④若气流与套管之间的对流换热系数 $h = 100$W/(m²·K);⑤若在安装套管的壁面处包以热绝缘层,以减小热量的导出,此时套管根部温度 $T_0 = 600℃$。

解 由于热电偶的节点与套管顶部直接接触,可以认为热电偶测得的温度就是套管顶端的壁面温度。热电偶套管可以看成是截面积为 $\pi d\delta$ 的等截面直肋。所谓测温误差,就是套管顶端的过余温度。

(1)热电偶温度与气流真实温度之间的误差。

当把热电偶接点处视为绝热时,由

$$m = \sqrt{\frac{hP}{\lambda A}} = \sqrt{\frac{h\pi d}{\lambda \pi d\delta}} = \sqrt{\frac{50}{25 \times 0.001}} = 44.7$$

$$\theta_l = \theta_0 \frac{1}{\cosh(ml)} \text{ 或 } T_j - T_f = (T_0 - T_f)\frac{1}{\cosh(ml)}$$

得

$$T_f = \frac{T_j \cosh(ml) - T_0}{\cosh(ml) - 1} = \frac{650 \times \cosh(44.7 \times 0.1) - 500}{\cosh(44.7 \times 0.1) - 1} = 654(℃)$$

故热电偶的测温误差为 4℃。

(2)分析在下列条件改变下测量误差的大小。

① 改变套管长度 $l = 150$ mm。

$$ml = 44.7 \times 0.15 = 6.7, \quad \theta_l = (654 - 500)\frac{1}{\cosh(ml)} = 0.38(℃)$$

② 改变套管壁厚 $\delta = 0.5$mm。

$$ml = \sqrt{\frac{h}{\lambda\delta}}l = \sqrt{\frac{50}{25 \times 0.0005}} \times 0.1 = 6.323, \quad \theta_l = (654 - 500)\frac{1}{\cosh(ml)} = 0.5(℃)$$

③ 更换套管材料 $\lambda = 16$W/(m·K)。

$$ml = \sqrt{\frac{h}{\lambda\delta}}l = \sqrt{\frac{50}{16 \times 0.001}} \times 0.1 = 5.59, \quad \theta_l = (654 - 500)\frac{1}{\cosh(ml)} = 1.14(℃)$$

④ 若气流与套管之间的对流换热系数 $h = 100$W/(m²·K)。

$$ml = \sqrt{\frac{h}{\lambda\delta}}l = \sqrt{\frac{100}{16 \times 0.001}} \times 0.1 = 6.323, \quad \theta_l = (654 - 500)\frac{1}{\cosh(ml)} = 0.5(℃)$$

⑤ 若套管根部温度 $T_0 = 600℃$。

$$ml = 44.7 \times 0.1 = 4.47, \quad \theta_l = (654 - 600)\frac{1}{\cosh(ml)} = 1.2(℃)$$

讨论 从以上分析发现,要减小测温误差,可以采取以下措施:①尽量增加套管高度和减小壁厚;②选用导热系数低的材料作套管;③强化套管与流体间的对流换热系数;④在安装套管的壁面处包以热绝缘层,增加套管根部的温度。

例题 2-12   围在外径为 80mm 铜管上的一铝质环肋,厚 5mm,肋外缘直径为 160mm,导热系数为 200W/(m·K),周围流体温度为 70℃,对流换热系数为 60W/(m²·K)。求肋片的传热量。

解   本题可利用肋片效率(图 2-30)进行计算。先计算有关参数。

考虑肋端传热作用的肋片修正长度

$$l' = l + \frac{\delta}{2} = (r_2 - r_1) + \frac{\delta}{2} = (80 - 40 + \frac{5}{2}) \times 10^{-3} = 0.0425(\text{m})$$

纵剖面积

$$A'_l = l'\delta = 0.0425 \times 0.005 = 0.0002125(\text{m}^2)$$

$$\sqrt{\frac{h}{\lambda A'_l}} l^{\frac{3}{2}} = \sqrt{\frac{60}{200 \times 0.0002125}} \times 0.0425^{\frac{3}{2}} = 0.329$$

$$\frac{r'_2}{r_1} = \frac{r_2 + \frac{\delta}{2}}{r_1} = 2.0625$$

查图 2-30 得,$\eta_f = 0.89$。

故传热量为

$$\Phi = \eta_f \Phi_{\max} = 2\eta_f h \pi (r'^2_2 - r^2_1)(T_0 - T_f)$$
$$= 2 \times 0.89 \times 60 \times 3.14 \times (0.0825^2 - 0.04^2) \times (250 - 70) = 314(\text{W})$$

2.5.4   肋面总效率

在一些换热设备中,在换热面上加装肋片是增大换热量的重要手段。当金属间壁两侧对流换热系数相差很大时,为了增强传热就应该在对流换热系数小的那一侧采用肋片来扩展换热表面。

如图 2-32 所示,设光侧表面的表面积为 A_1,加肋表面的表面积为 A_2(包括肋间平壁表面积 A_0 和肋片表面积 A_f)。则平壁肋化一侧总面积为

$$A_2 = A_0 + A_f$$

肋化系数定义为加肋表面与光侧表面表面积之比

$$\beta = \frac{A_2}{A_1} \qquad (2-49)$$

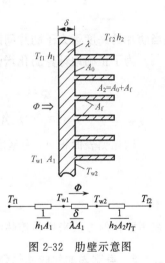

图 2-32   肋壁示意图

如果假定整个肋表面上的温度与肋基温度相等并保持一致,则根据热阻的定义可以将传过肋壁的热量 Φ 表示成

$$\Phi = \frac{T_{f1} - T_{f2}}{\dfrac{1}{h_1 A_1} + \dfrac{\delta}{\lambda A_1} + \dfrac{1}{h_2 A_2}} = \frac{T_{f1} - T_{f2}}{\dfrac{1}{h_1 A_1} + \dfrac{\delta}{\lambda A_1} + \dfrac{1}{h_2 A_1 \beta}} \qquad (2-50)$$

以光侧表面积 A_1 为基准的传热系数为

$$K_1 = \frac{1}{\dfrac{1}{h_1} + \dfrac{\delta}{\lambda} + \dfrac{1}{h_2 \beta}} \qquad (2-51)$$

从式中可以看到,肋化系数越大,则传热热阻越小,传热系数越高。要提高肋化系数可以有两种方法:

(1)采用薄肋,缩小肋的间距,以增加肋的数目。

（2）采用长肋，以扩大每一肋片的表面面积。

采用第一种方法来提高肋化系数受到肋片侧流动阻力和对流换热情况的限制。因为过密的肋片会使流体在肋间的流动受阻，甚至会在肋间形成流动的滞止区，使流阻增大，对流换热系数下降从而与增强传热的愿望相反。所以相对于一定的流体和流速，肋间距有一最佳值。采用第二种方法要考虑到肋效率的问题，特别要引起重视的是，式(2-50)建立的前提是恒温表面，因此式(2-50)和式(2-51)隐含了整个肋表面上的温度与肋基温度相等并保持一致的假设。这个假定意味着只有在肋长方向上的导热热阻完全可以忽略时才正确。因此，上述两式显然过高地估计了肋化增强传热的作用。

为此引入肋面总效率(overall fin surface efficiency)的概念。假设传热过程是稳定的，则通过肋壁的传热量可分别表示成

$$\Phi = h_1 A_1 (T_{f1} - T_{w1})$$

$$\Phi = \lambda A_1 (T_{w1} - T_{w2}) / \delta$$

$$\Phi = h_2 A_0 (T_{w2} - T_{f2}) + h_2 A_f \eta_f (T_{w2} - T_{f2}) = h_2 A_2 \eta_t (T_{w2} - T_{f2})$$

式中，η_t 称为肋面总效率(overall fin surface efficiency)。

$$\eta_t = \frac{A_0 + A_f \eta_f}{A_0 + A_f} \tag{2-52}$$

当肋片的高度远大于肋片间距时，$A_0 \ll A_f$，此时肋面总效率与肋片效率几乎相等。

为了正确地计算肋化增强传热的效果，对式(2-50)和式(2-51)进行修正

$$\Phi = \frac{T_{f1} - T_{f2}}{\dfrac{1}{h_1 A_1} + \dfrac{\delta}{\lambda A_1} + \dfrac{1}{h_2 A_2 \eta_t}} = \frac{T_{f1} - T_{f2}}{\dfrac{1}{h_1 A_1} + \dfrac{\delta}{\lambda A_1} + \dfrac{1}{h_2 A_1 \eta_t \beta}} \tag{2-53}$$

以光侧表面积 A_1 为基准的传热系数为

$$K_1 = \frac{1}{\dfrac{1}{h_1} + \dfrac{\delta}{\lambda} + \dfrac{1}{h_2 \eta_t \beta}} \tag{2-54}$$

在用肋化的方法来增强传热时，不但要考虑肋化系数的提高，而且还要兼顾肋面总效率。

2.5.5 等截面肋片的肋化判据

众所周知，敷设肋片的目的是为了减小表面对流换热热阻，增加从表面传给流体的热量。但是我们在应用这一概念的时候，仍需要探究这样一个问题：是否在任何条件下敷设肋片都可以达到增强传热的效果？

假设不管是否敷设肋片，肋片基部表面温度为 T_w，基部表面和流体之间的对流换热系数与肋片和流体之间的对流换热系数值相同。裸露表面和敷设肋片时，宽度为 w、高为 δ 的基部表面与流体之间的传热热阻如图 2-33 所示。

（1）不敷肋片时，宽为 w、高为 δ 的基部表面，这部分和流体之间的换热量为

$$\Phi_{nf} = h w \delta (T_w - T_f) = h A_b (T_w - T_f) = \frac{T_w - T_f}{1/(h A_b)} \tag{2-55}$$

（2）如有肋片敷在基部表面上，则热量从处于 T_w 的表面导入肋片，并克服肋片内部的导热热阻，在到达肋片和流体的界面后，再通过表面对流换热热阻散入流体。

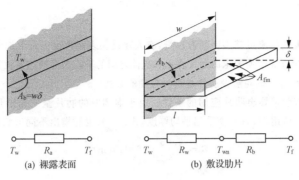

$$T_w \quad R_a \quad T_f \qquad\qquad T_w \quad R_w \quad T_{wn} \quad R_b \quad T_f$$

(a) 裸露表面　　　　　　　(b) 敷设肋片

图 2-33　肋片热阻示意图

令肋片导热的平均内热阻为 R_w，T_{wn} 为肋片表面的平均温度。

在有或没有肋片时的等效热阻分别为

$$R_{nf} = R_a = \frac{1}{hA_b}, \quad R_f = R_b + R_w = \frac{1}{hA_{fin}} + R_w$$

（3）在有或没有肋片时的散热量分别取决于所表示的等效热阻的相对大小。虽然有肋时的对流换热热阻 R_b 远小于无肋时的对流换热热阻 R_a，但是如果肋片的平均导热内热阻 R_w 足够大而可能使 $R_f > R_{nf}$，这样导致肋片产生绝热效应而不是增大散热量的有利作用。例如，敷设由石棉构成的相当厚的肋片就有这样的作用，因石棉的导热系数很小而使 R_w 足够大。

（4）有肋片时的散热量为（见表 2-1，肋端取第三类边界条件）

$$\Phi_f = w\delta\lambda m(T_w - T_f)\frac{\dfrac{h}{m\lambda} + \tanh(ml)}{1 + \dfrac{h}{m\lambda}\tanh(ml)} = w\delta h(T_w - T_f)\frac{1 + \dfrac{m\lambda}{h}\tanh(ml)}{1 + \dfrac{h}{m\lambda}\tanh(ml)} \tag{2-56}$$

式中，$w\delta h(T_w - T_f) = \Phi_{nf}$，为未加肋片的基部表面散热量。若 $w \gg \delta$，则

$$\frac{m\lambda}{h} = \sqrt{\frac{2(w+\delta)h}{\lambda w\delta}}\,\frac{\lambda}{h} \approx \sqrt{\frac{2h}{\lambda\delta}}\,\frac{\lambda}{h} = \sqrt{\frac{2\lambda}{h\delta}} = \sqrt{\frac{\lambda}{h(\delta/2)}} = \frac{1}{\sqrt{Bi}}$$

这里，定义毕奥数 $Bi = \dfrac{h\delta/2}{\lambda}$。

得到肋片效果（fin effectiveness）为

$$\varepsilon_{fin} = \frac{\Phi_f}{\Phi_{nf}} = \frac{1 + \dfrac{1}{\sqrt{Bi}}\tanh(ml)}{1 + \sqrt{Bi}\,\tanh(ml)} \tag{2-57}$$

当 $\dfrac{\Phi_f}{\Phi_{nf}} = \dfrac{1 + \dfrac{1}{\sqrt{Bi}}\tanh(ml)}{1 + \sqrt{Bi}\,\tanh(ml)} > 1$ 时，敷设肋片将起到增加传热的有利作用。解不等式，得到

$$Bi = \frac{h\delta/2}{\lambda} < 1 \tag{2-58}$$

工程上，在肋片的设计中，当全部因素都加以考虑时，一般只有在下列条件下肋片的应用才是合理的。

$$Bi \leqslant 0.25 \qquad \text{(2-59)}$$

例题 2-13 为了增大流体流过其表面的散热量,有人建议在表面敷设三角形剖面的直肋。这些肋片的肋基厚 0.03m,并从表面伸出 0.3m,所要求的肋片表面和流体之间的平均表面换热系数为 1135W/(m² · K),肋片的导热系数为 12W/(m · K)。试问敷设肋片是否为合理的方法?

解 前面用等截面直肋推导出肋片应用的条件。由于本例中的肋片呈三角形形状,不同形状的肋片具有不同的特点。但在工程应用中,只要 δ 采用平均厚度,式(2-59)也能指出不同形状的肋片具有何种性能。

$$\bar{\delta} = \frac{0.03}{2} = 0.015 \text{(m)}$$

则

$$Bi = \frac{h\bar{\delta}/2}{\lambda} = \frac{1135 \times 0.0075}{12} = 0.709$$

虽然该值小于 1,但它并不是远小于 1。因而本例中所建议的肋片设计至多也只是勉强够条件,应该进行重新设计。

2.6 接触热阻

前面在分析多层壁导热问题时,曾假定两个固体的接合面完全贴合,具有相同的温度。但实际上,固体壁面互相接触时,由于表面粗糙等原因造成其接合面不可能全部密合,中间会形成未接触的间隙。这些间隙中充满了空气,从而给导热过程带来额外的热阻,称为<u>接触热阻</u> (thermal contact resistance),如图 2-34 所示。

接触热阻的存在,使得在接触面上将产生一定的温度降落 $\Delta T = T_{2A} - T_{2B}$。在热流量不变的条件下,接触热阻越大,结合面上产生的温降就越大。

影响接触热阻的因素很多。主要与接触表面的粗糙度、接合面上的挤压压力、材料对的硬度以及空隙中介质的性质等因素有关。接触表面的粗糙度越大,接触热阻越大;对于一定粗糙度的表面,增加接触面上的挤压压力,可使接触面积增加、接触热阻下降;在同样的挤压压力下,两接合面的接触程度又因材料对的硬度而异。

接触热阻的研究难度很大,至今还难以从理论上阐明其规律,相关的热阻数据也很缺乏。表 2-2 给出了部分接触热阻值。

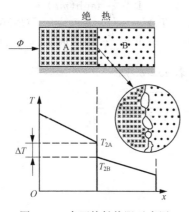

图 2-34 表面接触热阻示意图

表 2-2 几种接触表面的接触热阻值

材料及界面状况	间隙介质和填片	粗糙度 /μm	温度 /℃	压力 /MPa	接触热阻 /(m² · ℃/W)
铝/铝,磨光	空气,无填片	2.54	150	1.2~2.5	0.88×10^{-4}
铝/铝,磨光	空气,无填片	0.25	150	1.2~2.5	0.18×10^{-4}
铝/铝,磨光	空气,厚 0.025mm 铜垫片	2.54	150	1.2~20	1.23×10^{-4}

続表

材料及界面状况	间隙介质和填片	粗糙度 /μm	温度 /℃	压力 /MPa	接触热阻 /(m²·℃/W)
铜/铜,磨光	空气,无填片	1.27	20	1.2~20	0.07×10^{-4}
铜/铜,磨光	空气,无填片	3.81	20	1~5	0.18×10^{-4}
铜/铜,磨光	真空,无填片	0.25	20	0.7~7	0.88×10^{-4}

在工程上,为了减小接触热阻,通常在硬金属材料对接触面上衬以硬度低、导热系数大的铝箔或铜箔,在接触面上涂一层很薄的热姆油,用以填充空隙,可以起到明显降低接触热阻的效果。

2.7　二维稳态导热分析解法简介

当实际导热物体中某一个方向上的温度变化率远远大于其他两个方向的变化率时,导热问题的分析可以采用一维模型。但是,当物体中两个方向或三个方向的温度变化率具有相同的数量级时,采用一维分析方法会带来较大的误差,必须采用二维或三维的分析方法。

对于物体无内热源、导热系数为常数的二维导热问题(见图 2-35),其完整数学描写如下:

$$\frac{\partial^2 T}{\partial x^2}+\frac{\partial^2 T}{\partial y^2}=0 \tag{2-60}$$

相应的边界条件为

$$T(0,y)=T_1 \tag{a}$$
$$T(a,y)=T_1 \tag{b}$$
$$T(x,0)=T_1 \tag{c}$$
$$T(x,b)=f(x) \tag{d}$$

二维导热问题的分析解法中以分离变量法解法最为简单。分离变量法是一种适合于求解线性、齐次导热问题的有效方法。其应用条件为

(1) 微分方程是线性、齐次的。

(2) 边界条件是齐次的,或只有一个是非齐次的。

对于如式(2-61)所示的微分方程

$$a_0(x)y+a_1(x)y'+a_2(x)y''+\cdots+a_n(x)y^{(n)}=R(x) \tag{2-61}$$

线性:方程中的未知函数及各阶导数都是一次的;

齐次:$R(x)=0$。

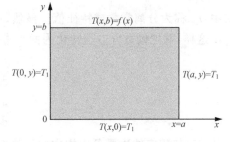

图 2-35　二维导热模型

分离变量法的基本思路是把含有两个变量的偏微分方程简化成两个常微分方程,通过特征值问题构成偏微分方程的基本解,并根据线性方程的解叠加原理,将基本解进行叠加,得到通解。分离变量法的基本步骤如下:

(1) 假定温度分布是所含自变量的函数的乘积,从而将导热偏微分方程转换为以各自变量为变量的几个常微分方程;各空间坐标变量的常微分方程与相应的边界条件构成原导热偏微分方程问题的特征值问题。

(2) 由特征值问题求得特征函数与特征值,并由它们构成偏微分方程的特解,也称为基

本解。

(3) 根据线性方程的解叠加原理,将基本解进行叠加,得到通解。

(4) 根据特征函数的正交性,确定通解中所含的待定常数。

对于图 2-35 的二维导热问题,为了得到单一的非齐次边界条件,引入新变量 $\theta = T - T_1$。则式(2-60)及相应的边界条件变成为

$$\frac{\partial^2 \theta}{\partial x^2} + \frac{\partial^2 \theta}{\partial y^2} = 0 \tag{2-62}$$

$$\theta(0, y) = 0 \tag{a}$$

$$\theta(a, y) = 0 \tag{b}$$

$$\theta(x, 0) = 0 \tag{c}$$

$$\theta(x, b) = f(x) - T_1 = F(x) \tag{d}$$

下面来分析一下应用分离变量法求解的步骤。

第一步,假定温度分布是所含自变量的函数的乘积,即

$$\theta(x, y) = X(x)Y(y) \tag{2-63}$$

此处,X 仅为 x 的函数,Y 仅为 y 的函数。

代入式(2-62),把变量分离开来,得到

$$\frac{1}{X}\frac{\mathrm{d}^2 X}{\mathrm{d}x^2} = -\frac{1}{Y}\frac{\mathrm{d}^2 Y}{\mathrm{d}y^2} = r_n \tag{2-64}$$

式中,r_n 称为分离常数或特征值。显然,r_n 是与 x,y 无关的常数。

这样,就把偏微分方程转化为两个常微分方程

$$\frac{\mathrm{d}^2 X}{\mathrm{d}x^2} - r_n X = 0 \tag{2-65a}$$

$$\frac{\mathrm{d}^2 Y}{\mathrm{d}y^2} + r_n Y = 0 \tag{2-65b}$$

式(2-65)与相应的边界条件构成原导热偏微分方程式(2-62)的特征值问题。

第二步,通过特征值问题求得特征函数与特征值,并由它们构成偏微分方程的特解。

式(2-65)的解为

$$X(x) = A_1 e^{\sqrt{r_n} x} + A_2 e^{-\sqrt{r_n} x}$$

$$Y(x) = B_1 e^{\sqrt{-r_n} y} + B_2 e^{-\sqrt{-r_n} y}$$

利用边界条件

$$x = 0, \quad X = 0, \quad \text{有 } A_1 + A_2 = 0$$

$$x = b, \quad X = 0, \quad \text{有 } A_1 e^{\sqrt{r_n} b} + A_2 e^{-\sqrt{r_n} b} = 0$$

由此得到

$$A_1(e^{\sqrt{r_n} b} - e^{-\sqrt{r_n} b}) = 0 \tag{2-66}$$

显然式(2-66)中,$A_1 = 0$ 是没有物理意义的。因此可以确定特征值只能取为

$$r_n = -\beta^2$$

式(2-65)的特征函数为

$$X(x) = A\cos(\beta x) + B\sin(\beta x)$$

$$Y(y) = C \sinh(\beta y) + D \cosh(\beta y)$$

再利用边界条件(a)、(c),得到偏微分方程的特解

$$\theta(x,y) = C \sin(\beta x) \sinh(\beta y) \tag{2-67}$$

再利用边界条件(b),得到

$$\sin(\beta a) = 0$$

至此,确定了特征值的基本取值问题。

$$\beta = \frac{n\pi}{a}, \qquad n = 1,2,3,\cdots \tag{2-68}$$

第三步,根据线性方程的解叠加原理,将基本解进行叠加,得到偏微分方程的通解。

$$\theta(x,y) = \sum_{n=1}^{\infty} C_n \sin\left(\frac{n\pi}{a}x\right) \sinh\left(\frac{n\pi}{a}y\right) \tag{2-69}$$

最后一步,需要确定式中的待定常数。

注意到,在上面的推导过程中,尚有一个边界条件(d)未被利用。由边界条件(d),得

$$F(x) = \sum_{n=1}^{\infty} C_n \sin\left(\frac{n\pi}{a}x\right) \sinh\left(\frac{n\pi}{a}b\right) = \sum_{n=1}^{\infty} B_n \sin\left(\frac{n\pi}{a}x\right)$$

式中,$B_n = C_n \sinh\left(\dfrac{n\pi b}{a}\right)$。

利用三角函数的正交性

$$\int_0^a F(x) \sin\left(\frac{m\pi}{a}x\right) \mathrm{d}x = \int_0^a \sum_{n=1}^{\infty} B_n \sin\left(\frac{n\pi}{a}x\right) \sin\left(\frac{m\pi}{a}x\right) \mathrm{d}x$$

可以得到

$$B_n = \frac{2}{a} \int_0^a F(x) \sin\left(\frac{n\pi x}{a}\right) \mathrm{d}x$$

最终得到解的形式为

$$\theta = \frac{2}{a} \sum_{n=1}^{\infty} \sin\left(\frac{n\pi x}{a}\right) \frac{\sinh\left(\dfrac{n\pi y}{a}\right)}{\sinh\left(\dfrac{n\pi b}{a}\right)} \int_0^a F(x) \sin\left(\frac{n\pi x}{a}\right) \mathrm{d}x \tag{2-70}$$

本教材仅针对较为简单的边界条件进行了分离变量法的方法介绍。对于更为复杂一些边界条件二维稳态导热问题,分析思路完全相同,但特征函数、特征值的取值问题会相对复杂。详细内容可参阅相关文献。

思 考 题

2-1 简述温度场、等温面和温度梯度的意义。

2-2 写出傅里叶定律的一般表达式,并说明式中各量和符号的物理意义。

2-3 有人认为,傅里叶定律中不显含时间项,因此该定律不能用于非稳态导热情形,你如何理解这个问题?

2-4 导热是由于微观粒子的扩散作用形成的。迄今为止,描述物质内部导热机理的物理模型有哪些?用它们可以分别描述哪些物质内部的导热过程?

2-5 影响导热系数的主要因素有哪些?试举例说明。

2-6 结合多孔介质中的热量传热过程,简述纯粹的导热只发生在密实、不透明固体中的含义。

2-7 用稳定法平板导热仪对某厂提供的保温试材的导热系数进行测定,试验时从低温开始,依次在 6 个不同温度下测得 6 个导热系数值。这些数据表明该材料的导热系数随温度升高而下降,这一规律与绝热保温材料的导热机理不符,经检查未发现实验装置有问题,试分析问题可能出在哪里。

2-8 试说明推导导热微分方程式时主要依据的基本定律。简述各项的物理意义。

2-9 试用数学语言说明导热问题三种类型的边界条件。能否将三类边界条件表示成统一的表达式?

2-10 在任意直角坐标系下,对于以下两种关于第三类边界条件的表达形式,你认为哪个对,哪个不对,或者无法判别?

$$-\lambda \left.\frac{\partial T}{\partial x}\right|_{x=0} = h(T_{f} - T_{x=0}), \quad -\lambda \left.\frac{\partial T}{\partial x}\right|_{x=0} = h(T_{x=0} - T_{f})$$

2-11 对任意形状的导热物体,处于对流换热边界条件下,流体温度为 T_f,对流换热系数为 h,有人认为,无论对该导热体被加热还是被冷却的情形,第三类边界条件均可表示成:$-\lambda (\partial T/\partial n)_{w} = h(T_{w} - T_{f})$,其中 n 为表面的外法线方向。判断这一说法的正确性。

2-12 对于无限大平板内的一维稳态导热问题,试说明在三类边界条件中,两侧面边界条件的哪些组合可以使平板中的温度场获得确定的解。

2-13 一维稳态导热中,温度分布与导热系数无关的条件有哪些?

2-14 当导热系数不为常数或有内热源时,一维平壁导热中的温度分布是否还呈线性分布,热阻形式是否发生变化?

2-15 一常物性、无内热源的长圆筒壁,内外表面温度保持恒定。试分别就内侧温度高于外侧温度、内侧温度低于外侧温度两种情形,定性画出壁内温度分布曲线并作简要的解释。

2-16 发生在一个短圆柱中的稳定导热问题,在哪些情形下可以按一维稳定导热处理?

2-17 何谓热阻?平壁、圆筒壁和球壁的热阻如何表达?对于变物性的情形,热阻表达式是否发生变化?

2-18 在圆管外敷设保温层后传热热阻如何变化?在什么条件下加保温层可能会使其传热增强?

2-19 在管道内部贴上一层保温材料,是否存在某一临界绝热直径?为什么?

2-20 输运低温流体的冷冻管道与输运高温流体的热力管道相比,在保温层设计中需要考虑什么特别因素?

2-21 扩展表面中的导热问题可以按一维处理的条件什么?有人认为,只要扩展表面细长,就可以按一维问题处理,你同意这种观点吗?

2-22 对于肋片,当可以视为一维温度分布时,如何处理肋面与流体之间的热量交换,可以使得肋面等效为绝热?

2-23 肋片高度增加引起两种效果:肋效率下降及散热表面增加。因而有人认为,随着肋片高度的增加会出现一个临界高度,超过这个高度后,肋片导热热流反而会下降,试分析这一观点的正确性。

2-24 肋化系数、肋片效率和肋面总效率是如何定义的?在选用和设计肋片时它们有何用途?

2-25 在圆管外敷设保温层与在圆管外侧设置肋片,从热阻分析的角度有什么异同?在什么情况下加保温层反而会强化其传热而加肋片反而会削弱其传热?

2-26 有两根材料不同,厚度均为 2δ 的等截面直肋 A 和 B,处于相同的换热环境中,肋基温度均为 T_{0},肋端绝热,它们的表面均被温度为 T_{f}、对流换热系数 h 为常数的流体所冷却,且 $\delta/\lambda \ll 1/h$。现测得材料 A 和 B 的表面温度分布如图 2-36 所示,试分析材料 A 和 B 导热系数的大小。

2-27 对于矩形剖面的直肋,如果肋端温度高于肋根温度,试定性绘出过余温度随肋高的分布曲线。

2-28 试设计一套测量金属材料导热系数的实验装置,并对实验方案可能造成的误差进行分析。

2-29 试分析用夹层测量高温气体导热系数有何难点,如何解决。

2-30 相比于平壁夹层和圆筒壁夹层,采用球壳夹层测量多孔物料的导热系数,在实验方法上有何优点?

2-31 如果肋片的导热视为二维,试定性画出肋片内部的温度分布趋势。

2-32 如图 2-37 所示的几何形状,假定图中阴影部分所示的导热体没有内热源,物性为常数且过程处于稳态。中心圆管内部表面温度保持为 T_1，矩形外边界只有一面保持恒定温度 T_2，其余面绝热。有人预测，如果用不锈钢或铜作为该导热体的材料进行实验，会得到不同的温度分布结果。你同意其观点吗？

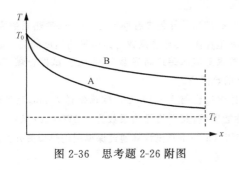

图 2-36 思考题 2-26 附图   图 2-37 思考题 2-32 附图

2-33 从传热学的角度进行分析，热电厂高温设备冷却用水为什么要采用经过软化的水？

2-34 简述接触热阻的概念。对于一个肋壁而言，如果肋片不是壁整体制备而成，而是通过某种方式与壁面相贴合，试分析接触热阻对其传热过程的影响。

2-35 通过文献检索和阅读，初步了解导热的非傅里叶效应，并理解在什么特殊情形下会出现偏离傅里叶导热定律的热传递现象。

练 习 题

2-1 厚度为 δ 的单层平板，两侧温度分别维持在 T_1 和 T_2，平板材料导热系数呈线性变化，即 $\lambda = a + bT$（其中 a，b 为常数），试分别就 $b > 0$，$b = 0$ 和 $b < 0$ 三种情形，定性画出平板中的温度分布曲线，并写出平板某处当地热流的表达式。假定无内热源。

2-2 有一厚为 20mm 的平面墙，导热系数为 $1.3 \text{W}/(\text{m} \cdot \text{K})$。为使每平方米墙的热损失不超过 1500W，在外表面覆盖了一层导热系数为 $0.12 \text{W}/(\text{m} \cdot \text{K})$ 的保温材料。已知复合壁两侧的温度分别维持在 750℃ 及 55℃，试确定保温层的厚度。

2-3 某一维导热平板，平板两表面稳定分布为 T_1 和 T_2。在这个温度范围内导热系数与温度的关系为 $\lambda = 1/(\beta T)$。求平板内的温度分布。

2-4 某材料导热系数与温度的关系为 $\lambda = \lambda_0 (1 + bT^2)$，式中 λ_0，b 为常数，若用这种材料制成平壁，试求其单位面积的热阻表达式。

2-5 平壁厚度为 δ，两侧温度分别维持为 T_1 和 T_2，导热系数 $\lambda = \lambda_0 (1 + bT)$ 且 $b > 0$。问平壁中心的温度与 $(T_1 + T_2)/2$ 是否相同？与导热系数 λ_0 的平壁热阻相比，该平壁的导热热阻有何变化？

2-6 恒温箱的复合壁用三种材料制成，材料 A 在内侧，材料 B 夹在材料 A 和 C 之间。已知其中两种材料的导热系数 $\lambda_A = 20 \text{W}/(\text{m} \cdot \text{K})$，$\lambda_C = 50 \text{W}/(\text{m} \cdot \text{K})$，三种材料的厚度 $\delta_A = 0.3\text{m}$，$\delta_B = 0.15\text{m}$，$\delta_C = 0.15\text{m}$。在稳态工作的情况下，测得外表面温度为 20℃，内表面温度为 600℃，而箱内空气的温度为 800℃，内部对流换热系数为 $25 \text{W}/(\text{m}^2 \cdot \text{K})$，求材料 B 的导热系数。

2-7 一厚度为 10cm 的无限大平壁，导热系数为 $15 \text{W}/(\text{m} \cdot \text{K})$。平壁两侧置于温度为 20℃、对流换热系数为 $50 \text{W}/(\text{m}^2 \cdot \text{K})$ 的流体中，平壁内有均匀的内热源 $q_v = 4 \times 10^4 \text{W}/\text{m}^3$。试确定平壁内的最高温度及平壁表面温度。

2-8 厚度 $\delta = 10\text{cm}$、内热源 $q_v = 0.3 \times 10^6 \text{W}/\text{m}^3$ 的平壁，$x = 0$ 的表面为绝热表面，另一个表面暴露在温度为 20℃ 的空气之中，已知空气与壁面之间的对流换热系数 $h = 50 \text{W}/(\text{m}^2 \cdot \text{K})$，平壁的导热系数 $\lambda = 3 \text{W}/(\text{m}^2 \cdot \text{K})$。

(1) 写出平壁稳态导热的微分方程及边界条件；

(2) 确定温度分布并计算最高壁温。

2-9 一维无限大平壁，其导热系数为 $50 \text{W}/(\text{m} \cdot \text{K})$，厚度为 50mm，在稳态情况下的平壁内温度分布为：T

$=200-2000x^2$，式中 T 的单位为℃，x 的单位为 m。两侧面所在的坐标分别为 $x=0$mm 和 $x=50$mm，试求：

(1) 平壁两侧表面的热流密度；

(2) 平壁内单位体积的内热源生成热。

2-10 外直径为 50mm 的蒸气管道外表面温度为 400℃，其外包裹有厚度为 40mm、导热系数为 0.11W/(m·K) 的矿渣棉，矿渣棉外又包有厚为 45mm 的煤灰泡沫砖，其导热系数与砖层平均温度的关系如下：$\lambda=0.099+0.0002\bar{T}$。煤灰泡沫砖外表面温度为 50℃，若煤灰泡沫砖最高耐温为 300℃。试检查煤灰泡沫砖层的温度有无超过最高温度，并求通过每米长该保温层的热损失。

2-11 夏天，一置于室外的球形液氨罐，罐内液体温度保持在－196℃。球罐外径为 2m，其外包有厚为 30cm 的保温层，由于某种原因，该保温材料的保温性能变差，其平均导热系数为 0.6W/(m·K)。若环境温度为 40℃，罐外空气与保温层间的对流换热系数为 5W/(m²·K)，试计算通过保温层的热损失并判断保温层外表面是否结霜，假定球罐外壁温度与罐内液体温度相等。

2-12 燃气温度 $T_g=1800$K，冷却气流温度 $T_c=800$K。空心叶片厚度为 1mm，叶片材料导热系数为 19W/(m·K)，叶片外侧燃气对流换热系数为 8000W/(m²·K)，内部冷却气流对流换热系数为 400W/(m²·K)，计算叶片外表面温度。如果在叶片外表面涂上陶瓷涂层，其厚度为 0.1mm，导热系数为 1.04W/(m·K)，此时叶片外表面温度为多少？

2-13 家用电熨斗如图 2-38 所示，已知电功率为 1200W，铁板厚度 0.5cm，表面积 300cm²，导热系数 15W/(m·K)。外表面暴露于温度为 20℃的空气中，对流换热系数为 80W/(m²·K)，若忽略辐射散热，确定铁板内侧和外侧的温度。

2-14 输电的导线可以看作是有内热源的无限长圆柱体。假设圆柱体壁面暴露在温度为 T_f、对流换热系数为 h 的介质中，内热源 q_v 和导热系数为常数，圆柱体半径为 r_0。试求在稳态条件下圆柱体内的温度分布。

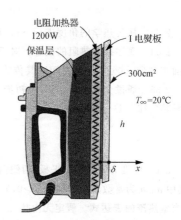

图 2-38 练习题 2-13 附图

2-15 一具有内热源 q_v、外径为 r_0 的实心长圆柱体，向周围温度为 T_∞ 的空气散热，表面对流换热系数为 h，试写出圆柱体中稳态温度场的微分方程和边界条件，并对 q_v 等于常数的情形进行求解。

2-16 一根直径为 3mm 的铜导线，每米长的电阻为 2.22×10^{-3} Ω。导线外包有厚 1mm、导热系数为 0.15W/(m·K) 的绝缘层。限定绝缘层的最高温度为 65℃，最低温度为 0℃，试确定在这种条件下导线中允许通过的最大电流。

2-17 如图 2-39 所示，一根半径为 $r_1=20$ mm 的圆柱体，具有均匀的内部热源，内热源强度为 $q_v=2\times10^6$W/m³。圆柱体外侧包裹两层厚度均为 10mm 的保温层，导热系数分别为 $\lambda_a=1$W/(m·K)，$\lambda_b=2$W/(m·K)。假设最外层的表面温度保持在 $T_3=400$K，试确定：

(1) 圆柱体外表面温度 T_1 和两保温层结合面温度 T_2；

(2) 如果 $T_0=640$ K，圆柱体的导热系数应为多大？

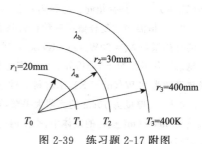

图 2-39 练习题 2-17 附图

2-18 在一根外径为 100mm 的热力管道外拟包覆两层绝热材料，一种材料的导热系数系数为 0.06W/(m·K)，另一种为 0.12W/(m·K)，两种材料的厚度都取为 75mm。试比较将导热系数小的材料紧贴管壁，或者将导热系数大的材料紧贴管壁这两种方法对保温效果的影响。

2-19 试推导出球壳的临界绝热直径。

2-20 一个复合壁将温度为 2600℃的燃气和温度为 100℃的液体冷却介质隔开。燃气和液体两侧的对流换热系数分别为 50W/(m²·K) 和 1000W/(m²·K)，复合壁紧靠燃气一侧是厚度为 10mm 的耐高温材料，导热系数为 21.5W/(m·K);靠液体一侧是厚度为 20mm、导热系数为 25.4W/(m·K)的不锈钢板。耐高温材料和不锈钢板之间的接触热阻是 0.05K/W,问单位面积复合壁上的散热率是多少? 定性画出从燃气到冷却液体之间的温度变化情况。

2-21 航空发动机涡轮叶片与高温燃气相接触,为了使叶片金属温度不超过允许数值,常在涡轮叶片中间铸造出冷却通道,从压气机出口抽出一部分冷空气进入这些通道。现在给出以下数据:空心叶片内表面积 $A_i=200mm^2$,冷却空气的平均温度 $T_{fi}=700℃$,对流换热系数 $h_i=320W/(m^2·K)$;叶片外表面积 $A_o=2840mm^2$,与平均温度 $T_{fo}=1000℃$ 的燃气接触,表面平均对流换热系数 $h_o=1420W/(m^2·K)$;其时叶片外表面温度为 820℃,内表面温度为 790℃。试分析此时该叶片内的导热是否处于稳态。

2-22 某种平板材料厚 25mm,两侧面分别维持在 40℃ 和 85℃。测得通过该平板的热流量为 1820W,导热面积为 $0.2m^2$。

(1) 试确定在此条件下平板的平均导热系数;

(2) 设平板的导热系数按 $λ=λ_0(1+bT)$ 变化,为了确定上述温度范围内的 $λ_0$ 及 b 值,还需要补充测量什么量? 给出此时确定 $λ_0$ 及 b 的计算式。

2-23 把一根圆形长铝棒的一端与热壁接触,使铝棒以对流换热向冷流体传热。

(1) 若棒的直径增大 3 倍,传热速率将为原来的多少倍?

(2) 如果用同样直径的铜棒代替铝棒,传热速率又为原来的多少倍?

2-24 外径为 25mm 的管子,沿管长装有等厚环肋,肋片厚 1.2mm,高 $h=15mm$,导热系数 $λ=150W/(m·K)$。若肋间空隙为 10mm,管壁温度为 200℃,周围介质温度为 25℃,表面总换热系数 $h=100W/(m^2·K)$,试计算每米管长所散失的热量。

2-25 如图 2-40 所示,一实心燃气轮机叶片,高度为 6.25cm,横截面积为 $4.65cm^2$,周长为 12.2cm,导热系数为 22W/(m·K)。燃气有效温度为 1140K,叶根温度为 755K,燃气对叶片的对流换热系数为 390W/(m^2·K)。假定叶片端面绝热,求叶片的温度分布和通过叶根的热流。

2-26 如图 2-41 所示,外径 40mm 的管道,壁温为 120℃,外装纵肋 8 片,肋厚 0.8mm,高 20mm,肋的导热系数为 95W/(m·K),周围介质温度为 20℃,对流换热系数为 20W/(m^2·K),求每米管长散热量。

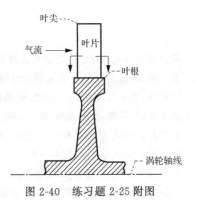

图 2-40 练习题 2-25 附图

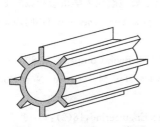

图 2-41 练习题 2-26 附图

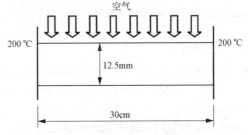

图 2-42 练习题 2-27 附图

2-27 如图 2-42 所示的长 30cm,直径为 12.5mm 的铜杆,导热系数为 386W/(m·K)。两端分别紧固地连接在温度为 200℃ 的加热器上。温度为 38℃ 的空气横向掠过铜杆,对流换热系数为 17W/(m^2·K)。求铜杆散给空气的热量是多少?

2-28 一根直径为 d、长度为 l 的圆棒,导热系数为 $λ$,具有均匀的内热源 q_v,两端分别联接于温度 T_1 和 T_2 的恒温表面,圆棒表面暴露于对流换热环境,流体温度为 T_f,对流换热系数为 h。假定圆棒在各截面的径向温度分布均匀,试推导出温度分布的表达式。

2-29 如图 2-43 所示,一高为 0.3m 的铝制锥台,导热系数 200W/(m·K),顶面直径 0.08m,底面直径为 0.14m。顶面温度均匀为 540℃,底面温度均匀为 90℃,侧面绝热。假设热流是一维的,求:

(1) 温度分布表达式;

(2) 通过锥台的导热量。

2-30 矩形直肋如图 2-44 所示,厚度为 $2b$,肋长为 l,肋根温度为 T_0,肋表面与温度为 T_f 的流体对流换热,对流换热系数为 h。试求肋片内的温度场,并分析在什么条件下,肋片内的导热可按一维问题处理。(提示:此题按二维导热分析)

 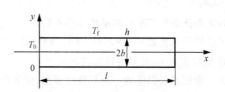

图 2-43　练习题 2-29 附图　　　　　图 2-44　练习题 2-30 附图

参 考 文 献

奥西波娃 B A,1982. 传热学实验研究[M]. 蒋章焰,王传院,译. 北京:高等教育出版社:17-113

曹玉璋,邱绪光, 1998. 实验传热学[M]. 北京:国防工业出版社:115-118

陈则韶,葛新石,固毓沁,1990. 量热技术和热物性测定[M]. 合肥:中国科学技术大学出版社:63-81

蒋方明,刘登瀛,2002.非傅里叶导热的最新研究进展[J].力学进展,32(1):128-138

姜任秋, 1997. 热传导与动量传递中的瞬态冲击效应[M]. 北京:科学出版社:44-55

罗棣庵, 1989. 传热应用与分析[M]. 北京:清华大学出版社:6-24

王宝官, 1997. 传热学[M]. 北京:航空工业出版社:14-17,20-22

王补宣, 2002. 工程传热传质学(下册)[M]. 北京:科学出版社:459-461

杨世铭,陶文铨, 2006. 传热学[M]. 4 版. 北京:高等教育出版社:44-46,313-319

郑亚,陈军,鞠玉涛,等, 2006. 固体火箭发动机传热学[M]. 北京:北京航空航天大学出版社:208-227

Cengel Y A, 2003. Heat transfer, A practical approach[M].2nd ed. New York:McGraw-Hill Book Company: 21,81-83,90-94,157-166

Holman J P, 2002. Heat transfer[M]. 9th ed. New York:McGraw-Hill Book Company:77-80

Incropera F P, DeWitt D P, 2002. Fundamentals of heat and mass transfer[M]. 5th ed. New York:Jonh & Wiley Sons:137-148

Look D C, 1997. 1-D fin tip boundary corrections[J]. Heat Transfer Engineering,18(2):46-49

Wang C C, 2000. Technology review-A survey of recent patents of fin and tube heat exchangers[J]. Enhanced Heat Transfer,7(2):333-345

第3章 非稳态导热

温度场随时间变化的导热过程,称为非稳态导热(unsteady heat conduction)。如发动机在启动、停机及变工况时,部件的温度会发生急剧的变化;太阳对建筑物辐射加热造成墙壁温度的波动;金属零件热处理时的退火和淬火等。求解非稳态导热的主要任务就是确定物体内部的温度随时间的变化规律,或确定其内部温度到达某一限定值所需的时间。

本章将从基本概念入手,由简单到复杂依次讨论零维、一维非稳态导热的分析解法及其主要结果,读者应重点掌握确定瞬时温度场的方法,以及在一段时间间隔内物体导热量的计算方法。

3.1 非稳态导热的基本概念

非稳态导热不同于稳态导热。在非稳态导热中,物体内各点温度和热流密度都随时间变化,在与热流方向相垂直的不同截面上热流量是处处不等的。按照过程进行的特点,即物体温度随时间变化的性质,非稳态过程有非周期性和周期性两类。

$$
\text{非稳态导热}\begin{cases}\text{周期性} \\ \text{非周期性}\begin{cases}\text{初始阶段或非正规状况阶段} \\ \text{正规状况阶段} \\ \text{稳定阶段}\end{cases}\end{cases}
$$

本书仅讨论非周期性的非稳态导热问题。通常指物体(或系统)的加热或冷却过程。

3.1.1 非稳态导热过程及其特点

现以图 3-1 所示的无内热源平壁非稳态导热为例,分析非稳态导热过程的特点。设有一壁厚为 δ 的平壁,初始温度为 T_i,将其左侧表面的温度突然加热升高到 T_{w1} 并维持不变,而右侧表面仍与温度为 T_i 的空气相接触。于是平壁内的温度场要经历以下的变化过程:

在紧靠平壁左侧的区域温度首先上升,其余部分仍然保持为原来的温度。经过 $\Delta\tau$ 时刻,壁内温度分布如图 3-1 中曲线 HBD 所示。

随着时间的推移,温度变化波及的范围逐渐扩大,平壁内自左向右,各截面温度依次升高,温度变化一层一层地传播到平壁的右侧表面。

在一定时间之后,右侧表面温度也逐渐升高。

经过足够长的时间(理论上为无限长时间),壁内温度分布将成为一条直线 HG。此时,非稳态导热过程结束,进入稳态导热过程。

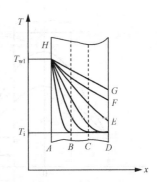

图 3-1 非稳态导热过程

可以想象,只要物体边界上的温度或者热流发生改变,就会引起物体温度从表面逐步深入到内部的温度变化,造成在每一个与热流方向相垂直的截面上所通过的热流不相等,热流的差额便用来改变物体的内能。上述这种温度变化向平壁内部传播的快慢与物体的导热能力(λ)及储热能力(ρc)有关。比值$\lambda/(\rho c)$就是导热微分方程式[见式(2-8)]中的热扩散系数或导温系数a,它反映了物体的导热能力与储热能力之比,可以用来衡量物体在加热或冷却时内部温度变化的传播速度。以平壁受热升温的非稳态导热过程为例,进入物体的热量沿途不断地被吸收而使当地温度升高,此过程持续到物体内部各点温度均匀为止。λ越大,说明在相同的温度梯度下可以传递更多的热量;ρc越小,单位体积的物体温度升高1℃所需的热量越小,可以剩下更多的热量继续向物体内部传递,使得物体内部各点温度趋于一致的能力提高。可见热扩散系数a对于非稳态导热具有重要的物理意义。

在图3-1所示的平壁非稳态导热过程中,物体中的温度分布存在着两个不同的阶段。第一个阶段是过程开始后对应于平壁非稳态导热过程中由左侧表面导入的热流量到达右侧表面之前的一段时间,称为初始阶段或非正规状况阶段(non-regular regime)。它的特点是,温度变化从物体的边界面逐渐深入到物体内部,物体内各点温度随时间的变化率各不相同,温度分布受初始温度分布的影响很大。随着加热(冷却)过程的继续,初始温度分布的影响逐渐消失,此时非稳态导热过程进入到第二阶段,对应于平壁非稳态导热过程中左侧表面导入的热流量到达右侧表面后,右侧壁面温度不断升高直至保持不变之前的一段时间,称为正规状况阶段(regular regime)。此时,物体内各点温度随时间的变化率具有一定的规律,主要取决于边界条件及物性。

3.1.2 边界条件对导热系统温度分布的影响

求解非稳态导热问题,实质上可归结为在规定的初始条件和边界条件下求解导热微分方程式,确定物体内部的温度随时间的变化规律。鉴于第三类边界条件比较常见,本章将着重讨论物体处于恒温介质中的加热(冷却)问题。

物体处于恒温介质中的非稳态导热过程与物体表面的对流换热热阻和内部导热热阻有关。低热阻可使热流很容易地以低温差通过,高热阻则使热流通过困难,需要较大的温差才能推动。如果物体内部的导热热阻较小而表面的对流换热热阻较大,则物体内部的热量向表面的传递可以在较小的温差下进行,物体内的温度分布在每一时刻都比较均匀,各处的温度接近;反之,则物体内部各处的温度相差较大。表征物体内部导热热阻与物体表面对流换热热阻相对大小的无量纲数(准则数)称为毕奥数(Biot number)。

$$Bi = \frac{\text{物体内部导热热阻}}{\text{物体表面对流换热热阻}}$$
$$= \frac{l/(\lambda A)}{1/(hA)} = \frac{hl}{\lambda} \tag{3-1}$$

出现在准则数定义式中的几何尺度称为特征长度(characteristic length),其确定原则将在3.2节中详细讨论。

毕奥数的大小对于物体中非稳态导热过程的温度场变化具有重要影响。下面通过一简单情形加以分析,图3-2表示初始温度为T_i的平壁(厚度2δ)浸

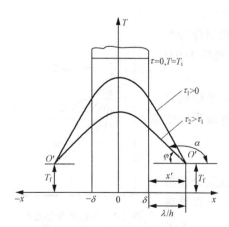

图3-2　第三类边界条件定向点

没在温度为 T_f,对流换热系数为 h 的流体中进行冷却时的温度随时间变化。

无限大平壁在冷却时的第三类边界条件为

$$x = \delta, \quad -\lambda \frac{\partial T}{\partial x}\bigg|_{x=\delta} = h(T|_{x=\delta} - T_f)$$

则任意时刻平壁温度分布在壁面处的变化率为

$$-\frac{\partial T}{\partial x}\bigg|_{x=\delta} = \frac{T|_{x=\delta} - T_f}{\lambda/h}$$

运用图 3-2 所示的几何关系,分析得到在任何时刻,平壁表面温度分布的切线都通过坐标为 $(\delta+\lambda/h, T_f)$ 的 O' 点,称为第三类边界条件的定向点,点 O' 距壁面的距离为

$$x' = \lambda/h = \delta/Bi$$

根据上述分析,可以得到毕奥数对于平壁非稳态导热过程温度场变化的影响,如图 3-3 所示。当 $Bi \gg 1$ 时,表面对流换热热阻相对于内部导热热阻而言几乎可以忽略,因而过程一开始平壁的表面温度就在瞬间冷却至流体的温度,随着时间的推移,平壁内部各点温度逐渐下降而趋近于 T_f。在 $Bi \ll 1$ 的情况下,物体内部的导热热阻可以忽略,因而在任何瞬时,平壁内各点的温度几乎是相同的,并且随着时间的推移而逐渐下降,此时,物体内的温度分布只是时间的函数,与空间位置无关。

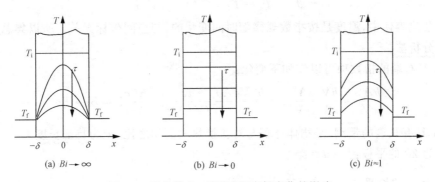

图 3-3 毕奥数 Bi 对平壁温度场变化的影响

3.2 集总参数法

一般在工程应用中,当 $Bi \leqslant 0.1$ 时就可以近似地认为物体内部的导热热阻与表面对流换热热阻相比可以忽略不计。这种在任何瞬时内部温度梯度小得可以忽略的导热体称为集总热容系统(lumped heat capacity system),有时也称为热薄物体系统。应该指出,这都是一个相对的概念,是由系统内的导热热阻和表面对流换热热阻的相对大小来决定的,同一物体在一种环境下可以视为集总热容系统,而在另一种情况下就可能不是集总热容系统。这种忽略物体内部导热热阻的分析方法称为集总参数法(lumped parameter method),也称零维分析法。

集总参数法既然忽略了物体内部的导热热阻,那么,描述这类物体的非稳态导热的微分方程就可以根据能量守恒定律导出一种简单的形式。即物体吸收的热流量与表面的对流换热热流量相平衡,针对图 3-4 所示的控制体,依据能量守恒定律,可得到

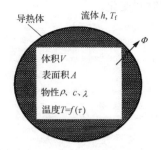

导热体
流体 h, T_f
Φ
体积 V
表面积 A
物性 ρ、c、λ
温度 $T=f(\tau)$

图 3-4　集总参数法分析

$$\rho c V \frac{\mathrm{d}T}{\mathrm{d}\tau} = -hA(T - T_f) \tag{3-2}$$

式中，V 为物体的体积，A 为物体的表面积。

引入过余温度（temperature excess）$\theta = T - T_f$，式（3-2）变为

$$\rho c V \frac{\mathrm{d}\theta}{\mathrm{d}\tau} = -hA\theta \tag{a}$$

相应的初始条件为

$$\tau = 0, \quad \theta = T_i - T_f = \theta_i \tag{b}$$

对式（a）进行积分，得

$$\int_{\theta_i}^{\theta} \frac{\mathrm{d}\theta}{\theta} = -\int_0^\tau \frac{hA}{\rho c V} \mathrm{d}\tau \tag{c}$$

$$\ln \frac{\theta}{\theta_i} = -\frac{hA}{\rho c V}\tau \tag{d}$$

即

$$\frac{\theta}{\theta_i} = \frac{T - T_f}{T_i - T_f} = \exp\left(-\frac{hA}{\rho c V}\tau\right) \tag{3-3}$$

在集总热容体中，温度是按指数规律随时间变化的，与空间坐标无关。所以集总参数法也称为零维分析法。

式（3-3）右端的指数项可以作如下变化：

$$\frac{hA}{\rho c V}\tau = \frac{hV}{\lambda A}\frac{\lambda A^2}{\rho c V^2}\tau = \frac{h(V/A)}{\lambda}\frac{a\tau}{(V/A)^2} = \frac{hl}{\lambda}\frac{a\tau}{l^2} = Bi \cdot Fo \tag{3-4}$$

这里 V/A 具有长度的量纲，是物体体积与对流换热表面积之比，记为特征长度 l。

厚度为 2δ 的平板：　　$l = \delta$

半径为 R 的长圆柱：　　$l = \dfrac{R}{2}$

半径为 R 的球体：　　$l = \dfrac{R}{3}$

无量纲组合量分别称为毕奥数和傅里叶数。

$$\text{毕奥数 } Bi = \frac{hl}{\lambda}, \quad \text{傅里叶数 } Fo = \frac{a\tau}{l^2}$$

毕奥数的物理意义在上一节中已经指出，现在来说明一下傅里叶数的物理意义。傅里叶数（Fourier number）是反映热扰动快慢的无量纲时间，即

$$Fo = \frac{\tau}{l^2/a}$$

式中，分子 τ 表示从边界上开始发生热扰动起的过程时间；分母 l^2/a 可以视为边界上发生的热扰动穿过单位厚度的固体层扩散到 l^2 的面积上所需的时间。

显然在非稳态导热过程中，傅里叶数越大，热扰动就能深入地传播到物体内部，因而物体内各点的温度就越接近周围介质的温度。傅里叶数还可以理解为通过 l^2 面积的导热量与 l^3 体积内的储热量之比。因此其物理意义也表征了给定导热系统的导热性能与其储热性能的对

比关系,是给定系统的动态特征量。

$$Fo = \frac{a\tau}{l^2} = \frac{\lambda l^2 \dfrac{\Delta T}{l}}{\rho c l^3 \dfrac{\Delta T}{\tau}}$$

引入无量纲的毕奥数和傅里叶数,式(3-3)也可以表示为

$$\frac{\theta}{\theta_i} = \frac{T - T_f}{T_i - T_f} = e^{-Bi \cdot Fo} \tag{3-5}$$

分析指出,一般地,如果毕奥数满足下列的条件

$$Bi = \frac{h \dfrac{V}{A}}{\lambda} \leqslant 0.1 \tag{3-6}$$

则物体中各点间过余温度的偏差小于 5%,因此式(3-6)可视为集总热容系统的判据(criteria for lumped system)。

式(3-3)中的另一个物理量组合 $\dfrac{hA}{\rho c V}$ 的倒数具有时间的量纲,称为时间常数(time constant),记作 τ_r。则有

$$\frac{\theta}{\theta_i} = e^{-\frac{hA}{\rho c V}\tau} = e^{-\frac{\tau}{\tau_r}}$$

通过将上式对时间求导,得到

$$\frac{d(\theta/\theta_i)}{d\tau} = -\frac{1}{\tau_r} e^{-\frac{\tau}{\tau_r}} = -\frac{\theta/\theta_i}{\tau_r}$$

上式反映了物体温度对时间的变化率。在初始时刻,$\theta_{\tau=0} = \theta_i$

$$-\frac{d(\theta/\theta_i)}{d\tau}\bigg|_{\tau=0} = \frac{1}{\tau_r}$$

时间常数 τ_r 的倒数在数值上体现了 $\tau \to 0$ 时的初始冷却速率,它是反映温度响应快慢的重要参数。图 3-5 为集总热容体的过余温度随时间的变化曲线。当时间达到一个时间常数时($\tau = \tau_r$),物体的过余温度已经达到了初始过余温度的 36.8%;如果物体的过余温度要达到初始过余温度的 1%,此时可以认为物体温度基本上接近了环境温度,则需经历 4.6 个时间常数的过程时间。可见,时间常数越小,物体在恒温介质中冷却的过余温度变化就越迅速,或者说

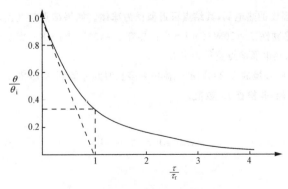

图 3-5　集总热容体温度变化曲线

物体的温度趋近于周围介质温度的速度就越大。从物理意义上分析,时间常数的这种影响,就是物体自身热容量和表面对流换热条件这两种影响的综合结果。由于时间常数对系统的温度随时间而变化的快慢有很大的影响,因而在温度的动态测量中是一个很受关注的物理量。例如,用热电偶测量一个随时间变化的温度场,热电偶时间常数的大小对所测量的温度变化就会产生影响,时间常数大,响应就慢,跟随性就差;相反,时间常数越小,响应就越快,跟随性就越好。

在 τ 时刻的瞬时热流为

$$\Phi_\tau = \rho c V \frac{\mathrm{d}T}{\mathrm{d}\tau} \tag{3-7}$$

在 $0 \sim \tau$ 时间间隔内物体与流体之间的对流换热量为

$$Q = \int_0^\tau \Phi_\tau \mathrm{d}\tau = \rho c V (T_\mathrm{i} - T_\mathrm{f})(1 - \mathrm{e}^{-Bi \cdot Fo}) \tag{3-8}$$

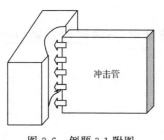

图 3-6　例题 3-1 附图

例题 3-1　在模拟涡轮叶片前缘冲击冷却试验中,用温度为 20℃ 的冷空气冲击 300℃ 的铝制模型试件。试件几何尺寸如图 3-6 所示:体积为 $3 \times 10^{-5}\,\mathrm{m}^3$,冲击表面积为 $6 \times 10^{-3}\,\mathrm{m}^2$,其余表面绝热。冷吹风 1 分钟后,试件温度为 60℃,试问平均对流换热系数为多少?已知铝的导热系数 $\lambda = 200\mathrm{W/(m \cdot K)}$;比热容 $c = 0.9\mathrm{kJ/(kg \cdot K)}$;密度 $\rho = 2700\mathrm{kg/m}^3$。

解　由于铝的导热系数较大,因此可先按集总热容体计算,待求出对流换热系数后,再校核是否满足集总参数法计算条件。

由

$$\ln\frac{\theta}{\theta_\mathrm{i}} = -\frac{hA}{\rho c V}\tau$$

得

$$h = -\frac{\rho c V}{A\tau}\ln\frac{\theta}{\theta_\mathrm{i}} = -\frac{2700 \times 0.9 \times 10^3 \times 3 \times 10^{-5}}{6 \times 10^{-3} \times 60}\ln\frac{60 - 20}{300 - 20} = 394[\mathrm{W/(m^2 \cdot K)}]$$

校核

$$Bi = \frac{hl}{\lambda} = \frac{h\left(\dfrac{V}{A}\right)}{\lambda} = \frac{394 \times (3 \times 10^{-5}/6 \times 10^{-3})}{200} = 9.85 \times 10^{-3} < 0.1$$

讨论　本题采用集总参数法分析是可行的,不会引起太大的误差。

例题 3-2　测量气流温度的热电偶,其结点可近似视为球体。如果结点与气流之间的对流换热系数 $h = 400\mathrm{W/(m^2 \cdot K)}$,结点的热物性:$\lambda = 20\mathrm{W/(m \cdot K)}$;比热容 $c = 400\mathrm{J/(kg \cdot K)}$;密度 $\rho = 8500\mathrm{kg/m}^3$,试求:

(1) 时间常数为 1s 的热电偶结点直径为多大?

(2) 把热电偶从 25℃ 的环境放入 200℃ 的气流中要多长时间才能到达 199℃?

解　首先计算结点直径,并检查 Bi 数值。

对球形结点

$$A = \pi d^2, \quad V = \frac{\pi d^3}{6}$$

由

$$\tau_\mathrm{r} = \frac{\rho c V}{hA} = \frac{\rho c}{h}\frac{d}{6}$$

得

$$d = \frac{6h\tau_r}{\rho c} = \frac{6 \times 400 \times 1}{8500 \times 400} = 7.06 \times 10^{-4} = 0.71 \text{(mm)}$$

验证

$$Bi = \frac{hl}{\lambda} = \frac{h\dfrac{V}{A}}{\lambda} = \frac{hd/6}{\lambda} = \frac{400 \times 7.06 \times 10^{-4}/6}{20} = 2.53 \times 10^{-3} < 0.1$$

表明把热电偶结点当成集总热容体在这里是合适的。

达到199℃时所需的时间,可由下式计算

$$\tau = -\frac{\rho c V}{hA}\ln\frac{\theta}{\theta_i} = -\frac{\rho c}{h}\frac{d}{6}\ln\frac{\theta}{\theta_i} = -\frac{8500 \times 400 \times 7.06 \times 10^{-4}}{400 \times 6}\ln\frac{199-200}{25-200} = 5.2\text{(s)}$$

讨论　由此式可见,热电偶结点直径 d 和热容量 ρc 越小,被测气流的对流换热系数 h 越大,则温度响应越快。

例题 3-3　有一电烙铁通电之后,加在电阻丝上的功率为 Φ_0,一方面使烙铁头的内能增加,另一方面通过烙铁头表面向外对流换热。如果烙铁头可看成是一个集总热容体,其物性参数为已知,环境温度及对流换热系数为常数,试分析烙铁头的温度随时间变化的函数关系。

解　设烙铁头的瞬时温度为 T,依据题意有以下的能量平衡式

$$\Phi_0 = hA(T - T_f) + \rho c V \frac{dT}{d\tau} \tag{a}$$

引入过余温度 $\theta = T - T_f$,则式(a)变成

$$\frac{\Phi_0}{\rho c V} = \frac{hA}{\rho c V}\theta + \frac{d\theta}{d\tau} \tag{b}$$

记 $\beta = \dfrac{hA}{\rho c V}$,同时令 $\xi = \beta\theta - \dfrac{\Phi_0}{\rho c V}$。因为只有 θ 与 τ 有关,所以有

$$\frac{d\xi}{d\tau} = \beta\frac{d\theta}{d\tau} \tag{c}$$

代入式(b)中

$$\frac{d\xi}{d\tau} + \beta\xi = 0 \tag{d}$$

积分解得

$$\xi = Be^{-\beta\tau} \tag{e}$$

将 $\xi = \beta\theta - \dfrac{\Phi_0}{\rho c V}$ 和 $\beta = \dfrac{hA}{\rho c V}$ 代入式(e)中,得

$$\theta = \frac{\Phi_0}{hA} + B_1 e^{-\beta\tau} \tag{f}$$

由初始条件 $\tau = 0$,$T = T_i$,代入式(f)中,求得

$$B_1 = \theta_i - \frac{\Phi_0}{hA} \tag{g}$$

因此得温度分布为

$$\theta = \frac{\Phi_0}{hA} + \theta_i e^{-\beta\tau} - \frac{\Phi_0}{hA}e^{-\beta\tau}$$

或写成

$$T - T_f = \frac{\Phi_0}{hA}(1 - e^{-\frac{hA}{\rho c V}\tau}) + (T_i - T_f)e^{-\frac{hA}{\rho c V}\tau} \tag{h}$$

讨论　在 $\tau \to \infty$ 时,$T = T_f + \dfrac{\Phi_0}{hA}$,这正是烙铁头稳定传热的结果。

3.3 表面对流换热热阻忽略的一维非稳态导热

假若物体表面对流换热热阻与物体内的导热热阻相比可以忽略,即 $Bi \gg 1$,此时把一热物体突然放至低温环境之中,则冷却过程一开始物体的表面温度就在瞬间冷却至流体的温度 T_f 而保持不变。如果所研究的物体是厚度为 2δ 的无限大平板,初始温度均匀为 T_i,那么由于内部导热热阻的作用,物体内部各点的温度将随时间呈现如图 3-7 所示的变化。

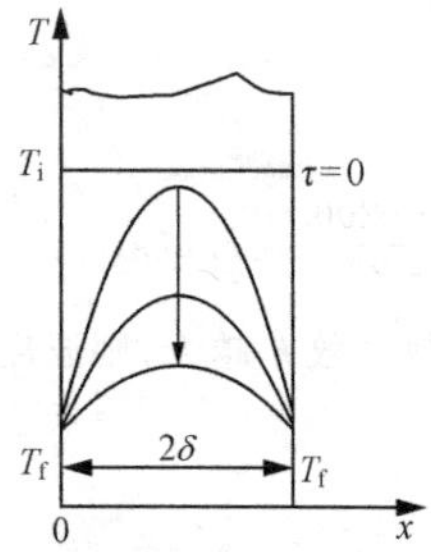

本问题的完整数学描写如下:

$$\frac{1}{a}\frac{\partial T}{\partial \tau} = \frac{\partial^2 T}{\partial x^2} \tag{3-9}$$

图 3-7 $Bi \gg 1$ 的情形

引入过余温度 $\theta = T - T_f$,式(3-9)变为

$$\frac{1}{a}\frac{\partial \theta}{\partial \tau} = \frac{\partial^2 \theta}{\partial x^2} \tag{3-10}$$

初始条件和边界条件为

$$\tau = 0 \text{ 时},在 0 \leqslant x \leqslant 2\delta \text{ 内}, \quad \theta = T_i - T_f = \theta_i \tag{3-11a}$$

$$\tau > 0 \text{ 时},在 x = 0 \text{ 处}, \quad \theta = 0 \tag{3-11b}$$

$$\tau > 0 \text{ 时},在 x = 2\delta \text{ 处}, \quad \theta = 0 \tag{3-11c}$$

应用分离变量法,假定方程具有乘积解 $\theta(x,\tau) = X(x)\Gamma(\tau)$,则有以下两个常微分方程:

$$\frac{\mathrm{d}^2 X}{\mathrm{d}x^2} + \beta^2 X = 0 \tag{3-12a}$$

$$\frac{\mathrm{d}\Gamma}{\mathrm{d}\tau} + a\beta^2 \Gamma = 0 \tag{3-12b}$$

式中,β^2 是分离常数。

为了满足边界条件,β^2 必须大于零。这样方程式的解为

$$\theta = \left[C_1 \cos(\beta x) + C_2 \sin(\beta x) \right] \mathrm{e}^{-\beta^2 a\tau}$$

由边界条件(3-11b),对于 $\tau > 0$ 得到 $C_1 = 0$;因为 C_2 不可能同时也为零,由边界条件(3-11c)求出

$$\sin(2\delta\beta) = 0, \text{ 或者 } \beta = \frac{n\pi}{2\delta}, \quad n = 1,2,3,\cdots$$

因此解的级数形式可写为

$$\theta = \sum_{n=1}^{\infty} C_n \mathrm{e}^{-\left(\frac{n\pi}{2\delta}\right)^2 a\tau} \sin\left(\frac{n\pi x}{2\delta}\right)$$

可以看出这是傅里叶正弦级数,常数 C_n 可由初始条件求出

$$C_n = \frac{1}{\delta} \int_0^{2\delta} \theta_i \sin\frac{n\pi x}{2\delta} \mathrm{d}x = \frac{4\theta_i}{n\pi}, \quad n = 1,3,5,\cdots$$

最终的级数解为

$$\frac{\theta}{\theta_i} = \frac{T - T_f}{T_i - T_f} = \frac{4}{\pi} \sum_{n=1}^{\infty} \frac{1}{n} e^{-\left(\frac{n\pi}{2\delta}\right)^2 a\tau} \sin\frac{n\pi x}{2\delta}, \qquad n = 1,3,5,\cdots \qquad (3\text{-}13)$$

瞬时热流由傅里叶定律确定

$$\Phi_\tau = 2\frac{\lambda A}{\delta}(T_f - T_i) \sum_{n=1}^{\infty} e^{-\left(\frac{n\pi}{2\delta}\right)^2 a\tau} \cos\frac{n\pi}{2\delta}, \qquad n = 1,3,5,\cdots \qquad (3\text{-}14)$$

值得指出的是:式(3-13)是忽略表面对流换热热阻($Bi \gg 1$)得出的结果,即是一个特殊的第三类边界条件下获得的结果。实际上,这一节所讨论的问题也可以看成是无限大平板在第一类边界条件下(壁面温度恒定为 T_f)的非稳态导热问题。

现在来讨论解的结果。

(1) 平板的温度分布表达式是一个无穷级数的总和。级数的每一项均有常数项、三角函数项和指数函数项三部分的乘积所组成。随着过程的发展,由于傅里叶数 Fo 的增大,级数收敛得更快。

(2) 在一般工程计算中,取级数的 $3 \sim 5$ 项就可以满足解的精度。当 $Fo \geqslant 0.55$,只取级数的第一项,引起的误差只有 0.25%。当 $Fo \geqslant 0.2$ 以后,采用该级数的第一项与采用完整级数计算的平板中心温度的差别只有 1%。

例题 3-4 一无限大平板,热扩散系数 $a = 1.8 \times 10^{-6}\,\text{m}^2/\text{s}$,厚度为 25mm,具有均匀初始温度150℃。若突然把表面温度降到30℃,试计算 1min 后平板中间的温度。

解 依题意

$$a = 1.8 \times 10^{-6}\,\text{m}^2/\text{s}, \quad 2\delta = 0.025\text{m}, \quad \tau = 60\text{s}$$
$$T_i = 150℃, \quad T_f = T_w = 30℃, \quad x = \delta = 0.0125\text{m}$$

由以上数据,通过式(3-13)

$$\frac{\theta}{\theta_i} = \frac{T - T_f}{T_i - T_f} = \frac{4}{\pi} \sum_{n=1}^{\infty} \frac{1}{n} e^{-\left(\frac{n\pi}{2\delta}\right)^2 a\tau} \sin\frac{n\pi x}{2\delta}, \qquad n = 1,3,5,\cdots$$

若只取前面非零的四项($n = 1,3,5,7$)计算,得

$$\frac{T - T_f}{T_i - T_f} = \frac{4}{\pi}(0.18177 - 7.22 \times 10^{-8} + 6.15 \times 10^{-20} - 5.21 \times 10^{-37}) = 0.2314$$

由此求得在 1min 后,平板中间温度为

$$T = 0.2314(T_i - T_f) + T_f = 0.2314 \times (150 - 30) + 30 = 57.8(℃)$$

讨论 一般以 $Fo \geqslant 0.2$ 为界,判断非稳态导热过程进入正规状况阶段。此时无穷级数的解可以用第一项来近似地代替,所得的物体中心温度与采用完整级数计算得到的值的差别基本能控制在 1% 以内。本例题中 $Fo = 0.69$,可以看出,级数的第一项较后几项高出多个数量级。

3.4 正规状况阶段

大量研究表明,当 $Fo \geqslant 0.2$ 以后,级数的第一项较后几项高出多个数量级,此时无穷级数的解可以用第一项来近似地代替,所得的物体中心温度与采用完整级数计算得到的值的差别基本能控制在 1% 以内。在物理过程中,认为非稳态导热过程进入正规状况阶段。

下面进一步阐述非稳态导热正规状况阶段的物理特征。对于厚度为 2δ 的无限大平板的非稳态导热问题[见图 3-3(c)],理论解析得到,$Fo \geqslant 0.2$ 时无量纲温度可以表达为

$$\frac{\theta(x,\tau)}{\theta_i} = \frac{2\sin(\beta_1\delta)}{\beta_1\delta + \cos(\beta_1\delta)\sin(\beta_1\delta)} e^{-(\beta_1\delta)^2 Fo} \cos\left(\beta_1\delta \frac{x}{\delta}\right) \tag{3-15}$$

式中,β_1 为第一项特征值,特征值的数值与 $Bi = h\delta/\lambda$ 有关。

$$\tan(\beta_n\delta) = \frac{Bi}{\beta_n\delta}, \qquad n = 1,2,3,\cdots \tag{3-16}$$

对式(3-15)两边取对数,得

$$\ln\theta = -(a\beta_1^2)\tau + \ln\left[\theta_i \frac{2\sin(\beta_1\delta)}{\beta_1\delta + \cos(\beta_1\delta)\sin(\beta_1\delta)} \cos\left(\beta_1\delta \frac{x}{\delta}\right)\right]$$

令 $m = a\beta_1^2$,同时注意到 β_1 只是 Bi 的函数,则

$$\ln\theta = -m\tau + K\left(Bi, \frac{x}{\delta}\right)$$

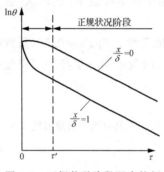

图 3-8 正规状况阶段温度特征

如图 3-8 所示,当 $\tau \geqslant \tau'$ 时,平壁内所有各点过余温度的对数都随时间按线性规律变化,变化曲线的斜率都相等。反映出在正规状况阶段,初始温度分布的影响已消失。

m 的物理意义为过余温度对时间的相对变化率 (1/s),也称冷却率或加热率。

$$m = -\frac{\partial(\ln\theta)}{\partial\tau} = -\frac{1}{\theta}\frac{\partial\theta}{\partial\tau} \tag{3-17}$$

在正规状况阶段,物体中任意一点处的过余温度的相对变化率是一常数。

3.5 一维非稳态导热的实用计算方法

无论是表面的对流换热热阻可以忽略,还是物体内部的导热热阻可以忽略,这都是极端的非稳态导热情况。当这两个热阻具有相同的量级而不可忽略任何一个时,就要通过对一般的情况进行分析了。

非稳态导热的分析解往往是一个无穷级数,形式复杂且计算烦琐。分析方法仍然以分离变量法为基础,有兴趣的读者可以参阅有关的书籍。

本节将介绍一维非稳态导热分析的图解法。

对于厚度为 2δ 的一维无限大平板的非稳态导热问题(见图 3-9),其完整数学的描写如下:

$$\frac{1}{a}\frac{\partial T}{\partial\tau} - \frac{\partial^2 T}{\partial x^2} \tag{3-18}$$

初始条件和边界条件为

$$\tau = 0 \text{ 时},\text{在} -\delta < x \leqslant \delta \text{ 内}, \quad T = T_i \tag{a}$$

$$\tau > 0 \text{ 时},\text{在} x = 0 \text{ 处}, \quad \frac{\partial T}{\partial x} = 0 \tag{b}$$

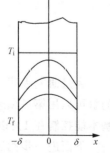

图 3-9 $Bi \approx 1$ 的情形

$\tau > 0$ 时，在 $x = \delta$ 处， $\quad -\lambda \dfrac{\partial T}{\partial x} = h(T - T_{\mathrm{f}})$ $\hspace{2cm}$ (c)

式(3-18)的一般解形式可以表示为

$$T = T(x, \tau, T_{\mathrm{i}}, T_{\mathrm{f}}, \delta, \lambda, a, h) \tag{3-19}$$

从这个关系式着手分析，影响温度分布的因素过于复杂。如果将方程无量纲化，就可以把有关的变量整理成无量纲组合量，达到减少变量之目的，给分析带来极大的方便。

定义如下无量纲量

$$\Theta = \frac{\theta}{\theta_{\mathrm{i}}} = \frac{T - T_{\mathrm{f}}}{T_{\mathrm{i}} - T_{\mathrm{f}}}, \quad X = \frac{x}{\delta}, \quad Bi = \frac{h\delta}{\lambda}, \quad Fo = \frac{a\tau}{\delta^2}$$

这样，用无量纲量描述的一维非稳态导热微分方程式为

$$\frac{\partial \Theta}{\partial Fo} = \frac{\partial^2 \Theta}{\partial X^2} \tag{3-20}$$

初始条件和边界条件变成为

$$\Theta(X, 0) = 1 \hspace{3cm} \text{(a)}$$

$$\left. \frac{\partial \Theta}{\partial X} \right|_{X=0} = 0 \hspace{2.5cm} \text{(b)}$$

$$\left. \frac{\partial \Theta}{\partial X} \right|_{X=1} = Bi\Theta(1, Fo) \hspace{1.3cm} \text{(c)}$$

这样一来，前面涉及 8 个变量的函数，就可以用以下三个无量纲变量表示成简单的函数关系式

$$\Theta = \frac{\theta}{\theta_{\mathrm{i}}} = f(X, Bi, Fo) \tag{3-21}$$

由以上分析可见：对于给定形状的物体，一般其瞬时温度分布就是 X，Bi，Fo 的函数。为此工程技术界广泛采用以这些无量纲参数为变量而制成的标准图线——海斯勒图（Heisler chart）来进行温度场估算。

$$\frac{\theta(x, \tau)}{\theta_{\mathrm{i}}} = \frac{\theta(x, \tau)}{\theta_{\mathrm{c}}(\tau)} \cdot \frac{\theta_{\mathrm{c}}(\tau)}{\theta_{\mathrm{i}}} \tag{3-22}$$

式中，θ_{i} 为初始过余温度，θ_{c} 为平板中心过余温度。

对于中心平面，任意时刻的中心过余温度与初始过余温度之比与位置无关，即

$$\frac{\theta_{\mathrm{c}}(\tau)}{\theta_{\mathrm{i}}} = f(Bi, Fo)$$

因此，可以作出如图 3-10 所示的无限大平板中心温度线算图。图中以傅里叶数 Fo 为横坐标，毕奥数的倒数 Bi^{-1} 为参变数，中心截面过余温度 θ_{c} 与初始过余温度 θ_{i} 之比为纵坐标。

在同一时刻，各点处的过余温度与中心过余温度之比与时间无关，即

$$\frac{\theta(x, \tau)}{\theta_{\mathrm{c}}(\tau)} = f\left(Bi, \frac{x}{\delta}\right)$$

据此，可以绘制出在同一时刻，物体内部各处的过余温度与中心过余温度之比的相关曲线。如图 3-11 所示，图中以毕奥数的倒数 Bi^{-1} 为横坐标，离开中心截面的无量纲距离 x/δ 为参变数，同一时刻任意截面上过余温度 θ 与中心截面过余温度 θ_{c} 之比为纵坐标。

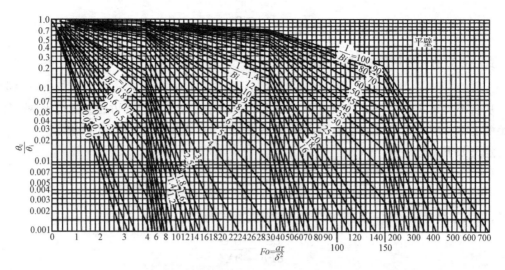

图 3-10 厚度为 2δ 的无限大平板的中心平面温度 $\theta_c/\theta_i = f(Bi, Fo)$

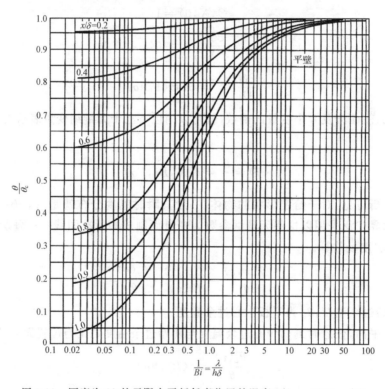

图 3-11 厚度为 2δ 的无限大平板任意位置的温度 $\theta/\theta_c = f(Bi, x/\delta)$

关于海斯勒图理解上的几点问题：

(1) 在图 3-10 和图 3-11 上隐含着这样一个假设：即 θ/θ_c 与 Fo 无关。实际情况是，当 $Fo \geqslant 0.2$ 时，初始条件的影响已经很小，而图线上的解正是采取了这一假设条件下级数的第一项。工程技术界曾广泛采用按分析解的级数第一项而绘制的一些图线(诺模图)，其中用以确定温度分布的图线称为海斯勒图。由式(3-15)可知

$$\frac{\theta}{\theta_i} = \frac{T - T_f}{T_i - T_f} = \frac{2\sin(\beta_1\delta)}{\beta_1\delta + \sin(\beta_1\delta)\cos(\beta_1\delta)} e^{-(\beta_1\delta)^2 Fo} \cos\left[(\beta_1\delta)\frac{x}{\delta}\right]$$

关于中心截面过余温度 θ_c 与初始过余温度 θ_i 之比，对上式两边取对数，得

$$\ln\frac{\theta_c}{\theta_i} = AFo + C \tag{3-23}$$

（2）在图中采用折线的原因是横坐标不同区域所采用的标尺不同，使图线在 Fo 较小时仍有足够清晰的分辨率。

对于从初始时刻到 τ 时刻物体与环境之间所交换的热量，可以利用图 3-12 中的 $Q/Q_{max} = f(Bi,Fo)$ 的图线计算，这类图线称为格罗勃图（Grober），这里 Q_{max} 表示物体在非稳态导热过程中所能传递的最大热量，即物体温度从初始时刻变化到与周围介质处于热平衡状态时的温度，$Q_{max} = \rho cV(T_i - T_f)$。

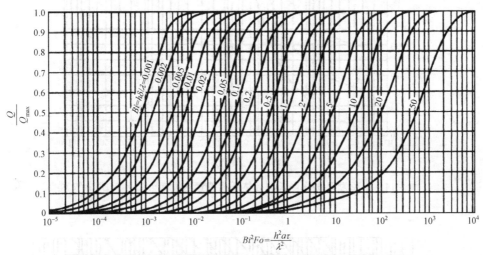

图 3-12　从初始时刻到 τ 时刻物体与环境之间所交换的热量（平板）

图 3-13～图 3-15 为长圆柱体对应的相关图线；图 3-16～图 3-18 为球体对应的相关图线。

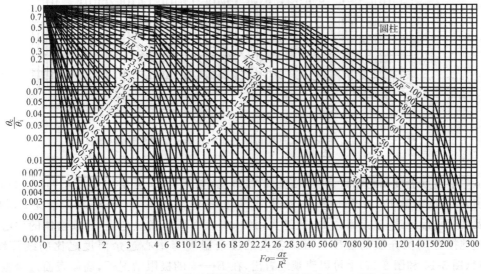

图 3-13　半径为 R 的无限长圆柱体中心温度 $\theta_c/\theta_i = f(Bi,Fo)$

应当注意,在这些图线中,毕奥数 Bi 和傅里叶数 Fo 中的特征长度与集总热容法中的特征长度取法有所不同,在应用中切勿混淆。

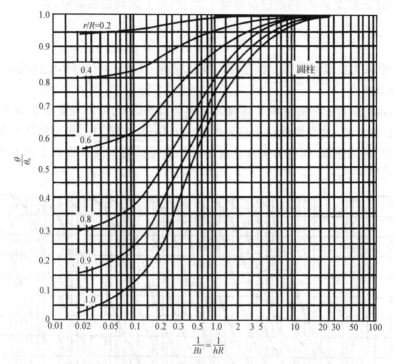

图 3-14　半径为 R 的无限长圆柱体任意位置的温度 $\theta/\theta_c = f(Bi, r/R)$

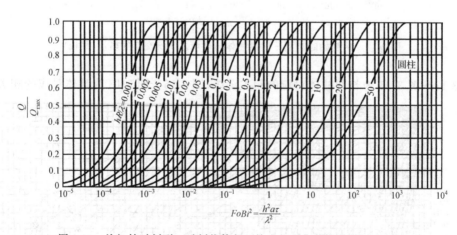

图 3-15　从初始时刻到 τ 时刻物体与环境之间所交换的热量(圆柱体)

从中心过余温度与初始过余温度之比的线算图(见图 3-10、图 3-13 和图 3-16)上可以直观地看出,在相同的数 Fo 的条件下,Bi 数越大,θ_c/θ_i 的值越小,在 $Bi \to \infty$ 的极限情况下,物体中心的温度变化最迅速,这是因为 Bi 数越大,意味着表面对流换热越强,导致物体的中心温度越迅速地接近周围介质的温度。再从各点处过余温度与中心过余温度之比的线算图(见图 3-11、图 3-14 和图 3-17)上可以直观地看出,在 $Bi \to \infty$ 的极限情况下,物体表面过余温度与中心过余温度之比趋近于零,而在 $Bi \to 0$ 的极限情况下,物体内部任意位置处的过余温度与中心过余温度之比则趋近于1,反映了 Bi 数对于物体内部温度分布的影响。

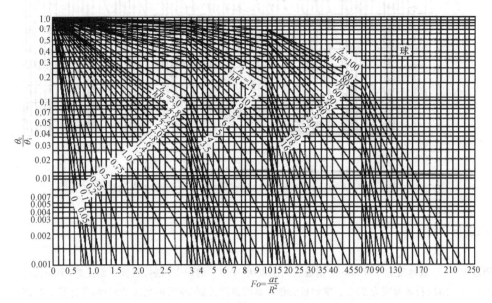

图 3-16 半径为 R 的球体中心温度 $\theta_c/\theta_i = f(Bi, Fo)$

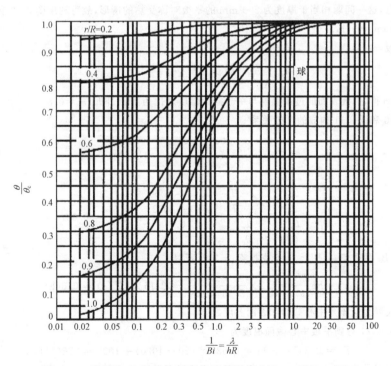

图 3-17 半径为 R 的球体任意位置的温度 $\theta/\theta_c = f(Bi, r/R)$

值得指出,诺模图虽有简捷方便的优点,但其计算的准确度受到有限的图线的影响,且已有的图线仅针对几何形状较为简单的物体。同时还应注意,$Fo < 0.2$ 时的计算必须用完全的

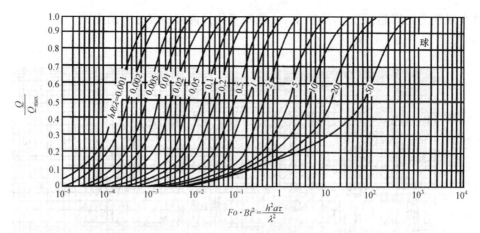

$$Fo \cdot Bi^2 = \frac{h^2 a \tau}{\lambda^2}$$

图 3-18 从初始时刻到 τ 时刻物体与环境之间所交换的热量

级数来进行。

例题 3-5 一块厚度为 100 mm 的钢板放入温度为 1000℃ 的炉中加热,钢板一面受热,另一面可近似地认为是绝热的。钢板初始温度为 20℃。求钢板受热表面的温度达到 500℃ 时所需的时间,并计算此时剖面上的最大温差。取加热过程中的平均表面对流换热系数 $h = 174 \text{W}/(\text{m}^2 \cdot \text{K})$,钢板的导热系数 $\lambda = 34.8 \text{W}/(\text{m} \cdot \text{K})$,热扩散系数 $a = 5.55 \times 10^{-6} \text{m}^2/\text{s}$。

解 依题意,这一问题相当于厚度为 200 mm 的平板对称受热的情形,故可利用图 3-10 和图 3-11。平板半厚度 $\delta = 100 \text{mm} = 0.1 \text{m}$。

对于此平板

$$Bi = \frac{h\delta}{\lambda} = \frac{174 \times 0.1}{34.8} = 0.5, \quad \frac{x}{\delta} = 1.0$$

从图 3-11 查得,平板表面的过余温度与中心截面温度之比为 0.8,即 $\theta_w/\theta_c = 0.8$。

根据图 3-10 和图 3-11 构成的一般关系

$$\frac{\theta_w}{\theta_i} = \frac{\theta_w}{\theta_c} \frac{\theta_c}{\theta_i}$$

得到

$$\frac{\theta_c}{\theta_i} = \frac{\dfrac{\theta_w}{\theta_i}}{\dfrac{\theta_w}{\theta_c}} = \frac{\dfrac{T_w - T_f}{T_i - T_f}}{\dfrac{\theta_w}{\theta_c}} = \frac{\dfrac{500 - 1000}{20 - 1000}}{0.8} = \frac{0.51}{0.8} = 0.637$$

据 θ_c/θ_i 和 Bi 的数值,从图 3-10 上查得 $Fo = 1.2$,所以

$$\tau = Fo \frac{\delta^2}{a} = 1.2 \times \frac{0.1^2}{5.55 \times 10^{-6}} = 2.16 \times 10^3 (\text{s}) = 0.6 (\text{h})$$

剖面上最大温差应该是中心截面和表面温度之差。

由 $\theta_c/\theta_i = 0.637$,得到平板中心截面温度为

$$T_c = 0.637\theta_i + T_f = 0.637 \times (20 - 1000) + 1000 = 376 (\text{℃})$$

故得剖面上最大温差为

$$\Delta T_{\max} = T_w - T_c = 500 - 376 = 124 (\text{℃})$$

例题 3-6 两块厚度均为 30 mm 的无限大平板,初始温度为 20℃,分别用铜和钢制成。平板两侧表面的温度突然上升到 60℃,试计算使两板中心温度均上升到 56℃ 时两板所需的时间比。铜和钢的热扩散系数分

别为 $103 \times 10^{-6} \, \mathrm{m^2/s}$ 和 $12.9 \times 10^{-6} \, \mathrm{m^2/s}$。

解 一维非稳态无限大平板的温度分布有如下函数形式:

$$\frac{\theta}{\theta_i} = f\left(Bi, Fo, \frac{x}{\delta}\right)$$

两块不同材料的无限大平板,均处于第一类边界条件($Bi \to \infty$)。由题意,两种材料达到同样工况时,Bi 数和 x/δ 相同,要使温度分布相同,则只需 Fo 数相等。

$$(Fo)_{铜} = (Fo)_{钢}$$

$$\frac{\tau_{铜}}{\tau_{钢}} = \frac{a_{钢}}{a_{铜}} = 0.125$$

3.6 非稳态导热数值计算方法简介

数值传热学(numerical heat transfer)已成为传热学研究领域的一个重要分支,它是有效解决复杂问题的一种精度较高的近似解法。限于篇幅,本教材仅结合二维非稳态导热,简要介绍其数值求解过程及其收敛稳定性问题。

有内热源、变物性的二维非稳态导热微分方程形式为

$$\rho c \frac{\partial T}{\partial \tau} = \frac{\partial}{\partial x}\left(\lambda \frac{\partial T}{\partial x}\right) + \frac{\partial}{\partial y}\left(\lambda \frac{\partial T}{\partial y}\right) + S \tag{3-24}$$

式中,S 为内热源。

数值解法的理论基础是离散数学,其基本思想是,把原来在时间和空间坐标上连续分布的温度场用有限个离散点上的温度值的集合来代替,即通过时间离散(discretization in time)和空间离散(discretization in space),采用差分代替微分,构建面向节点的一系列代数方程或离散方程,进而通过迭代的方法进行求解。

1. 区域和时间离散化

对求解域作区域离散化处理,即将求解域划分为许多子区域,以网格线的交点作为需要确定的温度值的空间坐标,称为节点(node)。每一个节点都可以看成是以它为中心的一个小区域的代表,这个小区域称为控制容积或控制体(control volume)。以节点 P 所示的控制容积为例(见图 3-19),相邻节点用角标大写字母 E、W、S、N 表示,相邻控制容积交界面用角标小写字母 e、w、s、n 表示;控制容积尺寸用 Δx、Δy 表示,节点间距用 δx、δy 表示。

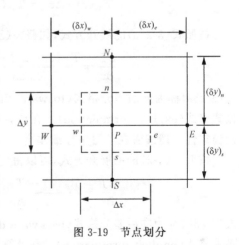

图 3-19 节点划分

对控制容积进行热平衡分析或直接应用差分代替微分都可以得到关于节点温度的离散方程。针对一维问题(见图 3 20),直接应用差分代替微分可以得到

$$\frac{\partial}{\partial x}\left(\lambda \frac{\partial T}{\partial x}\right) = \frac{\left(\lambda \frac{\partial T}{\partial x}\right)_e - \left(\lambda \frac{\partial T}{\partial x}\right)_w}{\Delta x} = \frac{\left[\dfrac{\lambda_e (T_E - T_P)}{(\delta x)_e} - \dfrac{\lambda_w (T_P - T_W)}{(\delta x)_w}\right]}{\Delta x} \tag{3-25}$$

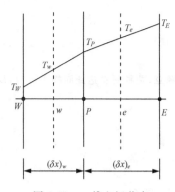

图 3-20 一维空间节点
及温度分段线性分布

交界面上的导热系数可用相邻两控制容积构成的复合平壁导热公式计算(见图 3-20)。假设:(a)相邻节点之间的温度分布是线性的;(b)控制容积间的温度是阶跃变化的。则对 e 界面有

$$q_e = \frac{\lambda_e(T_P - T_E)}{(\delta x)_e} = \frac{\lambda_P(T_P - T_e)}{(\delta x)_e/2} = \frac{\lambda_E(T_e - T_E)}{(\delta x)_e/2}$$

整理得到

$$\lambda_e = \frac{2\lambda_P\lambda_E}{\lambda_P + \lambda_E} \tag{3-26}$$

在很多场合中,交界面上的导热系数也可近似取相邻节点导热系数的平均值,即

$$\lambda_e = (\lambda_E + \lambda_P)/2$$

鉴于运用离散化的思想,通过数值解法得到的温度值只是各节点的温度,在空间上是不连续的。显然,在空间上的网格划分越细密,空间步长 Δx 越小,其差分就越逼近微分值。但是,网格划分越细密,节点数越多,数值计算所花费的时间将急剧增加。因此,在数值计算中,网格划分是一项重要的内容,需要进行相关的网格独立性测试(grid independent test)来选取合理的计算网格数。

非稳态导热微分方程中包含有反映物体内能变化的 $\partial T/\partial \tau$ 项。该非稳态项在时间坐标上的离散按泰勒级数展开,有

$$T_P(\tau + \Delta\tau) = T_P(\tau) + \frac{\partial T}{\partial \tau}\Delta\tau + \frac{1}{2}\frac{\partial^2 T}{\partial \tau^2}\Delta\tau^2 + \cdots \tag{3-27a}$$

$$T_P(\tau - \Delta\tau) = T_P(\tau) - \frac{\partial T}{\partial \tau}\Delta\tau + \frac{1}{2}\frac{\partial^2 T}{\partial \tau^2}\Delta\tau^2 + \cdots \tag{3-27b}$$

按照式(3-27a)的展开方式,如截去$(\Delta\tau)^2$ 及其以后各项 $\Delta\tau$ 的高阶项,得到

$$\frac{\partial T}{\partial \tau} = \frac{T_P(\tau + \Delta\tau) - T_P(\tau)}{\Delta\tau} + o(\Delta\tau) = \frac{T_P^{k+1} - T_P^k}{\Delta\tau} \tag{3-28a}$$

式(3-28a)称为向前差分格式(forward-difference)。以此获得的一维非稳态导热离散方程为显式格式(explicit formulation)。在计算中必须对时间步长($\Delta\tau$)施加严格的限制以确保其迭代稳定性。请读者在学习中仔细体会。

按照式(3-27b)的展开方式,可以得到 $\partial T/\partial \tau$ 的另一种差分格式

$$\frac{\partial T}{\partial \tau} = \frac{T_P(\tau) - T_P(\tau - \Delta\tau)}{\Delta\tau} + o(\Delta\tau) = \frac{T_P^k - T_P^{k-1}}{\Delta\tau} \tag{3-28b}$$

式(3-28b)称为向后差分格式(backward-difference)。以此获得的一维非稳态导热离散方程为隐式格式(implicit formulation)。在计算中时间步长不受距离步长的限制。

2. 内部节点温度的代数方程

首先介绍显式格式的一维非稳态导热离散方程。

对式(3-24)进行离散化处理,非稳态项在时间坐标上的离散采用向前差分格式,有

$$\frac{\partial T}{\partial \tau} = \frac{T_P^{k+1} - T_P^k}{\Delta\tau}$$

$$\frac{\partial}{\partial x}\left(\lambda\frac{\partial T}{\partial x}\right)=\frac{\left(\lambda\dfrac{\partial T}{\partial x}\right)_e^k-\left(\lambda\dfrac{\partial T}{\partial x}\right)_w^k}{\Delta x}=\frac{\left[\dfrac{\lambda_e^k(T_E^k-T_P^k)}{(\delta x)_e}-\dfrac{\lambda_w^k(T_P^k-T_W^k)}{(\delta x)_w}\right]}{\Delta x}$$

$$\frac{\partial}{\partial y}\left(\lambda\frac{\partial T}{\partial y}\right)=\frac{\left(\lambda\dfrac{\partial T}{\partial y}\right)_n^k-\left(\lambda\dfrac{\partial T}{\partial y}\right)_s^k}{\Delta y}=\frac{\left[\dfrac{\lambda_n^k(T_N^k-T_P^k)}{(\delta y)_n}-\dfrac{\lambda_s^k(T_P^k-T_S^k)}{(\delta y)_s}\right]}{\Delta y}$$

式中,上标 k 反映的是时间层,即非稳态导热起始后的第 k 个时间步长。

为了使求解的离散方程具有稳定性,要求离散方程中所有的系数必须为正值。因为相邻节点温度的增加,必须引起所设节点的温度增加。为此还需要对源项进行线化处理,即

$$S=S_C+S_P T_P^k \qquad (S_P\leqslant 0) \qquad (3\text{-}29)$$

经整理得到离散方程为

$$A_P T_P^{k+1}=A_E^k T_E^k+A_W^k T_W^k+A_N^k T_N^k+A_S^k T_S^k+A_P^k T_P^k+S_C\Delta x\Delta y \qquad (3\text{-}30)$$

式中,$A_P=\dfrac{\rho c\Delta x\Delta y}{\Delta\tau}$,$A_E^k=\dfrac{\lambda_e^k\Delta y}{(\delta x)_e}$,$A_W^k=\dfrac{\lambda_w^k\Delta y}{(\delta x)_w}$,$A_N^k=\dfrac{\lambda_n^k\Delta x}{(\delta y)_n}$,$A_S^k=\dfrac{\lambda_s^k\Delta x}{(\delta y)_s}$,$A_P^k=-(A_E^k+A_W^k+A_N^k+A_S^k)+A_P+S_P\Delta x\Delta y$

由于 T_P^{k+1} 可以直接利用前一时刻的温度 T_P^k,T_E^k、T_W^k、T_N^k 和 T_S^k 均以显函数的形式表示,故式(3-30)称为显式格式。

采用显示格式的一维非稳态导热离散方程,一旦第 k 时层上的各节点温度已知,则可以直接获得第 $k+1$ 时层的各节点温度。其优点是运算简单,计算工作量小。但是,在显式格式中,时间步长 $\Delta\tau$ 和空间步长(Δx 和 Δy)的选择是有条件的。一旦出现不满足离散方程正系数原则的情形,将引起解的不稳定,出现违反热力学第二定律的现象。

考察式(3-30),要保证离散方程中所有的系数均为正值,必然有

$$A_P^k=-(A_E^k+A_W^k+A_N^k+A_S^k)+A_P+S_P\Delta x\Delta y\geqslant 0 \qquad (3\text{-}31a)$$

在无内热源时($S_C=S_P=0$),

$$A_P^k=-\left(\frac{\lambda_e^k\Delta y}{(\delta x)_e}+\frac{\lambda_w^k\Delta y}{(\delta x)_w}+\frac{\lambda_n^k\Delta x}{(\delta y)_n}+\frac{\lambda_s^k\Delta x}{(\delta y)_s}\right)+\frac{\rho c\Delta x\Delta y}{\Delta\tau}\geqslant 0 \qquad (3\text{-}31b)$$

即

$$\Delta\tau\leqslant\frac{\rho c\Delta x\Delta y}{\dfrac{\lambda_e^k\Delta y}{(\delta x)_e}+\dfrac{\lambda_w^k\Delta y}{(\delta x)_w}+\dfrac{\lambda_n^k\Delta x}{(\delta y)_n}+\dfrac{\lambda_s^k\Delta x}{(\delta y)_s}} \qquad (3\text{-}32)$$

此式为稳定性判断准则(stability criterion),即时间步长和空间步长的相关性准则。

如果导热系数为常数,网格划分采用等距网格,即 $(\delta x)_e=(\delta x)_w=\Delta x$,$(\delta y)_n=(\delta y)_s=\Delta y$,且空间步长 $\Delta x=\Delta y$,则式(3-32)可以转变为

$$\Delta\tau\leqslant\frac{\rho c\,(\Delta x)^2}{4\lambda}=\frac{(\Delta x)^2}{4a} \qquad (3\text{-}33a)$$

即

$$Fo_\Delta=\frac{a\Delta\tau}{(\Delta x)^2}\leqslant\frac{1}{4} \qquad (3\text{-}33b)$$

式中,Fo_Δ 称为网格傅里叶数(mesh Fourier number)。

对于一维非稳态导热,在等距空间步长下,同样可以推导出满足稳定性的条件为

$$Fo_\Delta = \frac{a\,\Delta\tau}{(\Delta x)^2} \leqslant \frac{1}{2} \tag{3-34}$$

例题 3-7 一个半无限大平板,初始温度为 100℃,无内热源且物性为常数。在某一时刻将其表面温度突然升高到 500℃ 并维持恒定。现用数值法来求解其温度分布,计算中取网格间距均匀,时间步长与距离步长的关系为 $Fo_\Delta = 1$。试分析计算中会出现的异常现象。

解 按照式(3-30)简化得到

$$T_P^{k+1} = Fo_\Delta(T_E^k + T_W^k) + (1 - 2Fo_\Delta)T_P^k$$

$1\Delta\tau$ 时刻

$$T_2^1 = T_1^0 + T_3^0 - T_2^0 = 500 + 100 - 100 = 500(℃)$$
$$T_3^1 = T_2^0 + T_4^0 - T_3^0 = 100 + 100 - 100 = 100(℃)$$
$$T_4^1 = T_3^0 + T_5^0 - T_4^0 = 100 + 100 - 100 = 100(℃)$$
$$\cdots\cdots$$

$2\Delta\tau$ 时刻

$$T_2^2 = T_1^1 + T_3^1 - T_2^1 = 500 + 100 - 500 = 100(℃)$$
$$T_3^2 = T_2^1 + T_4^1 - T_3^1 = 500 + 100 - 100 = 500(℃)$$
$$T_4^2 = T_3^1 + T_5^1 - T_4^1 = 100 + 100 - 100 = 100(℃)$$
$$\cdots\cdots$$

$3\Delta\tau$ 时刻

$$T_2^3 = T_1^2 + T_3^2 - T_2^2 = 500 + 500 - 100 = 900(℃)$$
$$T_3^3 = T_2^2 + T_4^2 - T_3^2 = 100 + 100 - 500 = -300(℃)$$
$$\cdots\cdots$$

讨论 节点 2 的温度变化 100→500→100→900 呈现不稳定的振荡,数学上称为解的不稳定性;同时出现 $T_2^3 > T_2^0$ 和 $T_3^3 < T_3^0$ 的现象,这种现象上荒谬的,它违反了热力学第二定律。这个例题直观地表明,在显式格式中,如果时间步长和距离步长的选择不满足判别准则,将出现解的不稳定性。

其次,介绍隐式格式的一维非稳态导热离散方程。

依然对式(3-24)进行离散化处理,非稳态项在时间坐标上的离散采用向后差分格式,有

$$\frac{\partial T}{\partial \tau} = \frac{T_P^k - T_P^{k-1}}{\Delta\tau}$$

经整理得到离散方程为

$$A_P^k T_P^k = A_E^k T_E^k + A_W^k T_W^k + A_N^k T_N^k + A_S^k T_S^k + A_P T_P^{k-1} + S_C \Delta x \Delta y \tag{3-35}$$

式中 $A_P = \dfrac{\rho c\,\Delta x \Delta y}{\Delta\tau}$, $A_E^k = \dfrac{\lambda_e^k \Delta y}{(\delta x)_e}$, $A_W^k = \dfrac{\lambda_w^k \Delta y}{(\delta x)_w}$, $A_N^k = \dfrac{\lambda_n^k \Delta x}{(\delta y)_n}$, $A_S^k = \dfrac{\lambda_s^k \Delta x}{(\delta y)_s}$,

$$A_P^k = A_E^k + A_W^k + A_N^k + A_S^k + A_P - S_P \Delta x \Delta y$$

要计算 T_P^k,必须已知同一时刻其相邻节点的温度 T_E^k、T_W^k、T_N^k 和 T_S^k,以及该点前一时刻的温度 T_P^{k-1}。在这种格式中,离散方程的系数全是正值,所以时间步长和距离步长的选择不受稳定性判据的约束。由于此时 T_P^k 不能直接由前一时刻的温度值算出,必须进行迭代运算,故式(3 35)称为隐式格式。

3. 边界节点温度的代数方程

对于第一类边界条件的导热问题,因为节点的温度已知,就不需要再建立什么关系式了。边界节点的温度离散方程建立方法同内部节点的温度离散方程建立方法一致,但要注意控制

容积的形状发生了变化。下面我们仅针对第三类边界条件下的壁面节点，建立基于显示格式的边界节点温度离散方程。

如图 3-21 所示，边界节点记作 B。对所选取的边界控制容积进行能量守恒分析。

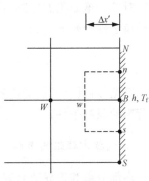

图 3-21　第三类边界条件节点

从 w 表面进入控制容积的热流量：$\lambda_w \dfrac{T_W^k - T_B^k}{(\delta x)_w} \Delta y$

从 n 表面进入控制容积的热流量：$\lambda_n \dfrac{T_N^k - T_B^k}{(\delta y)_n} \Delta x'$

从 s 表面进入控制容积的热流量：$\lambda_s \dfrac{T_S^k - T_B^k}{(\delta y)_s} \Delta x'$

从 B 表面进入控制容积的热流量：$h(T_f - T_B^k) \Delta y$

控制容积内的内热源作用：$(S_C + S_P T_B^k) \Delta x' \Delta y$

控制容积内的内能增量：$\rho c \Delta x' \Delta y \dfrac{T_B^{k+1} - T_B^k}{\Delta \tau}$

利用热量平衡关系式，得到

$$A_B T_B^{k+1} = A_W^k T_W^k + A_N^k T_N^k + A_S^k T_S^k + A_B^k T_B^k + b \tag{3-36}$$

式中　　　$A_B = \dfrac{\rho c \Delta x' \Delta y}{\Delta \tau}$，　　$A_W^k = \dfrac{\lambda_w \Delta y}{(\delta x)_w}$，　　$A_N^k = \dfrac{\lambda_n \Delta x'}{(\delta y)_n}$，　　$A_S^k = \dfrac{\lambda_s \Delta x'}{(\delta y)_s}$，

$b = h T_f \Delta y + S_C \Delta x' \Delta y$，　　$A_B^k = -(A_W^k + A_N^k + A_S^k + h \Delta y) + A_B + S_P \Delta x' \Delta y$

有关边界节点各种不同情况的离散方程，读者可以自行推导。当计算域中出现曲线边界时，可以用阶梯形的折线来近似模拟真实边界。处理不规则边界的更好的方法是利用曲线坐标变换，有兴趣的读者可以参阅有关文献。

考察式(3-36)，要保证边界节点离散方程中所有的系数均为正值，必然有

$$A_B^k = -(A_W^k + A_N^k + A_S^k + h \Delta y) + A_B + S_P \Delta x' \Delta y \geqslant 0 \tag{3-37a}$$

在无内热源时($S_C = S_P = 0$)

$$A_B^k = -\left(\frac{\lambda_w^k \Delta y}{(\delta x)_w} + \frac{\lambda_n^k \Delta x'}{(\delta y)_n} + \frac{\lambda_s^k \Delta x'}{(\delta y)_s} + h \Delta y \right) + \frac{\rho c \Delta x' \Delta y}{\Delta \tau} \geqslant 0 \tag{3-37b}$$

即

$$\Delta \tau \leqslant \frac{\rho c \Delta x' \Delta y}{\dfrac{\lambda_w^k \Delta y}{(\delta x)_w} + \dfrac{\lambda_n^k \Delta x'}{(\delta y)_n} + \dfrac{\lambda_s^k \Delta x'}{(\delta y)_s} + h \Delta y} \tag{3-38}$$

如果导热系数为常数，网格划分采用均匀等距网格，且空间步长 $\Delta x = \Delta y$，则 $\Delta x' = 0.5 \Delta x$，式(3-38)可以转变为

$$\Delta \tau \leqslant \frac{0.5 \rho c (\Delta x)^2}{2\lambda + h \Delta x} = \frac{(\Delta x)^2}{4a + \dfrac{2h}{\rho c} \Delta x} \tag{3-39a}$$

即

$$Fo_\Delta = \frac{a \Delta \tau}{(\Delta x)^2} \leqslant \frac{1}{2(2 + Bi_\Delta)} \tag{3-39b}$$

式中，Bi_Δ 称为网格毕奥数(mesh Biot number)，定义为 $Bi_\Delta = \dfrac{h \Delta x}{\lambda}$。

对于一维非稳态导热,在等距空间步长下,同样可以推导出第三类边界条件下的边界节点离散稳定性判断准则为

$$Fo_\Delta \leqslant \frac{1}{2(1+Bi_\Delta)} \tag{3-40}$$

可见,对具有第三类边界条件的非稳态导热,采用显式格式的边界节点离散方程将面临更为苛刻的限制条件。

4. 代数方程组的求解

内部节点和边界节点方程构成一个代数方程组。在导热问题数值求解中,往往采用迭代法。这是因为:其一,直接解法不太适应过多数目的代数方程求解;其二,对于求解非线性问题(代数方程中各项系数在求解过程中不变化的情形称为线性问题),迭代法具有其独特的优势。

采用迭代法求解时需要对被求解的温度场预先假定一个试探解,称为初场。以此试探解作为初始值(注意此处的初始值与非稳态导热的初始条件不是一个概念)代入内部节点和边界节点的代数方程中,得到一组新的值;再将这组经第一次迭代得到的解作为新的试探解,经计算得到第二次迭代结果。如此反复,直到相邻两次计算结果之差小于预先设定的允许差值(计算精确度)时为止,即

$$\max \left| T_P^{(k)} - T_P^{(k-1)} \right| \leqslant \varepsilon \tag{3-41a}$$

或

$$\max \left| \frac{T_P^{(k)} - T_P^{(k-1)}}{T_P^{(k)}} \right| \leqslant \varepsilon \tag{3-41b}$$

式中,上标 k 及 $k-1$ 表示迭代次数;ε 为设定的迭代允许差值。

数值求解过程如图 3-22 所示。

数值传热学已成为传热学的一个重要分支,近几十年来,数值传热学理论和计算方法得到了蓬勃发展,在高精度离散格式、改善稳定性和收敛性、提高数值解精度等方面取得了显著进展,有兴趣的读者可以参阅数值传热学的专门著作和文献。

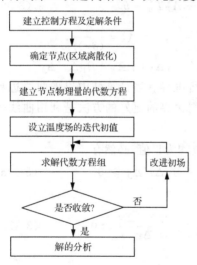

图 3-22　导热问题的数值求解过程

思 考 题

3-1　简述非稳态导热的过程特点,正规状况阶段在物理过程及数学处理上有何特征?

3-2　写出热扩散系数的定义,并说明其物理意义。

3-3　写出毕奥数和傅里叶数的定义式,并说明其物理意义。

3-4　有一大平壁,导热系数为常数。最初温度为 T_i,当给其左侧加热时,内部就产生非稳态导热过程。试说明平壁内温度分布曲线不可能是上凸的,假定导热是一维的。

3-5　初始温度均匀的物体,一侧表面温度突然升高,沿热量传递方向表面温度梯度比物体内部导热温度梯度大,为什么?

3-6　一初始温度均匀为 T_i 的平板,两侧突然暴露在温度为 T_f 的流体中,试分别定性画出当 $Bi \to 0$ 和 $Bi \to \infty$ 时,平板受到加热或者冷却时平板内部的温度随时间的变化。

3-7　$Bi \to 0$ 和 $Bi \to \infty$ 各代表什么样的换热条件? 有人认为,$Bi \to 0$ 代表了绝热边界条件,你是否赞同这

一观点,说明理由。

3-8 简述集总参数法的物理概念及数学处理上的特点。针对平板、圆柱体和球体,写出集总参数法的判断条件。

3-9 试述热电偶时间常数的物理概念及影响其大小的因素。

3-10 简述海斯勒图的来由及使用方法。

3-11 试分析当 $Fo < 0.2$ 时,能否用海斯勒图求解有关的非稳态导热问题?有人认为,由于 $Fo < 0.2$ 时,海斯勒图上图线太密,因而不能用该图求解,判断这一说法的正确性。

3-12 有人认为,当非稳态导热过程经历时间很长时,采用海斯勒图计算所得到的结果是错误的。理由是:这个图表明,物体中各点的过余温度与中心截面过余温度的比值仅与几何位置和毕奥数 Bi 有关,而与时间无关。但当时间趋于无限大时,物体中各点的温度应趋于流体温度,所以两者是有矛盾的。你如何看待这一问题?

3-13 有人这样分析:在一维无限大平板中心温度的海斯勒图中,当 λ 越小时,$\lambda/(h\delta)$ 越小,此时其他参数不变时,θ_c/θ_i 越小,即表明 θ_c 越小,平板中心温度就越接近于流体温度。这说明物体被流体加热时,其 λ 越小(ρc 一定)反而温升越快,与事实不符。请指出上述分析错误在什么地方。

3-14 试根据正规状况阶段的物理特征,设计一种测量材料热扩散系数的实验方法。

3-15 推导导热微分方程的步骤和过程与用热平衡法建立节点离散方程的过程十分相似,为什么前者得到的是精确描写,而后者解出的却是近似解?

3-16 简要说明显示格式在计算中的稳定性问题。

练 习 题

3-1 一块无限大平板厚度为 δ,初始温度为 T_i,在初始瞬间将平板一侧绝热,另一侧置于温度为 T_f 的流体中,流体与平板间的对流换热系数为 h。试写出一维无限大平壁非稳态导热的控制方程及边界条件、初始条件。

3-2 空气流过球表面的对流换热系数,可采用观察一个纯铜制成的球的温度随时间的变化求得,球的直径为 12.7mm,初始温度为 66℃,把它放在温度为 27℃ 的气流中,在球被放进气流中 69s 之后,球外表面上热电偶的指示温度是 55℃,试确定对流换热系数。[铜的物性:$\lambda = 380W/(m \cdot K)$,$\rho = 8940kg/m^3$,$c = 385J/(kg \cdot K)$]

3-3 用非稳态导热法测量燃气与叶片的对流换热系数。把边长为 5mm 的铜质立方体埋入叶片,一面与燃气接触,其余面均用绝热胶黏结于叶片中,可视为绝热。若燃气温度为 1000℃,铜块经燃气加热后,经 5s 从 30℃ 升至 500℃。[铜的物性:$\lambda = 380W/(m \cdot K)$,$\rho = 8940kg/m^3$,$c = 385J/(kg \cdot K)$]

3-4 一块无限大平板,单侧表面积为 A,初始温度为 T_i,一侧表面受温度为 T_f、表面对流换热系数为 h 的气流冷却,另一侧受到恒定热流密度的 q_w 的加热,内部热阻可以忽略。试列出物体内部的温度随时间变化的微分方程式并求解之。设其他几何参数及物性参数已知。

3-5 初温为 25℃ 的热电偶被置于温度为 250℃ 的气流中,设热电偶接点可近似看成球形,要使其时间常数为 1s,问热电偶的直径应为多大?忽略热电偶引线的影响,且热电偶接点与气流间的对流换热系数为 300W/($m^2 \cdot K$),热点偶材料的物性:$\lambda = 20W/(m \cdot K)$,$\rho = 8500kg/m^3$,$c = 400J/(kg \cdot K)$。如果气流与热接点间存在着辐射换热,且保持热电偶时间常数不变,则对所需热接点直径之值有何影响?

3-6 将初始温度为 80℃,直径为 20mm 的紫铜棒突然横置于气流温度为 20℃、流速为 12m/s 的风道中,5min 后紫铜棒温度降至 34℃,试计算气体与棒之间的对流换热系数。

3-7 一热电偶的 $\rho cV/A$ 之值为 2.094kJ/($m^2 \cdot K$),初始温度为 20℃,后将其置于 320℃ 的气流中。试计算在气流与热电偶之间的对流换热系数为 58W/($m^2 \cdot K$) 及 116W/($m^2 \cdot K$) 的两种情形下,热电偶的时间常数,并画出两种情形下热电偶读数的过余温度随时间变化的曲线。

3-8 两个球 A 和 B,初始温度均为 527℃,然后将它们同时放入两个温度都是 47℃ 的大恒温池内淬火,两球及它们的冷却工程参数如下表所示:

参数	球 A	球 B
直径/mm	300	30
密度/(kg/m^3)	1600	400
比热/[J/(kg·K)]	400	1600
导热系数/[W/(m·K)]	170	1.7
对流换热系数/[W/(m^2·K)]	5	50

(1) 在温度-时间坐标系上定性表示各球中心温度和表面温度随时间的变化曲线,并简述原因;

(2) 计算各球表面温度达 142℃所需的时间;

(3) 在球冷却到 142℃过程中,各池从球内获得的热量是多少?

3-9 将一个直径为 30mm,初时温度为 527℃的球放入一个大池中淬火,池中保持恒温 47℃,对流换热系数为 75W/(m^2·K),已知密度为 400kg/m^3,比热为 1600J/(kg·K),导热系数为 1.7W/(m·K)。计算:

(1) 球表面温度达 142℃所需的时间,以及此时的球表面热流密度;

(2) 此时,很快将球从池中移出并完全用绝热层包起来,经过一段较长时间后,球的温度是多少?

3-10 直径为 12cm 的铁球,导热系数为 52W/(m·K),热扩散系数为 $1.2×10^{-5}$ m^2/s,在对流换热系数为 75W/(m^2·K)的油池内冷却 42min,若对直径为 30cm 的不锈钢球(导热系数为 14W/(m·K),热扩散系数为 $3.9×10^{-6}$ m^2/s),实现相似冷却过程需多少时间? 对流换热系数为多少?

3-11 热处理工艺中,常用银球来测定淬火介质的冷却能力。今有两个直径均为 20mm 的银球,加热到 650℃后分别置于 20℃的静止水容器和 20℃的循环水容器中冷却。当两个银球中心温度均由 650℃变化到 450℃时,用热电偶分别测得两种情况下的降温速率分别为 180℃/s 及 360℃/s。在上述温度范围内银的物性参数:$λ=360$W/(m·K),$ρ=10500$kg/m^3,$c=262$J/(kg·K)。试求两种情况下银球与水之间的对流换热系数。

3-12 一块厚为 300mm 的钢板,初始温度为 20℃,送入温度为 1200℃的炉子中单面加热,不受热的一侧可以视为绝热,已知其平均导热系数为 35W/(m·K),热扩散系数为 $0.555×10^{-6}$ m^2/s,加热过程中平均对流换热系数为 290W/(m^2·K),计算加热到受热表面温度低于炉温 15℃时所需的时间及此时两表面间的温差。

3-13 初始温度为 30℃,壁厚为 9mm 的火箭发动机喷管,外壁绝热,内壁与温度为 1750℃的高温燃气接触,燃气与壁面之间的对流换热系数为 2000W/(m^2·K)。假定喷管壁可以当作一维无限大平壁处理,材料物性如下:$ρ=8400$kg/m^3,$c=560$J/(kg·K),$λ=25$W/(m·K)。试求:

(1) 为使喷管不超过材料允许温度(800℃)而能允许的运行时间;

(2) 在允许时间的终了时刻,喷管中的最大温差;

(3) 上述时刻喷管中的平均温度梯度与最大温度梯度。

3-14 材料相同、厚度不同的 A,B 两块无限大平板,板 A 厚度为板 B 的 3 倍,从同一高炉中取出置于同一流体中淬火。假定板 B 的对流换热系数是板 A 的 3 倍,板 B 中心过余温度下降到初值的一半需要 50min,问板 A 达到同样的温度工况需要多少时间?

3-15 材料相同、初始温度相同且满足集总参数法条件的金属薄板、细圆柱体和小球置于同一介质中加热,若薄板厚度、细圆柱体直径、小球直径相等,求当它们被加热到相同温度时所需时间之比。

3-16 设有五块厚 30mm 的无限大平板,各用银、铜、钢、玻璃和软木制成,初始温度均匀为 20℃,两个侧面突然上升到 60℃,试计算使中心温度上升到 56℃时各板所需的时间。五种材料的热扩散系数依次为 $170×10^{-6}$ m^2/s、$103×10^{-6}$ m^2/s、$12.9×10^{-6}$ m^2/s、$0.59×10^{-6}$ m^2/s 及 $0.155×10^{-6}$ m^2/s。由此计算你可以得出什么结论?

3-17 一厚度为 2.54cm 的钢板,初始温度为 650℃,现置于水中淬火,其表面温度突然下降到 94℃并保持不变。试通过数值计算确定平板中心温度下降到450℃所需的时间,并将计算结果与按海斯勒图计算的结果作对比。已知 $a=1.16\times10^{-5}\,\mathrm{m^2/s}$。

3-18 针对如图 3-23 所示的导热体角点,试建立基于显示格式的角点温度离散方程,并确定其在等距空间步长下的离散稳定性判断准则。

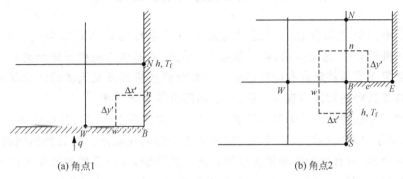

(a) 角点1   (b) 角点2

图 3-23 练习题 3-18 附图

参 考 文 献

奥齐西克 M N,1983. 热传导[M]. 俞昌铭,译. 北京:高等教育出版社:171-176

曹玉璋,邱绪光,1998. 实验传热学[M]. 北京:国防工业出版社:210-212

陶文铨,2001. 数值传热学[M]. 2 版. 西安:西安交通大学出版社:28-44

王宝官,1997. 传热学[M]. 北京:航空工业出版社:47-48

王补宣,1998. 工程传热传质学(上册)[M]. 北京:科学出版社:171-177

辛荣昌,陶文铨,1993. 非稳态导热充分发展阶段的分析解[J]. 工程热物理学报,14(1):80-83

杨世铭,陶文铨,2006. 传热学[M]. 4 版. 北京:高等教育出版社:112-115,125-128

张洪济,1992. 热传导[M]. 北京:高等教育出版社:189-215,217-224

章熙民,任泽霈,梅飞鸣,1993. 传热学[M]. 2 版. 北京:中国建筑工业出版社:66-72

Cengel Y A,2003. Heat transfer,A practical approach[M]. 2nd ed. New York:McGraw-Hill Book Company:214-222

Holman J P,2002. Heat transfer[M]. 9th ed. New York:McGraw-Hill Book Company:135

Incropera F P,DeWitt D P,2002. Fundamentals of heat and mass transfer[M].5th ed. New York:Jonh & Wiley Sons:245,268-270

Longston L S,1982. Heat transfer from multidimensional objects using one-dimensional solution for heat loss[J]. International Journal of Heat and Mass Transfer,25:149-150

第4章 对流换热的理论分析

物体表面和流体之间存在相对运动时发生的热量传递称为对流换热(convective heat transfer)。从机理上说,这种换热,除了紧贴壁面的流体依靠微观粒子运动的导热之外,离开壁面的流体依靠宏观运动储存和输运热量。因而对流换热要涉及流体的运动状况,流体的性质以及与流体相接触的物体的表面形状、大小和部位等复杂因素。

对流换热以牛顿冷却定律为基本计算式,这个公式实质上只是对流换热系数 h 的一种定义方式,并未揭示出对流换热系数与有关物理量之间的内在联系。对流换热问题的数学描写比导热要复杂得多,只有极少数非常简单的对流换热问题,在一系列的简化条件下,可以获得解析解,许多实际问题,往往得依赖于实验所获得的经验公式来进行分析。

研究对流换热的任务就是要揭示对流换热系数与影响它的有关物理量之间的内在联系,并定量地确定对流换热系数的数值。本章将从基本概念入手,介绍对流换热问题的完整数学描写和简化形式的边界层微分方程组,以及边界层方程的近似解法。

4.1 对流换热概述

4.1.1 对流换热系数和牛顿冷却定律

对流换热(convection heat transfer)是指流体与固体壁面之间有相对运动,且两者之间存在温度差时所发生的热量传递现象,对流换热过程是导热和对流两种基本传热方式同时作用的结果。所谓对流(convection),是指流体中温度不同的各部分之间,由于相对的宏观运动而把热量从一处迁移至另一处的过程;流体在作相对宏观运动的同时,分子的微观运动并没有停止,也就是说流体微团内部还以导热方式传递热量,这一作用习惯上称为扩散(diffusion)作用。在数学描写中也将这两种方式的输运分别称为对流项和扩散项。

图 4-1 表示一个简单的对流换热过程。表示流体以来流速度 u_f 和来流温度 T_f 流过一个温度为 T_w 的固体壁面。这里选取流体沿壁面流动的方向为 x 坐标、垂直壁面方向为 y 坐标。

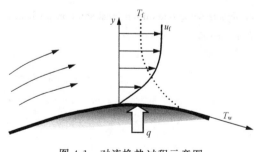

图 4-1 对流换热过程示意图

由于固体壁面对流体分子的吸附作用,使得壁面上的流体处于无滑移(no-slip)的状态(此论点对于极为稀薄的流体是不适用的)。又由于流体分子相互之间的扩散和相互之间的吸引造成流体之间的相互牵制。这种相互的牵制作用就是流体的黏性力,在其作用下会使流体的速度在垂直于壁面的方向上发生改变。由于流体的分子在固体壁面上被吸附而处于不流动的状态,因而使流体速度从壁面上的零速度值逐步变化到来流的速度值。同时,通过固体壁面的热流也会在流体分子的作用下向流体扩散(热传导),并不断地被流体的流动而带到下游(热对流),因而也导致紧靠壁面处的流体温度逐步从壁面温度变化到来流温度。

对流换热是一种很复杂的热量传递过程。但流体与固体壁面之间的换热量却按照形式简单的牛顿冷却定律来计算

$$\varPhi = hA(T_w - T_f) \qquad\qquad (4\text{-}1a)$$

或

$$\varPhi = hA(T_f - T_w) \qquad\qquad (4\text{-}1b)$$

式中，T_w 和 T_f 分别为物体表面的温度和流体温度（℃或 K）；A 为换热表面的面积（m^2）；$\varPhi$ 为对流换热量（W）；h 为对流换热系数（convection heat transfer coefficient）$[W/(m^2 \cdot K)]$。h 的大小反映了对流换热能力的强弱，注意它不是物性参数。

式（4-1a）和式（4-1b）在物理概念上存在着较大的区别，这一差异体现在热量传递的方向性上。式（4-1a）意味着热量是从物体壁面向流体的传递，而式（4-1b）则意味着热量是从流体向物体壁面的传递。

牛顿冷却定律的形式十分简单，它并未揭示出对流换热系数与影响它的有关物理量之间的内在联系，实质上是将众多复杂的因素都集中在对流换热系数 h 上了。因此对流换热的核心内容就是如何来确定对流换热系数。

当高速气流或黏性系数很大的流体与固体壁面进行热量交换时，必须考虑摩擦热的影响，这时流体与壁面之间的对流换热热流量的计算公式为

$$\varPhi = hA(T_r - T_w) \qquad\qquad (4\text{-}2)$$

式中，T_r 为流体的恢复温度（recovery temperature）。（具体定义在 5.3.4 高速气流对流换热中叙述）

4.1.2 影响对流换热的各种因素

影响对流换热的因素归纳起来包含以下几个方面。

1. 流体流动的起因

按照引起流体流动的起因来分，流体的运动可以分为强迫对流（forced convection）和自然对流（natural convection）两类。前者是由于泵、风机或其他外部动力源所造成的；而后者则是由于流体内部存在密度差所引起的。引起流体流动的力不同，流体的运动规律有差别，所以换热规律也不一样。

2. 流体的流动状态

流体流动的状态有层流（laminar flow）和湍流（turbulent flow），流体流动的流态不同，热量传递的机理也不一样。层流时流体微团沿着主流方向作有规则的分层流动，而湍流时流体内部的速度脉动使得流体微团之间发生剧烈的混合，因而湍流对流换热系数比层流的要大。

3. 流体的物理性质

实践告诉我们，不同流体的对换热强度有很大差异。由于流体密度 ρ、动力黏度 μ、导热系数 λ 以及定压比热容 c_p 等都会影响流体中速度分布及热量的传递，因而影响对流换热。

4. 换热表面的几何因素

这里的几何因素指的是换热表面的形状、大小、换热表面与流体流动方向的相对位置以及换热表面的粗糙度等。例如流体在圆管内强迫流动和流体横掠圆管的外部流动，平板热面朝上散热和热面朝下散热所形成的自然对流，这些情形下的流动规律截然不同，它们的换热规律也是不同的。

5. 流体有无相变

当流体没有发生相变时，对流换热的热量传递是以显热的变化而实现的，而在有相变时的换热过程中（如沸腾和凝结），流体相变潜热的释放或吸收常常起主要作用，因而换热规律与无相变时相差甚远。

综上所述，表征对流换热强弱的对流换热系数是取决于各种因素的复杂函数。以单相流体强迫对流换热为例，用一般函数形式表示为

$$h = f(u, \rho, \lambda, c_p, \mu, l, T_w, T_f, \cdots) \tag{4-3}$$

式中，l 是换热表面的一个特征尺寸。

表 4-1 给出了几种对流换热过程 h 的大致范围。可以更直观地感觉上述一些因素对对流换热强度的影响规律。

表 4-1 对流换热系数的数值范围

换热形式		对流换热系数/[W/(m² · K)]
自然对流	空气	1~10
	水	200~1000
强迫对流	空气	20~100
	水	1000~15000
相变换热	水的沸腾	2500~35000
	蒸气凝结	5000~25000

4.1.3 对流换热的分类树

常见的对流换热类型分类树如图 4-2 所示，在学习中要特别注意每一种类型对流换热的物理过程特征。

确定对流换热系数的方法大致有以下四种：①分析法；②实验法；③类比法；④数值法。其中，类比法是通过研究质量、动量和能量传递的共性或类似特性，从某种现象的规律类比获得另一种现象基本关系的方法。例如，基于动量和能量传递类比的方法曾成功地应用于构建湍流对流换热系数与流动阻力系数的关联，但对于较为复杂的流动传热问题，这一类比模式已难以适用，因此目前类比法的应用主要基于对流换热和对流传质现象之间的类比。数值法在20世纪80年代得到了迅速发展，并将会在未来的对流换热问题研究中发挥日益重要的作用，鉴于对流换热的数值解法需要涉及一些专门的知识，本教材未涉及。

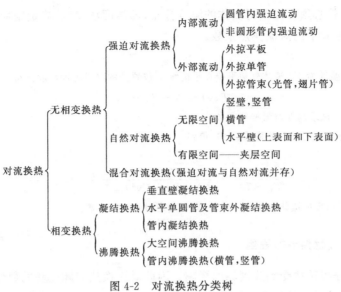

图 4-2　对流换热分类树

4.2　对流换热过程的数学描写

4.2.1　对流换热系数的一般表达式

在对流换热过程的理论分析中,求解出流体的温度分布后,如何从流体的温度分布来进一步求得对流换热系数? 换言之,对流换热系数与流体温度场之间存在什么样的内在关系?

考察固体壁面和流体之间的热量传递过程(见图 4-3)。当流体流过固体表面时,由于流体的黏性作用(viscous flow),紧贴壁面的区域流体将被滞止而处于无滑移状态。壁面与流体间的热量传递必须穿过这层静止的流体层,因此在贴近壁面的这层流体层中,从壁面传入的热量可以根据傅里叶定律确定。

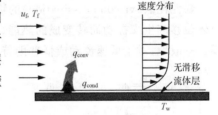

图 4-3　对流换热机理示意

$$q_{cond} = -\lambda \frac{\partial T}{\partial y}\bigg|_{y=0} \qquad (4-4)$$

式中,$(\partial T / \partial y)|_{y=0}$ 为贴壁处壁面法线方向上的流体温度变化率;λ 为流体的导热系数。

在稳定状态下,壁面与流体之间的对流换热量就等于贴壁处静止流体层的导热量。

$$q_{conv} = h(T_w - T_f) = -\lambda \frac{\partial T}{\partial y}\bigg|_{y=0} \qquad (4-5)$$

所以,对流换热系数与近壁流体层温度梯度的一般关系式为

$$h = \frac{-\lambda \dfrac{\partial T}{\partial y}\bigg|_{y=0}}{T_w - T_f} \qquad (4-6)$$

从式(4-6)可以看出,对流换热系数与流体的温度场,特别是贴近壁面附近区域的流体的温度分布状况密切相关。式(4-6)给出了计算对流换热壁面上热流密度的公式,也确定了对流换热系数与流体温度场之间的关系。它清晰地告诉我们,要求解一个对流换热问题,获得相应

的对流换热系数,就必须首先获得流体的温度分布,即温度场,然后确定壁面上的温度梯度,最后计算出在参考温差下的对流换热系数。

例题 4-1 已知温度为 T_∞ 流体外掠平壁在距前缘 x 位置处的壁面附近温度分布为

$$T(y) = A - By - Cy^2$$

A、B 和 C 均为常数。试求局部对流换热系数。

解 由对流换热系数的一般关系式(4-6),得到

$$h = \frac{-\lambda \left.\dfrac{\partial T}{\partial y}\right|_{y=0}}{T_\mathrm{w} - T_\mathrm{f}} = \frac{-\lambda (-B - 2Cy)_{y=0}}{(A - By - Cy^2)_{y=0} - T_\infty} = \frac{\lambda B}{A - T_\infty}$$

讨论 只要贴近壁面的流体温度分布已知,即可确定对流换热系数。

4.2.2 对流换热过程控制方程组

流体的温度分布往往受到速度场的影响。因此对流换热问题完整的数学描写包括质量守恒、动量守恒和能量守恒的数学表达式。质量守恒和动量守恒方程的推导在流体力学教程中已有详细的论述,在此仅讨论能量守恒方程的推导过程。

为了方便起见,在推导时作以下简化假设:

(1) 流动是二维稳态的(two-dimensional steady flow)。

(2) 流体为不可压缩的牛顿型流体(Newtonian fluid),即流体服从牛顿黏性定律(Newton's law of viscosity)$\tau = \mu(\partial u/\partial y)$。

(3) 流体物性为常数,无内热源。

(4) 黏性耗散产生的耗散热可以忽略不计。

黏性耗散(viscous dissipation)的物理意义为,作用于控制体表面上的法向力和剪应力使流体位移产生摩擦功而转变成的热能。只有当流速完全均匀,没有内摩擦时,黏性耗散热才为零。一般地,对于低速流动或低普朗特数(Prandtl number)流体,黏性耗散热与能量方程中的其他项相比甚小,可忽略不计。

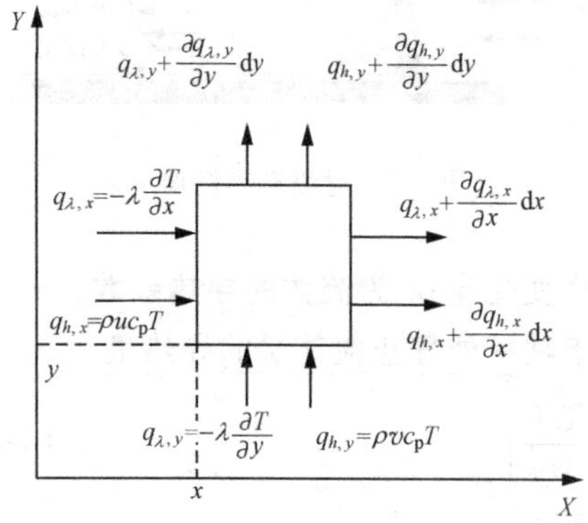

研究对流换热问题,通常把流体看作连续体。因此力学和热力学的一些基本定律均适用。分析时常取流体的一个微元控制体作为研究对象,运用质量守恒、动量守恒和能量守恒等基本定律。对于非常稀薄的气体,由于其分子的平均自由行程达到与控制体的尺度为同一量级,若按照连续流体进行分析和计算,则偏差将会很大。

针对图 4-4 所示的微元控制体,能量以扩散和对流的方式进出控制体。

图 4-4 微元控制体热平衡分析模型

通过扩散作用进、出控制体的热流量为

$$\mathrm{d}\Phi_{\lambda,x} = q_{\lambda,x}\mathrm{d}y \cdot 1 = -\lambda \frac{\partial T}{\partial x}\mathrm{d}y \tag{a}$$

$$\mathrm{d}\Phi_{\lambda,y} = q_{\lambda,y}\mathrm{d}x \cdot 1 = -\lambda \frac{\partial T}{\partial y}\mathrm{d}x \tag{b}$$

$$\mathrm{d}\Phi_{\lambda,x+\mathrm{d}x} = q_{\lambda,x+\mathrm{d}x}\,\mathrm{d}y \cdot 1 = -\lambda\frac{\partial}{\partial x}\Big(T+\frac{\partial T}{\partial x}\mathrm{d}x\Big)\mathrm{d}y \tag{c}$$

$$\mathrm{d}\Phi_{\lambda,y+\mathrm{d}y} = q_{\lambda,y+\mathrm{d}y}\,\mathrm{d}x \cdot 1 = -\lambda\frac{\partial}{\partial y}\Big(T+\frac{\partial T}{\partial y}\mathrm{d}y\Big)\mathrm{d}x \tag{d}$$

通过对流作用进、出控制体的热流量为

$$\mathrm{d}\Phi_{h,x} = q_{h,x}\,\mathrm{d}y \cdot 1 = \rho u c_{\mathrm{p}} T\,\mathrm{d}y \tag{e}$$

$$\mathrm{d}\Phi_{h,y} = q_{h,y}\,\mathrm{d}x \cdot 1 = \rho v c_{\mathrm{p}} T\,\mathrm{d}x \tag{f}$$

$$\mathrm{d}\Phi_{h,x+\mathrm{d}x} = \Big(q_{h,x}+\frac{\partial q_{h,x}}{\partial x}\mathrm{d}x\Big)\mathrm{d}y \cdot 1 = \rho c_{\mathrm{p}}\Big(u+\frac{\partial u}{\partial x}\mathrm{d}x\Big)\Big(T+\frac{\partial T}{\partial x}\mathrm{d}x\Big)\mathrm{d}y \tag{g}$$

$$\mathrm{d}\Phi_{h,y+\mathrm{d}y} = \Big(q_{h,y}+\frac{\partial q_{h,y}}{\partial y}\mathrm{d}y\Big)\mathrm{d}x \cdot 1 = \rho c_{\mathrm{p}}\Big(v+\frac{\partial v}{\partial y}\mathrm{d}y\Big)\Big(T+\frac{\partial T}{\partial y}\mathrm{d}y\Big)\mathrm{d}x \tag{h}$$

则微元体在单位时间内由于扩散作用所吸收的热量为

$$\mathrm{d}\Phi_{\lambda} = \lambda\Big(\frac{\partial^2 T}{\partial x^2}+\frac{\partial^2 T}{\partial x^2}\Big)\mathrm{d}x\,\mathrm{d}y \cdot 1 \tag{4-7}$$

在单位时间内控制体由于对流作用而得到的热量为

$$\mathrm{d}\Phi_h = -\rho c_{\mathrm{p}}\Big(u\frac{\partial T}{\partial x}+v\frac{\partial T}{\partial y}\Big)\mathrm{d}x\,\mathrm{d}y \cdot 1 \tag{4-8}$$

在稳定情况下,无内热源,忽略黏性耗散产生的耗散热,根据能量守恒定律,可得到

$$\rho c_{\mathrm{p}}\Big(u\frac{\partial T}{\partial x}+v\frac{\partial T}{\partial y}\Big) = \lambda\Big(\frac{\partial^2 T}{\partial x^2}+\frac{\partial^2 T}{\partial y^2}\Big) \tag{4-9}$$

式(4-9)左端表征流体中热量输运的对流项,右端表征扩散项。式(4-9)表明,运动流体的温度分布受流体运动速度的影响,要获得温度场,必须先求出速度场。

结合流体力学中所学习过的质量守恒和动量守恒方程,为了求解稳态、不可压缩、常物性、无内热源的二维对流换热问题,需要求解以下的微分方程组:

质量守恒方程(conservation of mass equation)

$$\frac{\partial u}{\partial x}+\frac{\partial v}{\partial y} = 0 \tag{4-10}$$

动量守恒方程(conservation of momentum equations)

$$\rho\Big(u\frac{\partial u}{\partial x}+v\frac{\partial u}{\partial y}\Big) = F_x-\frac{\partial p}{\partial x}+\mu\Big(\frac{\partial^2 u}{\partial x^2}+\frac{\partial^2 u}{\partial y^2}\Big) \tag{4-11}$$

$$\rho\Big(u\frac{\partial v}{\partial x}+v\frac{\partial v}{\partial y}\Big) = F_y-\frac{\partial p}{\partial y}+\mu\Big(\frac{\partial^2 v}{\partial x^2}+\frac{\partial^2 v}{\partial y^2}\Big) \tag{4-12}$$

能量守恒方程(conservation of energy equation)

$$\rho c_{\mathrm{p}}\Big(u\frac{\partial T}{\partial x}+v\frac{\partial T}{\partial y}\Big) = \lambda\Big(\frac{\partial^2 T}{\partial x^2}+\frac{\partial^2 T}{\partial y^2}\Big) \tag{4-13}$$

对流换热微分方程

$$h = -\frac{\lambda}{T_{\mathrm{w}}-T_{\mathrm{f}}}\frac{\partial T}{\partial y}\Big|_{y=0} \tag{4-14}$$

式中,F_x,F_y 是体积力在 x,y 方向的分量。

在上述能量方程中，并未考虑由于流体黏性耗散作用所产生的热量。如果计入这一影响，则在能量方程式(4-13)右端添加类似于导热微分方程中的内热源项，即黏性耗散项。

$$\dot{\Phi} = \mu \left\{ 2 \left[\left(\frac{\partial u}{\partial x} \right)^2 + \left(\frac{\partial v}{\partial y} \right)^2 + \left(\frac{\partial u}{\partial y} + \frac{\partial v}{\partial x} \right)^2 \right] \right\}$$

作为对流换热问题完整的数学描写还应包括单值性条件。与导热问题不同的是，对流换热问题应包括速度、压力和温度的初始和边界条件。以能量守恒方程为例，可以规定边界上流体的温度分布(第一类边界条件)，也可以给定边界上加热或冷却流体的热流密度(第二类边界条件)，一般地，求解对流换热问题时没有第三类边界条件。

由于对流换热问题的完整数学表达式具有非线性的特点，因此尽管式(4-10)~式(4-13)对于 u,v,T,p 等变量是封闭的，但在数学上求出其解析解却是非常困难的。借助于普朗特提出的边界层概念，上述方程组可以从椭圆型方程转化成抛物型方程，使得分析法求解对流换热问题成为可能。

4.3 对流换热的边界层微分方程组

4.3.1 边界层概念

当流体沿固体壁面流动时，流体黏性起作用的区域仅仅局限在紧贴壁面的流体薄层内，这种黏性作用逐渐向外扩散，在离开壁面某个距离之外的流动区域，黏性的影响可以忽略不计，于是在这个距离以外区域的流动可以认为是理想流体的流动，普朗特(Prandtl)把速度急剧变化的这一流体薄层称为速度边界层(velocity boundary layer)或流动边界层(flow boundary layer)，如图4-5所示，其厚度 δ 定义为在壁面法线方向上达到主流速度99%处的距离，即 $u/u_\infty = 0.99$。

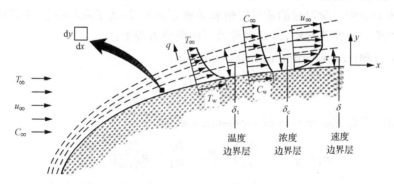

图 4-5 边界层概念示意图

当流体流过与其温度不相同的壁面时，实验观察同样发现，在壁面附近的一个薄层内，流体温度在壁面的法线方向上发生剧烈的变化，而在此薄层之外，流体的温度梯度几乎为零。波尔豪森(Pohlhausen)将速度边界层的概念推广应用于对流换热问题，提出了温度边界层(temperature boundary layer)或热边界层(thermal boundary layer)的概念。温度边界层的厚度 δ_t 是这样定义的：边界层外边界上的无量纲温度 $\Theta = (T - T_w)/(T_\infty - T_w) = 0.99$。

当流体流经一个相界面时与界面之间发生对流传质。在壁面附近形成的浓度边界层和对流换热的热边界层具有高度的类似性，对流传质的相关内容将在第9章作简要介绍。

边界层具有以下两个显著的特征。

(1) 边界层厚度 δ, δ_t 与壁面尺寸相比是很小的量。

$$\delta \ll l, \quad \delta_t \ll l$$

以温度为 20℃ 的空气沿平板的流动为例，如果来流速度为 20m/s，则速度边界层在距平板前缘 100mm 和 200mm 处的厚度分别为 $\delta_{x=100mm} = 1.8mm$ 和 $\delta_{x=200mm} = 2.5mm$。在这样小的薄层内，流体的速度从零变化到接近主流速度。

从微观角度来看，δ 和 δ_t 反映了流体分子动量和热量扩散的范围。一般地，速度边界层和温度边界层的厚度并不相等，两者之间的关系与表征动量扩散能力和热量扩散能力之比的普朗特数 Pr（Prandtl number）有关。

$$\frac{\delta}{\delta_t} \propto Pr^n$$

普朗特数 $Pr = \nu/a$，即流体的运动黏度（或动量扩散系数）与热扩散系数之比。当普朗特数的值很小时，$n = 1/2$；而当普朗特数的值较大时，$n = 1/3$。

(2) 边界层内沿壁面法线方向速度梯度和温度梯度变化剧烈，一般存在下列的不等式。

对速度边界层

$$u \gg v$$

$$\frac{\partial u}{\partial y} \gg \frac{\partial u}{\partial x}, \frac{\partial v}{\partial y}, \frac{\partial v}{\partial x}$$

对温度边界层

$$\frac{\partial T}{\partial y} \gg \frac{\partial T}{\partial x}$$

引入边界层的概念后，可以将流动区域划分为两个区：其一是边界层流动区，这里流体的黏性力与流体的惯性力共同作用，引起流体速度发生显著变化；其二是主流区，这里流体黏性力的作用非常微弱，可视为无黏性的理想流体流动。同样也可以将对流换热问题的温度场分为两个区域，即热边界层区与主流区，主流区的流体温度变化率可视为零。这样针对对流换热问题的研究便可主要集中研究边界层区内的流动和换热上，可以利用边界层的特点来进一步简化数学模型。

流体的流动状态有层流和湍流两类。流动边界层在壁面上的发展过程也显示出，在边界层内也会出现层流和湍流两类不同的流动状态。图 4-6 示出了流体外掠平板时边界层的发展过程，当流体以 u_∞ 的速度沿平板流动，速度边界层在平板前缘开始形成；随着 x 的增加，壁面黏滞力的影响逐渐向流体内部传递，边界层逐渐增厚，在某一距离 x_c 之前会一直保持层流的性质，此时流体作有秩序的分层流动，对应的边界层称为层流边界层（laminar boundary layer）；沿流动方向随边界层厚度的增加，边界层内部黏滞力和惯性力的对比向着惯性力相对占优的方向变化，促使边界层内的流动产生紊乱的不规则脉动，并最终发展为旺盛湍流，形成湍流边界层（turbulent boundary layer）。对于外掠平板的流动，层流向湍流转捩发生的临界雷诺数（critical Reynolds number）$Re_c = u_\infty x_c / \nu$ 通常在 $2 \times 10^5 \sim 3 \times 10^6$。一般地，可取 $Re_c = 5 \times 10^5$。

在湍流边界层中，由于脉动造成流体混合，使得边界层厚度比层流的大，且大量研究表明，

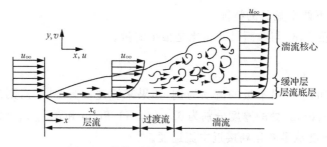

图 4-6　外掠平板的边界层形成和发展

温度边界层和速度边界层的厚度基本相当而与流体普朗特数无关。同时,应特别注意,湍流边界层的主体核心虽处于湍流流动状态,但紧贴壁面处的一极薄流体层内,黏滞力仍然占主导地位,致使该薄层内的流动仍保持层流的性质,故称为湍流边界层的层流底层或黏性底层(viscous sublayer)。在湍流核心(full turbulent)与黏性底层之间存在着起过渡性质的缓冲层底层(buffer layer)。由于脉动引起的湍流扩散作用显著高于分子的扩散,边界层内的速度和温度分布曲线比层流的饱满,速度和温度梯度主要体现在贴壁的一极薄的层流底层区。

需要特别提醒读者注意的是,边界层的概念只有在流体不脱离固体表面时才成立。对于分离流动,边界层的概念不再适用。

4.3.2　边界层微分方程组

根据边界层的特点,可以运用数量级分析的方法来简化完整的对流换热微分方程组。

数量级分析是工程问题分析中的一个重要方法,通过比较方程中各项的数量级相对大小,对数量级小的项加以舍去而实现方程的合理简化。

至于怎样确定各项的数量级,视分析问题的性质而不同。这里采用各量在作用区间的积分平均绝对值的确定方法。例如,在速度边界层内,从壁面到 $y=\delta$ 处,主流方向流速 u 的积分平均绝对值显然远远大于垂直主流方向的流速 v 的积分平均绝对值。因而如果把边界层内 u 的数量级定义为 1,则 v 的数量级必定是个小量,用符号 δ 表示。至于导数的数量级,则可将因变量及自变量的数量级代入导数的表达式而得出,例如 $\partial T/\partial x$ 的数量级为 $1/1=1$,而 $\dfrac{\partial}{\partial y}\left(\dfrac{\partial T}{\partial y}\right)$ 的数量级则为 $\dfrac{1/\delta}{\delta}=\dfrac{1}{\delta^2}$。

下面以能量微分方程的简化来说明数量级分析法的具体应用。

针对图 4-7 所示的外掠平板温度边界层,设边界层内主流方向的坐标 x 的数量级为 1,u 的数量级为 1,T 的数量级为 1,则 y 和 v 的数量级为 δ。于是边界层中二维稳态能量方程的各项数量级可分析如下。

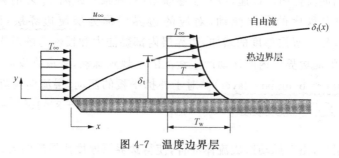

图 4-7　温度边界层

$$u \frac{\partial T}{\partial x} + v \frac{\partial T}{\partial y} = a \left(\frac{\partial^2 T}{\partial x^2} + \frac{\partial^2 T}{\partial y^2} \right) \tag{4-15}$$

$$1 \quad \frac{1}{1} \quad \delta \quad \frac{1}{\delta} \qquad \delta^2 \quad \left(\frac{1}{1^2} \qquad \frac{1}{\delta^2} \right)$$

式(4-15)表明,热扩散率 a 必须具备 δ^2 的数量级,且 $\partial^2 T/\partial y^2 \gg \partial^2 T/\partial x^2$,因而可以把主流方向的二阶导数项 $\partial^2 T/\partial x^2$ 略去。

式(4-15)因此简化为

$$u \frac{\partial T}{\partial x} + v \frac{\partial T}{\partial y} = a \frac{\partial^2 T}{\partial y^2} \tag{4-16}$$

在对动量方程进行数量级分析时,若忽略体积力的影响($F_x = 0$,$F_y = 0$),式(4-11)和式(4-12)可以简化为

$$u \frac{\partial u}{\partial x} + v \frac{\partial u}{\partial y} = -\frac{1}{\rho} \frac{\mathrm{d}p}{\mathrm{d}x} + \nu \frac{\partial^2 u}{\partial y^2} \tag{4-17}$$

注意到,在运用数量级分析时,由于 y 向的动量方程相对于 x 向动量方程的数量级是一个小量而被略去了,这表明在边界层内 $\partial p/\partial y$ 相对于 $\partial p/\partial x$ 而言是一个小量,也就是意味着在边界层内沿壁面法线方向的压力梯度可视为零($\partial p/\partial y = 0$),即在边界层中 y 方向的压力不发生变化,边界层中的压力只取决于 x。这也应被视为边界层的一个重要特征。

在同一 x 处流体在边界层内的压力与层外流体的压力相等。因此 $\mathrm{d}p/\mathrm{d}x$ 可以由边界层外理想流体的伯努利(Bernoulli)方程确定

$$\frac{\mathrm{d}p}{\mathrm{d}x} = -\rho u_\infty \frac{\mathrm{d}u_\infty}{\mathrm{d}x} \tag{4-18}$$

对于流体沿平壁流动,由于 u_∞ 为常数,有 $\mathrm{d}p/\mathrm{d}x = 0$。

至此,二维稳态的边界层对流换热微分方程组可归纳如下:

连续方程

$$\frac{\partial u}{\partial x} + \frac{\partial v}{\partial y} = 0 \tag{4-19}$$

动量方程

$$u \frac{\partial u}{\partial x} + v \frac{\partial u}{\partial y} = -\frac{1}{\rho} \frac{\mathrm{d}p}{\mathrm{d}x} + \nu \frac{\partial^2 u}{\partial y^2} \tag{4-20}$$

能量方程

$$u \frac{\partial T}{\partial x} + v \frac{\partial T}{\partial y} = a \frac{\partial^2 T}{\partial y^2} \tag{4-21}$$

伯努利方程

$$\frac{\mathrm{d}p}{\mathrm{d}x} = -\rho u_\infty \frac{\mathrm{d}u_\infty}{\mathrm{d}x} \tag{4-22}$$

对流换热系数方程

$$h = -\frac{\lambda}{T_w - T_\infty} \left. \frac{\partial T}{\partial y} \right|_{y=0} \tag{4-23}$$

边界层微分方程组虽然已经对完全的对流换热微分方程组作了简化,但在分析求解过程

中仍有不少数学问题,只能针对某些特殊的流动,即所谓相似流动获得解析解(exact solution);或者利用有限厚度的边界层概念,通过对边界层微分方程进行积分建立边界层积分方程组,进而获得近似解(approximate solution)。

这里,仅给出外掠平壁层流强迫对流换热的理论解析结果。

布拉休斯(Blasius)于1908年采用无量纲流函数及无量纲坐标,求解了外掠平壁层流边界层流动的偏微分方程,得到了速度边界层厚度和局部摩擦阻力系数的精确解

$$\frac{\delta}{x} = 5.0\,Re_x^{-1/2}, \qquad C_{fx} = \frac{\tau_w}{\frac{1}{2}\rho u_\infty^2} = 0.664\,Re_x^{-1/2} \tag{4-24}$$

式中,局部雷诺数(local Reynolds number)$Re_x = \dfrac{\rho u_\infty x}{\mu}$,以当地坐标 x 为特征长度。C_{fx} 为局部摩擦阻力系数。

假设流体沿整个板长的流动均处于层流流动状态,可以导出在长为 l 的平板上,层流平均摩擦阻力系数为

$$C_f = \frac{1}{l}\int_0^l C_{fx}\,\mathrm{d}x = 1.292\,Re^{-\frac{1}{2}} \tag{4-25}$$

式中,雷诺数 $Re = \dfrac{u_\infty l}{\nu}$,以平板长度 l 为特征长度。

对于流体外掠恒壁温平板,波尔豪森给出了在 $Pr = 0.6 \sim 15$ 范围内的层流对流换热解析解

$$h_x = -\frac{\lambda}{T_w - T_\infty}\left.\frac{\partial T}{\partial y}\right|_{y=0} = 0.332\,Re_x^{1/2}\,Pr^{1/3}\,\frac{\lambda}{x} \tag{4-26}$$

进一步写成如下的无量纲形式

$$Nu_x = \frac{h_x x}{\lambda} = 0.332\,Re_x^{1/2}\,Pr^{1/3} \tag{4-27}$$

式中,Nu 称为努塞特数(Nusselt number)。

对于整个平板,在层流流动状态下,平均努塞特数为

$$Nu = \frac{hl}{\lambda} = \left(\frac{1}{l}\int_0^l h_x\,\mathrm{d}x\right)\frac{l}{\lambda} = 0.664\,Re^{1/2}\,Pr^{1/3} \tag{4-28}$$

4.4　湍流对流换热边界层微分方程组

4.4.1　湍流运动的特征

湍流流动是实际工程中最常见的流体运动状态。1883年雷诺(Reynolds)通过实验观察到管内流动存在着层流和湍流两种流态(见图4-8)。当管内流速很低时,观察到的染色线是一条直线[见图4-8(a)];当管内流速增加,例如雷诺数增加到3500~4000以上时,染色线则完全破碎,流体质点做复杂而无规则的随机运动[见图4-8(c)];层流到湍流之间存在一过渡阶段,逐渐而非瞬间完成[见图4-8(b)]。

层流过渡到湍流的原因十分复杂,一般可以理解为是由于扰动的存在和发展扩大、使层流

失去稳定性而引起的。产生扰动的因素是多方面的,例如,来流的不均匀性,存在着速度梯度、来流温度不均匀引起的密度不均匀、物体表面粗糙、实际流体中存在杂质或气泡使流体的热物性出现突变等。扰动的因素是客观存在的,但扰动是否会扩大或发展,取决于流体受力的状况。事实上,扰动是扩大而发展或者是受到阻尼而消失,主要取决于惯性力和黏性力的相互作用。前者使扰动扩大,后者对扰动则起到

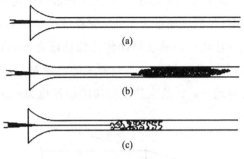

图 4-8　管内流动观察流动图谱

阻尼作用。反映惯性力和黏性力的相互作用关系的准则,就是雷诺数 Re。

流体外掠平壁时,从导边前缘开始是层流区。当雷诺数达到一定数值后就逐渐过渡到湍流区,该值称为临界雷诺数 Re_{cr},Re_{cr} 的数值为 $6 \times 10^4 \sim 3.2 \times 10^5$(特征长度为流向距离)。在湍流边界层中,紧邻壁面的一薄层流体内层流仍占主导地位,称为层流底层,经缓冲层过渡到湍流核心层(见图 4-9)。在管内流动中,Re_{cr} 的数值为 $2300 \sim 10^4$(特征长度为管道直径)。如果主流中的扰动很小,或物体表面很光滑,则临界雷诺数可以提高几个数量级。

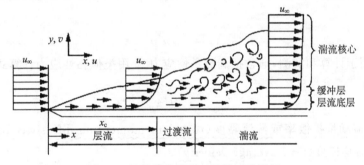

图 4-9　流体外掠平壁时的湍流边界层

4.4.2　湍流脉动传递的机理

与层流时流动具有不变流线的特征相比,湍流实质上是一种复杂的非定常(或称不稳定)随机运动。流体微团随时间的不规则脉动不断地改变流线的形状,使得流体发生掺混。即流体作湍流运动时,除了主流方向的运动外,流体中的微团还作不规则的脉动。这种随机脉动形成了附加的动量交换和附加的切应力;当流体中存在温度差时,流体微团的脉动也将引起附加的热量交换。因此从增强传热的意义上说,湍流对流换热系数要比层流时大得多。在许多工程应用中,可以采取增加流体的湍流度来强化换热,但与此同时往往也增加了流体与壁面之间的摩擦阻力,从而要求泵或风机等动力设备耗费更多的能量。

1. 由于速度脉动引起的湍流动量传递

如图 4-10(a)所示,取湍流边界层中平面 a-a 进行分析。由于壁面摩擦(黏性力)的影响,

a-a 面上部的时均速度大于其下部的时均速度,设想当流体质点 A 以 $-v'$ 向下脉动进入 a-a 面时,其质流通量为 $-\rho v'$,它释放的动量对 a-a 面流体将起拉拽作用,使之在 x 方向产生一个正的脉动 u'。这次脉动传递的动量为 $-\rho v'u'$。同样当流体质点 B 以 v' 向上脉动进入 a-a 面时,其质流通量为 $\rho v'$,它释放的动量对 a-a 面流体将起迟滞作用,使之在 x 方向产生一个负的脉动 $-u'$。这次脉动传递的动量也为 $-\rho v'u'$。

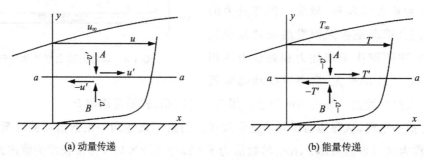

(a) 动量传递   (b) 能量传递

图 4-10   湍流脉动传递

由于流体微团脉动形成的动量传递,实质上对平面 a-a 的流体层起到了附加的剪切作用,它是流体脉动而引起的一种剪应力。取时间平均值 $-\rho \overline{u'v'}$,该脉动传递的动量值称为湍流黏性应力,记作

$$\tau_t = -\rho \overline{u'v'}$$

脉动值不便于计算和实测,通常把湍流黏性应力 τ_t 用类似黏性应力计算式的形式表达

$$\tau_t = -\rho \overline{u'v'} = \mu_t \frac{\partial \bar{u}}{\partial y} = \rho \nu_t \frac{\partial \bar{u}}{\partial y} \tag{4-29}$$

式中,ν_t 称为湍流动量扩散率或湍流黏度(turbulent momentum diffusivity or turbulent viscosity);$\bar{u}$ 称为时均速度(time-average velocity)。

2. 由于速度、温度脉动引起的湍流能量传递

如图 4-10(b)所示,取湍流边界层中平面 a-a 进行分析,并假设 $T_\infty > T_w$。设想当流体质点 A 以 $-v'$ 向下脉动进入 a-a 面时,其质流通量为 $-\rho v'$,它释放的热量对 a-a 面流体将起升温作用,使之在 x 方向产生一个正的温度脉动 T'。这次速度和温度脉动传递的热动量为 $\rho c_p v'T'$。同样当流体质点 B 以 v' 向上脉动进入 a-a 面时,其质流通量为 $\rho v'$,它释放的热量对 a-a 面流体将起降温作用,使之在 x 方向产生一个负的脉动 $-T'$。这次脉动传递的热量为 $-\rho c_p v'(-T')$,也是 $\rho c_p v'T'$。

湍流脉动传递热量的时均值为 $\rho c_p \overline{v'T'}$,称为湍流热流,记作

$$q_t = \rho c_p \overline{v'T'}$$

同样湍流热流 q_t 可以表示为

$$q_t = \rho c_p \overline{v'T'} = -\lambda_t \frac{\partial \bar{T}}{\partial y} = \rho c_p a_t \frac{\partial \bar{T}}{\partial y} \tag{4-30}$$

式中,a_t 称为湍流热扩散率(turbulent thermal diffusivity);$\bar{T}$ 称为时均温度。

相应的湍流普朗特数定义为

$$Pr_t = \nu_t / a_t \tag{4-31}$$

注意式中的 ν_t、a_t 和 Pr_t 本身并不是流体的物理属性,它们的大小与流体的运动状态有关。这些量与表征流体物理性质的参数 ν、a 和 Pr 有本质的区别。

4.4.3 湍流边界层的动量和能量微分方程

湍流的瞬时运动可以由非稳态的纳维-斯托克斯(Navier-Stokes)方程进行描述。理论上讲,运用非稳态的 Navier-Stokes 方程来对湍流的瞬时运动直接进行计算是可以的,但必须采用极其小的时间步长与空间步长,目前的计算能力难以承受。

湍流模型理论仍然是目前解决工程实际问题有效的现实方法。湍流模型理论是以雷诺平均方程与脉动运动方程为基础,依靠理论与经验的结合,引进一系列模型假设,建立一组描写湍流平均量的封闭方程组的理论方法。

采用时均化的处理方法,即将湍流流动状态下的流体速度、温度和压力等物理量的瞬时值表示为时均值和脉动值之和,如图 4-11 所示,即

$$u = \bar{u} + u', v = \bar{v} + v', T = \bar{T} + T', p = \bar{p} + p'$$

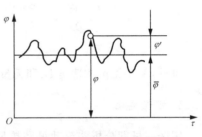

图 4-11 湍流脉动示意图

注意到,时均值是对于一个大于典型脉动周期的时间而言的。如果时均值与时间无关,则称这种时均流动为稳定流动。

应用时均化法则,可得到湍流边界层的动量和能量微分方程

$$\rho \left(\bar{u} \frac{\partial \bar{u}}{\partial x} + \bar{v} \frac{\partial \bar{u}}{\partial y} \right) = -\frac{\partial \bar{p}}{\partial x} + \frac{\partial}{\partial y} \left(\mu \frac{\partial \bar{u}}{\partial y} - \rho \overline{u'v'} \right) \tag{4-32}$$

$$\rho c_p \left(\bar{u} \frac{\partial \bar{T}}{\partial x} + \bar{v} \frac{\partial \bar{T}}{\partial y} \right) = \frac{\partial}{\partial y} \left(\lambda \frac{\partial \bar{T}}{\partial y} - \rho c_p \overline{v'T'} \right) \tag{4-33}$$

式中,$\rho \overline{u'v'}$ 称为湍流应力或称雷诺应力(Reynolds stress),它是在湍流流动中由于流体脉动所引起的附加应力;$\rho c_p \overline{v'T'}$ 称为湍流热流,是由于湍流脉动所引起的热量传递。

引入湍流动量扩散率和湍流热扩散率后,式(4-32)和式(4-33)可以改写为

$$\left(u \frac{\partial u}{\partial x} + v \frac{\partial u}{\partial y} \right) = -\frac{1}{\rho} \frac{\partial p}{\partial x} + (\nu + \nu_t) \frac{\partial^2 u}{\partial y^2} \tag{4-34}$$

$$\left(u \frac{\partial T}{\partial x} + v \frac{\partial T}{\partial y} \right) = (a + a_t) \frac{\partial^2 T}{\partial y^2} \tag{4-35}$$

为方便起见,时均值上的符号"—"省略。

与层流方程组相比,湍流时均方程组增加了湍流应力和湍流热流项。因此,湍流时均方程组是不封闭的。湍流动量扩散率和湍流热扩散率的确定需要用到相关的湍流模型,方能使湍流对流换热基本方程组封闭。读者可以阅读有关的参考文献。

4.5 边界层类比

所谓类比原理(analogy principle)是指利用两个不同物理现象之间在控制方程上的类似

性,通过测定其中一种现象的规律而类比获得另一种现象基本关系的方法。例如在湍流对流换热的研究过程中,历史上就曾经通过比较容易测定的湍流阻力来推得湍流对流换热关联式。下面我们以流体外掠恒壁温(温度为 T_w)平板湍流对流换热为例说明动量传递和热量传递的类比理论的依据和边界层类比方法。

比较流体外掠恒壁温平板边界层内的动量微分方程和能量微分方程和相应的边界条件,若定义无量纲速度 $U = \dfrac{u}{u_\infty}$,无量纲温度 $\Theta = \dfrac{T - T_w}{T_\infty - T_w}$,则

$$\left(u\,\frac{\partial U}{\partial x} + v\,\frac{\partial U}{\partial y}\right) = \frac{\partial}{\partial y}\left[(\nu + \nu_t)\,\frac{\partial U}{\partial y}\right] \qquad \begin{cases} U\big|_{y=0} = 0 \\[6pt] \dfrac{\partial U}{\partial y}\bigg|_{y=\delta} = 0 \\[6pt] U\big|_{y=\delta} = 1 \end{cases} \qquad (4\text{-}36)$$

$$\left(u\,\frac{\partial \Theta}{\partial x} + v\,\frac{\partial \Theta}{\partial y}\right) = \frac{\partial}{\partial y}\left[(a + a_t)\,\frac{\partial \Theta}{\partial y}\right] \qquad \begin{cases} \Theta\big|_{y=0} = 0 \\[6pt] \dfrac{\partial \Theta}{\partial y}\bigg|_{y=\delta_t} = 0 \\[6pt] \Theta\big|_{y=\delta_t} = 1 \end{cases} \qquad (4\text{-}37)$$

由此可见,关于无量纲速度 U 和无量纲温度 Θ 的微分方程和边界条件的形式是完全一致的。

1. 雷诺类比

雷诺在早期分析湍流动量和热量传递的类比时,认为湍流中的湍流扩散作用远大于分子扩散作用,即忽略了近壁区分子黏性的影响,将湍流边界层视为类似于层流边界层的一层结构(结合图 4-9 加以理解)

$$\nu_t \gg \nu \qquad\qquad a_t \gg a$$

因此,式(4-36)和式(4-37)可以相应地转变为

$$\left(u\,\frac{\partial U}{\partial x} + v\,\frac{\partial U}{\partial y}\right) = \frac{\partial}{\partial y}\left(\nu_t\,\frac{\partial U}{\partial y}\right)$$

$$\left(u\,\frac{\partial \Theta}{\partial x} + v\,\frac{\partial \Theta}{\partial y}\right) = \frac{\partial}{\partial y}\left(a_t\,\frac{\partial \Theta}{\partial y}\right)$$

进一步地,假设 $Pr_t = 1$,这一假设对湍流流动换热过程中的大多数情形(除紧贴壁面或普朗特数极低的流体)都是成立的,则边界层内的动量和能量传递方程中的 U 和 Θ 应有完全相同的解,即

$$\frac{\partial U}{\partial y}\bigg|_{y=0} = \frac{\partial \Theta}{\partial y}\bigg|_{y=0} \qquad\qquad (4\text{-}38)$$

或

$$\frac{1}{u_\infty}\,\frac{\partial u}{\partial y}\bigg|_{y=0} = \frac{1}{T_\infty - T_w}\,\frac{\partial T}{\partial y}\bigg|_{y=0} \qquad\qquad (4\text{-}39)$$

经下列演变

$$\frac{1}{\mu u_\infty}\mu\,\frac{\partial u}{\partial y}\bigg|_{y=0} = \frac{-1}{\lambda(T_w - T_\infty)}\lambda\,\frac{\partial T}{\partial y}\bigg|_{y=0}$$

可得出

$$C_f \frac{Re}{2} = Nu \qquad (4\text{-}40)$$

式(4-40)即是雷诺类比(Reynolds analogy)。对于层流对流换热,它仅在 $Pr=1$ 时成立。

对于平板上湍流边界层摩擦阻力系数的测定得出了以下摩擦阻力系数表达式

$$C_{fx} = 0.0592 \, Re_x^{-1/5} \qquad (Re_x \leqslant 10^7) \qquad (4\text{-}41)$$

根据雷诺类比式(4-40),就得到平板上湍流边界层局部努塞特数的计算关系式

$$Nu_x = 0.0296 \, Re_x^{4/5} \qquad (Re_x \leqslant 10^7) \qquad (4\text{-}42)$$

2. 契尔顿-柯尔本类比

雷诺类比仅适用于 $Pr=1$ 的条件。要使类比关系式能应用于更大的 Pr 范围,则必须进行修正。契尔顿(Chilton)及柯尔本(Colburn)提出了修正的雷诺类比,也称契尔顿-柯尔本类比(Chilton-Colburn analogy)。

$$\frac{C_f}{2} = St \, Pr^{2/3} \qquad (0.6 < Pr < 60) \qquad (4\text{-}43)$$

式中, St 称为斯坦顿数, $St = \dfrac{Nu}{RePr}$。

对于流体外掠平板层流边界层阻力系数的理论解析得出了以下阻力系数表达式:

$$C_{fx} = 0.664 \, Re_x^{-1/2} \qquad (Re \leqslant 5 \times 10^5) \qquad (4\text{-}44)$$

根据契尔顿-柯尔本类比式(4-43),就得到等壁温平板上层流边界层局部努塞特数的计算关系式

$$Nu_x = 0.332 \, Re_x^{1/2} \, Pr^{1/3} \qquad (Re \leqslant 5 \times 10^5) \qquad (4\text{-}45)$$

3. 湍流类比律的发展

随着对湍流边界层结构认识的深入,利用动量传递和热量传递的类似特性进行湍流对流换热的类比研究也不断发展,相继提出了更符合湍流边界层结构特征的类比律关系。

雷诺类比律中忽略了近壁区分子黏性的影响,普朗特在 1901 年,根据雷诺类比的思想,考虑到了壁面附近速度分布的特征,将湍流结构分为二层,即层流底层和湍流核心区,藉此构建了相应的类比关系,泰勒利用旋涡传递理论得出同样的关系式,称为普朗特-泰勒类比。卡门提出在层流底层和湍流核心区之间存在一缓冲层(过渡层),即三层湍流结构(见图 4-9),建立了更为精确的卡门类比式,即

$$St = \frac{C_f}{2} \frac{1}{Pr_t + 5\sqrt{C_f/2}\,\{Pr - Pr_t \ln[(5(Pr/Pr_t)+1)/6]\}} \qquad (4\text{-}46)$$

若取 $Pr_t = 1$,则有

$$St = \frac{C_f}{2} \frac{1}{1 + 5\sqrt{C_f/2}\,\{Pr - \ln[(5Pr+1)/6]\}} \qquad (4\text{-}47)$$

从动量传递和热量传递两种过程的物理本质上看,流体层之间的动量传递是由于速度梯度引起的,而热量传递则是由于温度梯度引起的。因此可以判断流体在运动过程中所受阻力的大小,与流体和壁面之间的换热强度,必然存在一定的联系。边界层类比正是通过研究动量传递和热量传递的类似特性,建立起对流换热系数与阻力系数之间的相互关系。

然而,也应认识到,类比原理应用的前提是不同现象的控制方程应具有相同的形式。在存在有压力梯度的对流换热中,动量方程和能量方程的形式难以保持一致,同时,热边界条件往往较为复杂或多样性,因此,基于动量-热量传递类比的应用受到很大的限制,目前类比法的应用主要基于对流换热和对流传质现象之间的类比(详见 9.5.2 对流传质与对流传质系数)。

4.6 管内层流充分发展对流换热理论解

4.6.1 流动特征分析

在稳定流动情况下,当黏性流体以均匀流速流入管道时,壁面逐渐形成边界层。与外流不同的是,管内流动边界层的发展受到管壁的制约。在管道入口前缘,边界层的发展与外掠平壁基本类似,只是由于边界层的排挤,部分流体进入核心区使之加速,这种加速使进口段边界层的增厚减缓。当边界层在管道中心交汇后,黏性区域充满整个管道,形成流动充分发展段(hydrodynamically fully developed region)。从管道入口前缘到充分发展段之间的区域称为进口段或入口段(hydrodynamic entrance region)。

管槽内强迫对流换热时,雷诺数定义为

$$Re = \frac{u_m d_e}{\nu}$$

式中,u_m 为截面平均速度;d_e 为管道当量直径(hydraulic diameter)。

$$d_e = \frac{4A_c}{P} \tag{4-48}$$

式中,A_c 为管道的流动截面积,P 为润湿周长,即流体与管道壁面的接触长度。对于完全润湿的圆形管道,管道当量直径就是其内直径。

图 4-12 定性反映了在不同的流动状态下,管内局部对流换热系数及平均对流换热系数沿程的变化特征。热进口段(thermal entrance region)的热边界层较薄,局部对流换热系数比充分发展段要高,且沿主流方向逐渐降低。如果边界层中出现湍流,则因湍流的扰动与混合作用使得从层流向湍流的转变过渡区的对流换热系数有较显著的提高,之后随着湍流边界层的发展对流换热系数又再逐渐降低。对于常物性流体,无论是层流还是湍流,进入热充分发展段(thermally fully developed region)后,局部对流换热系数趋于一个定值。

对于管内流动,从层流向湍流转捩的临界雷诺数为 $Re_c = 2300$ 左右。一般地,层流的雷诺数范围为 $Re < 2300$,$Re = 2300 \sim 10^4$ 为过渡区,$Re > 10^4$ 为旺盛湍流。无论流动状态是层流还是湍流,都存在进口段,且进口段的换热很强。

理论和实验研究表明,层流状态下流动进口段长度(hydrodynamic entry length)为

$$\frac{x}{d} = 0.05Re$$

对于湍流,进口段长度与管径之比为 $10 \sim 60$。

在流动充分发展段,对于常物性流体而言,速度分布的型面将不再改变,流体的速度只是垂直于流动方向的坐标函数,即 $\partial u / \partial x = 0$,$\partial^2 u / \partial x^2 = 0$,$v = 0$。

这样,常物性流体在圆管中充分发展区的二维稳定层流流动的数学描写为

$$\frac{dp}{dx} = \mu \frac{1}{r} \frac{d}{dr} \left(r \frac{du}{dr} \right) \tag{4-49}$$

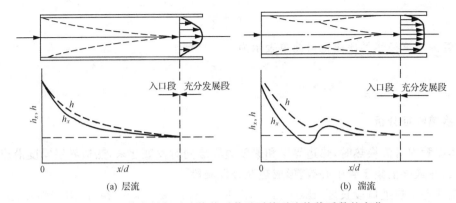

图 4-12　管内局部对流换热系数及平均对流换热系数的变化

相应的边界条件

$$r = 0, \quad \frac{\partial u}{\partial r} = 0$$

$$r = r_0, \quad u = 0$$

积分得到圆管内层流流动的速度分布为

$$u = -\frac{r_0^2}{4\mu}\frac{\mathrm{d}p}{\mathrm{d}x}\left(1 - \frac{r^2}{r_0^2}\right)$$

常物性流体在圆管内层流流动的速度分布呈抛物线形。流体的截面平均速度

$$u_{\mathrm{m}} = \frac{1}{\pi r_0^2}\int_0^{r_0} 2\pi r u\,\mathrm{d}r = -\frac{r_0^2}{8\mu}\frac{\mathrm{d}p}{\mathrm{d}x} \tag{4-50}$$

可以得到速度分布为

$$\frac{u}{u_{\mathrm{m}}} = 2\left[1 - \left(\frac{r}{r_0}\right)^2\right] \tag{4-51}$$

值得注意的是：流体的截面平均速度可由质量流量算出，这样由式(4-50)即可求出压力梯度 $\mathrm{d}p/\mathrm{d}x$，对于常物性流体的充分发展流动，$\mathrm{d}p/\mathrm{d}x$ 可视为常数。

圆管内流动的范宁摩擦因数(Fanning friction factor)C_f 按壁面剪切应力和平均速度来定义

$$C_f = \frac{\tau_{\mathrm{w}}}{\rho u_{\mathrm{m}}^2/2} = \frac{16}{Re} \tag{4-52}$$

对于常物性流体的充分发展流动，由于速度分布已定型，因此局部摩擦阻力系数不随 x 变化。

在工程上，我们感兴趣的常常是维持一个内流所需要的压降，它决定了泵或风机所需要的动力。用管内流动的达西阻力因数(Darcy friction factor)f 来评价

$$f = \frac{-\dfrac{\mathrm{d}p}{\mathrm{d}x}d}{\dfrac{\rho u_{\mathrm{m}}^2}{2}} \tag{4-53}$$

达西阻力因数与范宁摩擦因数有区别，对于圆管，两者之间的关系为

$$C_f = \frac{f}{4} \tag{4-54}$$

因此,圆管内对流换热类比律也可简单表示为

$$St = \frac{f}{8} \tag{4-55}$$

4.6.2 换热特征分析

流体在管内对流换热时,热边界层和速度边界层同时发展起来,热边界层厚度沿流动方向不断增大,并最终汇集于管中心线,形成热充分发展段。

层流状态下热进口段长度(thermal entry length)$x_t/d = 0.05RePr$,对于湍流,进口段长度与管径之比在 10~45 之间。

管内充分发展对流换热规律的研究具有重要的意义。实际上,大多数换热器的设计都是以充分发展区域的换热规律作为依据的。当流动为层流时,由于进口段的距离较长,以致有时换热器工作在进口段区域。尽管如此,层流时充分发展换热规律的研究仍然是有意义的,因为它为进口段的分析提供了逼近的极限。

对于管内对流换热,在应用牛顿冷却公式[见式(4-1)]时,流体的温度采取截面的平均温度。截面混合平均温度 T_f 按下式确定

$$\rho c_p u_m T_f A = \int_0^A \rho c_p u T \, \mathrm{d}A \tag{4-56}$$

对于常物性流体,截面混合平均温度 T_f 为

$$T_f = \frac{1}{u_m A} \int_0^A u T \, \mathrm{d}A \tag{4-57}$$

只要流体和壁面之间存在对流换热,流体的温度就会不断地随着 x 变化。与充分发展的速度边界层对比,充分发展的热边界层却是有些不同。对于常物性流体,前者在充分发展段 $(\partial u/\partial x) = 0$,即不同 x 位置处的速度分布型面是相同的;但后者由于存在热量的传递,流体截面平均温度随着 x 变化,$(\partial T/\partial x) \neq 0$。但是,在热充分发展段,可通过使用无量纲温度来协调这种关系。对于常物性的流体,无量纲温度分布不再沿流动方向变化。

$$\Theta = \frac{T(x,r) - T_w(x)}{T_f(x) - T_w(x)} = \frac{T_w(x) - T(x,r)}{T_w(x) - T_f(x)} \tag{4-58}$$

前已指明,常物性流体热充分发展段的无量纲温度分布与 x 无关。即

$$\frac{\partial \Theta}{\partial x} = \frac{\partial}{\partial x}\left(\frac{T(x,r) - T_w(x)}{T_f(x) - T_w(x)} \right) = 0 \tag{4-59}$$

注意到,壁面处无量纲温度的导数为常数。因此,热充分发展段的对流换热系数

$$h = \frac{q_w}{T_w - T_f} = \lambda \left. \frac{\partial \Theta}{\partial r} \right|_{r=r_0} = \text{const} \tag{4-60}$$

这也是常物性流体热充分发展段的特征之一。

注意上述结论只适用于常物性流体。如果物性随着温度的变化产生的影响不能忽略时,上面的结论将不再成立。

下面来分析一下常物性流体在管内强迫流动时,均匀热流和均匀壁温下流体平均温度沿流向的变化规律。

根据热力学第一定律,稳态时壁面对流体的加热率等于流体焓的增量。由于考察的是管道截面平均温度的变化规律,所以在控制体的选取上,可以在管中取一微元段 $\mathrm{d}x$。对该控制体进行能量平衡分析(见图4-13)

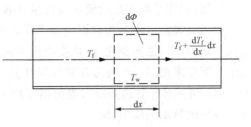

图 4-13 管内换热热平衡

$$\mathrm{d}\Phi = q_{\mathrm{w}} \cdot 2\pi r_0 \mathrm{d}x = h_x(T_{\mathrm{w}} - T_{\mathrm{f}}) \cdot 2\pi r_0 \mathrm{d}x$$
$$= \rho u_{\mathrm{m}} \pi r_0^2 c_p \mathrm{d}T_{\mathrm{f}} \tag{4-61}$$

得到

$$\frac{\mathrm{d}T_{\mathrm{f}}}{\mathrm{d}x} = \frac{2q_{\mathrm{w}}}{\rho c_p u_{\mathrm{m}} r_0} = \frac{2h_x(T_{\mathrm{w}} - T_{\mathrm{f}})}{\rho c_p u_{\mathrm{m}} r_0} \tag{a}$$

积分得到

$$T_{\mathrm{f}}(x) = T_{\mathrm{f,in}} + \int_0^x \frac{2q_{\mathrm{w}}}{\rho c_p u_{\mathrm{m}} r_0} \mathrm{d}x = T_{\mathrm{f,in}} + \int_0^x \frac{2h_x(T_{\mathrm{w}} - T_{\mathrm{f}})}{\rho c_p u_{\mathrm{m}} r_0} \mathrm{d}x \tag{b}$$

(1) 当恒热流 $q_{\mathrm{w}} = \mathrm{const}$ 时,利用式(b)积分得到

$$T_{\mathrm{f}}(x) = T_{\mathrm{f,in}} + \frac{2q_{\mathrm{w}}}{\rho c_p u_{\mathrm{m}} r_0} x \tag{4-62}$$

可见,T_{f} 随 x 线性变化。在充分发展段,h 为常数,充分发展段的管壁温度 $T_{\mathrm{w}}(x)$ 也呈线性变化,而且变化速率与流体截面平均温度 $T_{\mathrm{f}}(x)$ 的变化速率相同,如图4-14(a)所示。

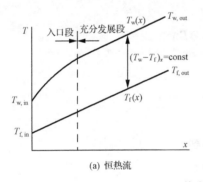

(a) 恒热流

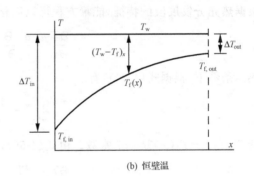

(b) 恒壁温

图 4-14 管内流体平均温度沿流向变化

(2) 当恒壁温 $T_{\mathrm{w}} = \mathrm{const}$ 时,式(a)变为

$$-\frac{\mathrm{d}(T_{\mathrm{w}} - T_{\mathrm{f}})}{\mathrm{d}x} = \frac{2h_x(T_{\mathrm{w}} - T_{\mathrm{f}})}{\rho c_p u_{\mathrm{m}} r_0} \tag{c}$$

积分得到

$$\ln \frac{(T_{\mathrm{w}} - T_{\mathrm{f}})_x}{(T_{\mathrm{w}} - T_{\mathrm{f}})_{\mathrm{in}}} = -\frac{2}{\rho c_p u_{\mathrm{m}} r_0} \int_0^x h_x \mathrm{d}x = -\frac{2x}{\rho c_p u_{\mathrm{m}} r_0} \left(\frac{1}{x} \int_0^x h_x \mathrm{d}x \right) - \frac{2\bar{h}_x x}{\rho c_p u_{\mathrm{m}} r_0} \tag{d}$$

即

$$\frac{\Delta T_x}{\Delta T_{\mathrm{in}}} = \exp\left(-\frac{2\bar{h}_x x}{\rho c_p u_{\mathrm{m}} r_0} \right) \tag{4-63}$$

式中,$\bar{h}_x$ 为区间内的对流换热系数平均值。

可见,流体平均温度沿流向变化呈对数曲线分布,如图 4-14(b)所示。

如果要确定流体与长通道表面之间的平均对流换热系数,由于在换热过程中管内流体的截面平均温度沿轴向变化,因此在应用牛顿冷却定律时,还必须求出流体温度沿长度方向的平均值。可以采用以下两种方法来计算其值。

(1) 当流体在管内进出口处的温度相差不大或恒热流情形下,取进、出口截面流体的截面平均温度的算术平均值,即

$$\bar{T}_{\mathrm{f}} = \frac{T_{\mathrm{f,in}} + T_{\mathrm{f,out}}}{2} \tag{4-64}$$

(2) 当流体在管内进、出口处的温度相差较大或恒壁温情形下,取

$$\bar{T}_{\mathrm{f}} = T_{\mathrm{w}} \pm \Delta T_{\mathrm{m}} \tag{4-65}$$

式中,流体被冷却时($T_{\mathrm{f}} > T_{\mathrm{w}}$),取"$+$"号;流体被加热时($T_{\mathrm{f}} < T_{\mathrm{w}}$),取"$-$"号。$\Delta T_{\mathrm{m}}$ 为温度差($T_{\mathrm{w}} - T_{\mathrm{f}}$)的对数平均值

$$\Delta T_{\mathrm{m}} = \frac{T_{\mathrm{f,out}} - T_{\mathrm{f,in}}}{\ln\left(\dfrac{T_{\mathrm{w}} - T_{\mathrm{f,in}}}{T_{\mathrm{w}} - T_{\mathrm{f,out}}}\right)}$$

当进口截面与出口截面的温差比($T_{\mathrm{w}} - T_{\mathrm{f,out}}$)/($T_{\mathrm{w}} - T_{\mathrm{f,in}}$)为 0.5~2 时,算术平均值与上述对数平均值的差别小于 4%。

下面,讨论恒热流条件下圆管内流体的温度分布的解析解和对流换热系数的确定。

根据热充分发展段的特征,能量方程可以简化为

$$u\,\frac{\partial T}{\partial x} = \frac{a}{r}\,\frac{\partial}{\partial r}\left(r\,\frac{\partial T}{\partial r}\right) \tag{4-66}$$

在恒热流条件下,根据式(4-60),有

$$\frac{\mathrm{d}T_{\mathrm{w}}}{\mathrm{d}x} = \frac{\mathrm{d}T_{\mathrm{f}}}{\mathrm{d}x}$$

意味着 $T_{\mathrm{w}}(x) - T_{\mathrm{f}}(x)$ 是一个常数。由式(4-59),得到

$$\frac{\partial T}{\partial x} = \frac{\mathrm{d}T_{\mathrm{f}}}{\mathrm{d}x} = \frac{\mathrm{d}T_{\mathrm{w}}}{\mathrm{d}x}$$

再利用速度分布关系式(4-51),式(4-66)可以变换为

$$\frac{1}{r}\,\frac{\partial}{\partial r}\left(r\,\frac{\partial T}{\partial r}\right) = \frac{2u_{\mathrm{m}}}{a}\,\frac{\mathrm{d}T_{\mathrm{f}}}{\mathrm{d}x}\left(1 - \frac{r^2}{r_0^2}\right) \tag{4-67}$$

积分得到

$$T = \frac{2u_{\mathrm{m}}}{a}\,\frac{\mathrm{d}T_{\mathrm{f}}}{\mathrm{d}x}\left(\frac{r^2}{4} - \frac{r^4}{16r_0^2}\right) + C_1 \ln r + C_2$$

利用边界条件

$$r = 0, \quad \frac{\partial T}{\partial r} = 0 \text{ 或 } T \text{ 为有限值}$$

$$r = r_0, \quad T = T_{\mathrm{w}}$$

得到温度分布的解析式

$$T - T_{\mathrm{w}} = -\frac{2u_{\mathrm{m}}r_0^2}{a}\frac{\mathrm{d}T_{\mathrm{f}}}{\mathrm{d}x}\left[\frac{3}{16} - \frac{1}{4}\left(\frac{r}{r_0}\right)^2 + \frac{1}{16}\left(\frac{r}{r_0}\right)^4\right] = -\frac{q_{\mathrm{w}}}{\lambda r_0}\left(\frac{3}{4}r_0^2 - r^2 + \frac{1}{4r_0^2}r^4\right)$$

$$(4\text{-}68)$$

根据式(4-68),可确定截面流体平均温度

$$T_{\mathrm{f}} = T_{\mathrm{w}} - \frac{11}{24}\frac{q_{\mathrm{w}}r_0}{\lambda} = T_{\mathrm{w}} - \frac{11}{48}\frac{q_{\mathrm{w}}d}{\lambda}$$

根据管内对流换热系数的定义,得

$$h = \frac{q_{\mathrm{w}}}{T_{\mathrm{w}} - T_{\mathrm{f}}} = \frac{11}{48}\frac{\lambda}{d}$$

或

$$Nu = \frac{hd}{\lambda} = \frac{48}{11} = 4.366 \qquad (4\text{-}69)$$

对于恒壁温条件下的对流换热情况,求解过程较恒热流条件显得复杂。同样是利用能量方程式(4-66),但此时,由式(4-59),得到

$$\frac{\partial T}{\partial x} = \frac{T(x,r) - T_{\mathrm{w}}(x)}{T_{\mathrm{f}}(x) - T_{\mathrm{w}}(x)}\frac{\mathrm{d}T_{\mathrm{f}}}{\mathrm{d}x}$$

利用速度分布关系式(4-51),式(4-66)可以变换为

$$\frac{1}{r}\frac{\partial}{\partial r}\left(r\frac{\partial T}{\partial r}\right) = \frac{2u_{\mathrm{m}}}{a}\frac{\mathrm{d}T_{\mathrm{f}}}{\mathrm{d}x}\left(1 - \frac{r^2}{r_0^2}\right)\frac{T - T_{\mathrm{w}}}{T_{\mathrm{f}} - T_{\mathrm{w}}} \qquad (4\text{-}70)$$

式(4-70)不能直接积分,通常要用迭代法进行求解。初始值采用恒热流条件下的解,把恒热流时的温度分布代入$(T - T_{\mathrm{w}})/(T_{\mathrm{f}} - T_{\mathrm{w}})$中,积分求解式(4-70),得出一个新的温度分布,然后将新的温度分布回代,并积分再求得另一个新的温度分布。且同时对每种新的温度分布积分求得一个混合平均温度和努塞特数(Nu),逐次逼近,可以得到

$$Nu = \frac{hd}{\lambda} = 3.658 \qquad (4\text{-}71)$$

理论分析表明:层流时,对于同一截面形状的通道,均匀热流条件下的 Nu 数总是高于均匀壁温的 Nu 数;管的截面几何形状对层流热进口段和充分发展段的换热强度也有显著的影响。

表 4-2 为圆管进口段内层流对流换热的局部 Nu 数随流向距离的变化。

表 4-2　圆管进口段内的 Nu_x 数(层流)

$(x/d)/(2RePr)$	0	0.004	0.01	0.04	0.1	∞
恒壁温	∞	8.03	6.0	4.17	3.71	3.66
恒热流	∞	12.0	7.49	5.19	4.51	4.36

表 4-3 为不同形状的管槽内层流充分发展换热的 Nu 数。

表 4-3　不同形状的管槽内层流充分发展换热的 Nu 数(层流)

截面形状	△	□	⬡	▭	○	▭	—
恒壁温	2.47	2.98	3.34	3.39	3.66	3.96	7.54
恒热流	3.11	3.61	4.0	4.12	4.36	4.79	8.23

思 考 题

4-1　简述对流换热的过程特点,以及对流和对流换热的概念差异。

4-2　结合实际问题,简述对流换热的影响因素有哪些。

4-3　傅里叶定律是描述导热热流量与温度梯度的基本定律,试运用对流换热机理分析为什么在研究对流换热问题时,可以运用傅里叶定律和牛顿冷却定律来建立描写对流换热过程的微分方程,并推导出该方程的表达式。

4-4　由对流换热微分方程[见式(4-6)],该式中没有出现流速,有人因此得出结论:对流换热系数与流体速度场无关。试分析这种说法的正确性。

4-5　导热问题的第三类边界条件和对流换热微分方程在形式上相似,请说明两式有何区别。

4-6　由对流换热微分方程式(4-6)可知,如果通过测量获悉贴近壁面的流体温度分布,即可确定对流换热系数,试简要分析这种测量方式在实际实验研究中的可行性。

4-7　在边界上垂直于壁面的热量传递完全依靠导热,那么在对流换热过程中流体的对流起什么作用?

4-8　简述速度边界层和温度边界层的定义和特点。

4-9　边界层能量微分方程和能量微分方程相比有何特点?

4-10　为什么说引入边界层和温度边界层概念后,在理论分析求解对流换热问题方面取得了突破性进展?

4-11　对流换热边界层微分方程组是否适用于流动 Re 数很低的油和 Pr 数很小的液态金属?为什么?

4-12　当流体流过一温度较高的平板时,从平板前缘开始,就会形成速度边界层和温度边界层。

(1)假如流体为气体,两个边界层哪个发展得更快?

(2)边界层内的速度分布和温度分布相互之间有无影响?

4-13　简要叙述类比原理的基本思想,体会两个不同物理现象之间在控制方程上的类似性的内涵。

4-14　简述雷诺类比存在的局限性。

4-15　简要论述基于动量-热量传递类比所面临的问题。

4-16　对于流体外掠恒热流平板的研究表明,等热流平板上局部努塞特数的计算关系式为

$$Nu_x = 0.453\,Re_x^{1/2}\,Pr^{1/3}$$

依靠动量和热量类比原理得到的关联式和上式存在较大的偏差,试分析其原因。

4-17　对比流体外掠平板的外部流动和流体在两平行平板间进口段的内部流动,两者流速相等,均为层流流动,其边界层的发展有何异同?流经一段相同的距离后,形成的内、外流边界层的厚度是否一样?边界层边缘的速度是否一样?

4-18　试述管槽内对流换热的入口效应,并简释进口段的对流换热系数高于充分发展段的原因。

4-19　常物性流体在管内强迫流动时,均匀热流和均匀壁温下流体平均温度沿流向如何变化?定性分析其变化曲线。

4-20　对管内强迫对流换热,试定性给出沿管轴方向局部对流换热系数随 x 的变化曲线。并说明传热温差一定时,为何平均对流换热系数总是高于局部对流换热系数。

练 习 题

4-1　利用数量级分析的方法,对流体外掠平板的流动,从动量微分方程导出边界层厚度的如下变化关

系式

$$\frac{\delta}{x} \propto \frac{1}{\sqrt{Re_x}}$$

4-2 温度为 50℃的空气、水和变压器油以 5m/s 的速度流过无限大平壁,试求三种流体在离平壁前缘 500mm 处的边界层厚度。

$$\nu_{气} = 18.6 \times 10^{-6}\,\mathrm{m^2/s} \qquad \nu_{水} = 0.127 \times 10^{-6}\,\mathrm{m^2/s} \qquad \nu_{油} = 36.5 \times 10^{-6}\,\mathrm{m^2/s}$$

4-3 流体在两平行平板间作层流充分发展的对流换热,两板的加热热流密度分别为 q_{w1} 和 q_{w2},试画出下列三种情形下充分发展区域截面上的流体温度分布曲线:

(1) $q_{w1}=q_{w2}$; (2) $q_{w1}=2q_{w2}$; (3) $q_{w1}=0$。

4-4 一个能使空气加速到 50m/s 的风机用于低速风洞中,空气的温度为 25℃,假如有人想利用这个风洞来研究平板边界层的特性,雷诺数最大要求达到 10^8,问平板的最短长度应为多少?在距平板前缘多远处开始过渡流态?

4-5 在一个标准大气压下温度为 20℃的空气,以 10m/s 的速度流过一平壁,试求离平壁前缘 $x_1=150\mathrm{mm}$,$x_2=250\mathrm{mm}$ 处速度边界层的厚度,以及在 x_1 和 x_2 之间单位宽度上从主流进入边界层的质量流量。

4-6 在飞艇底盘距前缘 0.1m 处安装了一根毕托管,用来监测飞艇的速度,速度的变化范围为 32~130km/h。底盘可近似看作平面,所以压力梯度可忽略。空气的温度为 4℃,气压为 $8.398 \times 10^4\,\mathrm{Pa}$,试确定毕托管安装在距底盘多远处才可处于边界层之外。

4-7 将一块尺寸为 $0.2\mathrm{m} \times 0.2\mathrm{m}$ 的薄平板平行地置于由风洞造成的均匀气流流场中。在气体压力为 1 个大气压、气流速度为 40m/s 的情况下用测力仪测得,要使平板维持在气流中须对它施加 0.075N 的拉力。若气流温度为 20℃,平板两表面的温度为 120℃,试根据类比理论确定平板的对流换热量。

4-8 设圆管内强迫对流处于均匀壁温 T_w 的条件,流动和换热达到充分发展,流体进口温度为 T_f',流体质量流量为 q_m。试证明下列关系式成立。

$$\frac{T_{fx} - T_w}{T_f' - T_w} = \exp\left(-\frac{Px}{q_m c_p}h\right)$$

式中,x 为距进口的轴向距离;P 为管横截面周长;T_{fx} 表示流体在 x 截面处的平均温度。

参 考 文 献

梁德旺,1998. 流体力学基础[M]. 北京:航空工业出版社:62-68

罗棣庵,1989. 传热应用与分析[M]. 北京:清华大学出版社:132-134

任泽霈,1998. 对流换热[M]. 北京:高等教育出版社:50-70

陶文铨,2001. 数值传热学[M]. 2 版. 西安:西安交通大学出版社:333-375

王宝官,1997. 传热学[M]. 北京:航空工业出版社:57-61

王补宣,1998. 工程传热传质学(上册)[M]. 北京:科学出版社:339-360

杨世铭,陶文铨,2006. 传热学[M]. 4 版. 北京:高等教育出版社:199-202,219-221

Cengel Y A, 2003. Heat transfer, A practical approach[M]. 2nd ed. New York:McGraw-Hill Book Company：334-346,431-438

Incropera F P, DeWitt D P, 2002. Fundamentals of heat and mass transfer[M]. 5th ed. New York:Jonh & Wiley Sons:389-395

Schlichting H, 1979. Boundary layer theory[M]. 7th ed. New York:McGraw-Hill Book Company:265-321

第 5 章 单相流体对流换热的准则关联式

上一章讨论了对流换热的基本原理,以及如何利用边界层理论确定对流换热系数的分析方法。由于理论分析只能对特别简单和附带许多假设条件的对流换热情况才能做到,因此通过实验求取对流换热的实用经验关联式,仍然是传热研究中的一个重要而可靠的手段。实验研究必须在理论指导下科学地进行,这是本章要讨论的主要内容。鉴于相变换热具有一些特殊性,本章将围绕单相流体的强迫和自然对流换热问题展开叙述。

5.1 相似理论概述

5.1.1 问题的提出

对流换热是一种很复杂的现象,影响它的因素很多,要找出众多变量间的函数关系并不是很容易做到的。以流体外掠平板的对流换热为例,影响对流换热系数 h 的物理量有来流速度 u,平板长度 l,物性 ρ,λ,c_p,μ6 个物理量。为了能阐明每个物理量对 h 影响的规律,设想每个物理量改变 5 次,而其余 5 个保持不变,则总共需要进行 $5^6 = 15625$ 次实验。这种实验方法不仅实验工作量巨大,而且实验数据处理困难,同时所得到的实验关联式往往不具有普遍的使用价值。此外,各个物理量之间的联系并不是孤立的,要单独地研究每个物理量对 h 的影响实际上是无法实现的。

在运用实验方法研究对流换热问题时,必须首先明确:

(1)实验中应该测量哪些物理量?

(2)实验数据应该整理成什么样的具有普遍性的数学形式?

(3)实验结果能推广应用到什么范围?

从某一现象测得的实验结果(数据)不能随意推广,而只能推广到与之相似的一系列现象中。我们进行实验求解的目的,并非仅仅在于详细研究被研究问题本身,而是想从实验结果中综合整理出经验公式,再将这些公式在工程实际和生产实践中推广应用。相似原理(similarity principle)与量纲分析(dimensional analysis)的理论形成于 19 世纪末和 20 世纪初。

5.1.2 相似现象

首先应该指出,只有同类现象才能谈相似问题。宇宙中的现象种类繁多,譬如物理现象、化学现象、生物现象等;在物理现象中,又可分为电磁现象、流动现象、对流换热现象等;在对流换热现象中,又可分为单相流体换热、相变换热等,而在单相流体对流换热中,又可分为外部流动、内部流动等。我们把那些用相同形式并具有相同内容的数学方程式所描写的现象称为同类现象。因此,尽管描述二维稳态电传导和二维稳态热传导的方程均为拉普拉斯方程的形式

$$\frac{\partial^2 E}{\partial x^2} + \frac{\partial^2 E}{\partial y^2} = 0, \quad \frac{\partial^2 T}{\partial x^2} + \frac{\partial^2 T}{\partial y^2} = 0$$

但是,由于方程所描述现象内容的不同(E 为电位,T 为温度),因此它们并不为同类现象。电场和温度场并非同类现象,只能进行类比。同样边界层能量方程和动量方程虽然形式相同,但内容不同,因此速度场和温度场之间也只能类比,不存在相似。

在同类现象中,那些对应(包括时间和空间概念)的同名物理量之间互成比例的现象称为相似现象(similar phenomena)。对于对流换热过程,如果彼此相似,则必须满足几何相似、流动相似和热相似等条件。

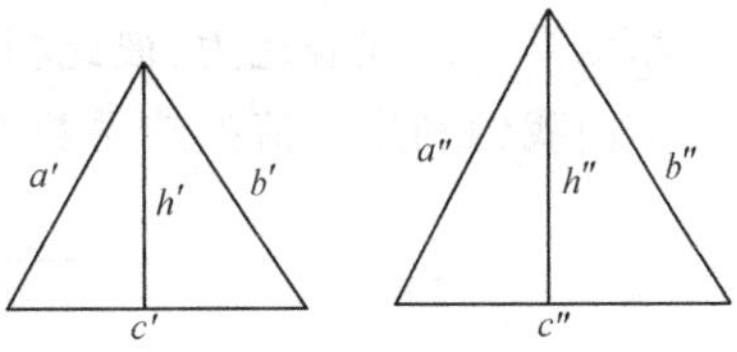

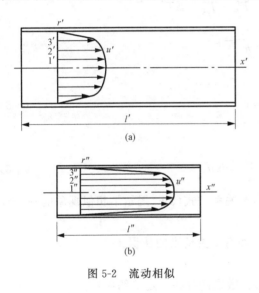

图 5-1　几何相似

1. 几何相似

如图 5-1 所示的两个空间相似的几何图形,其对应的长度必然成比例。

$$\frac{a'}{a''} = \frac{b'}{b''} = \frac{c'}{c''} = C_l \tag{5-1}$$

式中,比例常数 C_l 称为几何相似倍数。显然,几何相似的实质是要求两个对流换热过程的流动空间形状相似。几何相似是对流换热现象相似的必要条件。

图 5-2　流动相似

2. 流动相似

流体在运动中的运动相似是指速度场相似。以流体在管内稳定流动时的速度场为例(见图 5-2),如果在管内各对应点上的流动速度之间存在下列比例关系:

$$\frac{r'_1}{r''_1} = \frac{r'_2}{r''_2} = \frac{r'_3}{r''_3} = \frac{r'}{r''} = \cdots = C_l$$

$$\frac{u'_1}{u''_1} = \frac{u'_2}{u''_2} = \frac{u'_3}{u''_3} = \frac{u'}{u''} = \cdots = C_u \tag{5-2}$$

$$\frac{v'_1}{v''_1} = \frac{v'_2}{v''_2} = \frac{v'_3}{v''_3} = \frac{v'}{v''} = \cdots = C_u \tag{5-3}$$

比例常数 C_u 称为速度场相似倍数。则这两个流动过程为运动相似。

3. 热相似

热相似是指流体温度场相似。同样地,若在管内各对应点上的温度之间互成比例

$$\frac{T'_1}{T''_1} = \frac{T'_2}{T''_2} = \frac{T'_3}{T''_3} = \frac{T'}{T''} = \cdots = C_T \tag{5-4}$$

比例常数 C_T 称为温度场相似倍数。则这两个对流换热过程为热相似。

若两个对流换热现象相似,实质上反映了它们的几何尺寸、速度场、温度场和物性场都分别相似。

特别需要指出的是,物理量场之间的相似倍数之间往往存在特定的约束关系,必须受到描述这一现象的基本数学方程所制约。

5.1.3 相似定理

1. 相似第一定理

相似第一定理表述为：彼此相似的现象，它们的同名相似准则相等。

下面我们利用对流换热系数方程来加以说明。

$$h = -\frac{\lambda}{T_w - T_f}\frac{\partial T}{\partial y}\bigg|_{y=0} = -\frac{\lambda}{\Delta T}\frac{\partial T}{\partial y}\bigg|_{y=0}$$

假定两个彼此相似的对流换热过程，有

$$h' = -\frac{\lambda'}{\Delta T'}\frac{\partial T'}{\partial y'}\bigg|_{y'=0} \tag{a}$$

$$h'' = -\frac{\lambda''}{\Delta T''}\frac{\partial T''}{\partial y''}\bigg|_{y''=0} \tag{b}$$

根据相似的特征，各个同名物理量之间应分别成比例。即

$$\begin{cases} \dfrac{\lambda''}{\lambda'} = C_\lambda, \qquad \dfrac{T''_w}{T'_w} = \dfrac{T''_f}{T'_f} = \dfrac{T''_w - T''_f}{T'_w - T'_f} = \dfrac{\Delta T''}{\Delta T'} = C_T \\[3mm] \dfrac{x''}{x'} = \dfrac{y''}{y'} = \dfrac{l''}{l'} = C_l, \qquad \dfrac{h''}{h'} = C_h \end{cases} \tag{c}$$

将式(c)代入式(b)，经整理得

$$\frac{C_\lambda}{C_l C_h} = 1 \tag{5-5}$$

或

$$\frac{h'l'}{\lambda'} = \frac{h''l''}{\lambda''} = \frac{hl}{\lambda} = Nu \tag{5-6}$$

式(5-5)直观地反映了各种相似常数之间存在的约束关系。式(5-6)揭示了相似现象的一个性质，即彼此相似的现象，其同名相似准则相等。

至此，我们对相似现象之间所有的内在联系已经有了更清晰的认识。

(1) 用相同形式和内容的方程(组)来描述。

(2) 对应的同名物理量之间互成比例(但相似倍数之间存在一定的约束)。

(3) 同名相似准则相等。

2. 相似第二定理

相似第二定理表达为：描述现象的微分方程式表达了各物理量之间的函数关系，那么由这些量组成的准则应存在函数关系。

以外掠平板对流换热为例，对于动量微分方程，有

$$u'\frac{\partial u'}{\partial x'} + v'\frac{\partial u'}{\partial y'} = \nu'\frac{\partial^2 u'}{\partial y'^2} \tag{d}$$

$$u''\frac{\partial u''}{\partial x''} + v''\frac{\partial u''}{\partial y''} = \nu''\frac{\partial^2 u''}{\partial y''^2} \tag{e}$$

根据相似的性质，各个物理量之间应互成比例。即

$$\frac{x''}{x'} = \frac{y''}{y'} = \frac{l''}{l'} = C_l , \quad \frac{u''}{u'} = \frac{v''}{v'} = C_u , \quad \frac{\nu''}{\nu'} = C_\nu \tag{f}$$

将式(f)代入式(e),经整理得

$$\frac{C_u^2}{C_l}\left(u' \frac{\partial u'}{\partial x'} + v' \frac{\partial u'}{\partial y'} \right) = \frac{C_\nu C_u}{C_l^2} \nu' \frac{\partial^2 u'}{\partial y'^2} \tag{5-7}$$

式(5-7)要成立,必然存在下列的关系:

$$\frac{C_u^2}{C_l} = \frac{C_\nu C_u}{C_l^2} \tag{5-8}$$

即

$$\frac{C_u C_l}{C_\nu} = 1 , \quad 或 \quad \frac{u'l'}{\nu'} = \frac{u''l''}{\nu''} = \frac{ul}{\nu} = Re \tag{5-9}$$

同时针对能量微分方程,记 $\frac{T''}{T'} = C_T , \frac{a''}{a'} = C_a$,可得

$$\frac{C_u C_T}{C_l}\left(u' \frac{\partial T'}{\partial x'} + v' \frac{\partial T'}{\partial y'} \right) = \frac{C_a C_T}{C_l^2} a' \frac{\partial^2 T'}{\partial y'^2} \tag{5-10}$$

式(5-10)要成立,必然存在下列的关系:

$$\frac{C_u C_T}{C_l} = \frac{C_a C_T}{C_l^2} \tag{5-11}$$

即

$$\frac{C_u C_l}{C_a} = 1 , \quad 或 \quad \frac{u'l'}{a'} = \frac{u''l''}{a''} = \frac{ul}{a} = Pe \tag{5-12}$$

式中,Pe 称为佩克莱数(Peclet number),可以分解为

$$Pe = \frac{ul}{a} = \frac{ul}{\nu} \frac{\nu}{a} = Re \cdot Pr$$

结合已经导出的相似准则 Nu,在强迫对流换热中,可以导出三个互相独立的相似准则,它们是 Nu 数、Re 数和 Pr 数。由相似第二定理可知,强迫对流换热微分方程组的解,可以表示成这三个相似准则之间的函数关系,即

$$Nu = f(Re, Pr) \tag{5-13}$$

这里扼要提及一下自然对流换热的问题(详见 5.4 自然对流换热)。对于自然对流,动量微分方程中需要增加体积力项。体积力与压力梯度合并成浮升力(buoyancy force)。

$$浮升力 = (\rho_\infty - \rho)g = \rho\beta g(T - T_\infty)$$

式中,β 是流体的体积膨胀系数(1/K);g 为重力加速度。

因此,自然对流的边界层动量微分方程为

$$u \frac{\partial u}{\partial x} + v \frac{\partial u}{\partial y} = g\beta(T - T_\infty) + \nu \frac{\partial^2 u}{\partial y^2} \tag{5-14}$$

应用式(5-14),同样可以得出一个新的准则数

$$Gr = \frac{g\beta(T - T_\infty)l^3}{\nu^2} = \frac{g\beta\Delta T l^3}{\nu^2} \tag{5-15}$$

这个相似准则称为格拉斯霍夫数(Grashof number)。

在自然对流换热中,同样可以导出三个互相独立的相似准则,它们是 Nu 数、Gr 数和 Pr 数。其函数关系为

$$Nu = f(Gr, Pr) \tag{5-16}$$

若对于混合对流,则

$$Nu = f(Re, Gr, Pr) \tag{5-17}$$

3. 相似第三定理

在大量的工程应用中,我们无法用相似的性质来判断现象之间是否相似,因为描述现象的诸物理量中包含有待确定的未知量。例如,对于换热计算,对流换热系数 h 往往是待求量,如果利用相似的性质来判断现象之间是否相似,那么必须比较两个对流换热现象间各对应处的 h 是否成比例,显然这种尝试是难以实现的。习惯上,我们将包含未知量的相似准则称为非定型准则,而将由已知量组成的相似准则称为定型准则。

相似第三定理指出:凡单值性条件相似,而且对应的同名定型准则又彼此相等的同类现象必定相似。

5.1.4 相似准则的函数关系

对实际的流动传热问题开展研究,建立相似准则之间的函数关系是十分重要的。下面介绍两种基本方法。

1. 相似分析法

在相似准则的推导过程中,科学研究工作者经过长期的实践,总结出一种成功的相似分析法。下面我们结合图 5-3 所示的两平行平板间的二维层流对流换热问题来讨论这种方法。

(1) 针对数学模型,把每一个基本量都选取一个无量纲参数。

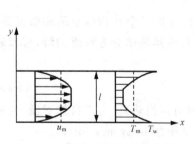

$$\begin{cases} \dfrac{\partial u}{\partial x} + \dfrac{\partial v}{\partial y} = 0 \\[2mm] u\dfrac{\partial u}{\partial x} + v\dfrac{\partial u}{\partial y} = -\dfrac{1}{\rho}\dfrac{\partial p}{\partial x} + \nu\left(\dfrac{\partial^2 u}{\partial x^2} + \dfrac{\partial^2 u}{\partial y^2}\right) \\[2mm] u\dfrac{\partial v}{\partial x} + v\dfrac{\partial v}{\partial y} = -\dfrac{1}{\rho}\dfrac{\partial p}{\partial y} + \nu\left(\dfrac{\partial^2 v}{\partial x^2} + \dfrac{\partial^2 v}{\partial y^2}\right) \\[2mm] u\dfrac{\partial T}{\partial x} + v\dfrac{\partial T}{\partial y} = a\left(\dfrac{\partial^2 T}{\partial x^2} + \dfrac{\partial^2 T}{\partial y^2}\right) \\[2mm] h = -\dfrac{\lambda}{T_w - T_m}\left(\dfrac{\partial T}{\partial y}\right)_{y=0} \end{cases} \tag{5-18}$$

图 5-3 平行平板间的对流换热

选取两平行平板间距 l 作为长度的比例尺,选取通道内平均速度 u_m 作为速度的比例尺,选取进出口压差 Δp 作为压力的比例尺,选取壁面与流体截面平均温度的温差 $\Delta T = T_w - T_m$ 作为温度的比例尺。从而可以将各基本物理量变换成相应的无量纲物理量。

$$X = \frac{x}{l}, \quad Y = \frac{y}{l}, \quad U = \frac{u}{u_m}, \quad V = \frac{v}{u_m}, \quad P = \frac{p}{\Delta p}, \quad \Theta = \frac{T}{\Delta T}$$

(2) 将无量纲量引进原来的方程(组)中,将方程(组)无量纲化。

$$\begin{cases} \dfrac{\partial U}{\partial X} + \dfrac{\partial V}{\partial Y} = 0 \\[2mm] U\dfrac{\partial U}{\partial X} + V\dfrac{\partial U}{\partial Y} = -\dfrac{\Delta p}{\rho u_{\mathrm{m}}^2}\dfrac{\partial P}{\partial X} + \dfrac{\nu}{u_{\mathrm{m}} l}\left(\dfrac{\partial^2 U}{\partial X^2} + \dfrac{\partial^2 U}{\partial Y^2}\right) \\[2mm] U\dfrac{\partial V}{\partial X} + V\dfrac{\partial V}{\partial Y} = -\dfrac{\Delta p}{\rho u_{\mathrm{m}}^2}\dfrac{\partial P}{\partial Y} + \dfrac{\nu}{u_{\mathrm{m}} l}\left(\dfrac{\partial^2 V}{\partial X^2} + \dfrac{\partial^2 V}{\partial Y^2}\right) \\[2mm] U\dfrac{\partial \Theta}{\partial X} + V\dfrac{\partial \Theta}{\partial Y} = \dfrac{a}{u_{\mathrm{m}} l}\left(\dfrac{\partial^2 \Theta}{\partial X^2} + \dfrac{\partial^2 \Theta}{\partial Y^2}\right) \\[2mm] \dfrac{hl}{\lambda} = -\left(\dfrac{\partial \Theta}{\partial Y}\right)_{Y=0} \end{cases} \qquad (5\text{-}19)$$

从式(5-19)可以看出,除一些基本的无量纲量 X,Y,U,V,P,Θ 以外,还出现了一些由各物理量组成的无量纲数。根据定义,有

$$Nu = \frac{hl}{\lambda}, \quad Re = \frac{u_{\mathrm{m}} l}{\nu}, \quad Eu = \frac{\Delta p}{\rho u_{\mathrm{m}}^2}$$

于是得到

$$Nu = -\left(\frac{\partial \Theta}{\partial Y}\right)_{Y=0} \qquad\qquad (a)$$

$$U\frac{\partial \Theta}{\partial X} + V\frac{\partial \Theta}{\partial Y} = \frac{1}{RePr}\left(\frac{\partial^2 \Theta}{\partial X^2} + \frac{\partial^2 \Theta}{\partial Y^2}\right) \qquad (b)$$

$$\begin{cases} \dfrac{\partial U}{\partial X} + \dfrac{\partial V}{\partial Y} = 0 \\[2mm] U\dfrac{\partial U}{\partial X} + V\dfrac{\partial U}{\partial Y} = -Eu\dfrac{\partial P}{\partial X} + \dfrac{1}{Re}\left(\dfrac{\partial^2 U}{\partial X^2} + \dfrac{\partial^2 U}{\partial Y^2}\right) \\[2mm] U\dfrac{\partial V}{\partial X} + V\dfrac{\partial V}{\partial Y} = -Eu\dfrac{\partial P}{\partial Y} + \dfrac{1}{Re}\left(\dfrac{\partial^2 V}{\partial X^2} + \dfrac{\partial^2 V}{\partial Y^2}\right) \end{cases} \qquad (c)$$

(3) 分析无量纲形式方程组的解可以表示成什么样的函数形式。

数学上的变换(从有量纲到无量纲)只是数学形式的不同,丝毫不会改变换热过程的物理实质。

由式(a),有

$$Nu = f_1(\Theta)$$

由式(b),有

$$\Theta = f_2(U,V,X,Y,Re,Pr)$$

由式(c),有

$$U = f_3(X,Y,P,Re,Eu)$$
$$V = f_4(X,Y,P,Re,Eu)$$

对式(c)通过求导可以消去压力 P 的影响

$$U = f_3(X,Y,Re,Eu)$$
$$V = f_4(X,Y,Re,Eu)$$

考虑到 Eu 的定义,可以推断

$$Eu = f_5(X,Re)$$

既然 Eu 数是 X,Re 的函数,U,V 可以进一步表示为

$$U = f_3(X, Y, Re)$$
$$V = f_4(X, Y, Re)$$

从上述分析可以看出，U，V 可以归纳为 X，Y，Re 的函数，将其代入 $\Theta = f_2(U, V, X, Y, Re, Pr)$ 中，有

$$\Theta = f_2(X, Y, Re, Pr), \quad Nu_x = f_1(X, Y, Re, Pr)$$

由于 $Nu = -\left(\dfrac{\partial \Theta}{\partial Y}\right)_{Y=0}$，故而 Nu_x 与 Y 无关。

$$Nu_x = f_1(X, Re, Pr) \tag{5-20}$$

这就是局部努塞特数的一般函数表达式。

如果考虑其平均值，则有

$$Nu = f_1(Re, Pr) \tag{5-21}$$

这就是平均努塞特数的一般函数表达式。

2. 量纲分析法

量纲分析法是获得无量纲相似准则的又一种方法。它的长处是方法简单，尤其是对尚列不出控制方程而只知道影响现象的有关物理量的问题，也可以求得结果。它的缺点是在有关物理量漏列或错列时不能得到正确的结果。因此，采用这一方法，要求对现象的物理机制有深入的认识。

量纲间的内在联系，体现在量纲分析的基本依据——π 定理上。其内容表述为：一个表示 n 个物理量间关系的量纲一致的方程式，一定可以转换成包含 $n-r$ 个独立的无量纲物理量群间的关系式。r 指 n 个物理量中所涉及的基本量纲的数目。

π 定理的数学证明已超过本书的范围，我们的着眼点在于学会应用这条定理。下面以单相流体管内强迫对流换热问题为例进行说明。

对于单相流体管内强迫对流换热，我们已经知道其影响 h 的诸多因素为

$$h = f(u, d, \lambda, \mu, \rho, c_p)$$

应用量纲分析法获得相似准则的步骤如下：

(1) 找出组成与本问题有关的各物理量量纲中的基本量的量纲。

本例中有 7 个物理量，它们的单位和量纲见表 5-1。

表 5-1　相关物理量的单位和量纲

物理量	单位	量纲	物理量	单位	量纲
h	$W/(m^2 \cdot K)$	$\mathrm{dim}\, h = M\Theta^{-1}T^{-3}$	u	m/s	$\mathrm{dim}\, u = LT^{-1}$
d	m	$\mathrm{dim}\, d = L$	λ	$W/(m \cdot K)$	$\mathrm{dim}\, \lambda = ML\Theta^{-1}T^{-3}$
μ	$Pa \cdot s$	$\mathrm{dim}\, \mu = ML^{-1}T^{-1}$	ρ	kg/m^3	$\mathrm{dim}\, \rho = ML^{-3}$
c_p	$J/(kg \cdot K)$	$\mathrm{dim}\, c_p = L\Theta^{-1}T^{-2}$			

注：功率 W 的单位转换：

$$[W] = \left[\frac{功}{时间}\right] = \left[\frac{力 \cdot 距离}{时间}\right] = \left[\frac{mal}{t}\right] = \frac{\left[kg\, \dfrac{m}{s^2}\right][m]}{[s]} = \left[\frac{kg \cdot m^2}{s^3}\right]$$

因此，上述 7 个物理量量纲中的基本量纲有 4 个，即质量量纲 $[M]$，温度量纲 $[\Theta]$，时间量纲 $[T]$ 和长度量纲 $[L]$。

（2）将基本量逐一与其余各量组成无量纲量。

根据 π 定理，本例中 $n=7$，$r=4$，则应有三个无量纲量。无量纲量采用幂指数形式来表示，其中指数值待定。

$$\pi_1 = hu^{a1} d^{b1} \lambda^{c1} \mu^{d1}$$

$$\pi_2 = \rho u^{a2} d^{b2} \lambda^{c2} \mu^{d2}$$

$$\pi_3 = c_p u^{a3} d^{b3} \lambda^{c3} \mu^{d3}$$

（3）应用量纲和谐原理来决定上述待定指数。以 π_1 为例

$$\pi_1 = L^{a1+b1+c1-d1} M^{c1+d1+1} \Theta^{-1-c1} T^{-a1-d1-3c1-3}$$

上式等号左边为无量纲量，所以

$$\begin{cases} a_1 + b_1 + c_1 - d_1 = 0 \\ c_1 + d_1 + 1 = 0 \\ -1 - c_1 = 0 \\ -a_1 - d_1 - 3c_1 - 3 = 0 \end{cases}$$

解得

$$\begin{cases} a_1 = 0 \\ b_1 = 1 \\ c_1 = -1 \\ d_1 = 0 \end{cases}$$

故有

$$\pi_1 = hu^0 d^1 \lambda^{-1} \mu^0 = \frac{hd}{\lambda} = Nu$$

类似地

$$\pi_2 = \frac{\rho ud}{\mu} = Re, \quad \pi_3 = \frac{\mu c_p}{\lambda} = Pr$$

（4）得到无量纲准则之间的一般函数关系式。

$$Nu = f(Re, Pr)$$

例题 5-1 如图 5-4 所示，对于常物性流体横掠管束时的对流换热，当流动方向上的排数大于 10 时，实验发现，管束的平均对流换热系数 h 取决于下列因素：流体速度 u；流体物性 ρ, μ, λ, c_p；几何参数 d, s_1, s_2。试用量纲分析法证明，此时的对流换热关系是可以整理成

$$Nu = f(Re, Pr, s_1/d, s_2/d)$$

证明 根据 $h = f(u, \rho, \mu, \lambda, c_p, d, s_1, s_2)$

本例中有 9 个物理量，4 个基本量纲。则可以构成 5 个无量纲数。

$$\pi_1 = hu^{a1} \mu^{b1} \lambda^{c1} d^{d1} = (M\Theta^{-1}T^{-3})(LT^{-1})^{a1}(ML^{-1}T^{-1})^{b1}(M\Theta^{-1}T^{-3}L)^{c1}L^{d1}$$

$$\pi_2 = \rho u^{a2} \mu^{b2} \lambda^{c2} d^{d2} = (ML^{-3})(LT^{-1})^{a2}(ML^{-1}T^{-1})^{b2}(M\Theta^{-1}T^{-3}L)^{c2}L^{d2}$$

$$\pi_3 = c_p u^{a3} \mu^{b3} \lambda^{c3} d^{d3} = (L^2\Theta^{-1}T^{-2})(LT^{-1})^{a3}(ML^{-1}T^{-1})^{b3}(M\Theta^{-1}T^{-3}L)^{c3}L^{d3}$$

$$\pi_4 = s_1 u^{a4} \mu^{b4} \lambda^{c4} d^{d4} = (L)(LT^{-1})^{a4}(ML^{-1}T^{-1})^{b4}(M\Theta^{-1}T^{-3}L)^{c4}L^{d4}$$

$$\pi_5 = s_2 u^{a4} \mu^{b4} \lambda^{c4} d^{d4} = (L)(LT^{-1})^{a4}(ML^{-1}T^{-1})^{b4}(M\Theta^{-1}T^{-3}L)^{c4}L^{d4}$$

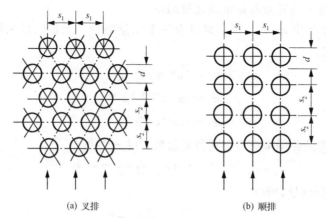

(a) 叉排   (b) 顺排

图 5-4　例题 5-1 附图

应用量纲和谐原理来决定上述待定指数,最终得到

$$\pi_1 = \frac{hd}{\lambda} = Nu; \quad \pi_2 = \frac{\rho u d}{\mu} = Re; \quad \pi_3 = \frac{\mu c_p}{\lambda} = Pr; \quad \pi_4 = \frac{s_1}{d}; \quad \pi_5 = \frac{s_2}{d}$$

由此证得。

5.1.5　相似理论在传热实验中的应用

相似理论是指导传热实验研究的重要理论,它解决了我们在上面提到的运用实验方法研究对流换热过程时所必须面对的若干问题。

(1) 实验研究中,为了得到对流换热现象的全部信息,必须测量(直接地或间接地)各相似准则所包含的一切物理量(相似第一定理)。

(2) 实验数据整理时,必须把实验结果整理成准则函数式,这样实验结果可以推广应用到一切相似的现象中去,从而使所得结果具有应用价值(相似第二定理)。

(3) 进行模型实验时,为了使模型与原型的换热现象相似,必须保证单值性条件相似且定型准则在数值上相等(相似第三定理)。

下面以流体外掠平板的对流换热为例来具体阐述相似理论的应用。

根据相似理论,描述流体外掠平板对流换热的无因次准则之间存在一定的函数关系,$Nu = f(Re, Pr)$,以 Re 数和 Pr 数作为变量,每个变量改变 5 次,则总共只需要进行 $5^2 = 25$ 次实验,实验工作量大大地减少。而在实验数据处理上,相似准则之间的函数关系,常可以表示为幂函数的形式,即

$$Nu = C Re^n Pr^m \qquad\qquad (5\text{-}22)$$

式中,C,n,m 等系数由实验数据确定。

图 5-5 给出了平板在风洞中进行换热实验的示意图。外掠平板对流换热模型实验通常采用电加热平板的方式保持 $T_w > T_f$。

原则上认为所有有关相似准则中的物理量在实验中都应该测量,但还应具体分析哪些量应该在实验中直接测量,哪些量可以间接测量。

第一类是在实验系统中可以直接测量的量,如流体平均流速 u、流体温度 T_f、壁面温度 T_w、平板长度 l 以及换热表面积 A 等。

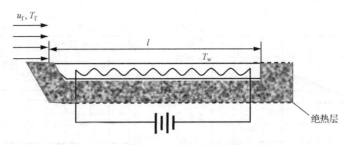

图 5-5 外掠平板对流换热模拟实验

第一类是可以间接测量的量,如对流换热系数 h,可以通过对换热量 Φ(平板加热的电功率)、壁面温度 T_w、流体温度 T_f 以及换热表面积 A 的测量计算得到。

$$h = \frac{\Phi}{A(T_w - T_f)} = \frac{IV}{A(T_w - T_f)}$$

第三类是流体的物性参数。每一个物性参数的测定都必须在专门的实验装置上进行,不可能在对流换热实验系统中去对物性参数进行精确的测定。在大多数情况下,热物性参数只随温度(压力)变化,可以利用这一特性只需在实验系统中测量流体的温度(压力),据此查取物性数据。在对流换热的实验系统中,流体的温度是随空间而变化的,选取什么温度来确定物性参数是值得注意的,这个问题虽已得到许多肯定而有意义的结论,但仍然在不断地发展。我们把用来确定物性参数的温度称为定性温度。

通过改变来流的速度、平板的长度、流体的种类和加热功率来获得一系列不同的 Re 数、Pr 数和 Nu 数。

对式(5-22)取对数,得

$$\lg Nu = \lg A + m \lg Pr \tag{5-23a}$$

或

$$\lg Nu = \lg B + n \lg Re \tag{5-23b}$$

实验数据的整理可分两步进行。首先利用同一 Re 数下不同种类流体的实验数据,从图 5-6(a)上由式(5-23a)确定 m。

$$m = \frac{\lg Nu_1 - \lg Nu_2}{\lg Pr_1 - \lg Pr_2}$$

例如,对应图 5-6(a),$Pr=62$,$Nu=200$;$Pr=1.15$,$Nu=40$,可以得到 $m=0.4$。

然后再以 Nu/Pr^m 为纵坐标,用不同 Re 数下的换热实验数据确定 C 和 n,如图 5-6(b)所示。

$$\lg\left(\frac{Nu}{Pr^m}\right) = \lg C + n \lg Re \tag{5-24}$$

显然,系数 n 就是图中直线的斜率,系数 C 可由直线在纵坐标轴上的截距求得。

采用上述方法来确定准则关联式中的系数比较简单直观,本身不是很严格的,带有一定的主观性。对于有大量实验点的关联式整理,采用最小二乘法来处理数据,可以得到更为准确可靠的结果。

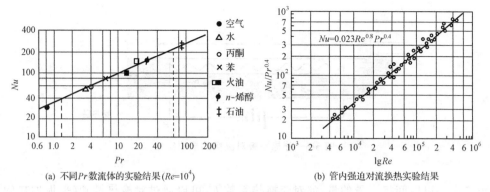

(a) 不同Pr数流体的实验结果($Re=10^4$)   (b) 管内强迫对流换热实验结果

图 5-6   实验数据的整理

　　实验测试数据处理中,一个重要的环节是实验误差分析。实验误差引入的方式较为复杂,因人为因素和测试过程中随机因素所导致的误差需要通过重复性实验尽可能地加以消除;在实验过程中,用以确定 Re 数和 Nu 数的相关物理量(如流速、热流量、温度、热物性等)因控制和测试精度所带来的实验结果不确定性或误差,则需要采用误差传递理论进行评价分析。

5. 1. 6　相似准则的物理意义

　　1. 努塞特数 Nu

$$Nu = \frac{hl}{\lambda} = \frac{h(T_w - T_f)}{\lambda(T_w - T_f)/l}$$

或

$$Nu = -\frac{\lambda(\partial T/\partial y)\big|_{y=0}}{T_w - T_f} \frac{l}{\lambda} = \frac{\partial\left(\dfrac{T-T_w}{T_f-T_w}\right)}{\partial(y/l)}\Bigg|_{y=0} = \frac{\partial\Theta}{\partial Y}\Bigg|_{Y=0} \tag{5-25}$$

可见,努塞特数的物理意义是对流换热热流量与通过特征长度为 l 的流体层的导热热流量之比,或者壁面上流体的无量纲温度梯度。

　　2. 雷诺数 Re

$$Re = \frac{ul}{\nu} = \frac{\rho\dfrac{u^2}{l}}{\mu\dfrac{u}{l^2}} \propto \frac{\text{惯性力}}{\text{黏性力}} \tag{5-26}$$

可见,雷诺数的物理意义是惯性力(inertia force)与黏性力(viscous force)之比的一种度量。它的大小决定流体运动的流动状态。

　　3. 普朗特数 Pr

$$Pr = \frac{\nu}{a} = \frac{\nu x/u_\infty}{ax/u_\infty} \propto \left(\frac{\delta}{\delta_t}\right)^n \tag{5-27}$$

可见,普朗特数的物理意义是流体动量传递能力与热量传递能力之比的某种度量,或者说普朗特数的大小是衡量流动速度场与温度场的近似程度的度量。

4. 格拉斯霍夫数 Gr

$$Gr = \frac{g\beta\Delta T l^3}{\nu^2} = \frac{\rho \frac{u^2}{l}}{\mu \frac{u}{l^2}} \cdot \frac{\rho g\beta\Delta T}{\mu \frac{u}{l^2}} \propto \frac{\text{惯性力}}{\text{黏性力}} \cdot \frac{\text{浮升力}}{\text{黏性力}} \qquad (5\text{-}28)$$

可见,格拉斯霍夫数的物理意义为惯性力×浮升力/(黏性力)²的度量,也是反映浮升力与黏性力之比的一种度量。与强迫对流一样,流体作自然对流换热时可能是层流,也可能是湍流,它们分别对应着不同的格拉斯霍夫数。

5. 斯坦顿数 St

$$St = \frac{h}{\rho c_p u} = \frac{h\Delta T}{\rho c_p u \Delta T} \qquad (5\text{-}29)$$

可见,斯坦顿数的物理意义是流体对流换热热流量与流体可传递的最大热流量之比。

5.1.7 定性温度、特征尺寸和参考速度

在计算各种相似准则的数值时,必然会涉及反映物体几何特征的几何量、与流体流动状态有关的速度以及流体的各种物性参数的选取或确定。因此在建立和使用相似准则关联式时如何选取这些物理量,是一个非常值得注意的问题。传热学中常用的三个特征物理量分别为定性温度、特征尺寸和参考速度。

从相似理论本身来看,上述三种特征量原则上是可以任意选定的。但是由于这三个物理量的选定对准则关联式的建立和使用均有较大的影响,因此在大量的工程实践中逐渐形成了一定的原则,即所选择的特征量必须与换热过程联系最为密切,而且容易测定。一般地,这三个特征量的选取原则如下所述。

1. 定性温度(temperature for evaluating fluid properties)

(1) 边界层平均温度(或薄膜温度)$T_m = (T_w + T_f)/2$。
(2) 壁面温度 T_w。
(3) 流体平均温度 T_f。

2. 特征尺寸(characteristic length)

(1) 平板长度 l(外掠平板)。
(2) 管道内径 d(管内流动)。
(3) 管道外径 d(横掠管道)。

对于管内流动或横掠管道外部流动的对流换热,当管道非圆形时,通常选用水力直径(hydraulic diameter)作为特征尺寸,即

$$d_e = \frac{4 \times \text{流体截面积}}{\text{流体润湿周长}}$$

3. 参考速度(reference velocity)

(1) 来流速度 u_∞(外部流动)。

(2) 截面平均速度 u_m（内部流动）。

(3) 最大流速 u_{max}（绕流管簇）。

关于上述特征量的选择将在后面的不同类型的对流换热过程分析中加以详细说明。

例题 5-2 一换热设备的工作条件是：壁温 $T_w = 120℃$，加热 $T_f = 80℃$ 的空气，空气流速 $u = 0.5m/s$。采用一个缩比成原设备 1/5 的模型来模拟其换热情况，模型壁温 $T'_w = 30℃$，空气温度 $T'_f = 10℃$。试问模型中流速 u' 应取多少才能保证与原设备中的换热现象相似？

解 模型与原设备中研究的是同类现象，单值性条件也相似，所以只要已定准则 Re、Pr 彼此相等即可实现相似。因空气的 Pr 数在上述温度范围内随温度变化不大，可认为 $Pr' = Pr$。于是需要保证 $Re' = Re$。

$$\frac{u'l'}{\nu'} = \frac{ul}{\nu}$$

取定性温度为壁面温度和流体温度的平均值，从附表中查出

$$\nu' = 15.06 \times 10^{-6} \, m^2/s, \qquad \nu = 23.13 \times 10^{-6} \, m^2/s$$

从而

$$u' = u \frac{l}{l'} \frac{\nu'}{\nu} = 0.5 \times 5 \times \frac{15.06 \times 10^{-6}}{23.13 \times 10^{-6}} = 1.63(m/s)$$

例题 5-3 在空心涡轮叶片内部冷却的实验研究中，已知叶片外部来流空气的 $T_\infty = 1150℃$，速度 $u_\infty = 160m/s$，叶片弦长 $l = 40mm$，热流密度为 $q = 95kW/m^2$，表面温度 $T_w = 800℃$。试确定在稳态恒物性条件下：(1)当增加空心叶片内部的冷却剂，使叶片表面温度降低到 $700℃$，传给叶片的热流密度为多少？(2)对弦长为 $80mm$ 的相似放大叶片，当它在 $1150℃$ 的空气流速为 $80m/s$、表面温度 $800℃$ 的条件下，在同一几何相似位置处的热流密度是多少？

解 由式(5-20)，$Nu = f_1(X, Re, Pr)$，分析可知

对情况(1)：虽然壁面温度相差 $100℃$，但热物性差异并不显著，因此可以视为恒物性。

由于叶片外流的速度、特征尺寸均未改变，Re 和 Pr 均与原始状态一致，所以叶片外部的对流换热 Nu 数不变，对流换热系数也不变。即 $Nu_1 = Nu_0$，$h_1 = h_0$。

$$q_1 = h_1(T_{\infty 1} - T_{w1}) = \frac{q_0}{(T_{\infty 0} - T_{w0})}(T_{\infty 1} - T_{w1})$$

$$= \frac{95000}{1150 - 800} \times (1150 - 700) = 122000 \, [W/(m^2 \cdot K)]$$

即当增加冷却剂流量使叶片表面温度降低后，叶片外换热热流密度有所增加。

对情况(2)：虽然弦长增加了 1 倍，但流速减少了一半，雷诺数保持不变，$Re_2 = Re_0$。

在对应的同一几何相似位置处，有 $Nu_2 = Nu_0$。

$$\frac{h_2 l_2}{\lambda} = \frac{h_0 l_0}{\lambda}$$

$$h_2 = \frac{h_0 l_0}{l_2} = \frac{q_0}{(T_{\infty 0} - T_{w0})} \frac{l_0}{l_2}$$

所以

$$q_2 = h_2(T_{\infty 2} - T_{w2}) = \frac{q_0}{(T_{\infty 0} - T_{w0})} \frac{l_0}{l_2}(T_{\infty 2} - T_{w2})$$

$$= \frac{95000}{1150 - 800} \frac{0.04}{0.08} \times (1150 - 800) = 47500 \, [W/(m^2 \cdot K)]$$

即叶片尺寸增加 1 倍，流速减少一半，其他参数不变时，在同一几何相似位置处的热流密度减少了一半。

5.2 管内强迫对流换热

5.2.1 变物性的影响

在管内充分发展段,当流体物性为常数时,截面上流体的速度分布将不再改变,出现所谓的速度"自模化"的现象。但是如果物性随温度的变化产生的影响不能被忽略时,这一结论就不再成立了。

在某些情况下,流体的黏性系数和密度随温度的变化较大,因此 μ 和 ρ 随温度沿径向变化产生的影响也较大,它们对流动和换热的影响又随管道安放的方法以及热流密度的方向不同而异。下面分别加以讨论。

1. 黏性系数随温度变化产生的影响

从流体力学中得知,当流体的物性为常数时(如等温流动),圆管内充分发展层流的速度分布是一抛物线函数,即图 5-7 所示中曲线 1 的速度分布。

对于大多数流体:液体 μ 随温度增加而降低;气体 μ 随温度增加而增大。

液体被加热时,黏性系数沿径向的变化正好与温度分布相反,靠近壁面处的流体黏性系数较小,中心轴线处流体的黏性系数最大。从牛顿黏性定律 $\tau = \mu \partial u / \partial y$ 可知,在相同的速度梯度下,黏性系数越大则黏性力也越大。因此,黏性系数小的区域流速就会高于定温流动时的流速,黏性系数大区域的流速就要低于定温流动时的流速。从而出现图 5-7 中所示的曲线 3 的速度分布。近壁区的速度梯度增大;同样温度梯度也有所增加,对流换热系数高于常物性流体的情形。

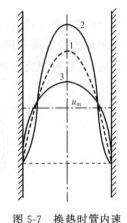

图 5-7　换热时管内速度分布的畸变

1. 等温流;2. 冷却液体或加热气体;3. 加热液体或冷却气体

液体被冷却时,相对于定温流动的速度分布,管道中央流动速度有所增加而靠近壁面的流体速度有所降低,如图 5-7 中的曲线 2。

气体被加热或冷却的情形与液体恰好相反。

正是由于在沿流向不断的热量交换使得管内流体的温度不断地变化,不同截面上流体的物性也随之变化,造成不同截面上的速度分布不再出现"自模化"的现象。

2. 密度随温度变化产生的影响

一般地说,流体的密度随温度的升高而下降。所以在流道任一截面上,由于温度的变化将会引起密度相应的变化,从而产生"浮升力"形成附加的自由运动。

强迫层流与自由运动的叠加随管道的摆放位置、热流密度方向、管径大小和壁面与流体之间的温差等因素而异。

对于竖管(见图 5-8),当流体自上而下流动并被加热时,靠近壁面处的流体形成上浮;当流体自下而上流动并被冷却时,靠近壁面处的流体形成下沉,使壁面附近的流速变慢,中心轴线附近的流速加快,会使换热强度减弱。一般来说,对于层流流动,强迫对流与自然对流方向相同,换热增强;强迫对流与自然对流方向相反,换热减弱。

但对于湍流流动,由于层流底层极薄,自然对流与强迫对流方向相反时,起到破坏层流底层的作用,换热增强;若自然对流与强迫对流方向相同,换热有可能增强,也可能恶化。

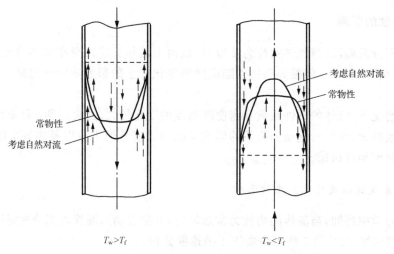

图 5-8　流体自上而下被加热/自下而上被冷却

对于横管,无论是流体被加热还是冷却,自然对流都会在管道截面上形成二次环流,其区别仅在于环流的方向不同(见图 5-9)。该二次环流与强迫流动的叠加在管道内形成一个螺旋运动。显然,这种螺旋运动有利于破坏边界层,导致对流换热强度的增加。

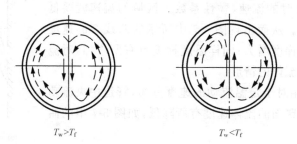

图 5-9　横管内自由运动对强迫运动的影响

5.2.2　常见的管内强迫对流换热的准则方程

1. 管内层流换热($Re < 2300$)

管内层流换热与湍流换热过程相比有以下几个特点:常常处于进口段范围,边界条件和截面形状对换热有显著的影响,充分发展段的换热与 Re 数无关。

西得-塔特(Sieder-Tate)关联式

$$Nu_f = 1.86 \left(Re_f \, Pr_f \, \frac{d}{l} \right)^{1/3} \left(\frac{\mu_f}{\mu_w} \right)^{0.14} \tag{5-30}$$

适用的参数范围:$Re_f < 2300$;$0.48 < Pr_f < 16700$;$Re_f Pr_f d/l > 10$;$0.0044 < \mu_f/\mu_w < 9.75$。式中,除 μ_w 以壁温作为定性温度以外,其他的物性参数均以流体的平均温度 T_f 作为定性温度。

进口段局部表面对流换热系数关系式(B. S. Petukhov 提出)

恒壁温：

$$Nu_x = \frac{h_x d}{\lambda} = 1.03 \left(\frac{1}{Pe} \frac{x}{d}\right)^{-1/3} = 1.03 \left(RePr \frac{d}{x}\right)^{1/3} \tag{5-31}$$

适用的参数范围：$x/(Pe \cdot d) < 0.01$；常物性；误差 $\pm 3\%$。

恒热流：

$$Nu_x = \begin{cases} 1.31 \left(\dfrac{1}{Pe} \dfrac{x}{d}\right)^{-1/3} = 1.31 \left(RePr \dfrac{d}{x}\right)^{1/3}, & \dfrac{1}{Pe} \dfrac{x}{d} \leqslant 0.001 \\ 4.36 + 1.31 \left(\dfrac{1}{Pe} \dfrac{x}{d}\right)^{-1/3} \exp\left(-13 \sqrt{\dfrac{1}{Pe} \dfrac{x}{d}}\right), & \dfrac{1}{Pe} \dfrac{x}{d} > 0.001 \end{cases} \tag{5-32}$$

2. 管内湍流换热($Re > 10^4$)

迪图斯-玻尔特(Dittus-Boelter)关联式

$$Nu_f = 0.023 Re_f^{0.8} Pr_f^m; \quad m = \begin{cases} 0.4 \ (T_w > T_f) \\ 0.3 \ (T_w < T_f) \end{cases} \tag{5-33}$$

适用的参数范围：$2000 \leqslant Re_f \leqslant 10^6$；$0.7 \leqslant Pr_f \leqslant 100$；$\dfrac{x}{d} > 0.5$。适用于壁面与流体温差不很大时。

西得-塔特关联式

$$Nu_f = 0.027 Re_f^{0.8} Pr_f^{1/3} \left(\frac{\mu_f}{\mu_w}\right)^{0.14} \tag{5-34}$$

适用的参数范围：$Re_f > 10^4$；$0.7 < Pr_f < 16700$；$l/d \geqslant 10$。适用于液体被加热的情况。

格尼林斯基(Gnielinski)关联式

$$Nu_f = \frac{(f/8)(Re_f - 1000)Pr_f}{1 + 12.7\sqrt{f/8}(Pr_f^{2/3} - 1)} \tag{5-35}$$

适用范围：$2000 \leqslant Re_f \leqslant 10^6$；$0.7 \leqslant Pr \leqslant 100$；$x/d > 0.5$。

式(5-35)中摩擦因数

$$f = (1.82 \lg Re_f - 1.64)^{-2}$$

3. 过渡区中对流换热($2300 < Re < 10^4$)

格尼林斯基关联式

$$Nu_f = 0.0214(Re_f^{0.8} - 100) Pr_f^{0.4} \left[1 + \left(\frac{d}{l}\right)^{2/3}\right] \left(\frac{T_f}{T_w}\right)^{0.45} \tag{5-36}$$

适用范围：气体，$0.6 < Pr_f < 1.5$；$0.5 < T_f/T_w < 1.5$；$2300 < Re_f < 10^4$。式中，T 为热力学温度(K)。

$$Nu_f = 0.012(Re_f^{0.87} - 280) Pr_f^{0.4} \left[1 + \left(\frac{d}{l}\right)^{2/3}\right] \left(\frac{Pr_f}{Pr_w}\right)^{0.11} \tag{5-37}$$

适用范围：液体，$1.5 < Pr_f < 500$；$0.05 < Pr_f/Pr_w < 20$；$2300 < Re_f < 10^4$。

对上述经验公式需作如下说明。认识一个复杂的物理现象往往要经历长时间的探索,在对流换热研究的发展过程中先后提出大量的关联式。实验点与关联式之间的离散程度反映了各个阶段的认识水平,因此用这些公式作预测计算时其不确定度达 25% 也是可能的。

5.2.3　修正和应用范围扩大

（1）短管,即 $l/d < 60$。由于进口效应,管进口处边界层薄,换热得到强化（见图 5-10）,需引入大于 1 的修正系数 C_l。

$$C_l = 1 + (d/l)^{0.7} \tag{5-38}$$

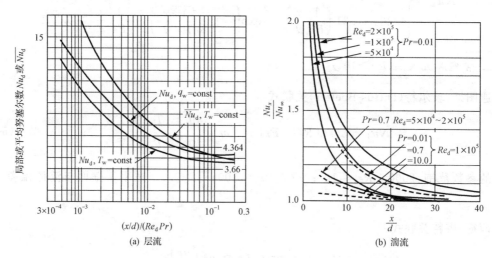

(a) 层流　　　　　　　　　　(b) 湍流

图 5-10　管内进口段局部及平均对流换热系数的变化

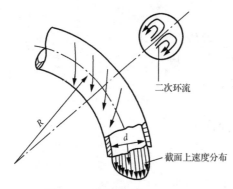

图 5-11　螺旋管中的二次环流

（2）弯管或螺旋管。由于拐弯处截面上的二次环流的产生（见图 5-11）,边界层遭到破坏,因而换热得到强化,需引入修正系数 C_r。

气体

$$C_r = 1 + 1.77d/R \tag{5-39}$$

液体

$$C_r = 1 + 10.3(d/R)^3 \tag{5-40}$$

（3）大温差。当流体与壁面之间温差超出公式范围时,温度要影响流体的黏性系数,造成速度和温度分布与常物性流动时的分布不同,因而对换热造成影响,需引入修正系数 C_t。

气体

$$C_t = \begin{cases} (T_f/T_w)^{0.5} & \text{被加热} \\ 1 & \text{被冷却} \end{cases} \tag{5-41}$$

式中,T 为热力学温度（K）。

液体

$$C_t = \begin{cases} (\mu_f/\mu_w)^{0.11} & 被加热 \\ (\mu_f/\mu_w)^{0.25} & 被冷却 \end{cases} \tag{5-42}$$

例题 5-4 水在直径 $d=6\text{mm}$ 的圆管中以 0.4m/s 的速度流动,管壁温度为常数且等于 $50℃$,假定水在进口处的平均温度 $T_{f,in}=10℃$,试求水的出口温度 $T_{f,out}=20℃$ 时所需管长为多少?

解 流体在管内流动温度的升高,是得到来自壁面加热的热量,根据热平衡关系

$$h(T_w - T_f)\pi dl = \rho c_p u_m \frac{\pi}{4} d^2 (T_{f,out} - T_{f,in})$$

一旦对流换热系数确定,则管道长度也就确定。因此本题的关键在于确定对流换热系数。

对流换热系数的确定,需要应用合适的准则关联式。

(1) 流态的判断。

由于本例流体的进出口平均温度已知,并且温差不大,可以采用算术平均值作为定性温度。根据 $T_f = 15℃$,查物性表得到

$$\nu_f = 1.16 \times 10^{-6}\text{m}^2/\text{s}, \quad a_f = 14 \times 10^{-8}\text{m}^2/\text{s}, \quad \mu_f = 1155 \times 10^{-6}\text{Pa} \cdot \text{s}$$

$$\lambda_f = 0.587\text{W}/(\text{m} \cdot \text{K}), \quad \mu_w = 549.4 \times 10^{-6}\text{Pa} \cdot \text{s}, \quad \rho = 999\text{kg/m}^3, \quad c_p = 4.187\text{kJ}/(\text{kg} \cdot \text{K})$$

$$Re_f = \frac{u_m d}{\nu_f} = \frac{0.4 \times 0.006}{1.16 \times 10^{-6}} = 2065 < 2300$$

故流动为层流。故采用式(5-30)。

(2) 应用条件的判断。

在应用式(5-30)时,应判断 $Re_f Pr_f \frac{d}{l} > 10$ 是否成立。为此需假设管长进行试算。假设 $l=1\text{m}$,

$$Re_f Pr_f \frac{d}{l} = 2065 \times \frac{1.16 \times 10^{-6}}{14 \times 10^{-8}} \times \frac{0.006}{1} = 103 > 10$$

故而

$$Nu_f = 1.86 \left(Re_f Pr_f \frac{d}{l}\right)^{1/3} \left(\frac{\mu_f}{\mu_w}\right)^{0.14} = 1.86 \times 103^{1/3} \times 2.1^{0.14} = 9.68$$

从而求得流体的平均对流换热系数为

$$h = Nu_f \frac{\lambda_f}{d} = 9.68 \times \frac{0.587}{0.006} = 948\text{W}/(\text{m}^2 \cdot \text{K})$$

(3) 假设值是否满足误差条件。

根据能量守恒定律,管壁传给流体的热量等于流体的焓增

$$h(T_w - T_f)\pi dl = \rho c_p u_m \frac{\pi}{4} d^2 (T_{f,out} - T_{f,in})$$

计算得到 $l=0.756\text{m}$。

与假设不符。重新假设 $l=0.75\text{m}$,重复上述步骤,得到 $h=1040\text{W}/(\text{m}^2 \cdot \text{K})$,$l=0.687\text{m}$,与假设值仍有较大差距。再次设定 $l=0.66\text{m}$,重复上述步骤,得到 $l=0.656\text{m}$,与假设值基本一致。

最终得到所需管长 $l=0.66\text{m}$。

例题 5-5 水在直径 $d=6\text{mm}$ 的圆管中以 1.5m/s 的速度流动,管长与管径之比 $l/d=25$,管壁温度为常数且等于 $60℃$,水在进口处的平均温度 $T_{f,in}=40℃$,试求水的出口温度以及管壁和水之间的换热量。

解 流体在管内流动温度的升高,是得到来自壁面加热的热量,根据热平衡关系

$$h(T_w - T_f)\pi dl = \rho c_p u_m \frac{\pi}{4} d^2 (T_{f,out} - T_{f,in})$$

乍看起来,上述热平衡式中有 3 个未知量,即 h、T_f、$T_{f,out}$。但细想一下,这三个量之间存在一定的内在联系,

对应一个 $T_{f,out}$，则 T_f 可以得到，利用准则关联式也可以确定 h。因此本题的关键在于确定出口温度 $T_{f,out}$。

求解步骤：假设 $T_{f,out}$，根据 T_f 查出物性，利用合适的准则关联式确定 h；再利用热平衡关系确定 $T_{f,out}$，比较该值与假设值之间的相对误差；迭代确定 $T_{f,out}$ 最终值。

（1）流态的判断。

假设水的出口平均温度为 43℃，由于温差不大，可以采用算术平均值作为定性温度。根据 $T_f = 41.5$℃，查物性表得到：$\nu_f = 0.631 \times 10^{-6} \, \mathrm{m^2/s}$，$Pr_f = 4.102$，$\lambda_f = 0.6378 \mathrm{W/(m \cdot K)}$，$\rho = 991 \mathrm{kg/m^3}$，$c_p = 4.187 \mathrm{kJ/(kg \cdot K)}$。

$$Re_f = \frac{u_m d}{\nu_f} = \frac{1.4 \times 0.006}{0.631 \times 10^{-6}} = 14263.1 > 2300$$

故流动为湍流。可采用式(5-33)。

（2）对流换热系数的确定。

$$Nu_f = 0.023 \, Re_f^{0.8} \, Pr_f^{0.4} = 85.17$$

从而求得流体的平均对流换热系数为

$$h = Nu_f \frac{\lambda_f}{d} = 85.17 \times \frac{0.6378}{0.006} = 9053.6 [\mathrm{W/(m^2 \cdot K)}]$$

由于 $l/d = 25 < 45$，故对进口效应进行修正。查图得到 $C_l = 1.09$，修正后的 $h = 9868.4 \mathrm{W/(m^2 \cdot K)}$。

（3）出口平均温度的确定。

根据能量守恒定律

$$h(T_w - T_f)\pi dl = \rho c_p u_m \frac{\pi}{4} d^2 (T_{f,out} - T_{f,in})$$

计算得到 $T_{f,out} = 42.72$℃。与假设值很接近，可以不重复计算。

（4）管壁和水之间的换热量的计算。

$$\Phi = h(T_w - T_f)\pi dl = 520 (\mathrm{W})$$

5.3 外掠强迫对流换热

5.3.1 外掠平板的对流换热

1. 层流外掠平板对流换热关联式

有关层流的外掠平板对流换热关联式，可以由求解边界层方程的理论分析方法获得，其结果的精确程度，已被实验所证实。现把一些常用的对流换热关联式归纳如下。

当流体的定性温度取为薄膜温度 $T_m = (T_w + T_f)/2$ 时，局部对流换热系数的准则关联式为波尔豪森(Pohlhausen)关联式。

恒壁温

$$Nu_x = 0.332 \, Re_x^{1/2} \, Pr^{1/3} \tag{5-43}$$

恒热流

$$Nu_x = 0.453 \, Re_x^{1/2} \, Pr^{1/3} \tag{5-44}$$

式中，定型尺寸为离平板前缘的距离 x；适用的范围为 $0.6 < Pr < 50$；$Re_x < 5 \times 10^5$。

如果整个平板表面的流动都是层流，则可以通过积分对整个平板求出对流换热系数的平均值。

$$h = \frac{1}{l} \int_0^l h_x \, \mathrm{d}x$$

从而得出平均对流换热系数的准则关联式。

恒壁温

$$Nu_{\mathrm{m}} = 0.664\ Re_{\mathrm{m}}^{1/2}\ Pr^{1/3} \tag{5-45}$$

恒热流

$$Nu_{\mathrm{m}} = 0.906\ Re_{\mathrm{m}}^{1/2}\ Pr^{1/3} \tag{5-46}$$

式中，特征尺寸为平板长度 l；适用的范围为 $0.6 < Pr < 50$；$Re_{\mathrm{m}} < 5 \times 10^5$。

对 Pr 数很小的流体，如液态金属，此时温度边界层的发展比速度边界层快得多（$\delta \ll \delta_{\mathrm{t}}$），相比之下，可以有理由认为，整个热边界层内，速度分布是均匀的，即 $u = u_\infty$，根据这一假设，可以分析求得

$$Nu_x - 0.565\ Re_x^{1/2}\ Pr^{1/2} \qquad (Pr \leqslant 0.05) \tag{5-47}$$

2. 湍流外掠平板对流换热关联式

外掠平板湍流对流换热的局部努塞特数的准则关联式中最为常用的一个形式为

$$Nu_x = 0.0292\ Re_x^{4/5}\ Pr^{1/3} \tag{5-48}$$

适用的参数范围：$0.6 < Pr < 50$；$5 \times 10^5 < Re_x < 10^7$。

对于湍流对流换热的平均对流换热系数，不能简单地采用类似层流的方法确定。因为，一般在湍流边界层之前，往往存在有一段层流边界层，两者不能一概而论。

在混合边界层（既有层流也有湍流）的情况下，整个平板表面的平均对流换热系数，可以看成是由层流段（$0 \leqslant x \leqslant x_c$）和湍流段（$x_c \leqslant x \leqslant l$）两部分加权平均，即

$$h = \frac{1}{l} \left(\int_0^{x_c} h_{x,l}\,\mathrm{d}x + \int_{x_c}^{l} h_{x,t}\,\mathrm{d}x \right)$$

式中，x_c 为流动由层流转捩为湍流的临界长度。

如果取临界雷诺数为 $Re_c = 5 \times 10^5$，可以得到平均对流换热系数的准则关联式

$$Nu = (0.037\ Re_l^{4/5} - 871)\ Pr^{1/3} \tag{5-49}$$

适用的参数范围：$0.6 < Pr < 60$；$5 \times 10^5 < Re_l < 10^7$。

例题 5-6 飞机在 1000m 的高度以 700km/h 的速度飞行，假定高空的空气是静止不动的，该处的大气压为 $0.899 \times 10^5\ \mathrm{N/m^2}$，温度为 8.5℃，机翼表面的平均温度为 31.5℃，机翼宽度为 0.8m，试求整个机翼与空气的平均对流换热系数和机翼散热的热流密度。

解 将机翼当作平壁处理，机翼上边界层转捩点的临界雷诺数取 5×10^5。空气的定性温度

$$T_{\mathrm{m}} = (T_{\mathrm{w}} + T_{\mathrm{f}})/2 = (8.5 + 31.5)/2 = 20(℃)$$

由附录查得空气的热物性参数为

$$\lambda = 2.59 \times 10^{-2}\ \mathrm{W/(m \cdot K)}, \quad \mu = 18.1 \times 10^{-6}\ \mathrm{Pa \cdot s}, \quad Pr = 0.703$$

空气的密度出状态方程得

$$\rho = \frac{p}{RT} = \frac{89900}{287 \times 293} = 1.069(\mathrm{kg/m^3})$$

空气的运动黏度为

$$\nu = \frac{\mu}{\rho} = \frac{18.1 \times 10^{-6}}{1.069} = 16.9 \times 10^{-6}(\mathrm{m^2/s})$$

由空气的流速（即飞机的飞行速度）求得

$$Re_l = \frac{u_\infty l}{\nu} = \frac{700 \times 10^3}{3600} \frac{0.8}{16.9 \times 10^{-6}} = 9.2 \times 10^6$$

由式(5-49)得

$$h = \frac{\lambda}{l} Nu = \frac{\lambda}{l}(0.037 Re_l^{0.8} - 871) Pr^{1/3}$$

$$= \frac{2.59 \times 10^{-2}}{0.8} \times [0.037 \times (9.2 \times 10^6)^{0.8} - 871] \times 0.703^{1/3} = 371.6 [\text{W}/(\text{m}^2 \cdot \text{K})]$$

机翼散给空气的热流密度为

$$q = h(T_w - T_f) = 371.6 \times (31.5 - 8.5) = 8546.6 (\text{W}/\text{m}^2)$$

5.3.2 外掠单管的对流换热

与流体外掠平板的流动换热过程相比,流体外掠曲面流动时,存在着压力梯度(pressure gradient),它对黏性流体的运动有很大的影响(见图 5-12)。

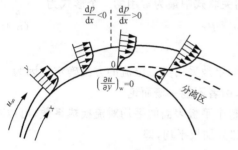

图 5-12 外掠单管流动

1. 流动与换热特点

外掠圆管与外掠平板的根本区别在于沿流向的压力梯度

$$\frac{\mathrm{d}p}{\mathrm{d}x} = -\rho u_\infty \frac{\mathrm{d}u_\infty}{\mathrm{d}x} \neq 0$$

从远前方来的流体,在圆管的前缘被滞止,在该点速度为零而压力最大,称为驻点(stagnation point)。边界层从前驻点开始形成,在迎来流方向的前半周,是压力减小的加速流动,称为顺压力梯度流动。

$$\frac{\partial p}{\partial x} < 0, \quad \frac{\partial u}{\partial x} > 0$$

而在后半周,是压力增加的减速流动,也称为逆压力梯度流动。

$$\frac{\partial p}{\partial x} > 0, \quad \frac{\partial u}{\partial x} < 0$$

考察压力升高条件下边界层中的流动特征,发现它与外掠平板的边界层流动不同。此时,在边界层内流体依靠本身的动量克服压力增长而向前流动,由于近壁的流体层动量不大,在克服上升的压力时显得越来越困难,终于会在某一个位置上出现壁面速度梯度 $\partial u/\partial y \big|_{y=0} = 0$ 的现象,这一点成为分离点(separation point)。从此点起边界层内缘脱离壁面,流体产生旋涡,随后产生与流动方向相反的回流。

定义 $Re = \dfrac{u_\infty d}{\nu}$,当 $Re < 1.5 \times 10^5$ 时为层流流动,脱体发生在 $80° \sim 85°$ 范围内;对于湍流流动,脱体角推后到 $140°$ 左右,这是因为,边界层从主流中获得的动量要大于层流状态。

流体外掠圆管流动时边界层内速度分布的特点,可以由边界层方程得到

$$u \frac{\partial u}{\partial x} + v \frac{\partial u}{\partial y} = -\frac{1}{\rho} \frac{\mathrm{d}p}{\mathrm{d}x} + \nu \frac{\partial^2 u}{\partial y^2}$$

在壁面上,$u = v = 0$,因此

$$\frac{\mathrm{d}p}{\mathrm{d}x} = \mu \left(\frac{\partial^2 u}{\partial y^2}\right)_{\mathrm{w}}$$

此式说明,在壁面上,沿法线方向流体速度二阶导数的符号与沿流动方向压力梯度的符号是一致的。在顺压力梯度流动区 $\partial p/\partial x < 0$,所以 $(\partial^2 u/\partial y^2)_{\mathrm{w}} < 0$;相反,在逆压力梯度流动区 $\partial p/\partial x > 0$,所以 $(\partial^2 u/\partial y^2)_{\mathrm{w}} > 0$。

边界层的发展和脱体决定了流体外掠圆管对流换热的特征,图 5-13 是恒热流条件下局部 Nu_φ 的变化曲线:

低 Re 时,随着边界层从前驻点开始形成并发展,Nu_φ 逐渐下降,在 $\varphi = 80°$ 左右开始升高,这一回升是由于边界层脱体的缘故,脱体区的旋涡扰动强化了换热。

高 Re 时,随着边界层从前驻点开始形成并发展,Nu_φ 逐渐下降,在 $\varphi = 80°$ 左右开始升高,这一回升与低 Re 时的回升起因是不同的,它是由于层流向湍流的转捩引起的,在 $\varphi = 110°$ 左右达到最大值;随后随着湍流边界层的再发展,Nu_φ 又呈现下降的趋势,在 $\varphi = 140°$ 左右又开始升高,第二次回升则是由于边界层脱体的缘故。

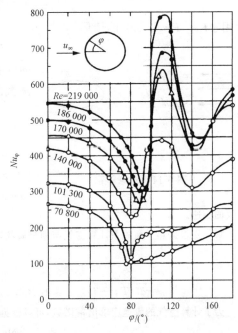

图 5-13　恒热流条件下局部 Nu_φ 的变化曲线

2. 流体外掠圆管对流换热准则关联式

在实际工程设计计算中,需要计算流体沿圆管周向的平均对流换热系数,对于空气,准则关联式为

$$Nu_{\mathrm{m}} = C_1 Re_{\mathrm{m}}^n \tag{5-50}$$

对于其他流体,准则关联式为

$$Nu_{\mathrm{m}} = C_2 Re_{\mathrm{m}}^n Pr_{\mathrm{m}}^{1/3} \tag{5-51}$$

式中,定性温度为流体和壁面温度的算术平均值,特征尺寸为圆管外径,参考速度为来流速度。式(5-50)和式(5-51)的适用范围为:$Re_{\mathrm{m}} = 0.4 \sim 4 \times 10^5$。系数取值见表 5-2。

表 5-2　系数的取值

Re_{m}	C_1	C_2	n
0.4~4	0.891	0.989	0.330
4~40	0.821	0.911	0.385
40~4000	0.615	0.683	0.466
4000~40000	0.174	0.193	0.618
40000~400000	0.0239	0.0266	0.805

上述准则关联式的形式简单,对实验数据分段整理后获得。丘吉尔(Churchill)与本斯登(Bernstein)提出了一个较为通用的准则关联式

$$Nu_m = 0.3 + \frac{0.62\, Re_m^{1/2}\, Pr_m^{1/3}}{[1+(0.4/Pr_m)^{2/3}]^{1/4}} \left[1+\left(\frac{Re_m}{282000}\right)^{5/8}\right]^{4/5} \qquad (5\text{-}52)$$

适用于 $Re_m Pr_m > 0.2$ 的情形。

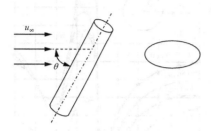

图 5-14　外掠单管

流体外掠圆管的流动,冲刷角 $\theta < 90°$ 时,沿流动方向的管截面为椭圆(见图 5-14),脱体和扰动情况都不如圆截面强烈,因而换热将减弱。采用修正系数

$$C_\theta = 1 - 0.54\cos^2\theta \qquad (5\text{-}53)$$

例题 5-7　直径为 0.2mm 的金属细丝,水平地放置在温度为 30℃ 的空气中,用以测定空气的流速。测量结果如下:在长度为 50mm、表面温度为 50℃ 的细丝上,消耗的电功率为 1.1W。试求空气的流速。

解　先根据热平衡关系计算空气与细金属丝之间的平均对流换热系数

$$\Phi = h\pi dl(T_w - T_f)$$

$$h = \frac{\Phi}{\pi dl(T_w - T_f)} = \frac{1.1}{3.14\times0.2\times10^{-3}\times0.05\times20} = 1750.7\,[\text{W}/(\text{m}^2\cdot\text{K})]$$

为了计算空气的流速应求出雷诺数,可以根据准则关联式(5-50)计算

$$Nu_m = C_1 Re_m^n$$

但由于 Re_m 未知,故无法根据表 5-2 确定式中的系数。现假设 Re_m 的值为 40~4000,由表 5-2 查得

$$C_1 = 0.615, \quad n = 0.466$$

由定性温度 $T_m = (30+50)/2 = 40(℃)$,通过附录查得空气的热物性参数为

$$\lambda = 2.76\times10^{-2}\,\text{W}/(\text{m}\cdot\text{K}), \quad \nu = 16.69\times10^{-6}\,\text{m}^2/\text{s}$$

代入准则关联式(5-50),得

$$Nu_m = \frac{hd}{\lambda} = 0.615\, Re_m^{0.466}$$

由此求得雷诺数为 $Re_m = 854.7$,与假设相符。

由雷诺数求得空气的流速为

$$u_\infty = Re_m\frac{\nu}{d} = 854.7\times\frac{16.96\times10^{-6}}{0.2\times10^{-3}} = 72.48\,(\text{m/s})$$

5.3.3　外掠管束的对流换热

在换热设备中,为了获得一定的换热面积,常将大量的圆管排列成管束。流体外掠管束时的流动(见图 5-15)与换热具有以下特点:

(1) 管束的排列方式有顺排和叉排之分(见图 5-15)。

顺排时,流体在管间交替收缩和扩张的、相对比较平直的流道中流动,可与直槽道内的流动相比;叉排时,流体在管间交替收缩和扩张的弯曲流道中流动,可以与流道截面呈周期性缩扩的弯曲槽道内的流动相比。

顺排时,后一排管处于前一排的旋涡尾迹区之内,后一排的来流就是前排的具有不均匀流速分布的旋涡流,当流速和纵向间距较小时,在两排管之间可能会形成滞流区;叉排时,后一排

管恰好处于前排管中间,直接受到收缩后的流体的冲刷,同时流体流过叉排时有较强的扰动,所以换热得到增强,但流动阻力也加剧。

顺排和叉排的第一排管周围的流动与单管相似。从第二排管起其余各排管周围的流动,将被前面的几排管子引起的旋涡所干扰。因此,管束中流体内部的扰动和换热强度,将随纵向排数的增加而增强。

(2)影响管束换热的因素除 Re 数、Pr 数外,还有顺排或叉排方式、管间距(横向间距 s_1 和纵向间距 s_2,见图 5-4)、管束排数。

例题 5-1 已用量纲分析法证明,此时的对流换热关系式可以整理成

$$Nu = f(Re, Pr, s_1/d, s_2/d)$$

根据格里姆森(Grimson)的实验结果,后排管束受前排管尾流的扰动作用对平均对流换热系数的影响直到 10 排以上的管子才能消失。一般以排数大于 20 的平均对流换热系数为基准,总结出不考虑排数影响的基本实验关系式。

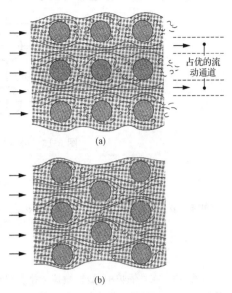

图 5-15　流体外掠管束的流动

茹考思卡斯(Zhukauskas)推荐了以下的关联式:

$$Nu_f = C \, Re_f^n \, Pr_f^{0.36} \left(\frac{Pr_f}{Pr_w}\right)^{0.25} \left(\frac{s_1}{s_2}\right)^p \varepsilon_n \qquad (5\text{-}54)$$

式中,ε_n 为管排数影响的校正系数,见表 5-3 和表 5-4。

表 5-3　管束平均对流换热系数准则关联式

排列方式	适用范围 $0.7 < Pr_f < 500$		准则关联式 Nu_f	对空气或烟气的简化式 $Pr = 0.7 \qquad Nu_f$
顺排	$Re_f = 10^3 \sim 2 \times 10^5$ $\dfrac{s_1}{s_2} < 0.7$		$0.27 Re_f^{0.63} Pr_f^{0.36}\left(\dfrac{Pr_f}{Pr_w}\right)^{0.25}$	$0.24 Re_f^{0.63}$
	$Re_f = 2 \times 10^5 \sim 2 \times 10^6$		$0.021 Re_f^{0.84} Pr_f^{0.36}\left(\dfrac{Rr_f}{Pr_w}\right)^{0.25}$	$0.018 Re_f^{0.84}$
叉排	$Re_f = 10^3 \sim 2 \times 10^5$	$\dfrac{s_1}{s_2} \leqslant 2$	$0.35 Re_f^{0.6} Pr_f^{0.36}\left(\dfrac{Pr_f}{Pr_w}\right)^{0.25}\left(\dfrac{s_1}{s_2}\right)^{0.2}$	$0.31 Re_f^{0.63}\left(\dfrac{s_1}{s_2}\right)^{0.2}$
		$\dfrac{s_1}{s_2} > 2$	$0.40 Re_f^{0.6} Pr_f^{0.36}\left(\dfrac{Pr_f}{Pr_w}\right)^{0.25}$	$0.35 Re_f^{0.6}$
	$Re_f = 2 \times 10^5 \sim 2 \times 10^6$		$0.022 Re_f^{0.84} Pr_f^{0.36}\left(\dfrac{Pr_f}{Pr_w}\right)^{0.25}$	$0.019 Re_f^{0.84}$

表 5-4　校正系数的取值

排数	1	2	3	4	5	6	8	12	16	20
顺排	0.69	0.80	0.86	0.90	0.93	0.95	0.96	0.98	0.99	1.0
叉排	0.62	0.76	0.84	0.88	0.92	0.95	0.96	0.98	0.99	1.0

在应用中注意参考速度的选取应为最小流通截面处的最大流速(图 5-16)。

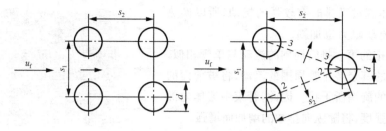

图 5-16　外掠管束对流换热的参考速度选取

$$\text{顺排}: u_{max} = u_f \frac{s_1}{s_1 - d} \qquad \text{叉排}: u_{max} = \begin{cases} u_f \dfrac{s_1}{s_1 - d}, & 2(s_2' - d) > (s_1 - d) \\ u_f \dfrac{s_1}{2(s_2' - d)}, & 2(s_2' - d) < (s_1 - d) \end{cases} \tag{5-55}$$

例题 5-8　在一锅炉中,烟气横掠 4 排管组成的顺排管束。已知管外径 $d = 60\text{mm}$, $s_1/d = 2$, $s_2/d = 2$, 烟气平均温度 $T_f = 600℃$, 管束管壁平均温度 $T_w = 120℃$。烟气通道最窄处平均流速 $u = 8\text{m/s}$。试求管束平均对流换热系数。

解　采用式(5-54),由附录查得

$$Pr_f = 0.62, \quad Pr_w = 0.686, \quad \nu = 93.61 \times 10^{-6}\,\text{m}^2/\text{s}, \quad \lambda = 7.42 \times 10^{-2}\,\text{W/(m·K)}$$

又

$$Re_f = \frac{ud}{\nu} = \frac{8 \times 0.06}{93.61 \times 10^{-6}} = 5128$$

按照表 5-3 的关联式

$$Nu_f = 0.27\,Re_f^{0.63}\,Pr_f^{0.36}\left(\frac{Pr_f}{Pr_w}\right)^{0.25} = 0.27 \times 5128^{0.63} \times 0.62^{0.36} \times \left(\frac{0.62}{0.686}\right)^{0.25} = 48.2$$

$$h = Nu_f \frac{\lambda}{d} = 48.2 \times \frac{7.42 \times 10^{-2}}{0.06} = 59.6\,[\text{W/(m}^2\text{·K)}]$$

按表 5-3, 管排修正系数 $\varepsilon_n = 0.9$, 故平均对流换热系数为

$$h = 59.6 \times 0.9 = 53.6\,[\text{W/(m}^2\text{·K)}]$$

5.3.4　高速气流对流换热

高速气流对流换热的一个主要特征就是气动力加热现象。当高速气流流过固体表面时,虽然壁面温度大于主流温度,但在贴壁的边界层中,由于黏性摩擦生热的作用,使得贴壁流体的温度比壁面温度还高,因而,流过壁面的冷流体不但不能使壁面冷却,反而对壁面加热。边界层内可能出现的温度分布与壁面的热边界条件有关,图 5-17 定性地示意了不同壁面温度条件下的高速气流层流边界层中的温度分布。

1. 黏性耗散

在研究气流高速流动的换热时,必须考虑能量方程中的黏性耗散项。为了搞清楚黏性耗散的物理意义,通过二维边界层流动加以说明(见图 5-18)。

在边界层中取一流体层,由于流体存在内摩擦,表面应力 τ 在单位面积上,每单位时间作用力点移动的距离为 u 米,故所做的功为

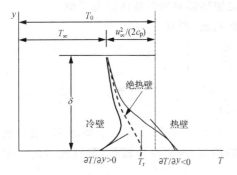

图 5-17　边界层内温度分布剖面

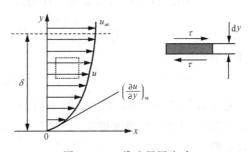

图 5-18　二维边界层流动

$$(\tau \cdot 1)u = u\mu \frac{\mathrm{d}u}{\mathrm{d}y}$$

注意到,力的方向与流动方向一致的力所做的功为正,相反则为负。考虑相距 $\mathrm{d}y$ 的两个平面,若认为 τ 近似为常数,则由于内摩擦而加入到这一层空间的单位面积的能量

$$\frac{\mathrm{d}}{\mathrm{d}y}(\tau u)\,\mathrm{d}y = \tau\,\frac{\mathrm{d}}{\mathrm{d}y}(u)\,\mathrm{d}y + u\,\frac{\mathrm{d}}{\mathrm{d}y}(\tau)\,\mathrm{d}y = \tau\,\frac{\mathrm{d}u}{\mathrm{d}y}\,\mathrm{d}y = \mu\left(\frac{\mathrm{d}u}{\mathrm{d}y}\right)^2\mathrm{d}y \tag{5-56}$$

对照黏性耗散项的一般形式(见 4.2.2 节)

$$\dot{\Phi} = \mu\left\{2\left[\left(\frac{\partial u}{\partial x}\right)^2 + \left(\frac{\partial v}{\partial y}\right)^2 + \left(\frac{\partial u}{\partial y} + \frac{\partial v}{\partial x}\right)^2\right]\right\}$$

式(5-56)为边界层内的黏性耗散项,表明内摩擦作用形成的功全部转换成热能。从传热学角度来看,内摩擦相当于在整个流体内形成均匀分布的内热源,从而也影响了热流传递方向(与有内热源的一维稳态导热相类比)。黏性耗散项的物理意义为作用于控制体表面上的法向力和剪应力使流体位移产生摩擦功而转变成的热能。

那么,在什么情况下必须考虑黏性耗散项的影响?

将数量级分析用于黏性耗散项,进行数量级比较

$$\rho c_{\mathrm p}\left(u\,\frac{\partial T}{\partial x} + v\,\frac{\partial T}{\partial y}\right) = \lambda\left(\frac{\partial^2 T}{\partial y^2}\right) + \mu\left(\frac{\partial u}{\partial y}\right)^2$$

$$\rho c_{\mathrm p}\,\frac{u_\infty \Delta T}{l} \qquad \rho c_{\mathrm p}\,\frac{u_\infty \delta}{l}\,\frac{\Delta T}{\delta_t} \qquad \lambda\,\frac{\Delta T}{\delta_t^2} \qquad \mu\,\frac{u_\infty^2}{\delta_t^2}$$

$$1 \qquad \frac{\delta}{\delta_t} \qquad \frac{1}{RePr}\left(\frac{l}{\delta_t}\right)^2 \qquad \frac{Ec}{Re}\left(\frac{l}{\delta_t}\right)^2$$

只有当黏性耗散项与对流项的数量级相当时,高速流动的影响才是显著的,即

$$\frac{\rho c_{\mathrm p}u_\infty \Delta T}{l} \sim \mu\,\frac{u_\infty^2}{\delta_t^2}$$

或者说,当黏性耗散项与对流项之比属于 1 的数量级时,必须考虑黏性耗散项的影响,即

$$\frac{\mu\,\dfrac{u_\infty^2}{\delta_t^2}}{\dfrac{\rho c_{\mathrm p}u_\infty \Delta T}{l}} = \frac{\dfrac{u_\infty^2}{c_{\mathrm p}\Delta T}\left(\dfrac{l}{\delta_t}\right)^2}{\dfrac{\rho u_\infty l}{\mu}} = \frac{Ec}{Re}\left(\frac{l}{\delta_t}\right)^2$$

式中,$Ec = \dfrac{u_\infty^2}{c_{\mathrm p}\Delta T}$ 称为埃克特数(Eckert number),反映了流体的动能与受热焓升之比,以纪念

当代传热学家 Eckert 对高速气流对流换热考虑气动加热影响的开创性研究贡献。

由于扩散项、耗散项与对流项之比均属于 1 的数量级，则有

$$\frac{1}{RePr}\left(\frac{l}{\delta_t}\right)^2 \sim O(1), \qquad \frac{Ec}{Re}\left(\frac{l}{\delta_t}\right)^2 \sim O(1)$$

对比得到

$$EcPr \sim O(1)$$

对于各种气体介质来说，Pr 数的值都在 1 左右，因此上述条件相当于要求 Ec 数的数量级为 1，即要求气体的速度很高；而对于 Pr 数很大的液体，即便流速较低，黏性耗散的影响也不能忽略。

2. 高速气流的对流换热

由于流体内摩擦，衡量从壁面导出热流的方向，已不能简单地用壁面温度和来流温度差来表示，需要引入恢复温度的概念。

定义一个壁面在既未受到辐射传热，也没有热量从壁面导进导出情况下，由于内摩擦作用所具有的温度为恢复温度（recovery temperature）T_r。因为此时板面绝热，也称为绝热壁面温度（adiabatic wall temperature）T_{aw}，$T_r = T_{aw}$。

高速气流的滞止温度 T_0 高出其来流温度 T_∞ 的部分 $u_\infty^2/(2c_p)$ 称为动力温度升高。对于气体来说，绝热壁温度 T_{aw} 高于自由流温度，但总是小于自由流的滞止温度。为此在确定绝热壁温时，对动力温度升高部分引入动温恢复系数加以修正。

$$T_{aw} = T_\infty + r\frac{u_\infty^2}{2c_p} = T_\infty\left(1 + r\frac{k-1}{2}M_\infty^2\right) \tag{5-57}$$

式中，r 称为动温恢复系数（temperature recovery factor）。在层流时：$r = Pr^{1/2}$；在湍流时：$r = Pr^{1/3}$。

实际上，物体表面并不是绝热的。高速气流对流换热的计算必须选择绝热壁温为基准，真实壁面温度 T_w 与流体的绝热壁温度 T_{aw} 之差为高速气流对流换热的推动力。

$$q = h(T_w - T_{aw}) \tag{5-58}$$

在高速气流对流换热中，边界层中的温度梯度常常是比较大的，所以，流体物性随着温度的改变发生显著的变化。因此，从高速气流边界层动量方程和能量方程很难求出精确解。但是，如果定性温度采用埃克特推荐的参考温度［见（式 5-59）］，则高速气流中的对流换热，仍可采用低速流动对流换热的公式进行计算。

$$T^* = T_\infty + 0.5(T_w - T_\infty) + 0.22(T_{aw} - T_\infty) \tag{5-59}$$

高速气流对流换热与低速流动对流换热的计算准则关联式在形式上基本上是相同的。主要的不同点在于：

(1) 定性温度用 $T^* = T_\infty + 0.5(T_w - T_\infty) + 0.22(T_{aw} - T_\infty)$。

(2) 热流密度定义式用 $q = h(T_w - T_{aw})$，采用绝热壁温度 $T_{aw} - T_\infty + r\dfrac{u_\infty^2}{2c_p}$ 代替流体温度 T_∞。

这种方法将低速流动的对流换热系数公式用于高速气流的计算中，使复杂问题大为简化。目前这种方法多用于外掠平壁的对流换热。对于管内的高速气流对流换热，就不一定合适了。

例题 5-9 一块平壁长 70cm，宽 1m，放在风洞中进行吹风试验。风洞中气流的参数为：马赫数 $M=3$，压力 $p=1/20$ 大气压，温度 $T=-40℃$。为了要把壁面温度保持在 35℃，试求需从平壁散走的热量。

解 首先判断边界层的流态

自由流的速度为

$$u_\infty = M_\infty c_\infty = M_\infty \sqrt{kRT_\infty} = 3 \times \sqrt{1.4 \times 287 \times 233} = 918(\text{m/s})$$

自由流的密度为

$$\rho_\infty = p_\infty / (RT_\infty) = (1.0132 \times 10^5 / 20) / (287 \times 233) = 0.0758(\text{kg/m}^3)$$

查表得 $\mu_\infty = 1.434 \times 10^{-5} \text{Pa} \cdot \text{s}$。

由上述数据可计算气流的雷诺数

$$Re_l = \frac{\rho_\infty u_\infty l}{\mu_\infty} = \frac{0.758 \times 918 \times 0.7}{1.434 \times 10^{-5}} = 3.395 \times 10^6$$

因此，根据雷诺数判断流态表明气流在平板上同时存在层流（前部）和湍流（后部）。

（1）对于层流部分。

$$T_\infty^* = T_\infty \left(1 + \frac{k-1}{2} M_\infty^2\right) = 233(1 + 0.2 \times 3^2) = 652(\text{K})$$

假设 $Pr \approx 0.7$，得 $r = \sqrt{Pr} = 0.837$。则

$$T_{aw} = T_\infty \left(1 + r\frac{k-1}{2} M_\infty^2\right) = 233 \times (1 + 0.837 \times 0.2 \times 3^2) = 584(\text{K})$$

参考温度为

$$T^* = T_\infty + 0.5(T_w - T_\infty) + 0.22(T_{aw} - T_\infty) = 233 + 0.5(35 + 40) + 0.22(584 - 233) = 347.8(\text{K})$$

根据参考温度所查得的 $Pr^* = 0.697$，与假设相近，所以所求得的绝热壁温和参考温度均是有效的。

$$\mu^* = 2.07 \times 10^{-5} \text{Pa} \cdot \text{s}, \quad \lambda^* = 0.03 \text{W/(m} \cdot \text{K)}, \quad c_p^* = 1009 \text{J/(kg} \cdot \text{K)}, \quad \rho^* = \frac{p_\infty}{RT^*} = 0.0508 \text{kg/m}^3$$

（2）对于湍流部分。

仍假设 $Pr \approx 0.7$，得 $r = Pr^{1/3} = 0.888$。则

$$T_{aw} = T_\infty \left(1 + r\frac{k-1}{2} M_\infty^2\right) = 233 \times (1 + 0.888 \times 0.2 \times 3^2) = 605(\text{K})$$

参考温度为

$$T^* = T_\infty + 0.5(T_w - T_\infty) + 0.22(T_{aw} - T_\infty) = 233 + 0.5(35 + 40) + 0.22(605 - 233) = 352.3(\text{K})$$

根据参考温度所查得的 $Pr^* = 0.695$，与假设相近，所以所求得的绝热壁温和参考温度均是有效的。

$$\mu^* = 2.09 \times 10^{-5} \text{Pa} \cdot \text{s}, \quad \lambda^* = 0.03 \text{W/(m} \cdot \text{K)}, \quad c_p^* = 1009 \text{J/(kg} \cdot \text{K)}, \quad \rho^* = \frac{p_\infty}{RT^*} = 0.0501(\text{kg/m}^3)$$

（3）转捩点位置确定。

设临界雷诺数为 $Re_c^* = 5 \times 10^5$，则转捩点位置为

$$x_c = \frac{Re_c^* \mu^*}{\rho^* u_\infty} = \frac{5 \times 10^5 \times 2.07 \times 10^{-5}}{0.0508 \times 918} = 0.222(\text{m})$$

（4）散热量的计算。

由平壁层流的对流换热系数准则式

$$h_l = \frac{0.664 \rho^* u_\infty c_p^*}{Re_c^{*1/2} Pr^{*2/3}} = \frac{0.664 \times 0.0509 \times 918 \times 1009}{(5 \times 10^5)^{1/2} \times 0.695^{2/3}} = 56.31[\text{W/(m}^2 \cdot \text{K)}]$$

$$\Phi_l = h_l A_l (T_w - T_{aw}) = 56.31 \times 0.222 \times 1 \times (273 + 35 - 584) = -3450(\text{W})$$

由平壁湍流的对流换热系数准则式

$$h_{t,x} = 0.0296 \rho^* c_p^* u_\infty (\rho^* u_\infty x / \mu^*)^{-1/5} Pr^{*-2/3} = 70.02 x^{-1/5} [\text{W/(m}^2 \cdot \text{K)}]$$

$$h_t = \left(\int_{0.222}^{0.7} h_{t,x} \, \mathrm{d}x \right) / (0.7 - 0.222) = 87.45 \left[\mathrm{W}/(\mathrm{m}^2 \cdot \mathrm{K}) \right]$$

$$\Phi_t = h_t A_t (T_w - T_{aw}) = 87.45 \times (0.7 - 0.222) \times 1 \times (273 + 35 - 605) = -12415(\mathrm{W})$$

于是,总散热量为

$$\Phi = \Phi_l + \Phi_t = -15865(\mathrm{W})$$

负值表示高速气流对平壁加热。

5.4 自然对流换热

不依靠泵或风机等外力推动,由流体自身温度场的不均匀所引起的流动称为<u>自然对流</u> <u>(natural convection)</u>或<u>自由对流(free convection)</u>。例如,暖气片的散热、不用风扇强制冷却的电器元件的散热等都是自然对流换热的应用实例。不均匀的温度场造成了不均匀的密度场,由此在重力或离心力作用下形成流体的运动。与强迫对流(forced convection)相比,流体微团所受到的体积力是不容忽略的,这也导致两者的流动换热过程特征有很大的差异。

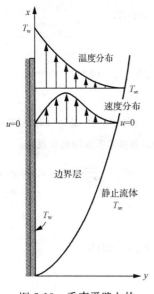

图 5-19 垂直平壁上的自然对流($T_w > T_\infty$)

在一般情况下,不均匀温度场主要发生在紧靠壁面的流体薄层内。在贴壁处,流体的温度等于壁面温度 T_w,在离开壁面的方向上温度逐渐变化,直至周围环境温度 T_∞。若壁面温度 T_w 高于环境温度 T_∞,则靠近壁面处的流体密度低,形成浮升;若壁面温度 T_w 低于环境温度 T_∞,则靠近壁面处的流体密度高,形成沉降。从而产生自然对流。

自然对流换热可分为大空间自然对流换热和有限空间自然对流换热。前者换热面上流动边界层的形成和发展不受空间的限制,而后者则受到空间的限制。

5.4.1 自然对流换热的数学描述

以图 5-19 所示的竖壁上的自然对流换热边界层微分方程组的建立为例。设壁面温度 T_w 高于环境温度 T_∞。坐标 x 取为流动方向,y 则为壁面法线方向。则边界层微分方程组为

$$\frac{\partial u}{\partial x} + \frac{\partial v}{\partial y} = 0 \tag{5-60}$$

$$\rho \left(u \frac{\partial u}{\partial x} + v \frac{\partial u}{\partial y} \right) = -\rho g - \frac{\partial p}{\partial x} + \mu \frac{\partial^2 u}{\partial y^2} \tag{5-61}$$

$$\rho c_p \left(u \frac{\partial T}{\partial x} + v \frac{\partial T}{\partial y} \right) = \lambda \frac{\partial^2 T}{\partial y^2} \tag{5-62}$$

因为速度边界层是由热边界层引起的,所以一般认为速度边界层的厚度与热边界层的厚度是相等的,与 Pr 数的大小无关。

对于自然对流,边界层内边界条件为

$$\begin{cases} y = 0, \quad u = 0, \quad T = T_w \\ y = \delta, \quad u = 0, \quad \partial u / \partial y = 0, \quad T = T_\infty, \quad \partial T / \partial y = 0 \end{cases} \tag{5-63}$$

布西内斯克(Boussinesq)假设:流体物性除浮升力项中的密度外均为常量。根据 $\partial p/\partial y = 0$,可知,在同一 x 截面上,边界层内外的压力是相同的。再根据边界层外流体静止的特征,$u=0, v=0$,由式(5-61)可以得到

$$\frac{\mathrm{d}p}{\mathrm{d}x} = -\rho_\infty g \tag{5-64}$$

将此关系式代入边界层动量方程,有

$$\rho\left(u\,\frac{\partial u}{\partial x} + v\,\frac{\partial u}{\partial y}\right) = (\rho_\infty - \rho)g + \mu\,\frac{\partial^2 u}{\partial y^2} \tag{5-65}$$

式中,右端第一项体现为浮升力。

对于自然对流,密度是由于温度变化而引起比容变化形成的:在一定压力下,温度升高体积膨胀,比容增大密度减小。

β 为表征流体的体积随温度升高而膨胀的体积膨胀系数。

$$\beta = \frac{(\mathrm{d}V/V)}{\mathrm{d}T} = \frac{1}{V}\left(\frac{\partial V}{\partial T}\right)_p = -\frac{1}{\rho}\left(\frac{\partial \rho}{\partial T}\right)_p$$

近似地,有

$$\rho_\infty - \rho = -\rho\beta(T_\infty - T)$$

则边界层内的动量微分方程(式 5-65)可以改写为

$$\rho\left(u\,\frac{\partial u}{\partial x} + v\,\frac{\partial u}{\partial y}\right) = \rho g\beta(T - T_\infty) + \mu\,\frac{\partial^2 u}{\partial y^2} \tag{5-66}$$

式(5-66)中,浮升力已用它的推动力-温度差表示出来。可以看出,自然对流换热的数学描写,除动量方程外,其他方程的形式均与强迫对流换热相同。因此,自然对流换热的相似准则可以通过动量方程导出。

以参考速度 u_0、长度 l、温差 $\Delta T = T_w - T_\infty$ 作为速度、长度和温度的无量纲标尺,得到

$$\frac{u_0^2}{l}\left(U\,\frac{\partial U}{\partial X} + V\,\frac{\partial U}{\partial Y}\right) = g\beta\Delta T\Theta + \frac{\nu u_0}{l^2}\,\frac{\partial^2 U}{\partial Y^2} \tag{5-67}$$

式中,$\Theta = \dfrac{T - T_\infty}{T_w - T_\infty} = \dfrac{T - T_\infty}{\Delta T}$。两边同除以 $\dfrac{\nu u_0}{l^2}$ 可得

$$\frac{u_0 l}{\nu}\left(U\,\frac{\partial U}{\partial X} + V\,\frac{\partial U}{\partial Y}\right) = \frac{g\beta\Delta T l^2}{\nu u_0}\Theta + \frac{\partial^2 U}{\partial Y^2} \tag{5-68}$$

式中,右端的组合量与雷诺数相乘消去 u_0,得到体现浮升力的准则 Gr 数。

$$Gr = \frac{g\beta\Delta T l^2}{\nu u_0}\,\frac{u_0 l}{\nu} = \frac{g\beta\Delta T l^3}{\nu^2} \tag{5-69}$$

其物理意义体现为浮升力与黏性力比值的一种度量。注意到自然对流中的流动是由浮升力引起的,因此表征惯性力大小的雷诺数不是一个独立的变量,而是 Gr 数的函数,即 $Re = f(Gr)$。因此,自然对流换热的准则关联式的一般形式为

$$Nu = f(Gr, Pr) \tag{5-70}$$

5.4.2 大空间自然对流换热

大空间自然对流换热时,换热面上流动边界层的形成和发展不受空间的限制。以图 5-19

所示的竖壁上的自然对流换热为例,分析其边界层发展的特征。

对于大空间内竖壁的自然对流,由于壁面温度 T_w 和流体温度 T_∞ 不同(设 $T_w < T_\infty$),紧靠壁面的流体温度由于冷却而发生变化,流体内部的温度不同就会引起密度的不同从而形成浮升力,热边界层内的流体在浮升力的作用下产生运动从而形成速度边界层。

因为速度边界层是由热边界层引起的,所以速度边界层的厚度与热边界层的厚度是相等的,与 Pr 数的大小无关。

如果忽略边界层内的惯性力,就可以解出边界层内的速度分布呈抛物线形。最大速度出现在边界层内部。

对于自然对流,边界层厚度 δ 随 x 的变化取决于热平衡。δ 的增大是因边界层内的流量沿 x 不断增大的缘故,在 dx 段上流量增大量 dG_x 为

$$dG_x = -\frac{\lambda}{c_p(T_\infty - \bar{T})}\left(\frac{\partial T}{\partial y}\right)_{y=0} dx \tag{5-71}$$

式中,$\bar{T}$ 为边界层内流体的平均温度。

由上式可以看出,影响流量增大,即边界层厚度增长的物性参数是流体的导热系数和比热容。

对于自然对流,层流和湍流的转变通过 Gr 数判断。一般认为,在壁面温度为常数的情况下,$GrPr < 10^8$ 时,边界层处于层流状态;$10^8 < GrPr < 10^{10}$ 时,边界层处于过渡状态;$GrPr > 10^{10}$ 时,边界层处于湍流状态。

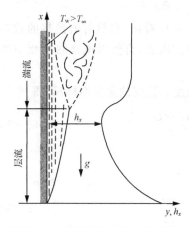

图 5-20　垂直平壁上的自然对流

图 5-20 定性反映了垂直平壁上自然对流局部对流换热系数的变化特征。层流时,换热热阻完全取决于边界层的厚度,从换热壁面下端开始,随着高度的增加,层流边界层的厚度也逐渐增加,与此相对应,局部对流换热系数下降;如果壁面足够高,流体的流动将逐渐转变为湍流,在层流向湍流的转变过渡区间,局部对流换热系数显著增加。值得注意的一个现象是,在常壁温或常热流边界条件下,达到旺盛湍流时,局部对流换热系数 h_x 将保持不变,与壁面高度无关。这一特征称为对流换热系数自模化。

大空间的自然对流换热准则关联式可整理成以下形式

$$Nu_m = C(Gr_m \, Pr_m)^n \tag{5-72}$$

系数 C 和指数 n 的值,与物体的几何形状及 $GrPr$ 数值的大小等因素有关。对于竖壁,其高度对流动的影响比宽度的影响大得多,故平均对流换热准则关联式的定型尺寸取竖壁的高度,而局部对流换热准则关联式的定型尺寸则取流动方向的坐标 x。对于水平圆管,直径对流动状态的影响大于管长的影响,故取圆管直径为定型尺寸。确定流体物性参数的定性温度,取流体和壁面温度的平均值。

表 5-5 给出了壁温恒定条件下的准则关联式中的系数取值。

表 5-5 中,只有当竖圆管的几何尺寸满足下列关系式

$$\frac{d}{l} \geqslant \frac{35}{Gr_l^{1/4}} \tag{5-73}$$

表 5-5　壁温恒定条件下的准则关联式系数取值

换热表面的形状和位置	流动状态和系数值			定型尺寸	适用范围 $Gr_m Pr_m$
	流态	C	n		
竖平壁或竖圆管	层流	0.59	1/4	高度 l	$10^4 \sim 10^9$
	湍流	0.10	1/3		$10^9 \sim 10^{13}$
水平圆管	层流	0.53	1/4	外径 d	$10^4 \sim 10^9$
	湍流	0.13	1/3		$10^9 \sim 10^{12}$
水平板热面朝上或冷面朝下	层流	0.54	1/4	面积与周长之比 A/P	$2 \times 10^4 \sim 8 \times 10^6$
	湍流	0.15	1/3		$8 \times 10^6 \sim 10^{11}$
水平板热面朝下或冷面朝上	层流	0.27	1/4	面积与周长之比 A/P	$10^5 \sim 10^{11}$

才能与竖平壁采用同一个准则关联式计算。否则，边界层的厚度与直径的大小是可以相比较的,这时就必须考虑弯曲度对流动和换热的影响,而不能作为平壁处理。

在湍流状态,指数 n 的取值为 $1/3$。展开关联式

$$Nu_x = \frac{h_x x}{\lambda} = C (Gr_{mx} Pr_m)^{1/3} \propto (x^3)^{1/3} = x$$

这时对流换热系数与物体的几何尺寸无关,出现对流换热系数自模化现象(self-modelling)。利用该特性,湍流自然对流换热的实验研究可以采用较小尺寸的物体进行,只要求实验现象的值 $Gr_m Pr_m$ 处于湍流范围。

5.4.3　有限空间自然对流换热

流体在有限空间内的自然对流换热与大空间的自然对流换热相比要复杂得多。本节仅讨论竖壁夹层和水平夹层两种情况。

图 5-21 示出了竖壁夹层中流体自然对流的物理图形。靠近热壁的流体因浮升力而向上运动,靠近冷壁的流体则向下运动,有限空间中的自然对流换热是热壁与冷壁间两个自然对流过程的组合。高温壁面将热量传给与其靠近的流体,然后通过流体传给低温壁面。

(1) 夹层厚度 δ 与高度 H 之比 δ/H 比较大(大于 0.3)。

冷热两壁的自然对流边界层不会互相干扰。可按无限空间自然对流换热规律分别计算冷、热两壁的自然对流换热及夹层总热阻。

(2) 夹层厚度 δ 与高度 H 之比 δ/H 比较小(小于 0.3)。

夹层内冷、热壁上两股流动边界层相互结合和影响,出现行程较短的环流;夹层中可能有若干个环流。

夹层中的流动,主要取决于以夹层厚度 δ 为特征尺寸的 Gr 数。

$$Gr_\delta = \frac{g\beta(T_{w1} - T_{w2})\delta^3}{\nu^2} \tag{5-74}$$

当夹层厚度 δ 与两壁温差 $\Delta T = T_{w1} - T_{w2}$ 都很小,$Gr_\delta < 2000$ 时,可以认为夹层内没有流动发生;通过夹层的热量可按纯导热计算。

图 5-22 示出了水平夹层中流体自然对流的物理图形。此时,加热面的朝向对夹层内的流

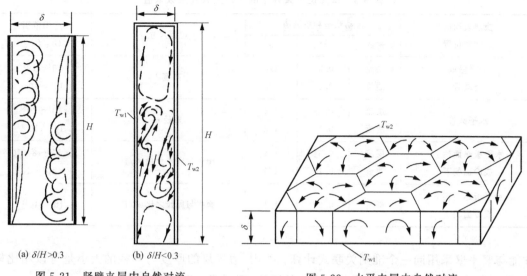

(a) $\delta/H > 0.3$ (b) $\delta/H < 0.3$

图 5-21 竖壁夹层中自然对流   图 5-22 水平夹层中自然对流

动具有很大的影响。

（1）热面在上：冷热面之间无流动发生；若无外界扰动,则可按导热问题分析。

（2）热面在下：当 $Gr_\delta < 1700$ 时,自然对流难以形成,可按导热问题分析；当 $Gr_\delta > 1700$ 时,形成相互交替上升和下降的对流,呈现有序的蜂窝状分布的环流；当 $Gr_\delta > 5000$ 时,蜂窝状分布的环流消失,出现湍流流动。

在有限空间内的自然对流换热计算中,更关心的是热壁传给冷壁的热流量。通常把两侧的换热用一个当量对流换热系数来表示

$$q = h_e(T_{w1} - T_{w2}) \tag{5-75}$$

封闭夹层空间自然对流换热准则关联式用下式表示

$$Nu_\delta = \frac{h_e\delta}{\lambda} = C\,(Gr_\delta Pr)^m \left(\frac{\delta}{H}\right)^n \tag{5-76}$$

式中,定性温度取两壁面温度的平均值,即

$$T_m = \frac{1}{2}(T_{w1} + T_{w2})$$

封闭夹层的换热强弱也可用当量导热系数（effective or apparent thermal conductivity）表示

$$q = \frac{\lambda_e}{\delta}(T_{w1} - T_{w2}) \tag{5-77}$$

则

$$Nu_\delta = \frac{\lambda_e}{\lambda} \quad 或 \quad \lambda_e = h_e\delta \tag{5-78}$$

表 5-6 给出了有限空间自然对流换热的准则关联式。

表 5-6　有限空间自然对流换热准则关联式

夹层位置	Nu_δ 准则关联式	适用范围
竖壁夹层(气体)	$=1$　(导热)	$Gr_\delta < 2000$
	$=0.18Gr_\delta^{1/4}\left(\dfrac{\delta}{H}\right)^{1/9}$　(层流)	$2000 < Gr_\delta < 2\times10^5$;
	$=0.065Gr_\delta^{1/3}\left(\dfrac{\delta}{H}\right)^{1/9}$　(湍流)	$2\times10^5 < Gr_\delta < 2\times10^7$
水平夹层(热面在下)(气体)	$=0.059(Gr_\delta \cdot Pr)^{0.4}$	$1700 < (Gr_\delta \cdot Pr) < 7000$
	$=0.212(Gr_\delta \cdot Pr)^{1/4}$	$7000 < (Gr_\delta \cdot Pr) < 3.2\times10^5$
	$=0.061(Gr_\delta \cdot Pr)^{1/3}$	$(Gr_\delta \cdot Pr) > 3.2\times10^5$
倾斜夹层(热面在下与水平夹角为θ)(气体)	$=1+1.446\left(1-\dfrac{1708}{Gr_\delta \cdot Pr \cdot \cos\theta}\right)$	$1708 < (Gr_\delta \cdot Pr \cdot \cos\theta) < 5900$
	$=0.229(Gr_\delta \cdot Pr \cdot \cos\theta)^{0.252}$	$5900 < (Gr_\delta \cdot Pr \cdot \cos\theta) < 9.23\times10^4$
	$=0.157(Gr_\delta \cdot Pr \cdot \cos\theta)^{0.285}$	$9.23\times10^4 < (Gr_\delta \cdot Pr \cdot \cos\theta) < 10^6$

例题 5-10　温度为 371℃，面积为 $0.3\times0.3\text{m}^2$ 的铁板，从热处理炉中取出，水平悬挂在空气中自然冷却，车间内温度为 28℃，求其对流换热的散热量。

解　铁板的上下面均有自然对流换热发生，应分别计算。

定性温度为

$$T_m = (T_w + T_\infty)/2 = (371+28)/2 = 199.5(℃)$$

查物性

$$\nu = 34.85\times10^{-6}\,\text{m}^2/\text{s}, \quad \lambda = 3.93\times10^{-2}\,\text{W/(m·K)}, \quad Pr = 0.68$$

$$\beta = \frac{1}{T_m} = \frac{1}{273+199.5} = \frac{1}{472.5}$$

特征长度为

$$l = \frac{A}{P} = \frac{0.3\times0.3}{4\times0.3} = 0.075(\text{m})$$

$$Gr_m Pr_m = \frac{g\beta l^3(T_w - T_\infty)}{\nu^2}Pr = \frac{9.8/472.5\times0.075^3\times(371-28)}{(34.85\times10^{-6})^2}\times0.68 = 1.68\times10^6$$

（1）上表面。

$$Nu_{m1} = 0.54\,(Gr_m Pr_m)^{1/4}$$

$$h_1 = \lambda\frac{Nu_{m1}}{l} = 0.0393\times\frac{0.54\times(1.68\times10^6)^{1/4}}{0.075} = 10.19[\text{W/(m}^2\cdot\text{K)}]$$

$$\Phi_1 = h_1 A(T_w - T_\infty) = 10.19\times0.3^2\times(371-28) = 314.57(\text{W})$$

（2）下表面。

$$Nu_{m2} = 0.27\,(Gr_m Pr_m)^{1/4}$$

$$h_2 = \lambda\frac{Nu_{m2}}{l} = 0.0393\times\frac{0.27\times(1.68\times10^6)^{1/4}}{0.075} = 5.09[\text{W/(m}^2\cdot\text{K)}]$$

$$\Phi_2 = h_2 A(T_w - T_\infty) = 5.09\times0.3^2\times(371-28) = 157.13(\text{W})$$

（3）总的对流换热散热量。

$$\Phi = \Phi_1 + \Phi_2 = 314.57 + 157.13 = 471.7(\text{W})$$

讨论　（1）在同样条件下，当平板的温度高于环境温度时，上表面的对流换热系数要大于下表面的对流换热系数，这主要是由于下表面气体受热上浮时受到平板的阻碍，使其流动趋于稳定，因而换热效果较差。

同样的道理,若平板温度低于环境温度,则上表面的对流换热系数要弱于下表面。

（2）若考虑辐射换热的影响,由于空气不参与辐射换热,铁板实际上与车间的环境（墙壁等）发生辐射换热,上下面的辐射换热量

$$\Phi_{rad} = 2A\varepsilon\sigma(T_w^4 - T_\infty^4)$$

式中,ε 为铁板的发射率,经炉内加热的铁板表面要被氧化,取值为 0.8。则辐射换热量为

$$\Phi_{rad} = 2A\varepsilon\sigma(T_w^4 - T_\infty^4) = 2 \times 0.3^2 \times 0.8 \times 5.67 \times 10^{-8} \times [(273+371)^4 - (273+28)^4] = 1337(W)$$

可见,在处理高温壁面对流换热问题时,辐射换热的影响往往是不可忽略的。

例题 5-11 有一封闭水平夹层,内部抽气后气压为 30000Pa,夹层为正方形,边长为 0.5m,两壁间距为 0.04m,温度分别为 60℃和 40℃,试计算两壁间的对流换热量,并与未抽气前自然对流换热速率进行比较。

解 夹层内抽出一些空气,意在减少内部自然对流换热的速率。

定性温度为

$$T_m = \frac{T_{w1} + T_{w2}}{2} = \frac{60 + 40}{2} = 50(℃)$$

（1）夹层抽气后。

查物性

$$\mu = 19.6 \times 10^{-6} Pa \cdot s, \quad \lambda = 0.0283 W/(m \cdot K), \quad Pr = 0.698$$

$$\beta = \frac{1}{T_m} = \frac{1}{273+50} = \frac{1}{323}, \quad \rho = \frac{p}{RT_m} = \frac{30000}{287 \times 323} = 0.324(kg/m^3)$$

$$Gr_\delta = \frac{g\beta\delta^3(T_{w1} - T_{w2})}{(\mu/\rho)^2} = \frac{9.8/323 \times 0.04^2 \times 20}{(19.6 \times 10^{-6}/0.324)^2} = 1.06 \times 10^4$$

由于 $Gr_\delta Pr = 7398.8$,故选用以下关联式（见表 5-6）

$$Nu_\delta = \frac{h\delta}{\lambda} = 0.212(Gr_\delta Pr)^{1/4}$$

$$h = \lambda\frac{Nu_\delta}{\delta} = 0.0283 \times \frac{0.212 \times (1.06 \times 10^4 \times 0.698)^{1/4}}{0.04} = 1.39[W/(m^2 \cdot K)]$$

$$\Phi = hA(T_{w1} - T_{w2}) = 1.39 \times 0.5^2 \times (60 - 40) = 6.96(W)$$

（2）未抽气夹层,按一个大气压计算。

可以计算出

$$h = \lambda\frac{Nu_\delta}{\delta} = 2.55 W/(m^2 \cdot K)$$

$$\Phi = hA(T_{w1} - T_{w2}) = 2.55 \times 0.5^2 \times (60 - 40) = 12.8(W)$$

讨论 由本例所使用的准则关联式可分析出,在层流状态下,对流换热系数与密度的平方根成正比,即

$$h \propto \sqrt{\rho}$$

5.5 混合对流换热

在重力场（或离心力）中,在任何非定温的强迫对流过程中,由于流体各部分温度的差异而出现密度差,引起不同程度的自然对流。在强迫对流换热中,若流速和动量转移率很大,则自然对流换热的影响可以忽略;若密度差很大,则浮升力（或离心力）引起的自然对流的影响可能大到无需考虑强迫对流的程度。

应用相似分析法可知,Gr 数中包含着浮升力与黏性力的比值,Re 数中包含着惯性力与黏性力的比值。那么,浮升力与惯性力的度量可以从上述两个准则中消去黏性系数得到。

$$\frac{Gr}{Re^2} = \frac{g\beta\Delta T l^3}{\nu^2} \frac{\nu^2}{u^2 l^2} = \frac{g\beta\Delta T l^3}{u^2 l^2} \tag{5-79}$$

这就是判断自然对流影响程度的判据。一般认为：$Gr/Re^2 \leqslant 0.1$ 时，自然对流的影响可以忽略，即为纯强迫对流；$Gr/Re^2 \geqslant 10$ 时，强迫对流的影响可以忽略，即为纯自然对流；Gr/Re^2 介于两者之间，则为混合对流换热(mixing convection heat transfer)。

对于水平管内的混合对流，流态的判据为：$GrPrd/l \leqslant 2\times10^4$ 时，临界雷诺数为 2000；$GrPrd/l \geqslant 2\times10^4$ 时，临界雷诺数为 800。

层流混合对流换热的计算式为

$$Nu_m = 1.75 \left[Gz_m + 0.012 \left(Gz_m \, Gr_m^{1/3} \right)^{4/3} \right]^{1/3} \left(\frac{\mu_f}{\mu_w} \right)^{0.14} \tag{5-80}$$

式中，格雷茨数(Graetz number)定义为 $Gz = RePrd/l$。

湍流混合对流换热的计算式为

$$Nu_m = 4.69 \, Re_m^{0.27} \, Pr_m^{0.21} \, Gr_m^{0.07} \left(\frac{d}{l} \right)^{0.36} \tag{5-81}$$

5.6　单相流体对流换热的强化

根据对流换热系数的一般表达式

$$h = \frac{-\lambda \left. \frac{\partial T}{\partial y} \right|_{y=0}}{T_w - T_f}$$

可以看出，对流换热系数与流体的温度场，特别是贴近壁面附近区域的流体的温度分布状况密切相关，因此，采取适当的技术措施改变流体的温度场，是强化对流换热的基本原理。同时，也可以通过向单相流体中添加某种添加物(如固体颗粒或者液滴)，藉以改变流体的特性而实现对流换热的增强。

对流换热强度与流体的物理性质、流动状态、流道的几何形状、流体有无相变以及换热表面状况等许多因素有关。就物理本质而言，对于单相流体的对流换热，凡是能减薄或破坏边界层，促使流体中各部分混合的措施都能起到强化传热的目的。

流体的运动状态有层流和湍流两类，不同的流态起强化换热作用的主导机理是不同的。

5.6.1　层流对流换热强化

高黏性的流体在管道内的流动常常呈现层流流动，在通道内流体的速度分布和温度分布基本保持抛物线形，流体与壁面的温降发生在整个流动截面上。因此，对层流换热所采取的强化措施必须使流体产生强烈的径向运动，以加强流体的整体混合，促进流道内流体的速度分布和温度分布均匀，增加贴壁处流体的温度梯度。因此，强化层流换热的可行方法有：在通道进口处或整个流道中放置扭曲带、螺旋叶片或静态混合器，使流道内的层流运动产生强烈的径向涡流运动。

图 5-23 示出了一种经典的静态混合器结构，它将扭曲带做成一段左旋、一段右旋，并使后面扭曲带的前缘与前面扭曲带的尾缘部错位 90° 相焊接，再如此交替地连接起来置于管内。流体在扭曲带之间螺旋流道中的运动，由于受到离心力的作用而周期地改变流动速度和方向，

从而加强了流体的径向混合。同时,流体经过相邻管子的螺旋线接触点后形成脱离管壁的尾流,于是增加了自身的湍流度,这些因素都加强了流体的动量和能量交换。

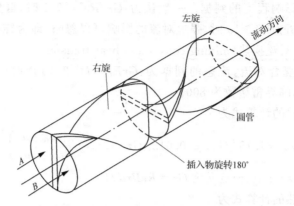

图 5-23　插有静态混合器的管道

5.6.2　湍流对流换热强化

黏性不高的流体很容易形成湍流流动。在湍流流动中,由于湍流核心区的速度场和温度场都比较均匀,因此流动阻力和对流换热热阻主要存在于贴壁的层流底层中。由此可见,对湍流换热所采取的主要强化措施必须破坏边界层,即增加边界层内的扰动以减薄层流底层的厚度。强化湍流换热的方法除采用提高流体流速、小管径、短管和螺旋管等外,还有采用壁面扰流器,如各种各样的粗糙表面。这些扰流元件的主要作用,是使流体在经过粗糙元件时发生边界层脱落,形成强度不同、大小不等的旋涡,从而改变流体的流动结构,增加了近壁区流体的湍流度。

壁面扰流装置种类众多,如肋壁(finned wall)、扰流柱(pin fins)、凹窝(dimple)等。虽然其形状差别很大,但强化传热的机理却大同小异。如图 5-24 所示,当流体经过横向肋或凹窝时产生流动脱离区而形成强度不同、大小不等的旋涡,流体将在两肋的脱离区之间重新附壁,在前后两个旋涡作用下产生不稳定的摆动[见图 5-24(a)],或在凹窝的尾缘形成气流上洗和交叉涡对[见图 5-24(b)],进而破坏了主流边界层流动的层流底层结构,增加了近壁区流体的湍流度,有效地增强了湍流对流换热,重新附壁点是换热最强烈的区域。

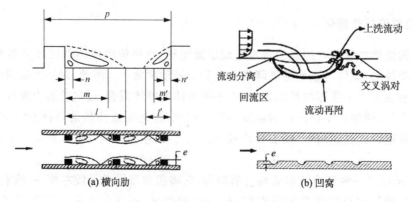

(a) 横向肋　　　　　　　　　　　　(b) 凹窝

图 5-24　近壁流动结构示意图

扰流柱或肋化壁面因其固有的强化传热和结构特征在涡轮叶片的冷却结构,特别是在涡轮叶片内部冷却通道和尾缘的冷却结构中起着十分重要的作用(见图 5-25)。由于燃气涡轮叶型弯曲的不对称形状,接近前缘的冷却通道则具有小的宽高比,在压力面和吸力面采用肋壁内冷结构;接近尾缘的冷却通道具有大的宽高比,适宜采用扰流柱强化冷却结构。

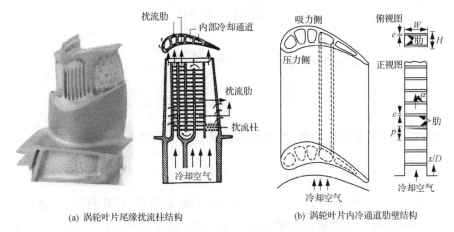

(a) 涡轮叶片尾缘扰流柱结构　　　　　(b) 涡轮叶片内冷通道肋壁结构

图 5-25　涡轮叶片内冷肋化通道和尾缘扰流柱结构

研究表明,影响肋壁通道流动换热效果的因素主要有(见图 5-26):肋高与通道当量直径之比 e/D_h,肋间距与肋高之比 p/e,肋向角 α,肋排的排布方式,通道的宽高比 W/H 等。

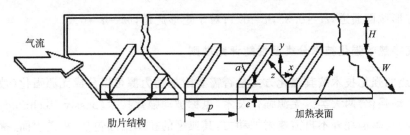

图 5-26　肋壁结构参数定义

Webb 等提出了一个带粗糙横肋的圆管内对流换热准则关联式

$$St = \cfrac{C_f/2}{1+\sqrt{\dfrac{C_f}{2}}\left(4.5\,(e^+)^{0.28}\,Pr^{0.57}-0.95\left(\dfrac{p}{e}\right)^{0.53}\right)} \tag{5-82}$$

式中,e^+ 为粗糙度雷诺数,定义为

$$e^+ = \left(\frac{e}{d}\right)Re\left(\frac{C_f}{2}\right)^{1/2}$$

对于带粗糙横肋的圆管,摩擦因数的经验关系式为

$$\sqrt{\frac{2}{C_f}} = 2.5\ln\left(\frac{d}{2e}\right) + 0.95\left(\frac{p}{e}\right)^{0.53} - 3.75 \tag{5-83}$$

式(5-83)的适用范围处于完全粗糙区,即 $e^+ > 35$。由此式看出,在 $e^+ > 35$ 时,摩擦因数与雷诺数无关,只取决于粗糙肋的几何参数。

矩形通道内对流换热区别于圆管在于通道中存在角区。Han 等人研究了不同肋结构矩形通道内(见图 5-31)的对流换热性能,并以传热粗糙度函数 $G(e^+, Pr)$ 随粗糙度雷诺数 e^+ 而变化的函数关系来表征肋化通道的传热性能。

粗糙度雷诺数 e^+、粗糙度函数 $R(e^+)$ 和传热粗糙度函数 $G(e^+, Pr)$ 定义为

$$e^+ = \left(\frac{e}{D_h}\right) Re \left(\frac{C_f}{2}\right)^{1/2} \tag{5-84}$$

$$R(e^+) = \left(\frac{2}{C_f}\right)^{1/2} + 2.5\ln\left(\frac{2e}{D_h}\frac{2W}{W+H}\right) + 2.5 \tag{5-85}$$

$$G(e^+, Pr) = R(e^+) + \frac{C_f/(2St) - 1}{(C_f/2)^{1/2}} \tag{5-86}$$

对于大宽高比的矩形肋化通道,粗糙度函数 $R(e^+)$ 的关联式为

$$\frac{R}{[(p/e)/10]^{0.35}(W/H)^m} = 12.3 - 27.07(\alpha/90) + 17.86\,(\alpha/90)^2 \tag{5-87}$$

式中,$\alpha = 90°$ 时,$m = 0$;$\alpha < 90°$ 时,$m = 0.35$。另一个限制条件是,若 $W/H > 2$,则 W/H 的值设定为 2。这一关联式适用的参数范围是:$p/e = 10 \sim 20$;阻塞比 $e/D_h = 0.047 \sim 0.078$;肋角度 $\alpha = 90° \sim 30°$;通道宽高比 $W/H = 1 \sim 4$;雷诺数 $Re = 10000 \sim 60000$。

传热粗糙度函数 $G(e^+, Pr)$ 的关联式为

$$G = 2.24 \left(\frac{W}{H}\right)^{0.1} \left(\frac{\alpha}{90}\right)^m \left(\frac{p/e}{10}\right)^n (e^+)^{0.28} \tag{5-88}$$

式中,对正方形截面通道,$m = 0.35, n = 0.1$;对于矩形通道,$m = n = 0$。

5.6.3　对流换热的强化技术分类及性能评判准则

对流换热的强化技术按其强化方式是否需要附加动力源可以分成无源强化(被动强化)和有源强化(主动强化)两大类。无源强化技术,也称被动强化技术(passive technology),是指除了输运介质的功率消耗外不再需要附加动力,其典型的技术措施包括:粗糙表面、扰流元、涡流装置、射流冲击等;有源强化技术,也称主动强化(active technology),是指依赖外加的机械力或电磁力等外部动力的作用,其典型的技术措施包括:表面振动、流体脉动、电磁场、喷注与抽吸等。

实际上,对流换热的强化技术分类并非绝对的,一些新型的强化传热方法还在不断出现。同时,也应认识到所采取的对流换热强化措施需要付出流动阻力增加的代价。因此,针对对流换热强化技术的性能评判,不能只片面追求对流换热能力的提升。

在强化传热研究的早期,人们最关心的往往是换热系数究竟可提高多少? 所以换热强化比 E_g[见式(5-89)]成为早期的评判准则。以后发现阻力系数随着换热系数的增加而迅速提高,并且在不少情况下,阻力系数比换热系数增加得更快,于是提出了 $(Nu/Nu_0)/(f/f_0)$ 作为评价强化传热方法的优劣。甚至有人提出以它是否大于 1 作为在工程上采用与否的标准,显然这是不适当的,因为介质的输送功率几乎与速度的 3 次方成正比。考虑到介质的输送功率几乎与速度的 3 次方成正比,以式(5-90)作为强化传热的综合性能评判准则较为合理。

$$E_g = Nu/Nu_0 \tag{5-89}$$

$$\varepsilon = (Nu/Nu_0)/(f/f_0)^{1/3} \tag{5-90}$$

式中，Nu 和 f 为采用强化换热措施时的值，Nu_0 和 f_0 为未采取强化换热措施时的基准值。

图 5-27 为不同流体在带粗糙元环形通道中的强化传热特性实验结果，可以看出，粗糙元的相对高度 e/D_h 及流体普朗特数 Pr 对粗糙通道的传热性能有很大影响。e/D_h 和 Pr 越大，换热强化比 Nu/Nu_0 也越大，但是 $(Nu/Nu_0)/(f/f_0)$ 却随着 e/D_h 的增加而下降，这说明采用增加 e/D_h 的方法来提高 Nu/Nu_0，必然会引起 f/f_0 更大的增加。对于空气，$(Nu/Nu_0)/(f/f_0)$ 的值一般总是小于 1，但这并不说明对于空气就不能应用粗糙面来增强传热。而从 $(Nu/Nu_0)/(f/f_0)^{1/3}$ 来看，三种传热介质的数值都大于 1。

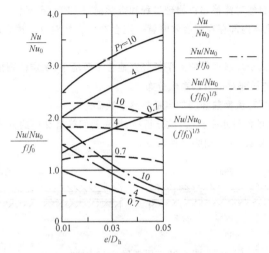

图 5-27　粗糙元环形通道实验结果

应该指出，在有些情况下，例如燃气轮机高温涡轮叶片是应用来自压气机的空气进行冷却，它具有足够高的气体压力，流体的压力损失不会是强化冷却的限制因素。涡轮叶片冷却结构的性能评价准则应该是每公斤冷却空气所带走的热量 $(Q/Q_0)/(G/G_0)$，因为 Q/Q_0 正比于 Nu/Nu_0，所以 $(Nu/Nu_0)/(G/G_0)$ 成为涡轮叶片冷却中强化传热措施的性能判据。

思 考 题

5-1　扼要说明实验研究在对流换热研究中的地位，以及相似分析对实验研究的指导意义。

5-2　解释下列名词：同类现象，相似现象，单值性条件，定型准则，非定型准则，定性温度，定型尺寸和特征速度。

5-3　扼要说明相似现象之间所有的内在联系。

5-4　试问：单值性条件相似的同类现象是否相似？对应（空间和时间）同名定型准则相等的同类现象是否相似？

5-5　用以确定相似准则中的特征速度、定型尺寸和定性温度一般如何选取？

5-6　试简述 Re 数、Nu 数、Pr 数、Gr 数的物理意义。

5-7　内部对流换热和外部对流换热过程有何区别？

5-8　外掠平壁和外掠圆管的流动换热过程有何区别？

5-9　试根据管内强迫对流换热的特点，定性分析当热流方向不同时（流体被加热或冷却），对管内强迫对流换热有何影响。以气体或液体被加热为例说明之。

5-10　流体在管内流动，如果考虑自然对流的影响，试判断下列各种情况下哪一个对流换热系数高，并解释原因。假设管长、管径、流速和温差都相同。

(1) 空气自下而上和自上而下在竖管内被加热;

(2) 油自下而上和自上而下在竖管内被冷却;

(3) 水自上而下在竖管内被冷却和水在横管内被加热。

5-11 试解释何谓管内强迫对流换热的入口效应。

5-12 试解释何谓管内强迫对流换热的弯道效应。

5-13 试简述横掠单管强迫对流换热的特征。

5-14 为强化空气横掠单管的强迫对流换热,在沿横截面圆周方向安装高度不同但直径相等的圆柱状针肋。试说明针肋的高度应如何变化才能使强化传热效果最佳。

5-15 强迫对流换热和自然对流换热在物理过程和数学描写上有何差异?

5-16 有人认为,只要流体内部存在密度差时就一定会产生自然对流。请判断这一说法的正确性,并简述理由。

5-17 如果把一块温度低于环境温度的大平板竖直地置于环境中,试定性画出平板上边界层内的流体流动速度、温度分布及沿板高的局部对流换热系数分布。

5-18 简述表征封闭夹层对流换热强弱的当量导热系数概念。

5-19 对于图 5-28 所示的两种水平夹层,试分析冷、热表面间热量交换的方式有何不同。如果要通过实验来测定夹层中流体的导热系数,应采用哪一种布置?

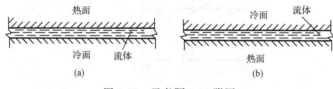

图 5-28 思考题 5-19 附图

5-20 设计一个实验系统,对外掠圆柱体表面对流换热进行实验研究,获得实验准则关联式。

5-21 简要说明单相流体强化对流换热的基本思想。针对层流和湍流对流换热的强化技术原理有何差异?

5-22 短管、小直径管换热强化的原理是什么?在实用中受到什么限制?

5-23 为什么在管内插入麻花形的扭曲带这一技术措施不宜应用于管内湍流对流换热强化?

5-24 简述对流换热强化传热性能评判准则及其差异。

5-25 通过文献检索,了解对流换热常用的强化技术措施及其典型应用。

练 习 题

5-1 在一台缩小为实物 1/8 的模型中,用 20℃ 的空气来模拟实物中平均温度为 200℃ 的空气加热过程。实物中空气的平均流速为 6.03m/s,问模型中的空气流速应为多少?若模型中的平均对流换热系数为 195W/(m² · K),求相应实物中的值。在这一实验过程中,模型与实物的 Pr 数并不严格相等,你认为这样的模化实验有无实用价值?

5-2 空气电加热器由水平排列的薄金属条组成,垂直于流向。空气以 2m/s 的流速平行流过金属条的上表面。金属条宽10mm,长 0.2m,由 25 条并列排列成一个连续的光滑表面,若金属条温度保持在 500℃,空气温度为 25℃,试求:

(1) 第 1 条金属条的对流换热系数是多少?第 10 条和第 15 条各是多少?

(2) 整个金属条表面的平均对流换热系数是多少?

5-3 在一次模拟实验中,特征长度为 $l_1=0.15m$ 的涡轮叶片在温度 $T_\infty=35℃$,流速 $u_1=100m/s$ 的气流条件下的散热量为 $\Phi_1=1500W$,其表面平均温度为 $T_{w1}=300℃$。另一个特征长度为 $l_2=0.3m$ 且与 l_1 叶片相似的叶片,表面温度 $T_{w2}=400℃$,空气温度 $T_\infty=35℃$,气流速度 $u_2=50m/s$。假定叶片表面积与叶片特征长度成正比例。试确定另一叶片表面的散热量。

5-4 管内充分发展的湍流流动换热，试分析其他条件不变的情形下，将流体加热相同温升，仅流体流速增加一倍（流量增加 1 倍），管内对流换热系数有何变化？管长又有何变化？

5-5 一常物性流体流过温度与之不同的两根圆管，$d_1 = 2d_2$。流动与换热均已处于湍流充分发展区域。试确定在下列两种情形下两管内平均对流换热系数的相对大小：

(1) 流体以同样速度流过两管；

(2) 流体以同样质量流量流过两管。

5-6 70℃的水以 0.08m/s 的速度流入内径为 10mm 的圆管，管长 2m。管内壁温度保持在 20℃不变，试求管子出口处的水温为多少？

5-7 初温为 35℃、流量为 1.1kg/s 的水，进入直径为 50mm 的加热管加热。管内壁温为 65℃，如果要求水的出口温度为 45℃，管长为多长？如果改用四根等长、直径为 25mm 的管子并联代替前一根管子，问每根管子应为多长？从计算结果中你能得到什么样的启示？

5-8 空气的压力为 10^5 Pa，温度为 50℃，平行流过一块平板的上表面。平板的表面温度维持在 100℃，沿流动方向的长度为 0.2m，宽度为 0.1m，按平板长度计算的雷诺数为 40000。

(1) 平板对空气的放热率为多大？

(2) 如果空气的流速增加 1 倍，压力增大到 10^6 Pa，问平板对空气的放热率为多大？

5-9 测定流速的热线风速仪是利用流速不同对圆柱体的冷却能力不同，从而导致电热丝温度及电阻值不同的原理制成的。用电桥测定电阻丝的电阻值可推得其温度，今有直径为 0.1mm 的电热丝与气流方向垂直地放置，来流温度为 20℃，电热丝温度为 40℃，加热功率为 17.8W/m。试确定此时的流速。略去其他的热损失。

5-10 直径为 14mm，长度为 1.5m 的管状电加热器垂直地放在速度为 3m/s 的水流中，水流过管子周围的平均温度为 55℃，设加热管表面允许的最高温度为 95℃，试求管状电加热器允许的最大电功率为多少？

5-11 在锅炉的空气预热器中，空气横向掠过一组叉排管束，管子外径为 40mm，相邻两排管束流向间距为 80mm，横向间距为 50mm。已知空气在最小截面处的流速为 6m/s，流体温度为 133℃，流动方向上的排数大于 6，管壁平均温度为 165℃，试确定空气与管束间的平均对流换热系数。

5-12 为增强散热，把一根直径为 15mm，长度为 200mm 的铜棒水平地插到一个电器设备的两个表面之间，铜棒两端的温度均为 80℃，温度为 20℃的空气以 20m/s 的速度横向掠过此棒。试确定：

(1) 该棒中间截面处的温度；

(2) 棒的散热量。

5-13 表面温度为 80℃的电线横置于温度为 20℃的空气中冷却，如果把电线放在水中，若保持电线表面温度仍为 80℃，水的温度为 20℃，试问两种情况下电线内的电流将如何变化？假设 Gr 数的范围为 $10^4 \sim 10^8$。

5-14 表面温度和长度分别相同的两根水平管，在空气中利用自然对流进行冷却，一根管子的直径为另一根管子的 10 倍，已知小管子的自然对流换热时的 $GrPr = 10^4$，试求两管对流换热量的比值。

5-15 温度为 20℃的水，以 1.5m/s 的速度横向掠过直径为 50mm、长度为 3m 的单管，单管外壁温度保持在 30℃不变。管内空气的温度从入口处的 80℃降低到 40℃，试求管内空气的质量流量是多少？

5-16 一水平封闭夹层，其上、下表面的间距为 14mm，夹层内的压力为 1.013×10^5 Pa 的空气。设一个表面的温度为 90℃，另一表面的温度为 30℃，试计算当热表面在冷表面之上及在冷表面之下两种情形下，通过单位面积夹层的传热量。

5-17 为增强金属表面的散热，在金属表面上伸出一组圆形截面的直肋，肋根温度维持定值，肋片材料导热系数为 98W/(m·K)，肋片成叉排布置，$s_1/d = s_2/d = 2$，$d = 10$mm。冷空气横向吹过肋片，最窄截面处空气流速为 3.8m/s，气流温度为 35℃。肋片表面平均温度为 65℃。设在流动方向肋片排数大于 10，要使肋片效率高于 83% 以便有效地利用金属，肋高应取多少？

5-18 飞机在高空中以 $M = 2$ 的速度飞行，空气压力为 0.25 大气压，温度为 −51℃，若机翼表面温度维持为 350K,机翼流向长为 1m,试求单位宽度气流对飞机的气动力加热热流。

5-19 有一飞行马赫数 $M=1$ 的飞机,在其机翼的前缘有一防冰带,从前缘向上下两面延伸的宽度分别为 63.5m,沿整个翼展包绕。在飞行高度为 10670m 时,空气的温度为 $-51℃$,压力为 0.25 大气压,若要保持防冰带的温度为 65.5℃,求每米长防冰带需要提供多大的热量?

提示:把从前缘向后延伸的防冰带,近似看作是在高速气流中的一块平板,若忽略辐射换热,则所需能量可由 $\Phi=hA(T_w-T_{aw})$ 计算。

5-20 对于空气横掠如图 5-29 所示的正方形截面柱体的情形,有人通过试验测得了下列数据:$l=0.5\text{m}$,$u_1=15\text{m/s}$,$h_1=40\text{W}/(\text{m}^2\cdot\text{K})$;$u_2=20\text{m/s}$,$h_2=50\text{W}/(\text{m}^2\cdot\text{K})$,其中 h_1 和 h_2 为平均对流换热系数。对于形状相似但 $l=1\text{m}$ 的柱体,试确定当空气流速为 15m/s 和 20m/s 时的平均对流换热系数。设在所讨论的情况下空气的对流换热准则方程的形式为

$$Nu = C\,Re^n\,Pr^m$$

四种情形下定性温度之值均相同。特征长度为 l。

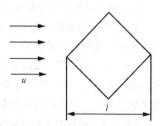

图 5-29 练习题 5-20 附图

5-21 发电机的冷却介质从空气改为氢气后可以提高冷却效率。试对氢气与空气的冷却效果进行对比,对比的条件是:管道内湍流对流换热,通道几何尺寸、流速均相同,定性温度为 50℃,气体均处于常压下,不考虑温度修正。

5-22 在两块安装有电子器件的等温平板之间安装了 25×25 根散热圆柱,圆柱直径为 2mm,长度为 100mm,顺排布置,相邻圆柱之间的间距 $s_1=s_2=4\text{mm}$。设圆柱表面的平均温度为 340K,进入圆柱束的空气温度为 300K,进入圆柱束前的流速为 10m/s,试确定圆柱束所传递的对流换热量。

参 考 文 献

曹玉璋,邱绪光,1998. 实验传热学[M]. 北京:国防工业出版社:4-18

顾维藻,神家锐,马重芳,等,1990. 强化传热[M]. 北京:科学出版社:1-9,9-21

过增元,黄素逸,2004. 场协同原理与强化传热新技术[M]. 北京:中国电力出版社:1-19

姜贵庆,刘连元,2003. 高速气流传热与烧蚀防护[M]. 北京:国防工业出版社:10-14

林宗虎,汪军,李瑞阳,等,2007. 强化传热技术[M]. 北京:化学工业出版社:51-78

罗棣庵,1989. 传热应用与分析[M]. 北京:清华大学出版社:104-132

茹卡乌斯卡斯 A A,1986. 换热器内的对流换热[M]. 马昌文,居滋泉,肖宏才,译. 北京:科学出版社:337-370

王宝官,1997. 传热学[M]. 北京:航空工业出版社:82-89,115-120

王补宣,1998. 工程传热传质学(上册)[M]. 北京:科学出版社:432-442

王补宣,2002. 工程传热传质学(下册)[M]. 北京:科学出版社:1-7

王丰,1990. 相似理论及其在传热学中的应用[M]. 北京:高等教育出版社:58-96

宣益民,李强,2000. 纳米流体强化传热研究[J]. 工程热物理学报,21(4):466-470

杨世铭,陶文铨,2006. 传热学[M]. 4 版. 北京:高等教育出版社:232-242

Cengel Y A, 2003. Heat transfer,A practical approach[M]. 2nd ed. New York:McGraw-Hill Book Company: 334-346,431-438

Churchill S W,Bernstein M, 1977. A correlating equation for forced convection from gases and liquids to a circular cylinder in cross flow[J]. Journal of Heat Transfer,99:300-306

Han J C,Park J S, 1988. Developing heat transfer in rectangular channels with rib turbulators[J]. International Journal of Heat and Mass Transfer,31(1):183-195

Holman J P, 2002. Heat transfer[M]. 9th ed. New York:McGraw-Hill Book Company:285-290

Incropera F P, DeWitt D P, 2002. Fundamentals of heat and mass transfer[M]. 5th ed. New York:Jonh & Wiley Sons:482-492,546-551

Webb R L,1994. Principle of enhanced heat transfer[M]. New York:Wiley:2-35

第6章 有相变的对流换热

物质在温度不变的情况下发生相变时,因为分子结构的变化需要额外的能量。对某些液体而言,这种能量的数值是相当大的。例如,水在1个大气压下的汽化潜热为2256kJ/kg;氨在1个大气压下的汽化潜热为165kJ/kg。汽化潜热对有相变的对流换热起着十分重要的作用。

流体相变换热广泛应用于各种冷凝器和蒸发器中,如:蒸气动力装置(锅炉炉膛中的水冷壁、凝汽器)、制冷装置(冰箱与空调器中的冷凝器与蒸发器)、化工装置中的再沸器等。凝结换热(condensation heat transfer)与沸腾换热(boiling heat transfer)都属于相变换热,沸腾中,液态到气态的变化是由于从外界获得潜热的结果;凝结中,从气态到液态的变化是由于向外界释放能量的结果。它们均是发生在固体与流体界面上的过程,主要特点有:

(1)流体温度基本保持不变,但在相变时流体的各种物性参数,如密度、比热、导热系数和黏性系数等都发生很大的变化。

(2)换热量主要是潜热(latent heat)r。r比较大,在相对较小温差下达到较高放热和吸热目的,即对流换热系数大。

(3)影响相变换热的物性除了单相流体的影响因素外,还有r、σ、$(\rho_1 - \rho_v)$等反映潜热、作用与气-液界面上的表面张力(surface tension)和浮升力(buoyancy force)的因素。

(4)凝结换热与沸腾换热的换热量仍按牛顿冷却定律计算,但换热温差取为蒸气饱和温度与壁面温度之差。

与单相流体的对流换热相比,有相变的对流换热过程更复杂。本章将首先讨论凝结、沸腾换热,然后介绍热管的基本概念。

6.1 凝 结 换 热

6.1.1 基本概念

当蒸气与低于其饱和温度(saturation temperature)的固体表面相接触时,就会出现凝结现象。产生凝结换热的条件是$T_w < T_s$,此时,蒸气释放潜热,发生相变,并把热量传给固体表面。蒸气在固体表面上的凝结有两种基本形式。

(1)当凝结液能很好地润湿壁面时,凝结液在表面上形成一层完整的液膜,并在重力的作用下流动,称为膜状凝结(film condensation)。

(2)若凝结液不能很好地润湿壁面时,则凝结液将聚成各种尺寸的小液珠附着在表面上,称为珠状凝结(dropwise condensation)。

蒸气在凝结过程中按哪一种类型的凝结方式形成,取决于凝结液能否很好地润湿表面。凝结液润湿表面的能力取决于它的表面张力以及它对壁面附着力的关系,图6-1示出了在不同的润湿能力下气-液分界面对壁面形成边角θ的形状。液体附着力大于表面张力,边角θ小,则液体润湿能力强,液体会铺展在壁面上,形成膜状凝结。反之则形成珠状凝结。图6-2为蒸气在固体表面上凝结的物理图像。平板右端为洁净的铜板,蒸气凝结形成连续的液膜;平板左端表面涂敷含铜油脂(cupric oleate),蒸气凝结为珠状。

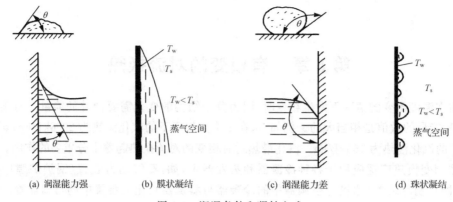

| (a) 润湿能力强 | (b) 膜状凝结 | (c) 润湿能力差 | (d) 珠状凝结 |

图 6-1　润湿条件和凝结方式

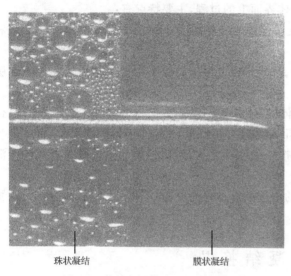

珠状凝结　　　　　　　膜状凝结

图 6-2　蒸气在固体表面上的凝结

实际上,两种凝结方式往往同时出现。但是较为理想的是珠状凝结,它的对流换热系数是膜状凝结的几倍甚至大一个数量级。究其原因,膜状凝结时,凝结液能较好润湿壁面,蒸气与壁面之间隔着一层液膜,有着明确的气-液两相分界面。蒸气的凝结只能在相分界面上(即液膜表面上)进行。凝结时释放出来的潜热只能靠液膜与壁面之间的对流换热传到壁面上;而在液膜内,热量传递主要依靠导热,这三者之间遵守热平衡关系。珠状凝结时,凝结液不能润湿壁面,而在壁面上形成小液珠。换热是在蒸气与液珠表面以及蒸气与液珠间裸露的冷壁面之间进行。因此凝结时释放出来的潜热能够部分地直接传到壁面上,与膜状凝结相比,液膜内的导热热阻大大减小。这是珠状凝结为什么换热系数高的主要原因。

珠状凝结在实际过程中难以长久地保持,虽然可以通过采用抗润湿的表面涂层,如硅、聚四氟乙烯、石蜡和脂肪酸等,来促进形成珠状凝结。但是这些涂层往往由于氧化结垢或者掉落渐渐失去了其效用,难以维系珠状凝结的长久性。

从工程应用的设计观点出发,为保证运行效果,设计计算中常常以膜状凝结的计算式作为分析的依据。以下的讨论仅限于膜状凝结的分析和计算。

6.1.2　竖壁的膜状层流凝结换热

以大空间内蒸气在竖壁上的膜状凝结为例(见图 6-3),当蒸气与低于其饱和温度 T_s 的壁面接触时,蒸气在壁面上凝结,如果凝结液能够润湿壁面,由于液气之间的密度差而形成的重力差使液膜沿壁面向下流动而形成速度边界层。假设液膜从竖壁的顶端开始,液膜的厚度为 δ,凝结液的质量流率为 G,它们在饱和温度 T_s 下,由于在气-液交界面上不断地发生凝结而

随 x 增加。于是,发生从气-液交界面上释放的潜热通过液膜到达壁面的传热。

膜状凝结的基本理论是由努塞尔提出的,在分析过程中,抓住了液体膜层的导热热阻是凝结过程主要热阻这一主要特征,对实际情形[见图 6-3(a)]作出若干合理的简化以忽略次要的因素。其基本假设为:

(1)液膜是层流恒物性的,不存在加速流动。

(2)气体是纯净的蒸气,且温度为饱和温度 T_s。在蒸气中没有温度梯度,在气-液交界面上仅有凝结换热,气-液界面上无温差,$T_\delta = T_s$。

(3)蒸气是静止的,在气-液界面上不存在切应力,$(\partial u / \partial y)_{y=\delta} = 0$。

(4)忽略凝结液膜内对流引起的动量和能量传递,认为在液膜内只发生导热,温度分布是线性的。

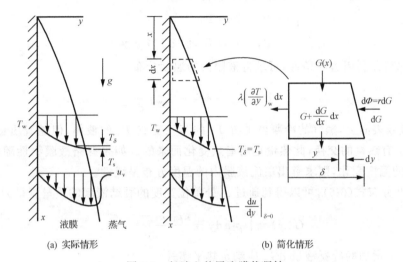

图 6-3 竖壁上的层流膜状凝结

根据上述假设,考虑到液膜是在重力场作用下流动的,凝结液膜的流动和换热符合边界层的薄层性质,边界层内的动量方程为

$$\rho_1 \left(u \frac{\partial u}{\partial x} + v \frac{\partial u}{\partial y} \right) = -\frac{\mathrm{d}p}{\mathrm{d}x} + \rho_1 g + \mu_1 \frac{\partial^2 u}{\partial y^2} \tag{6-1}$$

$$u \frac{\partial T}{\partial x} + v \frac{\partial T}{\partial y} = a_1 \frac{\partial^2 T}{\partial y^2} \tag{6-2}$$

式中,下标 l 表示液相。

应用简化条件(4),忽略液膜的惯性力项;再由 $\partial p / \partial y = 0$,液膜在 x 方向压力梯度 $\mathrm{d}p / \mathrm{d}x$ 可以用静止蒸气中压力梯度计算。在静止蒸气中,由力平衡关系可得

$$\frac{\mathrm{d}p}{\mathrm{d}x} = \rho_v g \tag{6-3}$$

式中,下标 v 表示气相。

则式(6-1)和式(6-2)可以简化为

$$\mu_1 \frac{\mathrm{d}^2 u}{\mathrm{d}y^2} + (\rho_1 - \rho_v) g = 0 \tag{6-4}$$

$$\frac{\partial^2 T}{\partial y^2} = 0 \tag{6-5}$$

对于膜状凝结,边界层内速度分布必须满足下述边界条件

$$\begin{cases} y = 0, & u = 0 \\ y = \delta, & \partial u/\partial y = 0 (蒸气对液膜的摩擦切应力可以忽略) \end{cases}$$

对式(6-4)积分,并利用边界条件,可求得液膜内的速度分布

$$u = \frac{g(\rho_1 - \rho_v)\delta^2}{\mu_1} \left[\frac{y}{\delta} - \frac{1}{2}\left(\frac{y}{\delta}\right)^2 \right] \tag{6-6}$$

边界层内的速度分布呈抛物线形。最大速度出现在边界层外缘。

对于膜状凝结,边界层内温度分布必须满足下述边界条件

$$\begin{cases} y = 0, & T = T_w \\ y = \delta, & T = T_s, 但 \partial T/\partial y \neq 0 \end{cases}$$

对式(6-5)积分,并利用边界条件,可求得液膜内的温度分布

$$T = T_w + (T_s - T_w)\frac{y}{\delta} \tag{6-7}$$

在 $y = \delta$ 的液膜表面上,蒸气的冷凝虽是由 T_s 的蒸气变成 T_s 的液体,但随着质量的交换,在液膜表面上也有热量的交换,此热量是由潜热变化而来的。如果忽略液膜物性随温度的变化和沿 x 方向的温度变化,则求解出层流液膜内的温度分布呈线性。

利用速度分布式(6-6),可以得到通过 x 处单位宽度的凝结液膜的质量流量为

$$G(x) = \int_0^\delta \rho_1 u \, dy = \frac{g\rho_1(\rho_1 - \rho_v)\delta^3}{3\mu_1} \tag{6-8}$$

在 dx 段上增加的冷凝液量 dG_x 应满足热平衡式

$$r \, dG = q \, dx \cdot 1 = \lambda_1 \left(\frac{\partial T}{\partial y}\right)_{y=0} dx \quad 或 \quad dG = \frac{\lambda_1}{r}\left(\frac{\partial T}{\partial y}\right)_{y=0} dx \tag{6-9}$$

利用式(6-7)和式(6-8),根据式(6-9)得

$$\delta^3 \, d\delta = \frac{\lambda_1 \mu_1 (T_s - T_w)}{g\rho_1(\rho_1 - \rho_v)r} dx \tag{6-10}$$

分离变量、积分,并注意到 $x = 0$ 时 $\delta = 0$ 的条件,得到液膜厚度的表达式

$$\delta = \left[\frac{4\lambda_1 \mu_1 (T_s - T_w)x}{g\rho_1(\rho_1 - \rho_v)r}\right]^{1/4} \tag{6-11}$$

微元段 dx 膜层的导热量就是凝结换热量,

$$h_x(T_s - T_w) \, dx = \lambda_1 \frac{T_s - T_w}{\delta} dx$$

所以局部对流换热系数为

$$h_x = \left[\frac{g\rho_1(\rho_1 - \rho_v)\lambda_1^3 r}{4\mu_1(T_s - T_w)x}\right]^{1/4} \tag{6-12}$$

注意到整个竖壁上温差 $\Delta T = T_s - T_w$ 为常数,因而整个竖壁的平均对流换热系数为

$$h = \frac{1}{l}\int_0^l h_x \, dx = \frac{4}{3}h_1 = 0.943\left[\frac{g\rho_1(\rho_1 - \rho_v)\lambda_1^3 r}{\mu_1(T_s - T_w)l}\right]^{1/4} \tag{6-13}$$

上述表达式是在一些简化条件下分析推导出的。与实验数据对照(见图 6-4),在 $Re \leqslant 20$ 时(雷诺数定义式在后面叙述),两者符合得很好;在 $20 < Re \leqslant 1600$ 时,理论解逐渐低于实验数据,以至到层流与湍流转折点时相对误差大于 20%。造成这一误差的原因主要是膜层表面有波动的结果(见图 6-5)。因此工程上使用时将理论式系数加以修正。

$$h = 1.13 \left[\frac{g\rho_1 (\rho_1 - \rho_v) \lambda_1^3 r}{\mu_1 (T_s - T_w) l} \right]^{1/4} \tag{6-14}$$

在应用式(6-14)时,所有的液体物性参数均用膜平均温度 $(T_s + T_w)/2$ 求取,汽化潜热用饱和温度 T_s 求取。这一关系式可以用于竖管。如果 g 用 $g\cos\theta$ 代替(θ 是表面与垂线之间的夹角),也可以近似地用于具有较小倾角的倾斜表面($\theta \leqslant 60°$)。但不能用于水平表面。

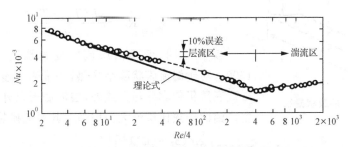

图 6-4　竖壁上水蒸气膜状凝结的理论式和实验数据的比较

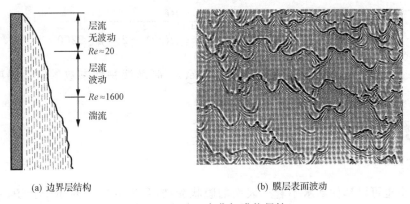

(a) 边界层结构　　　　　　　　(b) 膜层表面波动

图 6-5　竖壁上水蒸气膜状凝结

6.1.3　湍流膜状凝结换热

当凝结液膜的厚度增加到某一相应的数值时,亦即当具有大的凝结流量或者长的冷却表面时,凝结膜的流动就会变成湍流状态。此时 6.1.2 节推导的层流膜状凝结换热关系式便不再正确。

判断湍流的准则仍然是雷诺数:

$$Re = \frac{\rho_1 u_m d_e}{\mu_1} \tag{6-15}$$

式中,u_m 为膜层的平均流速;d_e 为该截面处液膜层的当量直径。注意在当量直径的确定中,液膜与壁面的润湿周长 $P = L$(见图 6-6)。

$$d_e = \frac{4A_c}{P} = \frac{4L\delta}{L} = 4\delta \qquad (6-16)$$

因此,雷诺数可以表示为

$$Re = \frac{4\delta\rho_1 u_m}{\mu_1} = \frac{4G}{\mu_1 L} \qquad (6-17)$$

式中,G 是 $x=l$ 处宽为 1m 的截面上凝结液的质量流量。

根据热量平衡关系式

$$h(T_s - T_w)l = rG$$

可以得到雷诺数的另一种表达式

$$Re = \frac{4h(T_s - T_w)l}{\mu_1 r} \qquad (6-18)$$

实验表明,液膜由层流转变为湍流的临界雷诺数为 1600。对于湍流膜状凝结换热,热量的传递除了靠近壁面的层流底层仍依靠导热方式外,层流底层以外则以对流传递为主。因此传热比层流大为增强。其对流换热系数关联式为

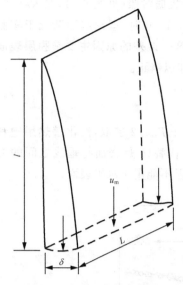

图 6-6　竖壁上的膜状凝结

$$h = 0.0077 \left[\frac{g\rho_1(\rho_1 - \rho_v)\lambda_1^3}{\mu_1^2} \right]^{1/3} Re^{0.4} \qquad (6-19)$$

也有学者提出以下可供计算整个壁面的平均对流换热系数关联式

$$Nu = Ga^{1/3} \frac{Re}{58Pr_s^{-1/2} \left(\dfrac{Pr_w}{Pr_s} \right)^{1/4} (Re^{3/4} - 253) + 9200} \qquad (6-20)$$

式中,$Ga = gl^3/\nu^2$,称为伽利略数(Galileo number)。凝结液物性参数的定性温度为饱和温度 T_s。

6.1.4　水平管内、管外膜状凝结换热计算关联式

1. 管外膜状凝结

上述分析也可以延伸到水平管外表面的膜状凝结(见图 6-7)。对单个管子,对流换热系数为

$$h = 0.729 \left[\frac{g\rho_1(\rho_1 - \rho_v)\lambda_1^3 r}{\mu_1(T_s - T_w)d} \right]^{1/4} \qquad (6-21)$$

对于在冷凝器设计中常常用到的 n 个水平圆管串联的情况

$$h = 0.729 \left[\frac{g\rho_1(\rho_1 - \rho_v)\lambda_1^3 r}{\mu_1(T_s - T_w)nd} \right]^{1/4} \qquad (6-22)$$

式中,n 为沿重力方向的管数。换热系数随着管数的增加而减小,原因是由于随着串联管数的增加,液膜厚度也增加。偏离式(6-22)的情况常常可能是由于液体表面的波动或者喷溅所引起的。但是如果存在有非凝结气体,则对流换热系数可能会比上述关联式算出的要低许多。

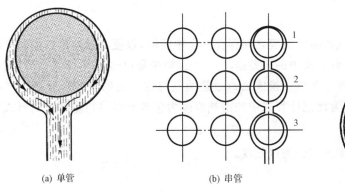

(a) 单管　　　　　　　　(b) 串管

图 6-7　水平管外的膜状凝结

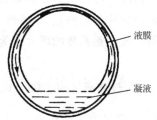

液膜

凝液

图 6-8　水平管内低速蒸气凝结

2. 管内膜状凝结

在制冷和空调系统中所使用的冷凝器里,蒸气常常是在水平的或竖直的管内凝结的。管内凝结,产生两相流动,凝结状态与管内蒸气的流动速度有关,情况非常复杂。当蒸气速度较小时,水平管内凝结的情况如图 6-8 所示,形成分层流动,在管子底部凝结液积存较厚,此时,若蒸气进口雷诺数小于 35000,则对流换热系数的关联式为

$$h = 0.555 \left[\frac{g\rho_1(\rho_1 - \rho_v)\lambda_1^3 r'}{\mu_1(T_s - T_w)d} \right]^{1/4} \tag{6-23}$$

式中,$r' = r + 3c_{pl}(T_s - T_w)/8$,为潜热修正值。

在蒸气流动速度较大时,两相流形成环状,蒸气在核心部分流动,环形部分的凝结液厚度随着流动方向增加,使蒸气流通截面积渐渐缩小,以致最后完全被凝结液体所封闭。

6.1.5　影响膜状凝结换热的因素

1. 蒸气流速的影响

前面介绍的一些关联式,几乎都只适用于静止的或流速影响可以忽略的凝结换热。在蒸气以一定速度运动时,由于蒸气的黏性摩擦作用以及其凝结成液态的动量转移,会对液膜表面产生明显的黏滞应力。当蒸气和液膜流动方向相同时,这作用力将使液膜拉长,厚度减薄,对流换热系数增大;反之,则会阻滞液膜的流动使其增厚,对流换热系数减小。

但是对于密度小的蒸气,流速影响较小,密度大的蒸气(即饱和压力高的蒸气),流速影响则较大。例如氟利昂蒸气在 20～50℃ 的范围内,其蒸气密度比水蒸气的要大 100 倍之多,所以在很低速度(0.5m/s)下,对换热也有明显影响。

2. 不凝结气体的影响

所谓不凝结(noncondensable)气体就是蒸气在冷却凝结的过程中,有些气体不能与蒸气一起凝结,它们的存在,即使是含量很少,也会导致对流换热系数的下降。因为在蒸气凝结过程中,它们被阻留在液体界面上,造成蒸气凝结的附加换热热阻,不能使蒸气顺利地凝结。不凝结气体的影响在蒸气低压、低流速时比较显著。

3. 蒸气过热的影响

对于过热蒸气,在过热蒸气和凝结液膜之间存在一个中间层,以便把过热蒸气的温度降低到饱和温度。凝结对流换热系数定义中的温差是 $T_s - T_w$,如果是过热蒸气($T_f > T_s$),则显热部分的影响应加以修正,即将汽化潜热 r 换成 Δh(过热蒸气与饱和液的焓差),显然这样将导致凝结对流换热系数的增大。为此把计算式中的潜热修改为包含有过热热量部分的形式

$$r' = r + c_{pv}(T_v - T_s) \tag{6-24}$$

式中,c_{pv} 为过热蒸气的比热;$(T_v - T_s)$ 为过热度。

4. 液膜过冷度的影响

努塞特的理论分析忽略了液膜的过冷度得影响,并假定液膜中的温度呈线性分布。分析表明,只要对潜热加以修正,就可以考虑这两个因素的影响。

$$r' = r + 0.68c_{pl}(T_s - T_w) \tag{6-25a}$$

上式也可表示为

$$r' = r(1 + 0.68Ja) \tag{6-25b}$$

式中,Ja 称为雅各布数(Jakob number),定义为 $Ja = \dfrac{c_{pl}(T_s - T_w)}{r}$,反映了液膜过冷度的相对大小。

例题 6-1　一竖管,管长为管径的 64 倍。为使管子竖放与水平放置时的凝结对流换热系数相等,必须在竖管上安放多少个泄液盘?设相邻泄液盘之间的距离相等,凝结方式为膜状凝结。

解　注意以下几个问题:①定性温度除汽化潜热 r 用饱和温度 T_s 外,其余均用膜温度 $T_m = (T_w + T_s)/2$;②特征长度,对于竖管取其高度,对于水平管,取其外径。

设管长为 l,管径为 d。安装在竖管中的泄液盘为 n 个,则该管长被等分为 $n+1$ 段,每段长度为 $l' = l/(n+1)$。考虑到 $\rho_l \gg \rho_v$,

管子水平放置时的对流换热系数为

$$h_H = 0.729\left[\frac{gr\rho_l^2\lambda_l^3}{\mu_l d(T_s - T_w)}\right]^{1/4}$$

管子竖直放置时的对流换热系数为

$$h_v = 1.13\left[\frac{gr\rho_l^2\lambda_l^3}{\mu_l l'(T_s - T_w)}\right]^{1/4}$$

要使 $h_v = h_H$,解得 $n = 10$。

例题 6-2　压力为 $1.013 \times 10^5\,\text{Pa}$ 的饱和水蒸气,用壁温为 90℃ 的水平铜管来凝结。有两种方案可以考虑:用一根直径为 10cm 的铜管或用 10 根直径为 1cm 的铜管。若两种方案的其他条件均相同,要使产生的凝结液量最多,应采取哪种方案?

解　分析凝结液量与凝结对流换热系数之间存在什么关系。

由热平衡关系式

$$\Phi = hA(T_s - T_w) = rG$$

水平管子的凝结对流换热系数公式

$$h_H = 0.729\left[\frac{gr\rho_l^2\lambda_l^3}{\mu_l d(T_s - T_w)}\right]^{1/4} \propto \left(\frac{1}{d}\right)^{1/4}$$

两种方案的换热表面积相同,温差相同,则

$$\frac{G_1}{G_2} = \frac{h_1}{h_2} = \left(\frac{d_2}{d_1}\right)^{1/4} = \left(\frac{1}{10}\right)^{1/4} = 0.562$$

用 10 根直径为 1cm 的铜管所得到的凝结量要大。

例题 6-3 一房间内空气温度为 25℃,相对湿度为 75%。一根外径为 30mm、外壁平均温度为 15℃的水平管道自房间内穿过。空气中的水蒸气在管外壁面上发生膜状凝结,试计算每米长管道的凝结量。并将这一结果与实际情况相比,是偏高还是偏低?

解 空气的相对湿度为 75%,从凝结的观点看有 25% 的不凝结气体。

先按纯净水蒸气凝结来计算。

25℃的饱和蒸气压力 $p_s = 0.0329 \times 10^5$ Pa,此时水蒸气的分压力 $p = 0.75 p_s = 0.0247 \times 10^5$ Pa,其对应的饱和温度 $T_s = 20.68$℃。

液膜平均温度
$$T_m = \frac{1}{2}(T_s + T_w) = 17.84℃$$

凝结液物性参数

$\lambda_1 = 0.5936$ W/(m·K),$\mu_1 = 1069 \times 10^6$ Pa·s,$\rho_1 = 998.52$ kg/m^3,$r = 2452.7$ kJ/kg

水平管子的凝结对流换热系数公式

$$h_H = 0.729 \left[\frac{gr\rho_1^2\lambda_1^3}{\mu_1 d(T_s - T_w)}\right]^{1/4} = 9387.8 [\text{W}/(\text{m}^2 \cdot \text{K})]$$

每米管长的散热量
$$\Phi_1 = \pi dh\Delta T = \pi \times 0.03 \times 9387.8 \times (20.68 - 15) = 5025.6 (\text{W/m})$$

相应凝结量
$$G = \frac{\Phi_1}{r} = 2.049 \times 10^{-3} (\text{kg/s}) = 7.376 (\text{kg/h})$$

讨论 由于不凝气体的存在,实际凝结量低与此值。

注意区别空气温度和水蒸气饱和温度;大气压力和水蒸气饱和压力;不同湿度下的水蒸气饱和温度等概念的应用。

6.2 沸腾换热

6.2.1 基本概念

液体的汽化(vaporization)可分为蒸发(evaporation)和沸腾(boiling)两种,前者是指发生在气-液界面上的相变过程,后者则指发生在固-液界面上的相变过程。温度高于饱和温度的液体,在其整个容积内产生强烈汽化并形成气泡的过程称为沸腾。沸腾换热是在液体内部固液界面上形成气泡从而实现热量从固体传给液体的换热过程。根据热力学理论:只要液体内部的温度等于或高于对应压力下液体的饱和温度,该处液体就会发生相变,并可能产生沸腾现象。因此,产生沸腾换热的条件是 $T_w > T_s$。

流体在加热表面上的沸腾,称为表面沸腾或非均相沸腾。可以分为池内沸腾(或大空间沸腾)和强迫对流沸腾(或有限空间沸腾)两类。所谓池内沸腾(pool boiling),就是加热表面浸没在静止流体内所发生的沸腾,此时,从加热表面产生的气泡能脱离表面自由浮升,液体的运动只是由于自然对流或者气泡扰动所引起[见图 6-9(a)]。强迫对流沸腾(flow boiling)是指

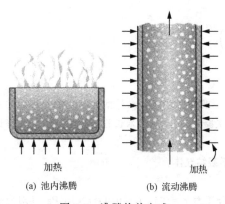

(a) 池内沸腾　　　　(b) 流动沸腾

图 6-9　沸腾换热方式

当液体在压差的作用下,以一定的速度流过加热管内部时,在管内发生的沸腾现象。流动沸腾时,液体的速度对沸腾过程有影响,而且在热面上产生的气泡不能自由浮升,被迫与流体一起运动,出现两相流动[见图 6-9(b)]。

无论池内沸腾或强迫对流沸腾,又都有过冷沸腾和饱和沸腾之分。当液体的温度低于饱和温度、加热表面的温度超过饱和温度时,加热表面也会产生气泡,发生沸腾,但是这时的气泡,或者附着在加热表面,或者脱离表面后又重新凝结成液体,称为过冷沸腾(subcooled boiling)。而当液体的温度等于或超过饱和温度时,从加热表面产生的气泡不再重新凝结成液体,称为饱和沸腾(saturated boiling)。

6.2.2　气泡动力学简介

沸腾换热的热流密度比相同温差变化范围内的强迫对流换热的热流密度至少高出 1 个数量级。如此高的换热强度主要是由于气泡的形成、成长以及脱离加热壁面所引起的各种扰动所造成的。

1. 气泡的形成

通常情况下,沸腾时气泡只发生在加热面的某些点,而不是整个加热面上,这些产生气泡的点被称为汽化核心(nucleation site)。在传热学的发展过程中,曾经认为加热表面的微小突起是产生汽化核心的有利地点。近几十年的实验研究表明,壁面上的凹穴和裂缝最可能成为汽化核心。

下面从气泡得以存在的条件入手加以分析。

设想在液体中存在一个球形气泡,如图 6-10 所示,气泡的半径为 R。它所受的力有泡内、外压力(分别为 p_v 和 p_l)和表面张力 σ(单位为 N/m),若气泡的半径维持不变,则它与周围液体处于力平衡和热平衡条件下。

表面张力是使气泡表面积缩减的力,要使得气泡能够长大,气泡内的压力 p_v 必须克服表面张力对外做功。见图 6-10,假设气泡半径增大了 dR,相应的体积和表面积增量分别为 dV 和 dA,则气泡膨胀的做功量为

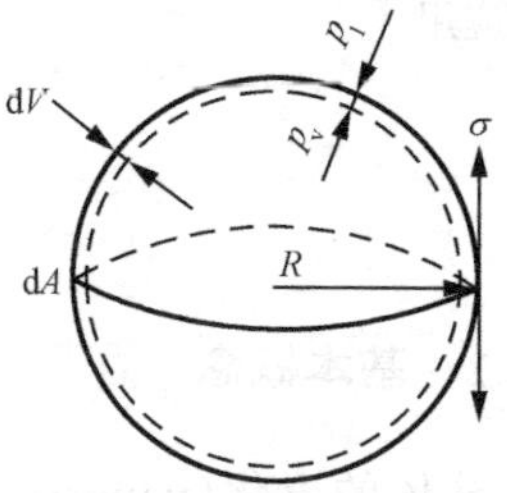

$$dW = (p_v - p_l)dV - \sigma dA$$

若气泡处于既不长大也不减小的平衡状态,做功量 $dW = 0$,则

$$(p_v - p_l)dV = \sigma dA$$

对于球形气泡,$V = \dfrac{4}{3}\pi R^3$,$A = 4\pi R^2$,代入上式,得到

$$(p_v - p_l) \cdot \pi R^2 = \sigma \cdot 2\pi R \tag{6-26}$$

此式为气泡处于平衡状态的力平衡条件,即气泡内外压差作用于气泡上的力应被作用于气液

图 6-10　气泡的力平衡

界面上的表面张力所平衡。

若忽略液柱静压的影响,则可近似认为气泡外压力 p_1 等于饱和温度 T_s 下的液体压力,即 $p_1 \approx p_s$。因此,气泡能够存在并继续长大的力学条件为

$$(p_v - p_s) \geqslant \frac{2\sigma}{R}$$

可以看出,一个气泡能够存在并继续长大所需要的压力差与它的半径 R 成反比,与表面张力成正比。半径 R 越小的气泡需要较大的压力差,按此推论,当 $R \to 0$ 时,理论上气泡内外压差将趋于无限大。

在气泡生成时,是否需要极大的压力差才能使气泡生成?动力学成核理论研究指出:在纯液体的大量分子团中,能量分布并不均匀,部分分子团具有较多的能量,其高于平均值的能量称活化能。气泡核的形成需要活化能,由于在沸腾表面的凹穴中吸附着气体,形成气泡所作的表面膨胀功最小,形成气泡所需的活化能量最小。因此,借助于一些分子团足够的活化能以及气穴的作用,壁面上的凹穴和裂缝最可能成为汽化核心的孕育点(见图6-11)。

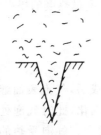 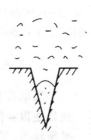 

(a) 受热面积大的空穴内的液体　　(b) 残存在空穴内的气体是孕育气泡的有利场所　　(c) 气泡的长大过程

图 6-11　加热面上气泡的形成

气泡生成后能继续成长的动力条件是液体的过热度。气泡的增大必须依靠气泡内外的压力差,那么如何才能形成气泡成长所需的内外压力差?因为,气泡内饱和蒸气的压力 p_v 对应于饱和温度 T_v,气泡内饱和蒸气温度的变化势必影响压力值。当气泡内饱和蒸气温度与气泡周围液体温度相等时,即 $T_v = T_1$,处于热平衡状态。显然,如果发生从气泡内部通过气泡壁向外的热量传递,则气泡内部的蒸气温度和压力将随之下降,因此,要保证气泡成长所需的内外压力差,气泡周围的液体温度 T_1 必须大于或至少等于 T_v,即过热液体,过热度为 $\Delta T = T_1 - T_s$。

在气泡周围为过热液体时,热平衡条件下,气泡内饱和蒸气温度为 $T_v = T_s + \Delta T$,相应的饱和压力为 $p_v(T_v)$,气泡外压力可以近似认为是饱和温度 T_s 下的液体压力 $p_s(T_v)$,则气泡内外压力差为

$$\Delta p = p_v(T_s + \Delta T) - p_s(T_s)$$

用泰勒级数展开,并忽略高阶小量,得

$$\Delta p = \left(\frac{dp}{dT}\right)_s \Delta T + \frac{1}{2}\left(\frac{d^2 p}{dT^2}\right)_s (\Delta T)^2 + \cdots \approx \left(\frac{dp}{dT}\right)_s \Delta T$$

式中,$\left(\dfrac{dp}{dT}\right)_s$ 为气液两相饱和曲线上压力随温度的变化率。

根据工程热力学中克劳修斯-克拉珀龙方程(Clausius-Clapeyron),气液两相饱和曲线上

压力随温度的变化率与饱和状态各参数间有如下的关系式:

$$\left(\frac{\mathrm{d}p}{\mathrm{d}T}\right)_s = \frac{r\rho_v\rho_l}{T_s(\rho_l - \rho_v)}$$

利用前面建立的力学条件 $p_v - p_s \geqslant \frac{2\sigma}{R}$,并结合 $\rho_v \ll \rho_l$,可得到一个气泡能够存在并继续长大所需要的液体过热度为

$$\Delta T = T_l - T_s \geqslant \frac{2\sigma T_s}{r\rho_v R} \tag{6-27}$$

壁面附近液体的过热度较大,且处于凹穴中液体所受到的壁面加热影响比在平直表面上同样数量的液体要更大。因此此处液体的过热度最大,气泡所能存在的半径最小。

概括而言,气泡的形成需要活化能,也需要有一定的过热度。壁面凹穴最有利于提供这样的条件,因此气泡总是在加热壁面凹穴处形成。

随着壁面过热度($T_w - T_s$)的提高,气泡的平衡态半径将递减。因此,壁温提高时壁面上越来越小的存气凹穴处将成为工作的汽化核心,从而汽化核心数随壁面过热度的提高而增加。在工程应用中,表面处理已成为强化沸腾换热的主要途径之一。

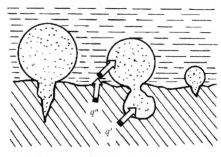

图 6-12 壁面上气泡受热过程

2. 气泡的成长

气泡在壁面凹穴处形成后,气泡表面继续接受热量使得液体在气泡壁上汽化,此时气泡处于非热平衡状态,气泡半径逐渐增大。气泡受热的途径有两种(见图 6-12):热量一方面由壁面与气泡直接接触的表面传给气泡;另一方面热由壁传给液体,再由液体传到气泡表面。

气泡膨胀长大,受到的浮升力也增加;当浮升力大于气泡与壁面的附着力时,气泡就脱离壁面升入液体。

值得注意的一个现象是,当气泡脱离壁面处于自由浮升时,如果遇到温度低于饱和温度的液体(如过冷沸腾,$T_w > T_s > T_l$),则气泡内的热量将向界面外液体传递,气泡内蒸气凝结,导致气泡破裂。只有在液体的温度等于或超过饱和温度时,才能维持气泡存在所需的过热度,从加热表面产生的气泡在自由浮升时才能不再重新凝结成液体。

6.2.3 池内沸腾换热

1. 池内沸腾换热曲线

沸腾换热研究的先驱者拔三四郎(Nukiyama)及其后的学者经过大量的实验研究(图 6-13 为实验示意图),获得了大容器饱和沸腾曲线,对认识沸腾换热过程起到了重要作用。实验表明,池内沸腾的状态随加热表面温度与饱和温度之差 $\Delta T = T_w - T_s$ 而变,将热流密度 q 作为纵坐标,以 $\Delta T =$

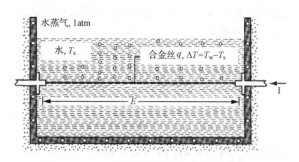

图 6-13 大空间沸腾换热实验示意图

$T_w - T_s$ 为横坐标表示不同的沸腾状态。可以得到如图 6-14 所示的沸腾换热曲线。

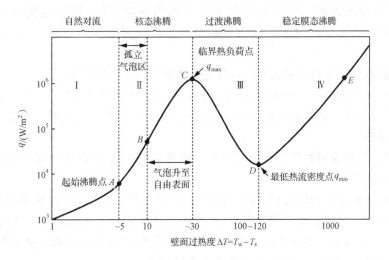

图 6-14　大空间沸腾换热曲线

沸腾换热曲线可以根据壁面过热度 $\Delta T = T_w - T_s$ 的大小分成四个区域，图 6-15 所示为不同区域所对应的典型沸腾物理图像。

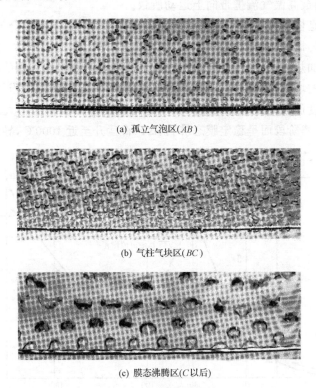

(a) 孤立气泡区(AB)

(b) 气柱气块区(BC)

(c) 膜态沸腾区(C以后)

图 6-15　不同沸腾区域

区域Ⅰ：单相自然对流区域（natural convection boiling）。此时 $\Delta T < 4℃$，加热表面液体轻微过热，并产生自然对流，在加热表面上没有气泡。

区域Ⅱ:核态沸腾区域(nucleate boiling)。此时 $4℃<\Delta T<25℃$,在加热表面上产生气泡,且产生气泡的速度小于气泡脱离加热表面的速度,气泡的剧烈扰动使表面对流换热系数和热流密度都急剧增大。汽化核心对换热起决定性作用,一般工业应用都设计在这一范围。

这一区域内,伴随着过冷沸腾(A-B)和饱和沸腾(B-C)两个阶段。

区域Ⅲ:过渡沸腾区域(transition boiling)。此时 $25℃<\Delta T<200℃$,加热表面上产生气泡的速度大于气泡脱离加热表面的速度,在加热表面上形成不稳定气膜。气膜将换热面与液体隔开,阻碍传热。

从核态转成膜态沸腾的转折点(C 点)称为临界热负荷点,此时的热流密度称为临界热流密度(critical heat flux)。

区域Ⅳ:稳定膜态沸腾区域(film boiling)。此时 $\Delta T>200℃$,在加热表面上形成稳定气膜,换热面全部被一层稳定的气膜所覆盖,汽化相变过程只在气-液交界面上进行,而不是发生在壁面上。由于蒸气的导热系数远小于液体的导热系数,因此表面对流换热系数大大降低,但此时必须考虑气膜内的辐射换热,所以热流密度又回升。

位于过渡沸腾和膜态沸腾之间的热流密度最低的点 D,称为莱登弗劳斯特点(Leidenfrost point)。1756 年,莱登弗劳斯特观察到这样一个现象,水滴落在灼热的表面上会在短时内破碎形成很多不断跳跃的小水滴。这是因为在灼热的表面上形成的是膜态沸腾,从壁面传至水滴的热流很小,小水滴被高温气流携带向上运动所致。

上述典型过程是依靠控制壁面温度以改变工况来实现的。下面结合不同的加热控制方式来对临界热负荷点的概念加以说明。

对热流可控的加热方式,加热表面热流密度的改变与沸腾换热一侧的对流换热系数无关。随着加热热流密度的增加,沸腾过程从单相自然对流发展成核态沸腾;当加热热流密度改变一旦达到临界热流密度值时,若稍大于此值,由于加热一侧的热流密度增大,沸腾工况将沿 q_{max} 线变化,跳过过渡沸腾阶段而呈稳定膜态沸腾,ΔT 将猛升至近 $1000℃$,导致加热设备烧毁(见图 6-16)。

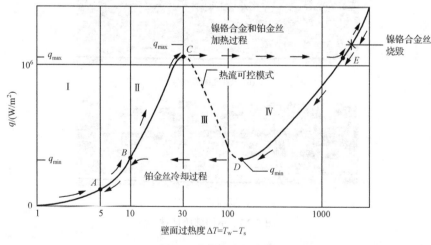

图 6-16　烧毁点示意图

上述这种不稳定的毁坏性现象,可以利用电加热器的能量平衡关系式及沸腾换热曲线作以下解释:

当电加热器在烧毁点之前某一个稳定状态下继续提高加热功率时,一方面电加热器表面的温度要提高,另一方面对液体加热。对电加热器表面,由能量平衡得

$$W = qA + \rho c V \frac{\mathrm{d} T_{\mathrm{w}}}{\mathrm{d} \tau} \tag{6-28}$$

式中,W 为加热器的功率;q 为加热表面的沸腾换热热流密度;A 为加热器表面积;V 为加热器体积;ρc 为加热器的储热能力;T_{w} 为加热器温度。

在沸腾换热过程的 I 和 II 区域内,沸腾换热热流密度 q 随着壁面过热度 ΔT 的增加而增加,因此,当电加热器的加热功率增加一个小的数值时,T_{w} 上升,引起 q 增加,一直达到一个新的稳定的表面温度($\mathrm{d} T_{\mathrm{w}}/\mathrm{d} \tau = 0$)。但是,当沸腾换热热流密度到达临界点 C 之后,再增加电加热器功率一个很小的数值,T_{w} 增加,可是 q 却下降,这样促使 $\mathrm{d} T_{\mathrm{w}}/\mathrm{d} \tau$ 继续增加;T_{w} 的继续增加导致 q 进一步下降,又导致 T_{w} 更大幅度的增加。如此出现不稳定的恶性循环,直到加热表面因过热而烧毁,或者在极其耐高温表面发生一个温度跳跃而达到新的稳定状态。根据沸腾换热曲线,临界热负荷点与以上恶性循环迅速过渡造成的加热表面烧毁紧密相关,所以又称为烧毁点(burnout point)。

对壁温可控的加热方式(如采用管内蒸气加热),当沸腾换热热流密度改变一旦达到临界热流密度值时,尽管 ΔT 增加,但加热热流密度却反而降低。加热热流密度根据温度变化状况改变可以实现从核态沸腾向过渡沸腾的转变。

2. 池内沸腾换热的准则关联式

从以上沸腾换热曲线的分析可以看出,在不同的区域,沸腾换热的机理是不同的。因此沸腾换热的关联式呈现多样性。这里仅介绍一些广泛使用的核态及膜态沸腾换热的准则关联式。

(1) 核态沸腾。

米海耶夫关联式

$$h_x = 0.533 q^{0.7} p^{0.15} = 0.122 \Delta T^{2.33} p^{0.5} \tag{6-29}$$

式中,p 为沸腾绝对压力(Pa);q 为热流密度(W/m²);ΔT 为沸腾温差。适用条件:水,$10^5 \sim 4 \times 10^6 \mathrm{Pa}$。

罗森瑙关联式(Rohsenow)

$$q = \mu_1 r \left[\frac{g (\rho_1 - \rho_v)}{\sigma} \right]^{1/2} \left[\frac{c_{\mathrm{pl}} (T_{\mathrm{w}} - T_{\mathrm{s}})}{c_{\mathrm{wl}} r Pr_1^s} \right]^3 \tag{6-30}$$

式中,$s = 1.0$(水);$s = 1.7$(其他液体);σ 为气液界面的表面张力(见表 6-1);c_{wl} 是实验确定的常数(见表 6-2)。

表 6-1 水在液-气界面的表面张力

饱和温度/℃	0	15.56	37.78	93.34	100	374.1
$\sigma \times 10^3$ /(N/m)	75.6	73.2	69.7	60.1	58.8	0

表 6-2　c_{wl} 值

液体及壁面材料组合情况	c_{wl}	液体及壁面材料组合情况	c_{wl}
水-有划痕的铜	0.0068	水-机械抛光不锈钢	0.0132
水-抛光的铜	0.0128	水-抛光不锈钢	0.0060
水-化学浸蚀过的不锈钢	0.0133		

(2)临界热流密度。

朱泊关联式(Zuber)

$$q_{max} = \frac{\pi}{24} r \rho_v^{1/2} \left[g\sigma(\rho_1 - \rho_v) \right]^{1/4} \tag{6-31}$$

(3)膜态沸腾。

对于横管的膜态沸腾,布罗姆莱关联式(Bromley)

$$h = 0.62 \left[\frac{g r \rho_v (\rho_1 - \rho_v) \lambda_v^3}{\mu_v d (T_w - T_s)} \right]^{1/4} \tag{6-32}$$

式中,除 ρ_1 及 r 的值由饱和温度 T_s 决定外,其余物性参数均以平均温度 $T_m = (T_w + T_s)/2$ 为定性温度。

应该指出,由于气膜热阻较大,而壁温在膜态沸腾时很高,壁面的净换热量除了按沸腾换热计算的以外,还应考虑壁面与流体间的辐射换热。布罗姆莱建议采用以下超越方程来计算考虑对流换热与辐射换热相互影响在内的复合换热:

$$h^{4/3} = h_c^{4/3} + h_r^{4/3} \tag{6-33}$$

式中,h_c 为对流换热系数,按式(6-32)计算;h_r 为按辐射换热计算的当量对流换热系数。

$$h_r = \frac{\varepsilon\sigma(T_w^4 - T_s^4)}{T_w - T_s} \tag{6-34}$$

式中,ε 为沸腾换热表面的发射率,σ 为斯特藩-玻尔兹曼黑体辐射常数。

6.2.4　强迫对流沸腾换热

管内沸腾时,由于沸腾空间的限制,沸腾产生的蒸气与液体混合在一起,构成汽液两相混合物——两相流。随着沿途不断地受热,含气量、流速和流动结构都在不断变化,而流速和流动结构又影响着气泡的产生、生长和脱离。由于强迫对流和沸腾现象结合在一起,管内强迫对流沸腾比大空间沸腾的机理要复杂得多,研究管内沸腾换热要特别区分不同流态区域的划分。

1. 垂直管内强迫对流沸腾

当过冷液体沿均匀加热的竖直管向上流动时,如果热负荷不太高,其流动结构、换热方式的变化大致如图 6-17 所示。

区域Ⅰ:过冷液体和管壁之间强迫对流换热。当管壁温度低

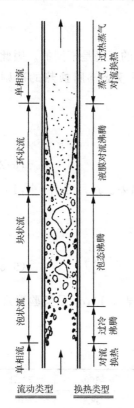

图 6-17　垂直管内沸腾

于液体压力对应的饱和温度时,管壁与液体间的换热是单相的强迫对流换热,随着沿途加热,液体温度不断升高。

区域Ⅱ:过冷沸腾。管壁温度超过饱和温度以后,但液体主流温度仍低于饱和温度,气泡在壁面上生成并脱离后被液体冷却,重新凝结而消失。但是气泡的生成和消失使液体受到相当程度的扰动,对流换热系数显著地提高。由于这个原因,过冷沸腾在火箭、飞机发动机以及核动力装置的冷却系统中获得了广泛的应用。其不足之处是可能在工作管道中引起高频的压力脉动。

区域Ⅲ:泡态(核态)沸腾。液体主流温度超过饱和温度后,产生的气泡不再被凝结,而是随着流体一起流动。初始时这些小气泡与液体均匀混合,称为泡状流(bubbly flow)。随后由于小气泡的长大和汇合形成较大的气泡,称为块状流(slug flow)。这两种流动结构中,气泡的行为引起液体强烈扰动,使对流换热系数迅速增大。

区域Ⅳ:液膜对流沸腾。随着气-液混合物的含气量增加,引起蒸气相对于液体的加速流动,管道中央的气泡逐渐连接起来产生一股流速很高的蒸气流,把液体挤压在管壁四周,形成一层厚度很薄的环状薄膜,称为环状流。实验表明,当液膜较薄时,管壁上没有气泡产生,气化过程是在液膜和蒸气的相分界面上进行的。在重力作用下流动薄膜蒸发的对流换热系数比池内沸腾要高,所以这个区域的换热强度显著提高。

区域Ⅴ:蒸气与过热蒸气强迫对流换热。随着蒸气流速度的提高,高速蒸气将挤压在管壁四周的环状液膜撕破,液体以液滴的形式分布在蒸气中,形成雾状流。液膜开始撕破时管壁直接与蒸气接触,换热系数急剧下降,管壁温度大幅度升高。这种现象常常称为蒸干(dry out),蒸干以后,由于蒸气中的液滴尚未蒸发完,流体的温度基本上仍处于饱和温度。其换热机理属于湿蒸气强迫对流换热,对流换热系数的大小主要取决于蒸气流速,随着液滴的继续蒸发,流速不断增加,故换热系数有所回升。当蒸气中的液滴蒸发完后,管壁与蒸气间的换热属于过热蒸气的单相强迫对流换热。

2. 水平管内强迫对流沸腾

由于加热管水平放置,水平管内的强迫对流沸腾过程与垂直管相比具有一些新的特征(见图6-18)。流速较高时,情形与垂直管类似;流速低时,由于重力的影响,气液将分别趋于集中在管的上半部和下半部,出现气-液分层流动的特征。随着气相对液相的加速运动,相分界面

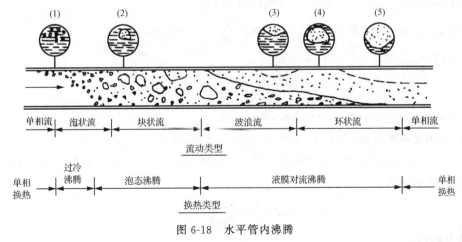

图 6-18 水平管内沸腾

出现波动,波动加剧到一定程度后,形成液体周期性地冲刷管道上子母线的强烈波动流结构。最后也发展成环状、雾状流动。

值得注意的是,如果设备恰好在分层流动下工作,由于管道上部为蒸气,下部为液体,沿管道周向的换热情况就会呈现很大差异,直接与蒸气接触的上部管壁温度可能比底部管壁温度高出很多。这种不均匀温度分布有可能使得上部管壁局部过热。设计时应考虑适当提高流速或使管道保持一定倾角,避免分层结构的出现。

从上面的讨论可以看出,管内强迫对流沸腾的换热规律和影响因素是非常复杂的,只有对每一种流动结构的换热规律、影响因素以及各种流动结构转变的条件弄清楚之后,才能比较透彻地掌握整个过程。

例题 6-4　直径为 5mm,长为 100mm 的机械抛光不锈钢薄壁管,被水平置于压力为一个大气压的水容器中,水温已接近饱和温度。对该不锈钢管两端通电以作为加热表面。试计算当加热功率为 1.9W 和 100W 时,水与钢管表面之间的对流换热系数。

解　(1) 当加热功率为 1.9W 时

$$q = \frac{\Phi}{\pi d l} = \frac{1.9}{3.14 \times 0.005 \times 0.1} = 1209.5 (\mathrm{W/m^2})$$

这样低的热流密度仍处于自然对流阶段。此时温差一般小于 4℃。由于计算自然对流的表面对流换热系数需要知道其壁面温度,故本题计算过程具有迭代性质。

先假设温差　　　　　　　　　　　$\Delta T = T_w - T_s = 1.6℃$

定性温度　　　　　　　　　　　$T_m = (T_w + T_s)/2 = 100.8℃$

物性参数:$\lambda = 0.683 \mathrm{W/m \cdot K}$,　$\nu = 0.293 \times 10^6 \mathrm{m^2/s}$,　$Pr = 1.734$,　$\beta = 7.54 \times 10^{-4}/\mathrm{K}$

$$Gr = \frac{g\beta \Delta T d^3}{\nu^2} = 17214$$

根据表 5-5,$Nu = 0.53(GrPr)^{1/4} = 6.79$

$$h = \frac{Nu\lambda}{d} = 951.6 \mathrm{W/(m^2 \cdot K)}$$

$$q = h\Delta T = 951.6 \times 1.6 = 1552.6 (\mathrm{W/m^2})$$

与 $q = 1209.5 \mathrm{W/m^2}$ 相差 28.37%,故需重新假定 ΔT。

考虑到自然对流　　　　　　　　$q \propto \Delta T^{\frac{5}{4}} \Rightarrow \Delta T \propto q^{4/5}$

在物性基本不变时(基本符合)　　$\Delta T = 1.6 \times \left(\frac{1209.5}{1552.6}\right)^{4/5} = 1.31$

而 $h \propto \Delta T^{1/4}$,即

$$h = 951.6 \times \left(\frac{1.31}{1.6}\right)^{1/4} = 905.2 [\mathrm{W/(m^2 \cdot K)}]$$

(2) 当加热功率为 100W 时,$q = 63662 \mathrm{W/m^2}$。

假定进入核态沸腾区,由于压力 $p = 1.013 \times 10^5 \mathrm{Pa}$,由准则关系式

$$h = 0.533 q^{0.7} p^{0.15} = 0.533 \times 63662^{0.7} \times (1.013 \times 10^5)^{0.15} = 6929 [\mathrm{W/(m^2 \cdot K)}]$$

验证此时的过热度

$$\Delta T = \frac{q}{h} = \frac{63662}{6929} = 9.2$$

确实在核态沸腾区。

6.3 相变对流换热的强化

本节主要讨论凝结换热和沸腾换热两种方式。

对蒸气动力装置中的冷凝器而言,由于水蒸气凝结时的对流换热系数很大,凝结侧热阻一般不占主导地位。此时使实际运行的冷凝器能保持正常工作的关键是定期排除不凝结气体。而对制冷装置中的冷凝器,由于制冷剂侧凝结换热的对流换热系数常低于冷却水侧的对流换热系数,主要热阻在凝结一侧,强化凝结换热十分必要。强化膜状凝结换热的基本原则是,尽量减薄黏滞在换热表面上的液膜厚度,以及使已凝结的液体尽快从换热表面上排泄,减小液膜层热阻。从影响膜状凝结换热的因素分析,提高蒸气流速、扰动凝结液膜、选择合理的管束排列等都有利于凝结换热的强化。目前,开发更有效的强化方法有两种。一种是采用高效冷凝面(见图 6-19),如将换热表面处理成精细交错鳞面,低肋管或各种类型的锯齿管等,利用冷凝液的表面张力将肋顶或沟槽脊背的凝结液膜拉薄。另一种是使液膜在流动过程中分段排泄或采用其他加速排泄的措施,使换热面的液膜层厚度变薄。

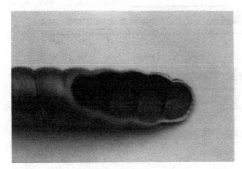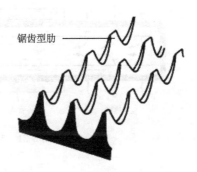

锯齿型肋

(a) 精细交错鳞面　　　　　　　　　　　　　(b) 锯齿管

图 6-19　典型的强化凝结换热表面

对于沸腾换热,强化换热的关键是增加汽化核心和提高气泡脱离频率。从影响沸腾换热的因素可知,溶解于液体中的不凝结气体、液体过冷、液位高度和沸腾换热表面结构等都对沸腾换热的对流换热系数有一定的影响。目前,最有效的强化沸腾换热的方法是开发新型高效沸腾管(见图 6-20),如采用机械加工制备多孔结构或通过表面烧结覆盖多孔层,其共同的特点是传热表面有大量的人工微小凹坑,这些微孔成为有效的汽化核心,增强了沸腾换热。

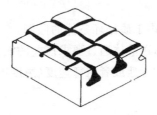

(a) 加工多孔结构　　　　　　　　　　　　　(b) 烧结多孔层

图 6-20　典型的强化沸腾换热表面

6.4 热管的概念

6.4.1 热管的工作原理

热管(heat pipe)是 20 世纪 60 年代发展起来的一个新型的传热元件,它将高效换热的沸腾和凝结两种方式有机结合在一起,可在很小的温差下,通过较小的传热面积传递大量的热流。热管的结构一般由管壳、管芯(起毛细管作用的多孔体)和工作介质组成(见图 6-21)。一根里面敷以灯芯状材料的封闭管子内部装有可以凝结的气体,管子的中部是绝热的,而其非绝热的两侧则分别为蒸发器和冷凝器。在热端,流体受热蒸发从而吸收了相当于其汽化潜热的热量,形成的蒸气通过管子中心通道流向冷端,只要冷端的温度低于蒸气的饱和温度,蒸气就在这里凝结并释放出其汽化潜热。然后,冷凝液体被灯芯材料吸收而借助毛细管作用或重力作用返回热端,不需要外加动力地重新蒸发开始新的循环。

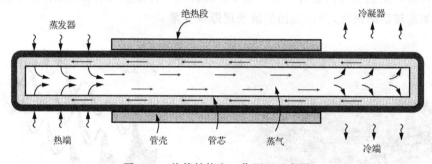

图 6-21　热管结构和工作原理示意图

热管本身的热阻很小,在蒸发端和冷凝端设置肋片可以组成热管换热器,回收低温热能;绝热段可以制成柔性管道,用于各种不同的场合,使用比较方便。

热管设计中所要考虑的问题一般有以下几个方面。

(1) 管芯材料的选择。

管芯一般由不锈钢丝、铜网或者其他的金属网所制成,需要保持合适的密度。

(2) 工作介质的选择。

工作介质可以是制冷剂、水、液态金属等,条件取决于工作温度范围。在热管的应用中常常希望工作介质具有大的潜热、大的表面张力、小的黏性、能被管芯润湿、稳定的沸点等物理性质。

(3) 热管的工作极限。

通过热管的热流往往受到管内工质循环条件的限制,主要有在低温下工质在管芯中的黏性阻力(黏性极限);管芯毛细力运送液体通过要求压差的能力(毛细极限);蒸气携带凝结液破坏凝结液回流(携带极限);蒸气的音速或者阻塞速度(声度极限);蒸发端沸腾的临界热流密度(沸腾极限)等。

(4) 热管的性能控制。

实际应用中,要求热管在某一条件范围内,能在改变蒸发端温度(改变热负荷)的条件下工作。改变热管性能的方法之一就是通过自动控制系统喷射不凝结气体于热管之中"抑制"它的效率。

6.4.2 热管中各个环节的热阻分析

从热管的工作过程可以看出,它实现了一种特殊的传热过程,即热量从热管一端(蒸发端)传递给热管另一端(冷凝端)。下面以一根钢-水重力热管为例来分析其热量传递过程中各个环节的热阻大小。所谓重力热管(gravitational heat pipe),是指依靠重力回流冷凝液,也称热虹热管。设热管的外径 $d_o = 25\text{mm}$,内径 $d_i = 21\text{mm}$,蒸发段长度 l_e 及冷凝段长度 l_c 均为 1m,碳钢导热系数 $\lambda = 43.2\text{W/(m·K)}$。对于图 6-22 所示的重力热管,热量从热端传到冷端的过程中各个环节的热阻如下。

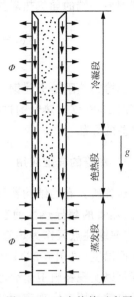

图 6-22 重力热管示意图

(1) 热流体到蒸发段外壁的对流换热热阻。

设蒸发段外表面对流换热系数为 $h_{o,e}$,则

$$R_1 = \frac{1}{\pi d_o l_e h_{o,e}}$$

(2) 蒸发段外壁到内壁的导热热阻。

$$R_2 = \frac{1}{2\pi l_e \lambda}\ln\frac{d_o}{d_i} = \frac{1}{2\times 3.14\times 1\times 43.2}\ln\frac{0.025}{0.021}$$
$$= 6.4\times 10^{-4}\,(\text{K/W})$$

(3) 蒸发段内壁的对流换热热阻。

蒸发端内壁为沸腾换热,设蒸发段内表面对流换热系数为 $h_{i,e} = 5000\text{W/(m}^2\text{·K)}$,则

$$R_3 = \frac{1}{\pi d_i l_e h_{i,e}} = \frac{1}{3.14\times 0.021\times 1\times 5000} = 3\times 10^{-3}\,(\text{K/W})$$

(4) 蒸发段到冷凝段蒸气流动的压降所引起的热阻。

蒸气的压降导致饱和温度的下降,这等价于存在一个热阻。但实际上由于压降很小,因而所引起的相应的温差也很小,所以 $R_4 \approx 0$。

(5) 冷凝段内壁的对流换热热阻。

冷凝端内壁为凝结换热,设冷凝段内表面对流换热系数为 $h_{i,c} = 6000\text{W/(m}^2\text{·K)}$,则

$$R_5 = \frac{1}{\pi d_i l_c h_{i,c}} = \frac{1}{3.14\times 0.021\times 1\times 6000} = 2.5\times 10^{-3}\,(\text{K/W})$$

(6) 冷凝段内壁到外壁的导热热阻。

$$R_6 = \frac{1}{2\pi l_c \lambda}\ln\frac{d_o}{d_i} = \frac{1}{2\times 3.14\times 1\times 43.2}\ln\frac{0.025}{0.021} = 6.4\times 10^{-4}\,(\text{K/W})$$

(7) 冷凝段外壁到冷流体的对流换热热阻。

设冷凝段外表面对流换热系数为 $h_{o,c}$,则

$$R_7 = \frac{1}{\pi d_o l_c h_{o,c}}$$

在 $R_1 \sim R_7$ 中,属于热管内部的热阻为 $R_2 \sim R_6$,其和为 $6.78\times 10^{-3}\,(\text{K/W})$。现在以一根长 2m、直径为 25mm 的铜棒导热与之相比,取铜的导热系数为 $\lambda = 400\text{W/(m·K)}$,则从铜的

一端到另一端的导热热阻为

$$R_{Cu} = \frac{l}{\frac{\pi d_o^2}{4}\lambda} = \frac{2}{\frac{3.14 \times 0.025^2 \times 400}{4}} = 10.19(K/W)$$

铜棒的热阻是上述钢-水热管的 1500 倍。也就是说,在所对比的情况下热管的导热能力是铜的 1500 倍。热管的这种特别优良的导热性能又被称之为"超导热性",它可以实现几乎没有温差的导热。

6.4.3 热管的典型应用

热管所具有的结构特征及其高效热量传递特性,使其在工程技术领域得到了广泛应用。首先,热管的超导热性使它成为一个理想的温度控制元件。例如,在高超声速飞行器机翼前缘,将前缘驻点区作为热管的蒸发段、机翼后部作为热管的冷凝段,可以有效地降低前缘驻点区壁面温度(见图 6-23);卫星在轨运行时,向阳面和背阴面的温度差异可达 200℃ 以上,利用热管可以实现在轨卫星表面温度趋于均匀;在飞行器机翼和发动机进气道部件的防冰结构中,热管也常常用来实现表面的均温作用。热管的另一个典型应用是作为高效传热元件,用于高

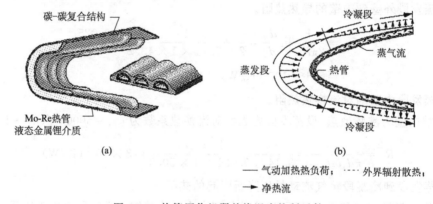

图 6-23　热管用作机翼前缘温度控制元件

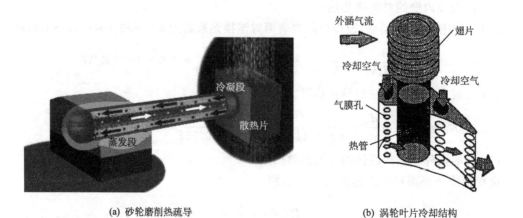

图 6-24　热管用作高效传热元件

热流密度表面的冷却或散热。例如,在砂轮磨削加工中,由于磨粒微刃对加工表面的切削作用在磨削弧区内积聚巨大的磨削热,为强化疏导高速砂轮磨削弧区的磨削热量,可以借鉴热管技术,将磨削弧区作为热管的蒸发段,把磨削热量传输至冷凝段,而在冷凝段,可以采用扩大冷凝面面积的对流冷却方式[见图 6-24(a)];热管作为高效传热元件在高集成度的微电子器件热管理中也已成为一种有效的技术途径;在涡轮叶片冷却结构设计中,除了利用压气机引气对涡轮叶片实施强化冷却之外,还可以基于热管的技术概念利用外涵气流对涡轮叶片进行冷却[见图 6-24(b)],它将热管的蒸发段安置于涡轮叶片内部,而将热管的冷凝段置于外涵气流通道,从而可以将涡轮叶片内部的热流输运至外涵气流通道,有效降低涡轮叶片承受的热负荷。

思 考 题

6-1 有相变的对流换热过程与单向流体对流换热过程相比,本质的差异体现在什么方面?

6-2 凝结现象存在的条件是什么?

6-3 何谓膜状凝结?何谓珠状凝结?其热量传递过程各有什么特征?

6-4 简述推导膜状凝结换热方程的基本假设。

6-5 简述不凝结气体、蒸气流速和过热度对凝结换热过程的影响。

6-6 竖壁倾斜后其凝结换热表面对流换热系数是增加还是减小?为什么?

6-7 空气横掠管束时,沿流动方向管排数越多,换热越强;而蒸气在水平管束外凝结时,沿液膜流动方向管束越多,换热强度降低。试对上述现象作出解释。

6-8 沸腾现象存在的条件是什么?

6-9 为何气泡易在加热壁面的凹穴处形成?

6-10 为何气泡在成长过程中会出现消失现象?

6-11 何谓过冷沸腾?何谓饱和沸腾?

6-12 何谓核态沸腾?何谓膜态沸腾?

6-13 试解释池内沸腾曲线中各部分的换热机理。

6-14 试从沸腾过程分析,为什么用电加热器加热时当加热功率大于临近热流密度时易发生壁面烧毁现象,而采用蒸气加热则不会。

6-15 何谓沸腾换热的临界热负荷?确定临界热负荷对工程实际有何重要意义?

6-16 检索热管的典型工程应用案例,并解析其工作机制。

练 习 题

6-1 压力为 $1.013×10^5$ Pa 的饱和水蒸气,在长度为 2m 的竖管外壁凝结。管壁温度保持为 60℃,试求:

(1) 凝结换热系数为多少?

(2) 使凝结水量不小于 36kg/h 时竖管的外径为多少?

6-2 一垂直放置的直径为 8cm 的管子,表面温度为 50℃,用来冷凝 100℃的饱和水蒸气,凝结量要求为 0.0269kg/s,求管子的长度。

6-3 一水平放置的圆管,长 2m,直径为 50mm,压力为 $4×10^5$ Pa 的饱和水蒸气在其表面上凝结,管子外壁的温度保持为 60℃,试求:

(1) 凝结换热系数的值为多少?

(2) 如管子改为竖放,凝结换热系数的值为多少?

6-4 有一立式换热器,管内流体温度为 70℃,对流换热系数为 3200W/(m²·K),管外为 110℃的饱和蒸气,管长 1.5m,管外径为 32mm,厚度为 2mm,管壁导热系数为 52W/(m·K),求蒸气侧管壁的温度。

6-5 压力为 $1.013×10^5$ Pa 的饱和水蒸气在一根外径为 100mm、内径为 92mm,长度为 1m 的竖管外表面上凝结,管内通以冷却水使管壁保持均匀的温度 94℃,问需要多大的水量能使水的进出口温度温差为 4℃?

6-6 压力为 1.013×10^5 Pa 的饱和水蒸气,用水平放置的壁温为 90℃的铜管来凝结。有下列两种选择:用一根直径为 10cm 的铜管或用 10 根直径为 1cm 的铜管。若两种方案的其他条件相同,试问:

(1) 这两种选择中所产生的凝结水量是否相同? 最多可以相差多少?

(2) 上述结论与蒸气压力、铜管壁温是否有关?

6-7 100℃的饱和水在直径为 2.5mm 水平铂丝加热面上进行沸腾,试计算加热面的温度为 118℃及 450℃时沸腾表面的对流换热系数。

6-8 确定在标准大气压下水的核态沸腾临界热流密度。当压力为 2×10^5 Pa 时,这个热流密度又为多大?

6-9 水在 1 个大气压的饱和温度下被一根直径为 2mm 的金属丝通电加热到稳定的膜态沸腾,金属丝表面与水的温度差为 254℃,试求:

(1) 沸腾换热系数为多少?

(2) 达到稳定膜态沸腾以后再继续通电,电流为 0.8A,此时金属丝的电阻为 9.83Ω/cm,比热容为 133 J/(kg·K),密度为 20×10^3 kg/m³,试预测经过 10s 后金属的温度。

6-10 直径为 5mm,长为 100mm 的机械抛光不锈钢薄壁管,被垂直置于压力为 1.013×10^5 Pa 的水容器中,水温已接近饱和温度。对该不锈钢管两端通电以作为加热表面。试计算当加热功率为 2.1W 和 110W 时,水与钢管表面间的对流换热系数。

6-11 有一铜水热管,外径为 25mm,内径为 21mm;蒸发段长 0.4m,外壁温度 200℃,冷凝段长 0.4m,外壁温 199.5℃,绝热段长 0.5m。设蒸发段与凝结段的管外表面对流换热系数均为 90W/(m²·K),蒸发与凝结的对流换热系数分别为 5000W/(m²·K)和 6000W/(m²·K),试计算该热管的内部热阻在传热过程热阻中的比例。

6-12 有一尺寸为 10mm×10mm、发热量为 100W 的集成电路板,其表面最高允许温度不能高于 75℃,环境温度为 25℃。试设计一台能采用自然对流来冷却该电路板的热管冷却器。

6-13 由竖壁膜状凝结换热分析,得到液膜厚度 δ 随流动距离 x 的变化为 $\delta \propto x^{1/4}$。由此可以导出局部对流换热系数关系式 $h_x \propto x^n$,试确定指数 n 为多少?

6-14 为了研究某种肋片管的对流换热性能,在风洞中进行空气横掠试验。管长 200mm,竖直布置,其内径为 20mm,壁厚 2.5mm。管壁导热系数为 45W/(m·K),管内以压力为 1.013×10^5 Pa、饱和温度 100℃ 的饱和水蒸气凝结来加热管外空气。试验中测得空气平均温度为 30℃,单管换热量为 450W,管端散热可忽略,试计算这时以管外径面积为基准的管外对流换热系数是多少? [已知管内凝结对流换热系数 $h = 15000 (\Delta T)^{-1/4}$ W/(m²·K)]

参 考 文 献

林宏镇,汪火光,蒋章焰,2005. 高性能航空发动机传热技术[M]. 北京:国防工业出版社:225-228

林宗虎,汪军,李瑞阳,等,2007. 强化传热技术[M]. 北京:化学工业出版社:212-218

罗棣庵,1989. 传热应用与分析[M]. 北京:清华大学出版社:214-229

闵桂荣,郭舜,1998. 航天器热控制[M]. 2 版. 北京:科学出版社:151-156

沈维道,蒋智敏,童钧耕,2001. 工程热力学[M]. 2 版. 北京:高等教育出版社:205,212-218

施明恒,甘永平,马重芳,1995. 沸腾与凝结[M]. 北京:高等教育出版社:224-262

王宝官,1997. 传热学[M]. 北京:航空工业出版社:131-133

王补宣,2002. 工程传热传质学(下册)[M]. 北京:科学出版社:145-151

杨世铭,陶文铨,2006. 传热学[M]. 3 版. 北京:高等教育出版社:318-320,331-334

庄骏,张红,2000. 热管技术及其工程应用[M]. 北京:化学工业出版社:1-14

Cengel Y A, 2003. Heat transfer, A practical approach[M]. 2nd ed. New York:McGraw-Hill Book Company:

516-522,538-539

Holman J P, 2002. Heat transfer[M]. 9th ed. New York:McGraw-Hill Book Company:447-448,486-490

Incropera F P, DeWitt D P, 2002. Fundamentals of heat and mass transfer. 5th ed. [M]. New York:Jonh & Wiley Sons:602-603

Yamawaki S, Yoshida T, Taki M, et al., 1997. Fundamental heat transfer experiments of heat pipe for turbine cooling[R]. ASME Paper 97-GT-438

第 7 章　热辐射的理论基础

辐射能是一种极为纤细的物质存在形式。辐射换热是通过热辐射的发生、传播及其与物质的相互作用而实现的。热辐射是传热的一种基本方式,在传热机理上,热辐射与导热和对流有着本质的区别。导热和热对流是由于物体的宏观运动和微观粒子的热运动所造成的能量转移,而热辐射则是由于物质的电磁运动所引起的能量传递。本章首先介绍热辐射的物理基础,进而讨论热辐射的基本定律,最后介绍实际物体的辐射特性,为分析辐射换热奠定基础。

7.1　热辐射的基本概念

7.1.1　辐射与热辐射

物质以电磁波形式向外发射能量的现象称为辐射(radiation),辐射是物质的固有属性。

产生辐射现象的根本原因在于物体均由微观的荷电体(电子、质子、离子等)构成,并且处在不停顿的微观运动之中。若由于这样或那样的原因,微观荷电体的运动状态发生改变,就会伴随着发射或者吸收电磁辐射能量子,即电磁波或者称作光子。有关辐射机理与过程本质的探究至今仍在不断进行之中。早期,人们对辐射的认识是和可见光联系在一起的,并且在 17 世纪末就形成了波动说和微粒说两种流派。微粒说认为:光是一种完全弹性的球形微粒流,粒子不连续,直线传播。19 世纪初发现光的干涉、衍射和偏振等现象,这些现象显然具有波动的特征,1865 年麦克斯韦尔提出了电磁理论,指出可见光是电磁辐射的一种形式,于是产生了电磁波学说:物体以电磁波形式向外传递能量的过程。但是,有一些光、热辐射现象难以用波动学说解释,如光电效应和黑体辐射的光谱性质等。1900 年,普朗克(Planck)提出了量子假设,认为存在能量的最小单元,物体发射和吸收的能量是不连续的,只能是这最小能量的整倍数,重新提出了能量发射与吸收的粒子性。1905 年爱因斯坦(Einstein)提出了量子理论,进一步提出了辐射的能量以光子计,其能量正比于它的频率。因此,现今对辐射的理解以经典的电磁波理论和量子理论为依据,即辐射是向外发射光子的能量传递过程。辐射具有波和粒子的两象性。

任何一个波,都可以用波的波速 a 和波长 λ 或频率 ν 描述,三者之间的关系为: $a = \lambda \nu$,所有电磁波和光子都以光速传播。电磁波或者光子所载运的能量,称为辐射能。1900 年,普朗克创立量子学说,提出每个光子的能量为 $e = h\nu$, $h = 6.624 \times 10^{-34}$ J/s,称为普朗克(量子)常数。这就把波和粒子的两象性联系了起来,即在能量的观点上认为,组成不同波长的单色光的光子各不相同。根据爱因斯坦相对论原理对辐射量子理论的解释,既然光子以光速运动, $e = h\nu = ma^2$,那么光子也应该有质量 $m = h\nu/a^2$,动量 $ma = h\nu/a$,光子撞击表面引起单位时间动量的变化,将产生辐射压力。可以看出,频率越高或者波长越短,该光子所具有的能量和动量就越大,光子的行为就类似于气体的分子。因此,作为一种简单的物理模型,可以把辐射场看作是"光子气体"存在的反映。

辐射能的发射是原子内部受到激发的结果。激发的原因和方式不同,得到的电磁波波长或频谱就不同;而不同波长的电磁波投射到物体上,也可产生不同的效应。就热辐射而言,所讨论的仅限于热效应,即由于热的原因产生的辐射称为热辐射(thermal radiation),其对应的波长在电磁波谱(electromagnetic spectrum)的 0.1~100μm 范围内(见图 7-1)。其中 0.38~0.76μm 波段的辐射属可见光(visible light)区段,0.76~1000μm 波段的辐射属红外辐射(infrared radiation)。对工程实际的大多数问题来说,热辐射特性主要是红外线的特性,因此不能完全用可见光的理论和知识来解释。

由于辐射的波粒两象性,研究方法也主要分为两类。以量子理论为基础的微观方法,一般应用于描述物体的发射、吸收特性研究;基于能量守恒原理的输运理论,这是宏观方法,多用于辐射能量的传递过程研究。

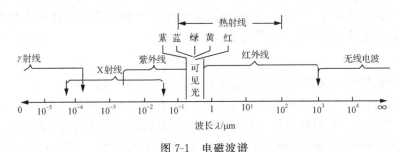

图 7-1　电磁波谱

7.1.2　辐射换热与导热、对流换热的区别

处于任何实际热力状态下的物体都在不间断地向外界发射辐射能,同时也在不间断地吸收来自外界的辐射能,即使是处在辐射热平衡状态,发射和吸收辐射能的速率相等,这种平衡也是发射和吸收过程的动平衡。当发射和吸收辐射能的速率不相等时,就会有辐射差额热流产生,即存在辐射换热(radiation heat transfer)。辐射换热与导热、对流换热有明显的区别,主要表现在三个方面:

(1)传递方式的不同。导热和对流换热的热量传递一定要通过物体的直接接触才能进行,而物体间的辐射换热则不需要中间介质。这一特点使得辐射换热系统的温度场不一定像导热和对流换热那样,热源处温度最高,然后逐渐降低,冷源处温度最低,辐射换热时有可能中间温度最低。例如,在太阳与地球的辐射换热中,太阳和地球之间的大部分空间的温度比两者都低。

(2)辐射换热过程中必定伴随着能量形式的转变。物体发射辐射能是将热能转变为辐射能,物体吸收辐射能则是将辐射能转变为热能。

(3)辐射具有方向性和选择性。在不同的方向都可能有辐射,并且辐射强度不一定相等;辐射能与波长有关,物体的吸收能力不仅取决于物体本身,也与投射的方向、波长有关。造成辐射的数学描述非常复杂,有很强的非线性。因而,辐射换热问题的精确解一般很难求得,工程应用中要采用一些近似假设以求简化。

7.1.3　辐射能的吸收、反射和透射

当热辐射的能量 G 投射到物体表面上时,其中一部分能量 G_α 被物体吸收,一部分能量 G_ρ 被物体反射,还有一部分能量 G_τ 可能穿透过物体。如图 7-2 所示,按照能量守恒定律有

$$G = G_\alpha + G_\rho + G_\tau \tag{7-1a}$$

或

$$G = \alpha G + \rho G + \tau G \qquad (7\text{-}1b)$$

式中，α、ρ 和 τ 分别称为该物体对投入辐射（incident radiation）的吸收率（absorptivity）、反射率（reflectivity）和穿透率（transmissivity）。分别表征吸收、反射和穿透能量占投入辐射能量的百分数。

$$\alpha + \rho + \tau = 1 \qquad (7\text{-}2)$$

当辐射能投射到固体或液体表面时，由于物体的分子排列非常紧密，辐射能的吸收只在一个很薄的表面薄层内进行。对于金属导体，这一距离只有 $1\mu m$ 的数量级；对于大多数的非导电体材料，这一距离也小于 $1mm$。因此，可以认为固体和液体不透过热辐射能量，即 $\tau = 0$。于是，对于固体和液体，式(7-2)可以简化为

$$\alpha + \rho = 1 \qquad (7\text{-}3)$$

因而，就固体和液体而言，吸收能力大的物体其反射能力就小；反之亦然。

辐射能投射到表面后的反射现象和可见光一样，有镜面反射和漫反射的区分（见图 7-3）。当表面的不平整度小于投射辐射的波长时（镜面），反射情况遵循几何光学的规律，形成镜面反射（specular or mirrorlike reflection），此时的反射角等于入射角。如果表面的不平整度大于投射辐射的波长时（漫表面），反射辐射能将在空间各个方向上均匀分布，形成漫反射（diffuse reflection）。一般工程材料的表面都形成漫反射。

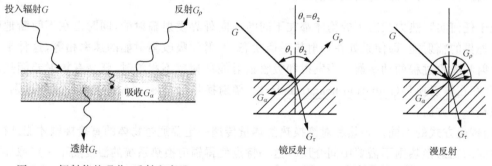

图 7-2　辐射能的吸收、反射和穿透　　　　图 7-3　辐射能的反射

当辐射能投射到气体上时，情况与投射到固体或液体上不同。气体对于辐射能几乎没有反射能力，可以认为反射率 $\rho = 0$，式(7-2)可以简化为

$$\alpha + \tau = 1 \qquad (7\text{-}4)$$

显然，吸收率大的气体其穿透能力就差。

请读者注意，固体和液体对投入辐射所呈现的吸收和反射特性都具有在物体表面上进行的特点（surface phenomenon），不涉及物体的内部，因此物体表面状况对辐射特性的影响是至关重要的；而对于气体，辐射和吸收在整个气体容积中进行（volumetric phenomenon），表面状况则是无关紧要的。由此造成气体的辐射问题更为复杂。

还应说明一点，辐射具有鲜明的光谱性特征。通常所说的吸收率、反射率定义是针对全波长而言的，若投射能量是某波长下的光谱（单色）辐射能量，则可以用光谱（单色）吸收率（spectral absorptivity）、光谱（单色）反射率（spectral reflectivity）和光谱（单色）穿透率（spectral transmissivity）来表征物体的辐射特性。

$$\alpha_\lambda + \rho_\lambda + \tau_\lambda = 1 \tag{7-5}$$

式中,下标 λ 表征光谱或单色。

一般来说,实际物体的辐射特性往往是非常复杂的。为此,在热辐射研究中抽象出若干理想的物理模型:吸收率 $\alpha=1$ 的物体称为绝对黑体(简称黑体)(black body);反射率 $\rho=1$ 的物体称为绝对白体(简称白体);穿透率 $\tau=1$ 的物体称为绝对透明体(简称透明体)。

需要指出的是,黑体、白体和透明体的定义是针对全波长而言的,由于可见光只占整个波长的一小部分,故物体对外来全波长辐射能量的吸收能力的大小不能凭物体的颜色来判断。白颜色物体(反射的射线在可见光部分呈白色)不一定是白体,黑颜色物体也不一定是黑体,这是两个完全不同的概念。例如,雪对可见光是良好的反射体,当对红外线几乎能全部吸收,$\alpha \approx 0.97$;白布和黑布对可见光吸收率不同,但对红外线的吸收率基本相同;又如普通的玻璃只透过可见光,但对波长 $\lambda > 3\mu m$ 的红外线几乎不透过。可见,辐射的特性与波长密切相关。

自然界里没有绝对的黑体、白体和透明体。但有一些实际物体在属性上很接近这些理想模型,例如磨光的金属接近于白体;烟煤和雪接近于黑体;对称的双原子气体则接近于透明体。作为理想标准的黑体模型可用人工方法制备,空腔壁面保持均匀温度的空腔上的小孔就具有黑体辐射的特性。如图 7-4 所示,当辐射能经小孔进入空腔后,在空腔内要经历多次吸收和反射,最终能离开小孔的能量是微乎其微的。黑体在热辐射分析中具有其特殊的重要性,这一点将在后面详细叙述。

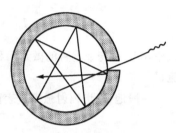

图 7-4　人工黑体示意图

7.1.4　辐射场的描述

热辐射在空间的分布或传播形成了辐射场。影响辐射场的因素众多。一般来说,影响因素有以下四个方面:①物体温度;②辐射特性;③辐射方位和波长;④表面状况。

在辐射场中,描述热辐射能力的参数主要有<u>辐射强度</u>(radiation intensity)和<u>辐射力</u>(emissive power)。

鉴于描述物体辐射特性的参数不仅与自身温度、表面状况有关,而且还随波长、方向角有关。因此描述热辐射能力的参数均涉及方向特性和光谱特性。

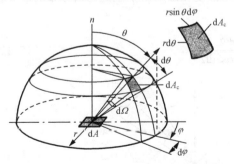

图 7-5　方位角示意图

为了更好地理解辐射强度和辐射力的定义,首先介绍描述方向特性的<u>方向角</u>和<u>立体角</u>(solid angle)的概念。设有一半球,半径为 r,在基圆中心有一微元表面 dA。微元面发射一微元束能量,微元束的中心轴表示此微元束的发射方向(见图 7-5)。显然热射线的方向可以用方向角(天顶角和圆周角)加以确定。

天顶角 θ 定义为 dA 平面的法线与微元束中心轴的夹角,也称纬度、纬度角(zenith angle);圆周角 φ 定义为微元束中心轴在基圆上的投影线与 x 轴的夹角,也称经度、经度角(azimuth angle)。

立体角 Ω 定义为用给定方向上半球面被微元束所切割的面积 dA_c 除以半径的平方。立体角的度量单位为球面度 sr。对于立体角的理解,可以与平面几何中的平面角和弧度对应起

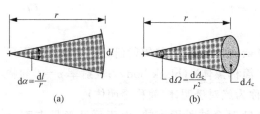

(a)　　　　　(b)

图 7-6　平面角和立体角定义

来(见图 7-6)。

$$d\Omega = \frac{dA_c}{r^2} = \frac{r\sin\theta \cdot d\varphi \cdot rd\theta}{r^2}$$

$$= \sin\theta d\theta d\varphi \tag{7-6}$$

对于半球空间,则有

$$\Omega = \int_0^{2\pi}\int_0^{\pi/2} \sin\theta d\theta d\varphi = 2\pi$$

1. 辐射强度

辐射强度是描述物体辐射能在空间分布的一个重要参量。

辐射场中,物体表面 r 处在 s 方向上的光谱辐射强度(spectral radiation intensity)I_λ 定义为[见图 7-7(a)]:在单位时间内,沿某指定方向单位立体角内,垂直于该方向的单位投影面积上所发射的某一波长下的单位波长范围内的能量,单位为 $W/(m^2 \cdot \mu m \cdot sr)$。

$$I_\lambda = \frac{dQ_\lambda}{dA_s \cdot d\Omega \cdot d\lambda \cdot d\tau} = \frac{d\Phi_\lambda}{dA_s \cdot d\Omega \cdot d\lambda} \tag{7-7}$$

式中,dA_s 是与 s 垂直的微元面积;$d\Omega$ 是 s 方向上的微元立体角;dQ_λ 是辐射热量;$d\Phi_\lambda$ 是辐射热流量。

一般地,光谱辐射强度是表面位置、方向、波长和时间的函数。

$$I_\lambda = I_\lambda(r,s,\lambda,\tau) \tag{7-8}$$

辐射强度 I:对光谱辐射强度在波长上进行积分,得到全波长的辐射能量。在单位时间内,沿某指定方向单位立体角内,垂直于该方向的单位投影面积上所发射的全波长范围内的能量,单位为 $W/(m^2 \cdot sr)$。

$$I = I(r,s,\tau) \tag{7-9}$$

在式(7-9)中,若辐射强度不随位置变化 $I \neq I(r)$,则称此辐射场是均匀的;辐射强度不随时间变化 $I \neq I(\tau)$,则称此辐射场是稳定的。对于均匀稳定的辐射场,辐射强度仅是方向角的函数

$$I = I(\theta,\varphi) \tag{7-10}$$

进一步地,对于满足各向同性辐射场的假设,则辐射强度在圆周角 φ 上是均匀分布的。本教材主要讨论这种比较理想化的辐射场[见图 7-7(b)]。

$$I = I(\theta) = \frac{d\Phi}{dA\cos\theta d\Omega} \tag{7-11}$$

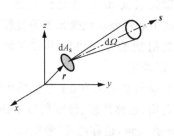

(a) 一般辐射场

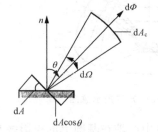

(b) 各向同性辐射场

图 7-7　辐射强度定义

2. 辐射力

辐射力也是描述物体热辐射能力的一个重要参量。

辐射力 E：物体每单位表面积，在单位时间内，向半球空间所发射的全波长范围内的能量，单位为 W/m^2。

在单位立体角内，记辐射热流为 $d\Phi$，结合辐射强度定义式(7-11)，有

$$dE = \frac{d\Phi(\theta)}{dA} = \frac{I(\theta) \cdot dA \cdot \cos\theta \cdot d\Omega}{dA} = I(\theta) \cdot \cos\theta \cdot d\Omega$$

则辐射力与辐射强度之间的关系为

$$E = \int_0^{2\pi} I(\theta) \cos\theta d\Omega \qquad (7\text{-}12)$$

光谱辐射力 E_λ(spectral emissive power)：物体每单位表面积，在单位时间内，向半球空间所发射的某一波长下的单位波长范围内的能量，单位为 $W/(m^2 \cdot \mu m)$。

定向辐射力 E_θ(directional emissive power)：物体每单位表面积，在单位时间内，向某个方向单位立体角内发射的全波长范围内的辐射能，单位为 $W/(m^2 \cdot sr)$。

定向辐射力与辐射强度之间的关系为

$$E_\theta = \frac{d\Phi}{dA d\Omega} = \frac{dE}{d\Omega} = \frac{I(\theta) dA \cos\theta d\Omega}{dA d\Omega} = I(\theta) \cos\theta \qquad (7\text{-}13)$$

辐射力与定向辐射力之间的关系为

$$E = \int_0^{2\pi} E_\theta d\Omega = \int_0^{2\pi} I(\theta) \cos\theta d\Omega \qquad (7\text{-}14)$$

光谱定向辐射力 $E_{\lambda\theta}$(spectral directional emissive power)：物体每单位表面积，在单位时间内，向某个方向单位立体角内发射的某一波长下的单位波长范围内的能量，单位为$W/(m^2 \cdot \mu m \cdot sr)$。

在学习中，应从以下几个方面把握上述定义的区别和联系。

(1) 单位面积的指定：物体单位表面积/物体沿某一方向的单位投影面积。

(2) 辐射能发射空间的指定：半球空间/单位立体角。

(3) 辐射能光谱范围的指定：全波长/某一波长下的单位波长。

7.2 黑体辐射基本定律

7.2.1 黑体的性质

黑体是一个理想的吸收体，它能吸收来自各个方向、各种波长的全部投射能量。它是比较的标准，具有以下的特征：

(1) 在相同温度条件下，黑体的发射本领最大。

(2) 投射到黑体上的能量被全部吸收，吸收本领最大。

(3) 黑体的发射、吸收性质与方向无关，各个方向上的辐射强度相同，属漫发射。

(4) 黑体的辐射规律可从理论上导出，其发射的能量仅与波长及温度有关。

下面来证明黑体的辐射强度与方向无关。如图 7-8 所示，一黑体微元表面 dA_1 放置在黑体半球表面空腔内球心位置，且认为两者处于热平衡状态。

对于黑体微元表面 dA_1 而言[见图 7-8(a)],由辐射强度的定义

$$I_{b\lambda}(\lambda, T, \theta, \varphi) = \frac{d\Phi_{b\lambda}(\lambda, T, \theta, \varphi)}{dA_1 \cos\theta \cdot d\omega \cdot d\lambda} \tag{a}$$

式中,下标 b 表征黑体。为明确起见,以后凡属于黑体的一切量,均以此下标表示。

在黑体半球表面任意选取一微元表面 dA_2,则单位时间内微元表面 dA_1 向微元表面 dA_2 发射的能量为

$$d\Phi_{b\lambda}(\lambda, T, \theta, \varphi) = I_{b\lambda}(\lambda, T, \theta, \varphi)dA_1 \cos\theta \cdot d\omega \cdot d\lambda$$

$$= I_{b\lambda}(\lambda, T, \theta, \varphi)dA_1 \cos\theta \cdot \frac{dA_2}{r^2} \cdot d\lambda \tag{b}$$

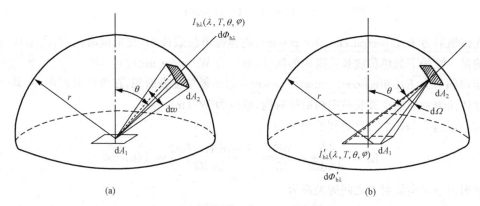

图 7-8　黑体辐射强度与方向无关的证明

设 dA_2 表面的光谱辐射强度为 $I'_{b\lambda}(\lambda, T, \theta, \varphi)$。注意到半球黑体表面辐射的对称性,显然

$$I'_{b\lambda}(\lambda, T, \theta, \varphi) = I'_{b\lambda}(\lambda, T) \tag{c}$$

则单位时间内微元表面 dA_2 向微元表面 dA_1 发射的能量为[见图 7-8(b)]

$$d\Phi'_{b\lambda}(\lambda, T, \theta, \varphi) = I'_{b\lambda}(\lambda, T)dA_2 \cdot d\Omega \cdot d\lambda = I'_{b\lambda}(\lambda, T)dA_2 \cdot \frac{dA_1 \cos\theta}{r^2} \cdot d\lambda \tag{d}$$

由于该系统处于热平衡状态下,$d\Phi_{b\lambda} = d\Phi'_{b\lambda}$,因此得到

$$I_{b\lambda}(\lambda, T, \theta, \varphi) = I'_{b\lambda}(\lambda, T)$$

与 (θ, φ) 无关。

7.2.2　黑体辐射的基本定律

黑体辐射的基本定律归结为三个定律:普朗克定律、斯特藩-玻尔兹曼定律和朗伯定律。这三个定律分别对黑体辐射的总能量及其按波长的分布、按空间的分布作了规定。

1. 普朗克定律

1900 年普朗克揭示了真空中黑体的光谱辐射力 $E_{b\lambda}$ 与波长 λ、热力学温度 T 之间的函数关系,即

$$E_{b\lambda} = f(\lambda, T) = \frac{C_1}{\lambda^5 \left[e^{C_2/(\lambda T)} - 1 \right]} \tag{7-15}$$

该定律称为普朗克定律(Planck's law)。式中，$C_1 = 3.742 \times 10^8 \text{W} \cdot \mu\text{m}^4/\text{m}^2$，称为普朗克第一常数；$C_2 = 1.4388 \times 10^4 \mu\text{m} \cdot \text{K}$，称为普朗克第二常数。

普朗克定律给出的黑体光谱辐射分布如图 7-9 所示，并有以下结论：

(1) 黑体发射的光谱是连续的；在所有波长下，黑体光谱辐射力随温度升高而增加。

(2) 在一般工程上所涉及的温度范围内(约在 2000K 以下)，波长 $\lambda = 0.8 \sim 100\mu\text{m}$ 的红外线在热辐射中占主导地位；而波长 $\lambda = 0.38 \sim 0.76\mu\text{m}$ 的可见光能量很小。

(3) 每条曲线下面的面积代表在某一温度下的黑体辐射力 E_b，可见，辐射力也是随温度的升高而增大。

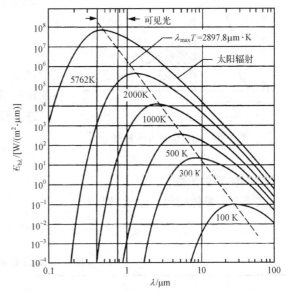

图 7-9   黑体辐射的光谱

(4) 给定温度下，黑体的光谱辐射力具有一最大值。记对应于最大光谱辐射力的波长为 $\lambda_{\max}$，随着温度的升高，光谱辐射力分布曲线的峰值移向较短的波长区域。

将式(7-15)对波长求导，得到

$$\lambda_{\max} T = 2897.8 \mu\text{m} \cdot \text{K} \tag{7-16}$$

此式表达的波长 $\lambda_{\max}$ 与温度 T 成反比的规律称为维恩位移定律(Wien's displacement law)。1891 年，维恩通过实验发现同一温度下的光谱辐射力存在一最大值，并运用经典热力学理论推导出了该位移定律。利用维恩位移定律，在获得黑体辐射的最大光谱辐射力所对应的波长后，可以确定黑体的温度。例如测得太阳辐射的 $\lambda_{\max} \approx 0.5\mu\text{m}$，可以推算太阳的表面温度约为 5796K。

实际物体的光谱辐射力按波长的分布规律与黑体不同，但定性上是一致的。在加热金属时可以观察到，随着温度的不断升高，金属将相继呈现暗红、鲜红、橘黄、亮白等颜色，说明热辐射中可见光及可见光中短波的比例不断增加。

2. 斯特藩-玻尔兹曼定律

在热辐射分析计算中，确定黑体的辐射力是至关重要的。1879 年斯特藩(Stefan)依靠实验确定了 E_b 与 T 的关系，1884 年玻尔兹曼(Boltzmann)用热力学理论进行了证明

$$E_b = \sigma T^4 \tag{7-17}$$

该定律称为斯特藩-玻尔兹曼定律(Stefan-Boltzmann's law)。式中 $\sigma = 5.67 \times 10^{-8} [\text{W}/(\text{m}^2 \cdot \text{K}^4)]$，称为斯特藩-玻尔兹曼常数(Stefan-Boltzmann constant)。此式也可以通过普朗克定律中的黑体光谱辐射力积分得到，即

$$E_b = \int_0^\infty E_{b\lambda} d\lambda = \int_0^\infty \frac{C_1}{\lambda^5 [e^{C_2/(\lambda T)} - 1]} d\lambda = \sigma T^4$$

在辐射换热计算中，常常需要计算黑体在给定波段中所发射的辐射能，或计算黑体在给定波段

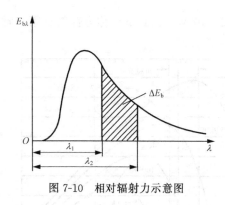

图 7-10 相对辐射力示意图

中所发射的辐射能占全波段辐射能的份额(见图 7-10)。

$$E_{b(\lambda_1 \sim \lambda_2)} = \int_{\lambda_1}^{\lambda_2} E_{b\lambda} d\lambda = \int_0^{\lambda_2} E_{b\lambda} d\lambda - \int_0^{\lambda_1} E_{b\lambda} d\lambda$$

或

$$E_{b(\lambda_1 \sim \lambda_2)} = E_{b(0 \sim \lambda_2)} - E_{b(0 \sim \lambda_1)} \qquad (7\text{-}18)$$

式中,$E_{b(0 \sim \lambda)}$ 表示 $0 \sim \lambda$ 波段的黑体辐射力,它是温度和波长的函数。

进一步定义份额辐射力或相对辐射力

$$F_{b(0 \sim \lambda T)} = \frac{E_{b(0 \sim \lambda)}}{E_b} = \int_0^{\lambda T} \frac{E_{b\lambda}(\lambda, T)}{\sigma T^5} d(\lambda T) = f(\lambda T)$$

也称为黑体辐射函数。

表 7-1 是黑体辐射函数表,则

$$E_{b(\lambda_1 \sim \lambda_2)} = F_{b(\lambda_1 T \sim \lambda_2 T)} E_b = [F_{b(0 \sim \lambda_2 T)} - F_{b(0 \sim \lambda_1 T)}] E_b \qquad (7\text{-}19)$$

表 7-1 黑体辐射函数表

λT /$(\mu m \cdot K)$	$F_{b(0 \sim \lambda T)}$	λT /$(\mu m \cdot K)$	$F_{b(0 \sim \lambda T)}$	λT /$(\mu m \cdot K)$	$F_{b(0 \sim \lambda T)}$	λT /$(\mu m \cdot K)$	$F_{b(0 \sim \lambda T)}$
200	0	3200	0.3181	6200	0.7542	11 000	0.9320
400	0	3400	0.3618	6400	0.7693	11 500	0.9390
600	0	3600	0.4036	6600	0.7833	12 000	0.9452
800	0	3800	0.4434	6800	0.7962	13 000	0.9552
1000	0.0003	4000	0.4809	7000	0.8032	14 000	0.9630
1200	0.0021	4200	0.5161	7200	0.8193	15 000	0.9690
1400	0.0078	4400	0.5488	7400	0.8296	16 000	0.9739
1600	0.0197	4600	0.5793	7600	0.8392	18 000	0.9809
1800	0.0394	4800	0.6076	7800	0.8481	20 000	0.9857
2000	0.0667	5000	0.6338	8000	0.8563	40 000	0.9981
2200	0.1009	5200	0.6580	8500	0.8747	50 000	0.9991
2400	0.1403	5400	0.6804	9000	0.8901	75 000	0.9998
2600	0.1831	5600	0.7011	9500	0.9032	100 000	1.0000
2800	0.2279	5800	0.7202	10 000	0.9143		
3000	0.2733	6000	0.7379	10 500	0.9238		

例题 7-1 一个辐射探测器只能探测波长为 $0.8 \sim 5\mu m$ 的辐射,试问用此探测器测量温度为 3000K 及 1000K 的黑体辐射力会产生多大的误差?

解 辐射力是全波长的。该探测器的探测波长为 $0.8 \sim 5\mu m$,意味着将波长为 $0.8 \sim 5\mu m$ 范围内的辐射能量当作全波长的辐射力。因此只要确定波长为 $0.8 \sim 5\mu m$ 范围内的辐射占全波长辐射能量的份额,即可知道其测试误差。

(1)测量温度为 3000K 黑体。

$$\lambda_1 T = 2400 \mu m \cdot K, \quad \lambda_2 T = 15000 \mu m \cdot K$$

通过辐射函数表,确定

$$F_{b(\lambda_1 T \sim \lambda_2 T)} = F_{b(0 \sim \lambda_2 T)} - F_{b(0 \sim \lambda_1 T)} = 0.9690 - 0.1403 = 0.8287$$

误差约为 17%。

（2）测量温度为 1000K 黑体。
$$\lambda_1 T = 800\mu m \cdot K, \quad \lambda_2 T = 5000\mu m \cdot K$$
$$F_{b(\lambda_1 T \sim \lambda_2 T)} = F_{b(0 \sim \lambda_2 T)} - F_{b(0 \sim \lambda_1 T)} = 0.6338 - 0 = 0.6338$$

误差约为 37%。

思考一下为什么该探测器测量高温黑体辐射力时误差要小。

例题 7-2 一普通玻璃在 $0.4 \sim 3\mu m$ 波段内的穿透率为 0.92，而其他波段的辐射则不能透过。若室内物体可近似视为黑体，温度为 60℃，试求太阳辐射与室内物体辐射的能量中能够穿透玻璃的部分各占其总辐射能量的百分比。设太阳表面温度为 6000K。

解 已知太阳表面温度为 6000K，在 $0.4 \sim 3\mu m$ 波段内，
$$\lambda_1 T = 2400\mu m \cdot K, \quad \lambda_2 T = 18000\mu m \cdot K$$

通过辐射函数表，确定
$$F_{b(\lambda_1 T \sim \lambda_2 T)} = F_{b(0 \sim \lambda_2 T)} - F_{b(0 \sim \lambda_1 T)} = 0.9809 - 0.1403 = 0.8406$$

由于玻璃穿透率为 0.92，则可求出在 $0.4 \sim 3\mu m$ 波段内太阳辐射穿透玻璃的能量占其总辐射能量的份额
$$0.8406 \times 0.92 = 0.773$$

又室内物体温度为 333K，并可视为黑体，在 $0.4 \sim 3\mu m$ 波段内，
$$\lambda_1 T = 133.2\mu m \cdot K, \quad \lambda_2 T = 999\mu m \cdot K$$
$$F_{b(\lambda_1 T \sim \lambda_2 T)} = F_{b(0 \sim \lambda_2 T)} - F_{b(0 \sim \lambda_1 T)} = 0.0003 - 0 = 0.0003$$

这说明在 $0.4 \sim 3\mu m$ 波段内，室内物体的辐射能只有 $0.0003 \times 0.92 = 0.028\%$ 能够穿透玻璃。

讨论 为什么玻璃暖房会产生温室效应，这是因为利用玻璃对于热辐射吸收和穿透的选择性特征，使太阳辐射中的可见光和近红外的能量大部分透过玻璃进入室内，而不允许室内物体在常温下的辐射能穿过玻璃散失到外界环境中。

3. 朗伯定律

一般来说，物体向外辐射的能量在各个方向并不相等。1860 年，朗伯（Lambert）指出，黑体或具有漫辐射表面的物体，在任意方向上的定向辐射力 E_θ 等于其在法线方向上的辐射力 E_n 与方向角余弦的乘积，即

$$E_\theta = I(\theta)\cos\theta = I_n\cos\theta = E_n\cos\theta \qquad (7-20)$$

该定律称为**朗伯定律（Lambert's law）**，也称**余弦定律（cosine law）**。表明：黑体或漫辐射表面的辐射能在空间

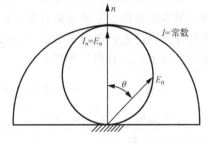

图 7-11 漫辐射表面

不同方向的分布是不均的，法线方向最大，切线方向最小（见图 7-11）。

朗伯定律还有一种表达方式。理论上已经证明，黑体辐射的辐射强度与方向无关，也就是说，在半球空间的各个方向上的辐射强度相等。由此可以建立黑体表面的辐射力与辐射强度之间存在特定的关系：

$$E = \int_0^{2\pi} I(\theta) \cdot \cos\theta \cdot \sin\theta \cdot d\theta \cdot d\varphi = I(\theta)\int_{\theta=0}^{\frac{\pi}{2}}\int_{\varphi=0}^{2\pi} \cos\theta \cdot \sin\theta \cdot d\theta \cdot d\varphi = \pi I \qquad (7-21)$$

即对于黑体，其辐射力等于辐射强度的 π 倍。这一结论对于漫辐射表面也成立。

对于非漫辐射表面，其各个方向上的辐射强度并不相等，因而不能得出朗伯定律描述的关系式。

7.3　实际固体和液体的辐射特性

实际物体的热辐射特性十分复杂,与黑体相比,实际物体的光谱辐射力 E_λ 往往随波长的变化是不规则的[见图 7-12(a)],同时实际物体辐射按空间方向的分布亦不符合朗伯定律[见图 7-12(b)]。工程中经常应用一些参数来描述其与黑体热辐射性能的差异。如用发射率来说明实际物体表面相对于黑体表面的辐射能力;说明实际表面对投入辐射响应情况的参数是吸收率、反射率和透过率。本节仅对发射率和吸收率进行介绍,并介绍灰体和漫辐射表面的概念,以及揭示物体发射能力和吸收能力之间关系的基尔霍夫定律。

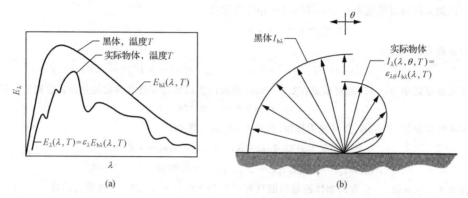

图 7-12　黑体与实际物体的辐射特性比较

7.3.1　实际物体的发射率

发射率(emissivity)是物体的辐射能力与同温度下黑体辐射力的比值,说明实际物体辐射接近黑体的程度。考虑到辐射能量随波长和方向的分布特性,描述实际物体辐射能力的最基本的发射率是光谱定向发射率(spectral directional emissivity)$\varepsilon_{\lambda\theta}$。在此仅介绍光谱发射率、定向发射率和发射率三种定义。

1. 光谱发射率(又称光谱黑度)ε_λ

光谱发射率 ε_λ(spectral emissivity)定义为实际物体光谱辐射力与同温度下黑体的光谱辐射力的比值,即

$$\varepsilon_\lambda = \frac{E_\lambda}{E_{b\lambda}} \tag{7-22}$$

2. 定向发射率 ε_θ

定向发射率 ε_θ(directional emissivity)定义为实际物体定向辐射力与同温度下黑体的定向辐射力的比值,即

$$\varepsilon_\theta = \frac{E_\theta}{E_{b\theta}} = \frac{I_\theta \cos\theta}{I_{b\theta} \cos\theta} = \frac{I_\theta}{I_b} \tag{7-23}$$

3. 发射率 ε

发射率 ε 定义为实际物体的辐射力与同温度下黑体辐射力的比值,即

$$\varepsilon = \frac{E}{E_b} \tag{7-24}$$

与光谱发射率 ε_λ 的关系为

$$\varepsilon = \frac{E}{E_b} = \frac{\int_0^\infty E_\lambda d\lambda}{E_b} = \int_0^\infty \frac{\varepsilon_\lambda E_{b\lambda}}{E_b} d\lambda \tag{7-25}$$

与定向发射率 ε_θ 的关系为

$$\varepsilon = \frac{E}{E_b} = \frac{\int_{2\pi} E_\theta d\Omega}{E_b} = \frac{1}{\pi}\int_{2\pi} \frac{I_\theta \cos\theta}{I_b} d\Omega = \frac{1}{\pi}\int_{2\pi} \varepsilon_\theta \cos\theta d\Omega \tag{7-26}$$

实验结果发现,表面状态对物体发射率的影响很大,粗糙表面的发射率常常要比光滑表面的发射率大几倍甚至数十倍。实际物体的辐射力并不严格地同绝对温度的四次方成正比,但要对不同物体采用不同方次的规律来计算,很不实用。所以在工程计算中仍认为一切实际物体的辐射力都与绝对温度的四次方成正比,而把由此引起的修正包含到发射率中。因此,发射率往往还与温度有依变关系。

例题 7-3　某表面的温度为 1000K,定向发射率为 $0.75\cos\theta$,求此表面的发射率及辐射力。

解　由式(7-26),有

$$\varepsilon = \frac{1}{\pi}\int_{2\pi} \varepsilon_\theta \cos\theta d\Omega = \frac{1}{\pi}\int_{2\pi} 0.75\cos^2\theta d\Omega$$

$$= \frac{1}{\pi}\int_0^{2\pi}\int_0^{\pi/2} 0.75\cos^2\theta \sin\theta d\theta d\varphi = -1.50\frac{\cos^3\theta}{3}\Big|_0^{\pi/2} = 0.5$$

$$E(T) = \varepsilon\sigma T^4 = 0.5 \times 5.67 \times 10^{-8} \times 1000^4 = 28500\,(\mathrm{W/m^2})$$

7.3.2　灰体和漫辐射表面

灰体和漫辐射表面是辐射换热研究中的两个重要模型。

对于光谱发射率随波长变化的物体,原则上可以通过光谱辐射换热的计算,然后在整个波长范围内积分,这种计算不仅需要详细的材料表面辐射性质光谱数据资料,迄今为止还很缺乏这类可靠的数据,而且具体计算工作量也很大。在工程辐射换热计算中,常假设固体表面为灰表面,或者在一定波长范围内的"准灰表面",使分析得以简化。灰体(gary body)的重要特征是其光谱发射率 ε_λ(或光谱黑度)与波长无关(见图 7-13),即

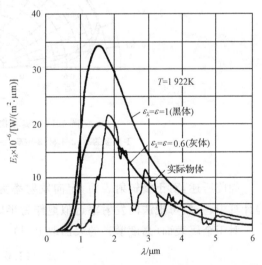

图 7-13　黑体、灰体和实际物体的光谱辐射力

$$\frac{E_{\lambda 1}}{E_{b\lambda 1}} = \frac{E_{\lambda 2}}{E_{b\lambda 2}} = \cdots = \frac{E_{\lambda n}}{E_{b\lambda n}} = \varepsilon_\lambda = 常数 \tag{7-27}$$

自然界并不存在灰体,但实验表明,在工程常见的温度范围($\leqslant 2000$K)内,许多工程材料的辐射特性都可近似地作为灰体处理,而不会引起严重的误差。实际物体视为灰体的假设在很多工程应用中是合理的。

前文已经介绍,所谓漫辐射表面,是指辐射强度在空间各个方向上都相等的表面,则根据式(7-23),漫辐射表面的定向发射率为常数。漫辐射表面模型是利用角系数进行工程辐射换热计算的理论基础,角系数的概念将在第 8 章介绍。

如图 7-14 所示,对于大多数工程材料,定向发射率在表面法线方向 $\theta \leqslant 60°$ 范围基本是不变的。对于非导体或氧化表面等不良导体,在 60° 以后,定向发射率逐渐减小,在 70° 以后,定向发射率急剧减小;对于良好的导体,在 50° 以后,定向发射率逐渐增大,在 70° 以后,定向发射率急剧增大。从辐射能量在各个方向上按余弦分配的观点来看,虽然实际物体并不满足漫辐射的特征,但是其半球平均发射率仍然接近于法向发射率,因此在工程辐射换热计算中往往不考虑定向发射率的变化细节,而近似地认为服从朗伯定律。

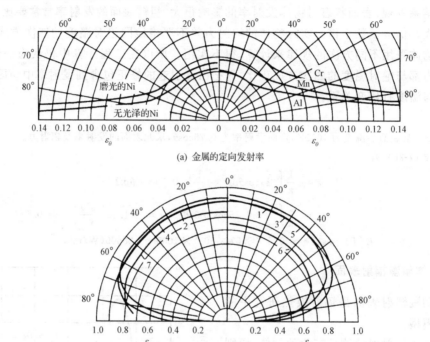

(a) 金属的定向发射率

(b) 非金属的定向发射率

图 7-14　实际物体的定向发射率

1-潮湿的冰;2-木材;3-玻璃;4-纸;5-黏土;6-氧化铜;7-氧化铝

如前所述,对于漫辐射表面,定向发射率为常数。所以 $\varepsilon = \varepsilon_n$,$\varepsilon_n$ 为表面法向发射率。工程计算中,一般可把法向发射率近似地作为半球平均发射率或加以修正。

对于金属表面(高度磨光的表面取上限)

$$\varepsilon = (1.0 \sim 1.3)\varepsilon_n$$

对于非导体表面(粗糙表面取上限)

$$\varepsilon = (0.95 \sim 1.0)\varepsilon_n$$

例题 7-4　光学高温计,是用被测物体的辐射与白炽灯的辐射相比较测量温度的。灯丝辐射是用黑体校正过的,所以温度测量的过程就是一个间接地与黑体辐射相比较的过程。温度计常装有滤光片,只允许某一波长的辐射通过。如果滤光片允许透过的波长为 $0.65\mu m$,在波长下物体的光谱发射率为 0.6,光学高温计的读数为 1400℃,试确定物体的真实温度。

解 光学高温计直接感受的是物体的辐射能量。因为温度测量是一个间接地与黑体辐射相比较的过程,所以对于黑体辐射,测出的温度即为真实的温度。

当黑体温度 $T_b = 1400 + 273 = 1673(K)$ 时,其光谱辐射强度为

$$I_{b\lambda,1673K} = \frac{E_{b\lambda}}{\pi} = \frac{1}{\pi} \frac{C_1 \lambda^{-5}}{e^{C_2/(\lambda T_b)} - 1}$$

设真实物体的温度为 T,其透过滤光片的光谱辐射强度为

$$I_{\lambda,T} = \frac{E_\lambda}{\pi} = \frac{\varepsilon_\lambda E_{b\lambda}}{\pi} = \frac{1}{\pi} \frac{\varepsilon_\lambda C_1 \lambda^{-5}}{e^{C_2/(\lambda T)} - 1}$$

因为对于真实物体而言,光学高温计的读数为 1673K,意味着高温计所接受的真实物体的光谱辐射能量与温度为 1673K 的黑体光谱辐射能量相当,所以

$$I_{b\lambda,1673K} = I_{\lambda,T}$$

对于本例,考虑 $C_2/(\lambda T_b) = 13.2$,$e^{C_2/(\lambda T_b)} \gg 1$,故有

$$\frac{\varepsilon_\lambda C_1 \lambda^{-5}}{e^{C_2/(\lambda T)}} = \frac{C_1 \lambda^{-5}}{e^{C_2/(\lambda T_b)}}$$

解得

$$\frac{1}{T} - \frac{1}{T_b} = \frac{\lambda}{C_2} \ln \varepsilon_\lambda$$

故 $T = 1740K$,即实际物体温度为 1467℃。

讨论 用光学高温计测量物体温度,被测物体愈接近黑体,测量误差越小。

7.3.3 实际物体的吸收率

与黑体不同,实际物体对投入辐射不能完全吸收。吸收率,即被物体表面吸收的辐射能与投入辐射能之比,表征物体的吸收能力。

吸收率不仅与吸收物体表面的材料性质、表面状况和温度有关,同时与投入辐射的光谱和方向特性有关。因此本教材不作详细讨论,有兴趣的读者可参阅其他相关的文献。

光谱吸收率 α_λ 定义为表面对半球空间各个方向光谱投入辐射能的吸收与投射的光谱辐射能的比值,即

$$\alpha_\lambda = \frac{dG_{a,\lambda}}{dG_{i,\lambda}} \tag{7-28}$$

图 7-15 和图 7-16 分别示出了金属导电体和非导电体材料在常温下光谱吸收率随波长的变化。物体的光谱吸收率随波长而异的这种特性称为物体的吸收具有光谱选择性。在工农业生产中常常利用这种选择性的吸收来达到一定的目的,如植物和蔬菜栽培过程中使用的温室效应(greenhouse effect)就是这种光谱选择性的体现。由于玻璃对于热辐射的吸收和穿透具有光谱选择性,即对波长小于 $2.2\mu m$ 的辐射能的穿透率很大,而对大于 $3\mu m$ 的辐射能的穿透率却很小,使得太阳辐射中的可见光和近红外的能量大部分透过玻璃进入室内,而不允许室内的物体在常温下的辐射能穿过玻璃散失到外界环境中。

但是,实际物体的光谱吸收率对投入辐射的波长具有选择性的这一特性给工程辐射换热计算带来很大的困难。如果物体的光谱吸收率与波长无关,则不管投入辐射按波长的能量分布如何,物体的吸收率均是一个常数值。灰体的光谱吸收率就与波长无关,即

$$\alpha = \alpha_\lambda = 常数 \tag{7-29}$$

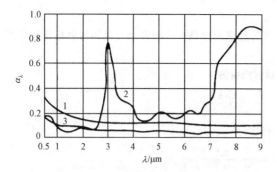

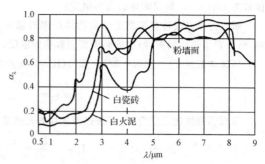

图 7-15　一些金属材料的光谱吸收率
1-磨光的铝；2-阳极氧化的铝；3-磨光的铜

图 7-16　一些非金属材料的光谱吸收率

7.3.4　基尔霍夫定律

实际物体的辐射和吸收之间有什么内在联系呢？基尔霍夫（Kirchhoff）于 1859 年揭示了物体发射辐射的能力与吸收辐射的能力之间的关系。

如图 7-17 所示，假设某物体表面 $\mathrm{d}A_1$ 放置在黑体空腔中，且二者处于热平衡状态下。

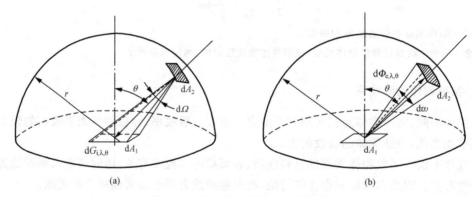

图 7-17　基尔霍夫定律证明示意图

如图 7-17(a)所示，单位时间内，从某给定方向 θ，在 $\mathrm{d}\lambda$ 波长范围内，由黑腔上微表面 $\mathrm{d}A_2$ 投射到 $\mathrm{d}A_1$ 表面上的能量为

$$\mathrm{d}G_{\mathrm{i},\lambda,\theta} = I_{\mathrm{b}\lambda,\mathrm{T}} \cdot \mathrm{d}A_2 \cdot \mathrm{d}\Omega \cdot \mathrm{d}\lambda \tag{a}$$

根据立体角的定义

$$\mathrm{d}G_{\mathrm{i},\lambda,\theta} = I_{\mathrm{b}\lambda,\mathrm{T}} \cdot \mathrm{d}A_2 \cdot \frac{\mathrm{d}A_1\cos\theta}{r^2} \cdot \mathrm{d}\lambda \tag{b}$$

由定向光谱吸收率的定义，被 $\mathrm{d}A_1$ 表面吸收的能量为

$$\mathrm{d}G_{\mathrm{a},\lambda,\theta} = \alpha_{\lambda\theta} \cdot \mathrm{d}G_{\mathrm{i},\lambda,\theta} = \alpha_{\lambda\theta} \cdot I_{\mathrm{b}\lambda,\mathrm{T}} \cdot \mathrm{d}A_2 \cdot \frac{\mathrm{d}A_1\cos\theta}{r^2} \cdot \mathrm{d}\lambda \tag{c}$$

另一方面，如图 7-17(b)所示，$\mathrm{d}A_1$ 表面在单位时间内，朝着 θ 方向，在 $\mathrm{d}\lambda$ 波长范围内发射的能量为

$$\mathrm{d}\Phi_{\mathrm{e},\lambda,\theta} = I_{\lambda,\theta,\mathrm{T}} \cdot \mathrm{d}A_1\cos\theta \cdot \mathrm{d}\omega \cdot \mathrm{d}\lambda \tag{d}$$

由定向光谱发射率的定义，式(d)改写为

$$\mathrm{d}\Phi_{e,\lambda,\theta} = \varepsilon_{\lambda\theta} I_{b\lambda,T} \cdot \mathrm{d}A_1 \cos\theta \cdot \frac{\mathrm{d}A_2}{r^2} \cdot \mathrm{d}\lambda \qquad\qquad (e)$$

在热平衡状态下,显然存在 $\mathrm{d}\Phi_{e,\lambda,\theta} = \mathrm{d}G_{\alpha,\lambda,\theta}$。于是得到

$$\alpha_{\lambda\theta} \cdot I_{b\lambda,T} \cdot \mathrm{d}A_2 \cdot \frac{\mathrm{d}A_1\cos\theta}{r^2} \cdot \mathrm{d}\lambda = \varepsilon_{\lambda\theta} \cdot I_{b\lambda,T} \cdot \mathrm{d}A_1\cos\theta \cdot \frac{\mathrm{d}A_2}{r^2} \cdot \mathrm{d}\lambda$$

即

$$\alpha_{\lambda\theta} = \varepsilon_{\lambda\theta} \qquad\qquad (7\text{-}30)$$

式(7-30)是基尔霍夫定律(Kirchhoff's law)的基本表达式。表明:在局部热平衡条件下,表面的光谱定向吸收率(spectral directional absorptivity)等于它的光谱定向发射率(spectral directional emissivity)。实验证明:表面的光谱定向发射率和光谱定向吸收率均为物体表面的辐射特性,它们仅取决于自身的温度,对于非热平衡关系,上式仍然成立。

式(7-30)可以认为是基尔霍夫定律的最基本的形式,对于以平均参数形式出现的发射率和吸收率的关系,必须在特定的条件下才能成立。

在漫辐射表面的条件下,基尔霍夫定律可以表述为

$$\alpha_\lambda = \varepsilon_\lambda \qquad\qquad (7\text{-}31)$$

在灰表面的条件下,基尔霍夫定律可以表述为

$$\alpha_\theta = \varepsilon_\theta \qquad\qquad (7\text{-}32)$$

在漫灰辐射表面的条件下,基尔霍夫定律可以表述为

$$\alpha = \varepsilon \qquad\qquad (7\text{-}33)$$

对上述平均参数的发射率和吸收率的关系,在确定了特定的条件之后,不再需要热力学平衡和黑体辐射源的假设。

例题 7-5 用两个配有不同滤光片的光学高温计测量物体的温度:第一个高温计滤红光($\lambda_1 = 0.65\mu m$),第二个高温计滤绿光($\lambda_2 = 0.5\mu m$),两个高温计的读数分别为 $T_{b1} = 1400℃$,$T_{b2} = 1420℃$。假设物体为灰体,试确定物体的真实温度及光谱发射率。

解 由例题 7-4 推导,当 $e^{C_2/(\lambda T_b)} \gg 1$ 时,有

$$\frac{1}{T} - \frac{1}{T_{b1}} = \frac{\lambda_1}{C_2}\ln\varepsilon_{\lambda_1}$$

$$\frac{1}{T} - \frac{1}{T_{b2}} = \frac{\lambda_2}{C_2}\ln\varepsilon_{\lambda_2}$$

对灰体而言,$\varepsilon_{\lambda_1} = \varepsilon_{\lambda_2} = \varepsilon_\lambda$,解上两式,得

$$T = \frac{\dfrac{\lambda_1}{\lambda_2} - 1}{\dfrac{\lambda_1}{\lambda_2}\dfrac{1}{T_{b2}} - \dfrac{1}{T_{b1}}}, \quad \ln_{\varepsilon_\lambda} = \frac{C_2(T_{b1} - T_{b2})}{T_{b1}T_{b2}(\lambda_1 - \lambda_2)}$$

最终计算出:$T = 1765\mathrm{K}$,$\varepsilon_\lambda = 0.71$。

例题 7-6 一炉腔内表面温度为 500K,其光谱辐射率可近似地表示为:$\lambda \leqslant 1.5\mu m$ 时,$\varepsilon_\lambda = 0.1$;$\lambda = 1.5 \sim 10\mu m$ 时,$\varepsilon_\lambda = 0.5$;$\lambda \geqslant 10\mu m$ 时,$\varepsilon_\lambda = 0.8$。炉腔内壁接受来自燃烧着的煤层的辐射,煤层温度为 2000K。设煤层的辐射可以作为黑体辐射,炉腔为漫辐射表面,试炉腔的发射率及对煤层的吸收率。

解 记炉腔温度为 $T_1 = 500\mathrm{K}$,根据发射率的定义式(7-25),有

$$\varepsilon = \frac{E}{E_b} = \frac{\int_0^\infty E_\lambda \, d\lambda}{E_b} = \int_0^\infty \frac{\varepsilon_\lambda E_{b\lambda}}{E_b} \, d\lambda$$

有

$$\varepsilon = \varepsilon_{\lambda_1} \int_0^{\lambda_1} \frac{E_{b\lambda}}{E_b} d\lambda + \varepsilon_{\lambda_2} \int_0^{\lambda_2} \frac{E_{b\lambda}}{E_b} d\lambda + \varepsilon_{\lambda_3} \int_0^{\lambda_3} \frac{E_{b\lambda}}{E_b} d\lambda = \varepsilon_{\lambda_1} F_{b(0\sim\lambda_1 T_1)} + \varepsilon_{\lambda_2} F_{b(\lambda_1 T_1 \sim \lambda_2 T_1)} + \varepsilon_{\lambda_3} F_{b(\lambda_2 T_1 \sim \infty)}$$

因为

$$\lambda_1 T_1 = 1.5 \times 500 = 750 (\mu m \cdot K), \quad \lambda_2 T_1 = 10 \times 500 = 5000 (\mu m \cdot K)$$

通过辐射函数表(表 7-1),确定 $F_{b(0\sim\lambda_1 T_1)} = 0.0$,$F_{b(0\sim\lambda_2 T_1)} = 0.634$。

所以

$$\varepsilon = 0.1 \times 0.0 + 0.5 \times (0.634 - 0.0) + 0.8 \times (1 - 0.634) = 0.61$$

因为炉腔是漫辐射的,$\alpha_\lambda = \varepsilon_\lambda$,记投入辐射的温度为 $T_2 = 2000K$,故有

$$\alpha = \varepsilon_{\lambda_1} F_{b(0\sim\lambda_1 T_2)} + \varepsilon_{\lambda_2} F_{b(\lambda_1 T_2 \sim \lambda_2 T_2)} + \varepsilon_{\lambda_3} F_{b(\lambda_2 T_2 \sim \infty)}$$

注意,式中的辐射函数是 $T_2 = 2000K$ 下的值。

$$\lambda_1 T_2 = 1.5 \times 200 = 3000 (\mu m \cdot K), \quad \lambda_2 T_2 = 10 \times 2000 = 20000 (\mu m \cdot K)$$

通过辐射函数表,确定 $F_{b(0\sim\lambda_1 T_2)} = 0.274$,$F_{b(0\sim\lambda_2 T_1)} = 0.986$。

所以

$$\alpha = 0.1 \times 0.274 + 0.5 \times (0.986 - 0.274) + 0.8 \times (1 - 0.986) = 0.395$$

讨论 由计算得出 $\alpha \neq \varepsilon$。这是由于在所研究的波长范围内,炉腔只满足漫辐射的特征,而不具备灰体的条件。

7.4 气体辐射特性

辐射性气体的辐射与固体表面的辐射有较大的不同,主要特点是,其能量的发射和吸收对波长有强烈的选择性,而且它的发射和接收是在整个气体容积中进行的。正是由于这些特点,使气体辐射换热的机理显得更为复杂。在工程计算中,常采用气体的平均辐射性质(ε_g、α_g)来简化问题的计算。但是,只有了解辐射能在辐射性气体中传递的规律,才能比较透彻地理解这一问题。

7.4.1 气体辐射特点

(1) 气体是否具有辐射和吸收能力取决于气体的种类及其所处的温度。

当气体层厚度不大且温度不高时,其辐射和吸收能力可以忽略不计。在工程上常遇到的高温条件下,单原子气体或氩、氖等惰性气体和某些对称型双原子气体(O_2、N_2、H_2 等),辐射和吸收能力可忽略,可认为是透射体。多原子气体,尤其是高温烟气中的 CO_2、H_2O、SO_2 等,有显著的发射和吸收能力。通常认为纯净的空气具有透射体的性质。由于燃油、燃煤和气体燃料的燃烧产物中通常包含有一定浓度的二氧化碳和水蒸气,所以这两种气体的辐射在工程计算中是特别重要的。

(2)气体只能辐射和吸收一定波段的能量。

通常固体表面的辐射和吸收光谱是连续的,而气体辐射和吸收对于波长则具有明显的选择性,它只在某些波长区域内具有辐射和吸收能力(见图 7-18)。通常把气体辐射和吸收的波

长范围称为光带。对于光带以外的热射线,气体既不辐射亦不吸收,对热辐射呈现透明体的性质。二氧化碳的主要光带有三段:$2.65 \sim 2.80 \mu m$、$4.15 \sim 4.45 \mu m$、$13.0 \sim 17.0 \mu m$;水蒸气的主要光带也有三段:$2.55 \sim 2.84 \mu m$、$5.6 \sim 7.6 \mu m$、$12.0 \sim 30.0 \mu m$。两者的光带有部分重叠。由于辐射对波长具有选择性的特点,因此气体不是灰体。

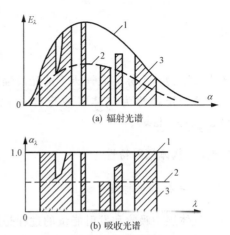

图 7-18 黑体、灰体、气体的辐射
光谱和吸收光谱的比较
1-黑体;2-灰体;3-气体

(3) 气体的辐射和吸收在整个气体容积中进行。

固体的辐射和吸收是在很薄的表面层中进行的,而气体则不同。就吸收而言,当光带中的热射线穿过气体层时,辐射能在辐射行程中将沿途被气体吸收而使强度逐渐减弱。减弱的程度取决于沿途遇到的气体分子数目,遇到的气体分子数目越多,被吸收的辐射能越多。射线减弱的程度直接与穿过气体的路程以及气体的温度和压力有关。射线穿过气体的路程称为射线行程或辐射层厚度。

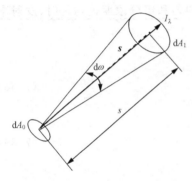

图 7-19 气体辐射强度的定义

就辐射而言,气体层界面上所感受到的辐射为到达界面上的整个容积气体的辐射。同固体表面辐射类似,在气体中辐射能量的传递通常也用辐射强度来表示。气体中辐射强度定义为(见图 7-19):在单位时间内,通过单位面积及射线前进方向上单位立体角的辐射能量。这里所指的单位面积是垂直于射线前进方向的假想表面上的单位面积,例如,从微元面积 dA_0 出发的辐射能,沿 s 方向经过距离 s 之后,通过微元表面 dA_1 的光谱辐射强度表示为

$$I_\lambda = \frac{d\Phi_\lambda}{dA_0 \, d\omega \, d\lambda} \qquad (7\text{-}34)$$

7.4.2 气体吸收定律

在气体介质中,辐射强度是对介质中任一局部假想表面而言的。

参考图 7-20,假设光带中的热射线穿过气体层,$x=0$ 处射线的光谱辐射强度为 $I_{\lambda,0}$;经 x 距离后强度减弱为 $I_{\lambda,x}$。在气体薄层 dx 中,光谱辐射强度 $I_{\lambda,x}$ 所减弱的 $dI_{\lambda,x}$,即为气体所吸收的辐射能

$$dI_{\lambda,x} = -K_\lambda I_{\lambda,x} dx \qquad (7\text{-}35)$$

式中,K_λ 为单位厚度内光谱辐射强度减弱的百分数,称为光谱辐射减弱系数(1/m)(spectral absorption coefficient)。K_λ 与气体的性质、压强、温度及射线波长有关,负号表示强度减弱。

对式(7-35)进行积分

$$\int_{I_{\lambda,0}}^{I_{\lambda,s}} \frac{1}{I_{\lambda,x}} dI_{\lambda,x} = -\int_0^s K_\lambda dx \qquad (7\text{-}36)$$

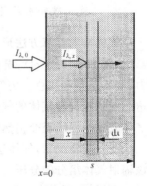

图 7-20 气体辐射

当气体的温度和压力为常数时,可以认为 K_λ 是与 x 无关的常数。

$$I_{\lambda,s} = I_{\lambda,0} \, e^{-K_\lambda s} \qquad\qquad (7\text{-}37a)$$

或

$$I_{\lambda,s} = I_{\lambda,0} \, e^{-K_\lambda p s} \qquad\qquad (7\text{-}37b)$$

式中，K_λ 为一个标准大气压下的光谱辐射减弱系数 $[1/(m \cdot Pa)]$。

这个定律称为气体吸收定律或比尔定律（Beer's law），在有的文献中也称布格定律（Bouguer's law）。

7.4.3 气体辐射特性

1. 气体辐射特性定义

气体层中吸收和发射能量的过程是用吸收系数来描述的。它是描述介质内局部状态的辐射性质。在工程计算中，对于存在辐射性气体的系统，如能采用无辐射性气体存在时固体表面间辐射换热的那套计算方法，将使问题简单化。这样就必须对辐射性气体的辐射性质另外给出定义，使它们与不透明固体辐射性质的概念类似，即采用发射率、吸收率和穿透率等概念。由于气体能量的吸收和发射是在整个气体容积中进行的，且此过程与温度、压力、组分的浓度以及气体容积的形状和尺寸有关，因此，只有当气体的温度均匀和组分浓度也均匀时，发射率和吸收率的概念才是有用的辐射性质。

气体的光谱穿透率

$$\tau_{g\lambda} = \frac{I_{\lambda,s}}{I_{\lambda,0}} = e^{-K_\lambda s} \qquad\qquad (7\text{-}38)$$

气体的光谱吸收率

$$\alpha_{g\lambda} = 1 - \tau_{g\lambda} = 1 - e^{-K_\lambda s} \qquad\qquad (7\text{-}39)$$

气体的光谱发射率

$$\varepsilon_{g\lambda} = \alpha_{g\lambda} = 1 - e^{-K_\lambda s} \qquad\qquad (7\text{-}40)$$

上面讨论了某个特定波长的辐射能沿某个特定方向在气体中的传递过程。在工程实际计算中，多数情况下所需要的往往是气体的发射率 ε_g 和吸收率 α_g。注意，气体辐射具有选择性的特征，不能作为灰体对待。

2. 二氧化碳和水蒸气的发射率和吸收率

气体辐射计算方法形成于 20 世纪 30 年代中期，为了了解和计算气体辐射对火焰传热的影响，霍特尔（Hottel）、埃克特（Eckert）等学者做了大量的实验研究，在各种不同的温度、分压力、气体层厚度和总压力等条件下，测量了 CO_2 + 透明气体、H_2O + 透明气体、CO_2 + H_2O + 透明气体等混合气体的气层发射率和吸收率，其中透明气体或用空气，或用氮气。据此绘制的气体发射率图线至今仍然广泛使用。

在一般情况下，气体层发射率与其温压状态和气层厚度有关，对于混合气体来说，它还与该辐射气体组分的分压力有关。混合气体的气层发射率应随辐射气体组分密度 ρ 和厚度 s 的增加而增加；而密度 ρ 则与该组分的分压力 p_i 成正比，与温度 T 成反比。同时，总压 p 和温度的增加都会使辐射强度有所加强。由此可见，气层发射率是这些因素的函数

$$\varepsilon \equiv \varepsilon(T, p, p_i, s)$$

采用标准大气压下的光谱辐射减弱系数 K_λ 的定义,气体发射率的表达式可以表示为

$$\varepsilon_g = \frac{E_g}{E_b} = \frac{\text{气体的辐射力}}{\text{同温度黑体的辐射力}} = \frac{\int_0^\infty E_{g\lambda} \mathrm{d}\lambda}{\int_0^\infty E_{b\lambda} \mathrm{d}\lambda} = \frac{\int_0^\infty \varepsilon_{g\lambda} E_{b\lambda} \mathrm{d}\lambda}{\sigma_b T_g^4} = \frac{\int_0^\infty (1 - e^{-K_\lambda p s}) E_{b\lambda} \mathrm{d}\lambda}{\sigma_b T_g^4} \qquad (7\text{-}41)$$

对于理想气体,光谱辐射减弱系数仅是温度的函数,而对于实际气体,它还与压力有较弱的依变关系。实验证明,有些辐射气体,如 CO_2,其光谱辐射减弱系数仅与温度 T 和压力 p 有关,基本不依变于分压力 p_i,即

$$K_\lambda \equiv K_\lambda(T, p), \quad \varepsilon \equiv \varepsilon(T, p, p_i s)$$

因此,CO_2 气层发射率直接与压力射程 $p_i s$ 有关。

而对于 H_2O,其光谱辐射减弱系数不仅与温度 T 和压力 p 有关,而且与分压力 p_i 有依变关系

$$K_\lambda \equiv K_\lambda(T, p, p_{H_2O}), \quad \varepsilon \equiv \varepsilon(T, p, p_{H_2O}, s)$$

式中,p_{H_2O} 比气层厚度 s 的影响更大些,即当 $p_{H_2O} s$ 为定值时,p_{H_2O} 越大,发射率也越大。

为工程应用方便,霍特尔等绘制了在标准压力下的 CO_2 基准发射率 $\varepsilon^*_{CO_2} = f(T, p_{CO_2} s)$ 和外推到 $p_{H_2O} \to 0$、标准压力下的 H_2O 基准发射率 $\varepsilon^*_{H_2O} = f(T, p_{H_2O} s)$,如图 7-21 和图 7-22 所示。

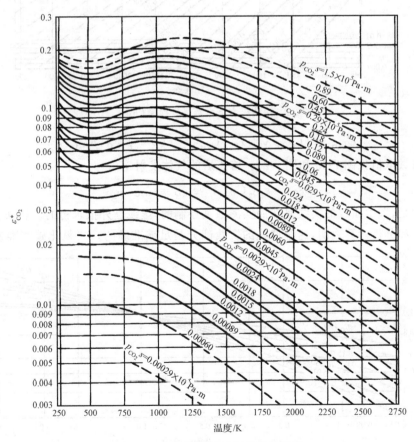

图 7-21　标准压力下二氧化碳发射率

若混合气体的总压不为标准压力,压力的影响则由修正系数计入。引入的修正系数仍然存在着复杂的依变关系,但由于温度的影响很微弱,通常可以忽略。

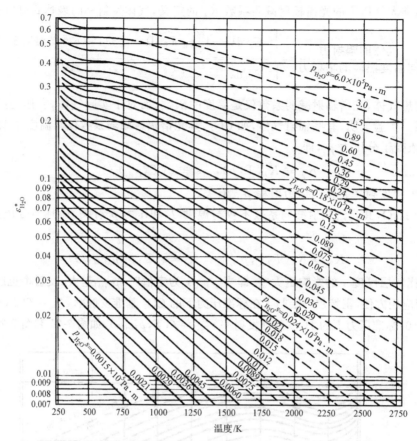

图 7-22 标准压力下水蒸气发射率($p_{H_2O} \rightarrow 0$)

$$C_{CO_2} = f(p, p_{CO_2}s), \quad C_{H_2O} = f(p + p_{H_2O}, p_{H_2O}s)$$

修正系数取值见图 7-23 和图 7-24。修正后的气体发射率为

$$\varepsilon_{CO_2} = \varepsilon^*_{CO_2} C_{CO_2}, \quad \varepsilon_{H_2O} = \varepsilon^*_{H_2O} C_{H_2O} \tag{7-42}$$

需要说明的是,图中曲线的实线是按照实测数据绘制的,虚线是外推求得的。后来所做的大量的同类实验和分析计算表明,这些曲线的实线部分是足够准确的。二氧化碳基准发射率的数

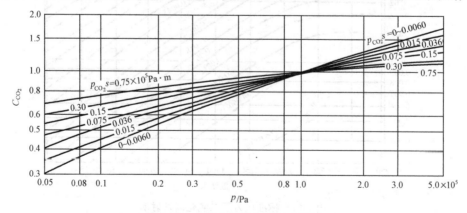

图 7-23   二氧化碳发射率压力修正

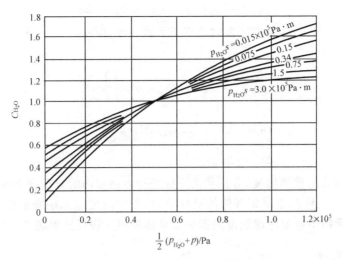

图 7-24　水蒸气发射率压力修正

据高温外推部分偏低,水蒸气基准发射率的数据外推部分误差较大。

当混合气体中含有两种以上的辐射气体时,各组分的辐射带会有彼此重合的部分。每种气体辐射的能量部分地被另一种气体吸收,混合气体的辐射能量比两者的总和少。

记 $\Delta\varepsilon$ 为考虑 CO_2 与 H_2O 的吸收光带有部分重叠的修正值,由图 7-25 确定。

$$\varepsilon_g = \varepsilon_{CO_2} + \varepsilon_{H_2O} - \Delta\varepsilon \tag{7-43}$$

气体辐射具有选择性的特征,不能作为灰体对待。选择性辐射气体的全吸收率与投射辐射的光谱组成密切相关。可根据相关经验公式确定。

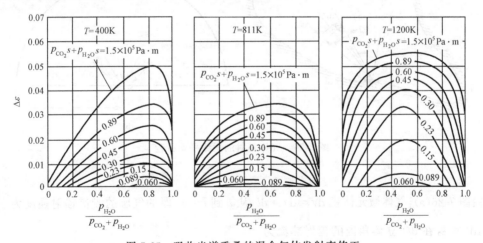

图 7-25　吸收光谱重叠的混合气体发射率修正

前面讨论的是含有 CO_2 与 H_2O 的气体对容器壁面辐射的发射率的确定方法。气体在发出辐射能的同时,也在接受并吸收一部分来自容器壁面的辐射以及其他部分气体的辐射。因为气体辐射具有选择性,不能作为灰体处理,所以气体的吸收率 α_g 不等于其发射率 ε_g。对于水蒸气和二氧化碳共存的混合气体,对黑体外壳辐射的吸收率可以表示为

$$\alpha_g = C_{CO_2}\alpha^*_{CO_2} + C_{H_2O}\alpha^*_{H_2O} - \Delta\alpha \tag{7-44}$$

式中,修正系数 C_{CO_2} 和 C_{H_2O} 与前述发射率修正系数一样,而 $\alpha^*_{CO_2}$、$\alpha^*_{H_2O}$ 和 $\Delta\alpha$ 的确定可采用经验处理方法,即

$$\alpha^*_{CO_2} = [\varepsilon^*_{CO_2}]_{T_w, p_{CO_2} s(T_w/T_g)} \left(\frac{T_g}{T_w}\right)^{0.65}$$

$$\alpha^*_{H_2O} = [\varepsilon^*_{H_2O}]_{T_w, p_{H_2O} s(T_w/T_g)} \left(\frac{T_g}{T_w}\right)^{0.45} \tag{7-45}$$

$$\Delta\alpha = [\Delta\varepsilon]_{T_w}$$

式中,T_w 为气体外壳的壁面温度,方括号的下标是指方括号内的量在查表时所用的参量。

在利用图 7-21～图 7-25 确定气体的吸收率时,图中温度应采用壁面的温度,而分压力与射线平均行程的乘积中也要考虑温度的影响。具体使用过程可见例题 7-7。

3. 射线平均行程

气体辐射是在整个气体空间进行的"容积辐射",必然是各向同性的漫辐射。气体层的发射率和吸收率应该指气体层向半球空间的总发射率和总吸收率,也只有这种气体半球体对底面中心的射线行程才能经历同样的长度,参看图 7-26(b)。作为整体计算,需要找到射线行程的平均长度 s,相当于把介质体积为 V、包络表面积为 A 的实际空间形状[见图 7-26(a)]设想成为图 7-26(b)中半径为 s 的当量半球空间。

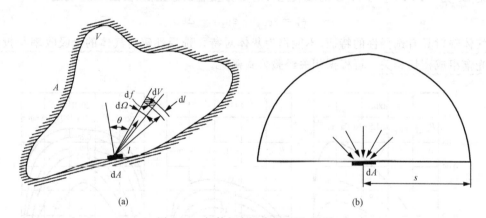

图 7-26 气体辐射的射线平均行程

由图 7-26(a),气体微元体积 $dV = df \cdot dl$,从 l 到 $l+dl$ 厚的气层的光谱辐射强度为 $\dfrac{\partial I_\lambda}{\partial l}dl$,或由 dV 本身在 $d\Omega$ 立体角内的辐射热流为

$$\Phi_{dV,\lambda} = \frac{\partial I_\lambda}{\partial l}dl\,df\,d\Omega = \frac{\partial I_\lambda}{\partial l}dV\,d\Omega \tag{a}$$

气体辐射具有各向同性漫辐射的特征,根据朗伯定律

$$I_\lambda = \frac{E_\lambda}{\pi} = \frac{\varepsilon_\lambda E_{b\lambda}}{\pi} \tag{b}$$

$$\frac{\partial I_\lambda}{\partial l} = \frac{E_{b\lambda}}{\pi}\frac{\partial\varepsilon_\lambda}{\partial l} \tag{c}$$

对于漫辐射,根据基尔霍夫定律 $\alpha_\lambda = \varepsilon_\lambda$,以及气体光谱吸收率 $\alpha_\lambda = 1 - \tau_\lambda = 1 - \mathrm{e}^{-K_\lambda l}$,得到

$$\frac{\partial \varepsilon_\lambda}{\partial l} = \frac{\partial \alpha_\lambda}{\partial l} = K_\lambda \mathrm{e}^{-K_\lambda l} \tag{d}$$

当 $K_\lambda l$ 很小,即气体本身的吸收小到可以忽略时,则

$$\left. \frac{\partial \varepsilon_\lambda}{\partial l} \right|_{K_\lambda l \to 0} = K_\lambda \tag{e}$$

$$\varepsilon_\lambda \approx K_\lambda l \tag{f}$$

将上述关系代入式(a),得到

$$\Phi_{\mathrm{d}V, \lambda} = \frac{E_{\mathrm{b}\lambda}}{\pi} K_\lambda \mathrm{d}V \mathrm{d}\Omega$$

于是微元体积 $\mathrm{d}V$ 的气体对周围整个表面(4π 球面度)的辐射热流为

$$\mathrm{d}\Phi_\lambda = 4\pi \Phi_{\mathrm{d}V, \lambda} = 4E_{\mathrm{b}\lambda} K_\lambda \mathrm{d}V \tag{g}$$

整个空间体积 V 对周围表面积的辐射热流为

$$\Phi_\lambda = 4E_{\mathrm{b}\lambda} K_\lambda V \tag{h}$$

同时由式(f),若近似认为气体的半球光谱发射率的平均值为 $\bar{\varepsilon}_\lambda \approx K_\lambda s$[见图 7-26(b)],因此可以得到

$$\Phi_\lambda = \bar{\varepsilon}_\lambda A E_{\mathrm{b}\lambda} = K_\lambda s A E_{\mathrm{b}\lambda} \tag{i}$$

比较式(h)和式(i),得到

$$s = \frac{4V}{A} \tag{7-46}$$

上式是在假设气体的 $K_\lambda s \to 0$ 的条件下得到的,分析表明,在工程计算常遇到的范围内,可以引进修正系数,表示为

$$s = m \frac{4V}{A} \tag{7-47}$$

式中,m 为修正系数,其值在 $0.85 \sim 1$,一般取作 0.9。表 7-2 给出了几种几何形状气体容积的平均射线行程。

表 7-2　几种几何形状气体容积的平均射线行程

气体容积形状	特征尺寸	受到气体辐射的位置	平均射线行程
两无限大平板夹层	平板间距 H	平板	$1.8H$
无限长圆筒体	直径 d	整个内表面	$0.9d$
高度等于两倍直径的圆柱体	直径 d	上下底面	$0.6d$
		侧面	$0.73d$
球	直径 d	整个内表面	$0.6d$
正立方体	边长 b	整个内表面	$0.6b$
位于管束间的气体	节距 s_1, s_2 管外径 d	管束表面	$0.9d\left(\dfrac{4s_1 s_2}{\pi d^2} - 1\right)$

例题 7-7 含 13% CO_2 和 10% H_2O 的烟气,流过直径为 1m 的长管,烟气温度为 863℃,总压力为 $1.056 \times 10^5 Pa$,管壁温度为 568℃,壁面发射率为 $\varepsilon_w = 0.8$。试计算烟气的发射率和吸收率。

解 由表 7-2 知,烟气对长管侧面的平均射线行程为 $s = 0.9d = 0.9m$,于是

$$p_{CO_2} s = 0.13 \times 1.056 \times 10^5 \times 0.9 = 0.124 \times 10^5 (Pa \cdot m)$$

$$p_{H_2O} s = 0.1 \times 1.056 \times 10^5 \times 0.9 = 0.095 \times 10^5 (Pa \cdot m)$$

根据 $T_g = 863 + 273 = 1136(K)$,查图 7-21 和图 7-22,得到

$$\varepsilon_{CO_2}^* = 0.12, \quad \varepsilon_{H_2O}^* = 0.115$$

进行二氧化碳和水蒸气的发射率压力修正,通过图 7-23 和图 7-24,得到

$$C_{CO_2} = 1, \quad C_{H_2O} = 1.06$$

则

$$\varepsilon_{CO_2} = \varepsilon_{CO_2}^* C_{CO_2} = 0.12 \times 1 = 0.12, \quad \varepsilon_{H_2O} = \varepsilon_{H_2O}^* C_{H_2O} = 0.115 \times 1.06 = 0.122$$

再进行光谱重叠修正,根据图 7-25,查得 $\Delta\varepsilon = 0.028$。

因此得到烟气的发射率为

$$\varepsilon_g = \varepsilon_{CO_2} + \varepsilon_{H_2O} - \Delta\varepsilon = 0.12 + 0.122 - 0.028 = 0.214$$

下面来说明烟气吸收率的确定方法。

根据壁面温度 $T_w = 568 + 273 = 841(K)$,按照式(7-45)中的经验处理方法,得到

$$p_{CO_2} s (T_w/T_g) = 0.13 \times 1.056 \times 10^5 \times 0.9 \times (841/1136) = 0.0914 \times 10^5 (Pa \cdot m)$$

$$p_{H_2O} s (T_w/T_g) = 0.1 \times 1.056 \times 10^5 \times 0.9 \times (841/1136) = 0.0703 \times 10^5 (Pa \cdot m)$$

查图 7-21 和图 7-22,图中纵坐标温度采用壁面的温度,得到

$$[\varepsilon_{CO_2}^*]_{T_w} = 0.11, \quad [\varepsilon_{H_2O}^*]_{T_w} = 0.124$$

故有

$$\alpha_{CO_2}^* = [\varepsilon_{CO_2}^*]_{T_w, p_{CO_2} s(T_w/T_g)} \left(\frac{T_g}{T_w}\right)^{0.65} = 0.11 \times \left(\frac{1136}{841}\right)^{0.65} = 0.134$$

$$\alpha_{H_2O}^* = [\varepsilon_{H_2O}^*]_{T_w, p_{H_2O} s(T_w/T_g)} \left(\frac{T_g}{T_w}\right)^{0.45} = 0.124 \times \left(\frac{1136}{841}\right)^{0.45} = 0.142$$

又由 $T_w = 568 + 273 = 841(K)$,查图 7-25,得到

$$\Delta\alpha = [\Delta\varepsilon]_{T_w} = 0.016$$

利用式(7-44),得到烟气的吸收率为

$$\alpha_g = C_{CO_2} \alpha_{CO_2}^* + C_{H_2O} \alpha_{H_2O}^* - \Delta\alpha = 1 \times 0.134 + 1.06 \times 0.142 - 0.016 = 0.268$$

7.4.4 航空发动机燃烧室中火焰的发射率和吸收率

发动机燃烧室中的火焰辐射包括两部分:一部分是燃气中的 CO_2 与 H_2O 的辐射,由于这些气体的辐射和吸收的波长范围都在红外线区域,所以称为非发光辐射;另一部分是由于燃烧不完全而生成固态自由碳粒的辐射,这种固态自由碳粒在高温下有较强的辐射能力,并且发光,所以称为发光辐射。在处理燃气的发射率时,是以非发光的气体辐射为基础,而用所谓亮度因子来考虑发光辐射的影响。

1. 非发光火焰的发射率

根据实验测定,燃气中非发光火焰的发射率可按式(7-48)计算

$$\varepsilon_g = 1 - \exp[-0.29 p_g (rl)^{0.5} T_g^{-1.5}] \tag{7-48}$$

式中,p_g 为燃气压力(Pa);r 为燃料与空气的质量比,$r = m_f/m_a$;l 为射线行程平均长度(m);

T_g 为燃气温度(K)。

燃烧过程中常常用余气系数 α 来表征燃烧参数,定义为实际空气量与理想空气量之比。完全燃烧时,1kg 燃油需要 14.7kg 的空气质量,这样通过余气系数也可以确定燃料与空气的质量比。

2. 发光火焰的发射率

当燃烧不完全时,燃气中有固态自由碳粒存在,发光的程度取决于所用燃料的类型。其发射率可按式(7-49)计算

$$\varepsilon_g = 1 - \exp[-0.29 B p_g (rl)^{0.5} T_g^{-1.5}] \qquad (7\text{-}49)$$

式中,B 为亮度因子,其值取为 $B = 3(C/H - 5.2)^{0.75}$,其中 C/H 为燃料的碳氢质量比。对于煤油,通常取 $B = 1.7$,对于汽油,通常取 $B = 6.7$。

3. 燃气的吸收率

燃烧室内燃气的吸收率与发射率有下列近似关系:

$$\frac{\alpha_g}{\varepsilon_g} = \left(\frac{T_g}{T_w}\right)^{1.5} \qquad (7\text{-}50)$$

可以作为工程分析应用。

7.4.5 大气窗口与红外隐身

对于飞行器而言,红外辐射源一般来自以下几个方面:① 排气喷管外露高温部件红外辐射;② 排气尾焰红外辐射;③ 高速气流气动加热引起的机身蒙皮辐射;④ 来自太阳和环境辐射的反射。其中,来自发动机外露的高温部件和排出的高温燃气是红外制导武器的主要探测与跟踪目标。前者产生连续的灰体辐射,对喷口尾向的探测起到决定性的贡献;后者则产生不连续的选择性光谱辐射,对全向探测均具有一定的贡献。

红外辐射信号在传输过程中,经过大气层内各种气体混合物(CO_2、H_2O、O_3、CO 等)的选择性吸收与烟雾、灰尘等悬浮粒子的散射作用之后才传到探测器。这种传输过程中的吸收与散射效应均随波长而变化,从而形成三个相对透明的辐射区域,称之为"大气窗口"。图 7-27

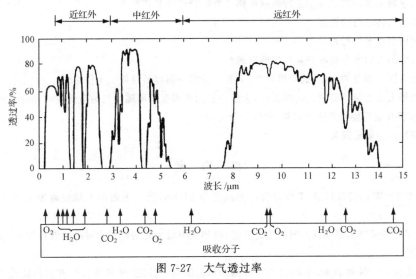

图 7-27　大气透过率

给出了一个典型大气光谱透过率,它比较清晰地给出了在 $1\sim3\mu m$(近红外)、$3\sim5\mu m$(中红外)和 $8\sim14\mu m$(远红外)三个波段内,大气的三个窗口的透过率曲线。也就是说目标发出的红外信号,在这三个窗口波段是比较透明的或者衰减微弱的,容易被红外探测器所接收。

发动机的排气温度多在 $300\sim700℃$ 的范围之内,根据维恩位移定律,其所发出的峰值辐射能量的波长正好处在大气窗口 $3\sim5\mu m$ 的中红外波段范围之内;而飞行器蒙皮的红外辐射能量则主要处于 $8\sim14\mu m$ 波段范围之内。对于红外隐身,其任务就是通过高温表面冷却、热喷流掺混、遮蔽和辐射特性改变等技术措施降低在上述波段之内的红外辐射强度,减小目标被红外导弹探测与跟踪的概率。

<h2 style="text-align:center">思 考 题</h2>

7-1 简述热辐射的主要特点。

7-2 辐射特性用哪些参数表示?

7-3 方向特性和光谱特性如何描述?

7-4 简述辐射强度、辐射力和定向辐射力的定义,辨析其相互关系。

7-5 何谓黑体?在热辐射理论中为什么要引入这一概念?

7-6 试证明:黑体辐射强度与方向无关。

7-7 试述普朗克定律、斯特藩-玻尔兹曼定律。

7-8 如图 7-28 所示的真空辐射炉,球心处有一黑体加热元件,试指出①,②,③处中何处的辐射强度最大,何处的辐射热流量最大。(假设①,②,③处对球心所张立体角相同)

7-9 何谓灰体假设?在热辐射理论中为什么要引入这一概念?

7-10 何谓漫辐射假设?对于漫辐射表面,是否意味着辐射能在半球空间各方向是均匀分布的?

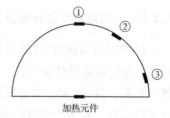

图 7-28 思考题 7-8 示意图

7-11 有人认为,善于发射的物体必善于吸收,即该物体的辐射能力越强,其吸收率也越大。你同意这一观点吗?

7-12 太阳能集热器的吸收板表面有时覆以一层选择性涂层,能使表面吸收太阳辐射的能力比本身辐射的能力高出 10 倍左右,试问这一现象是否与基尔霍夫定律(善于吸收必善于发射)矛盾?

7-13 试说明基尔霍夫定律 $\varepsilon=\alpha$ 成立的条件。

7-14 简述漫灰表面假定对于工程辐射换热计算的合理性及其意义。

7-15 简述气体辐射的特点。

7-16 何谓射线平均行程?

7-17 气体的发射率和吸收率是如何确定的?

7-18 北方深秋季节的清晨,试问树叶上、下表面的哪一面容易结霜?为什么?

7-19 选择太阳能集热器的表面涂层时,该涂层表面光谱吸收率随波长的最佳曲线是什么?有人认为取暖用的辐射采暖片也需要涂敷这种材料,你认为合适吗?

7-20 解释温室效应现象。

<h2 style="text-align:center">练 习 题</h2>

7-1 一个 100W 的钨丝灯泡,工作时钨丝的温度为 2778K,钨丝表面的半球发射率为 0.3,计算钨丝的面积。

7-2 利用光学仪器测得来自太阳的辐射光谱,得知其中最大光谱辐射力对应的波长为 $0.5\mu m$,试计算太阳表面的温度。

7-3 温度为 3000K 的表面,在 $0\leqslant\lambda\leqslant3\mu m$ 的波长范围内,光谱发射率为 0.8,在其他波段光谱发射率为

0.2。如果入射辐射来自表面温度为1000K的黑体,求吸收率是多少?

7-4 假设玻璃对波长在$0.29\sim2.70\mu m$范围的热辐射,其穿透的成分为90%,其余的不透过,对所有波长反射占5%,试计算玻璃对太阳辐射的穿透率和吸收率。

7-5 有一个开有小孔的恒温空腔,保持温度为2000K。试计算由小孔发出的每单位面积的辐射能为多少? 能量份额为0.1和0.9所对应的波长是多少? 光谱辐射强度最大时所对应的波长是多少?

7-6 一人工黑体腔上直径为20mm的圆可以视为黑体辐射小孔,其辐射力相当于温度为1600K的黑体辐射力。一辐射热流计与该小孔相距1m,且与该小孔法线方向成60°夹角,热流计的吸热面积为$1.6\times10^{-5}\ m^2$。试确定该热流计所探测到的黑体投入辐射。

7-7 一平板,下表面绝热,上表面发射率为0.1,对太阳的吸收率为0.9。空气和周围环境的温度为17℃,平板和空气之间的对流换热系数为$20W/(m\cdot K)$。投射到平板上表面的太阳辐射热流为$900W/m^2$。平板表面具有漫射性质,求其处于稳态时的温度。

7-8 内表面为$100m^2$的封闭腔,其内壁是黑表面并保持恒定温度,封闭腔的小孔面积为$0.02m^2$,由小孔发出的辐射能为70W。

(1) 封闭腔内壁的温度是多少?

(2) 若封闭腔内壁温度保持上述温度,但将腔内表面磨光使其发射率为0.15,问小孔发出的辐射能是多少?

7-9 一直径为20mm的黑体辐射孔,其辐射力为$3.72\times10^5\ W/m^2$,用来标定光敏面积为$1.6\times10^{-5}\ m^2$的热流计。试确定:

(1) 为接受$1000W/m^2$的热流密度,沿小孔法线方向上热流计与小孔之间的距离为多少?

(2) 若热流计偏离小孔法线方向20°角,此时热流计上的热流密度为多少?

7-10 在直径为1m、长为2m的圆形烟道中,有温度为1027℃的烟气通过。若烟气总压力为$10^5\ Pa$,其中二氧化碳的容积百分数为10%,水蒸气占8%,其余为不辐射气体,试计算:

(1) 烟气对整个包壁的平均发射率;

(2) 若烟道壁温为527℃,确定烟气对包壁辐射的吸收率。

7-11 图7-29给出一漫反射表面的光谱吸收率α_λ、光谱辐射力E_λ以及外界投入辐射G_λ随波长的分布曲线。若在某一瞬间测得其表面温度为1100K,试计算并回答:

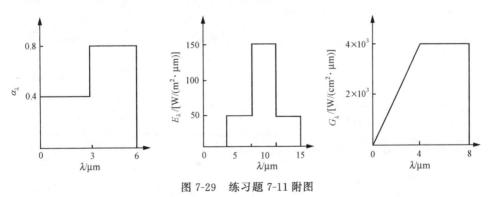

图7-29 练习题7-11附图

(1) 此时该表面的辐射力E以及发射率ε;

(2) 定向辐射强度;

(3) 单位表面积吸收的外界投入辐射Φ_α;

(4) 此条件下的物体温度T随时间推移是增加还是减少,或者不变。假设物体无内热源,除辐射换热之外也没有任何其他形式的热量传递。

7-12 试证明如下论述:对于腔壁的吸收率为0.6的一等温球壳,球壳腔壁为漫辐射体,当其上的小孔面积小于球的总表面积的 0.6% 时,该小孔的吸收率可大于 99.6%。

参 考 文 献

曹玉璋,邱绪光,1998. 实验传热学[M]. 北京:国防工业出版社:127-130

葛绍岩,那鸿悦,1989. 热辐射性质及其测量[M]. 北京:科学出版社:96,451

李立国,张靖周,2007. 航空用引射混合器[M]. 北京:国防工业出版社:56-59

斯帕罗 E M,塞斯 R D,1982. 辐射传热[M]. 顾传保,张学学,译. 北京:高等教育出版社:108-113

谈和平,夏新林,刘林华,等,2006. 红外辐射特性与传输的数值计算[M]. 哈尔滨:哈尔滨工业大学出版社:
1-2,357-358

王宝官,1997. 传热学[M]. 北京:航空工业出版社:169-171

王补宣,1998. 工程传热传质学(上册)[M]. 北京:科学出版社:227-260

杨世铭,陶文铨,2006. 传热学[M]. 4 版. 北京:高等教育出版社:376-377

余其铮,2000. 辐射换热原理[M]. 哈尔滨:哈尔滨工业大学出版社:1-10

Cengel Y A,2003. Heat transfer,A practical approach[M]. 2nd ed. New York:McGraw-Hill Book Company:
571-581

Holman J P,2002. Heat transfer[M]. 9th ed. New York:McGraw-Hill Book Company:367-368

Incropera F P,DeWitt D P,2002. Fundamentals of heat and mass transfer[M]. 5th ed. New York:Jonh & Wiley Sons:723,749

Siegel R,Howell J R,1982. Thermal radiation heat transfer[M]. 2nd ed. Washington:Hemisphere Publishing Corporation:57-63,325-350

第 8 章　辐射换热的计算

本章将重点讨论被透明介质(completely transparent medium)隔开的表面之间的辐射换热问题。表面之间的辐射换热研究在 20 世纪 60 年代已相对成熟,之后就偏重研究具有发射(emitting)、吸收(absorbing)、散射(scattering)介质的辐射换热计算,出现了很多计算介质辐射换热的方法。实际上,只要假设介质是透明的,这些介质辐射计算方法就是表面辐射计算方法,表面辐射计算方法是介质辐射计算方法的一个特例。

固体表面间辐射换热计算方法与辐射换热系统的辐射特性、几何形状以及表面温度分布等因素密切相关。对于被透明介质隔开的具有漫灰辐射特征的表面之间辐射换热问题,可以利用角系数这一几何因子概念,运用辐射网络法加以分析。本章将首先通过两任意放置的黑体表面的辐射换热问题,引出角系数的定义、性质及其代数确定方法;在此基础上讨论漫灰表面之间的辐射换热问题;最后对气体与壳体间的辐射换热问题作简要介绍。

8.1　被透明介质隔开的两表面间辐射换热

8.1.1　两黑体表面之间的辐射换热

如图 8-1 所示,在空间任意放置的两个黑体表面 A_1 和 A_2,温度分别为 T_1 和 T_2。在两表面上各取一个微元面 dA_1 和 dA_2,两微元表面之间的连线距离为 r。连线与两微元表面法线的夹角分别为 θ_1 和 θ_2。

由立体角的定义,dA_2 对 dA_1 所张的立体角为

$$d\Omega_1 = \frac{dA_2 \cdot \cos\theta_2}{r^2}$$

根据辐射强度的定义式[见式(7-11)]

$$I(\theta) = \frac{d\Phi}{dA\cos\theta\, d\Omega}$$

单位时间内,从黑体表面 dA_1 投射到黑体表面 dA_2 上的
辐射能为

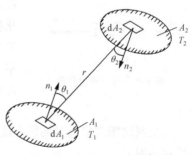

图 8-1　两有限等温黑体表面

$$d\Phi_{b(1\to2)} = I_{b1}\, dA_1 \cos\theta_1\, d\Omega_1 = \frac{E_{b1}}{\pi} dA_1 \cos\theta_1 \frac{dA_2 \cos\theta_2}{r^2} = E_{b1} \frac{\cos\theta_1 \cos\theta_2}{\pi r^2} dA_1 dA_2 \quad (8\text{-}1)$$

将式(8-1)在 A_1 和 A_2 面上积分,可得到单位时间内由 A_1 表面投射到 A_2 表面上的辐射能

$$\Phi_{b(1\to2)} = E_{b1} \int_{A_1} \int_{A_2} \frac{\cos\theta_1 \cos\theta_2}{\pi r^2} dA_1 dA_2 \quad (8\text{-}2)$$

注意到黑体表面 A_1 在单位时间内向半球空间所发射的总能量为

$$\Phi_{b1} = A_1 E_{b1}$$

那么黑体表面 A_1 投射到黑体表面 A_2 上的辐射能占总能量 Φ_{b1} 的份额为

$$X_{1,2} = \frac{\Phi_{b(1\rightarrow2)}}{\Phi_{b1}} = \frac{1}{A_1}\int_{A_1}\int_{A_2}\frac{\cos\theta_1\cos\theta_2}{\pi r^2}\mathrm{d}A_1\mathrm{d}A_2 \qquad (8\text{-}3)$$

式中，$X_{1,2}$ 称为表面 A_1 对表面 A_2 的角系数(angle factor or view factor)。显然角系数仅仅是空间几何参数。

引入角系数的概念之后，式(8-2)可以写成

$$\Phi_{b(1\rightarrow2)} = X_{1,2} \cdot \Phi_{b1} = X_{1,2} \cdot A_1 \cdot E_{b1} \qquad (8\text{-}4)$$

同理可以得到表面 A_2 对表面 A_1 的角系数为

$$X_{2,1} = \frac{\Phi_{b(2\rightarrow1)}}{\Phi_{b2}} = \frac{1}{A_2}\int_{A_1}\int_{A_2}\frac{\cos\theta_1\cos\theta_2}{\pi r^2}\mathrm{d}A_1\mathrm{d}A_2 \qquad (8\text{-}5)$$

以及单位时间内由 A_2 表面投射到表面 A_1 上的辐射能为

$$\Phi_{b(2\rightarrow1)} = X_{2,1} \cdot \Phi_{b2} = X_{2,1} \cdot A_2 \cdot E_{b2} \qquad (8\text{-}6)$$

由于黑体表面对投入辐射可以全部吸收，则黑体表面 A_1 和 A_2 之间的辐射换热量为

$$\Phi_{b(1,2)} = \Phi_{b(1\rightarrow2)} - \Phi_{b(2\rightarrow1)} \qquad (8\text{-}7)$$

根据式(8-3)和式(8-5)，注意到 $X_{1,2}A_1 = X_{2,1}A_2$，此为角系数的互换性(reciprocity relation)。则

$$\Phi_{b(1,2)} = X_{1,2}A_1E_{b1} - X_{2,1}A_2E_{b2} = X_{1,2}A_1(E_{b1}-E_{b2}) = X_{2,1}A_2(E_{b1}-E_{b2}) \qquad (8\text{-}8)$$

将式(8-8)改写为

$$\Phi_{b(1,2)} = \frac{(E_{b1}-E_{b2})}{\dfrac{1}{X_{1,2}A_1}} = \frac{(E_{b1}-E_{b2})}{\dfrac{1}{X_{2,1}A_2}} \qquad (8\text{-}9)$$

式(8-9)为黑体表面间辐射换热计算的网络法提供了依据。如图 8-2 所示，如果把 E_{b1} 和 E_{b2} 比作电势(potential)，则可以把 $1/(X_{1,2}A_1)$ 或 $1/(X_{2,1}A_2)$ 比作辐射换热中的辐射热阻(radiation resistance)。即便是对于黑体表面，由于空间几何关系使得一个表面传出的辐射能不能完全被另一表面所吸收，这一热阻可以理解为空间对辐射能转变为热能的阻力，即空间热阻(space radiation resistance)。

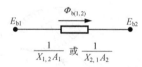

图 8-2　空间辐射热阻

通过网络图求解辐射换热方法是工程辐射换热计算的重要方法。在构造网络图中，首先要确定热阻。

8.1.2　角系数的性质与计算

在漫灰表面的假设下，固体表面间的辐射换热计算得到了很大的简化。简单地说，辐射换热计算的三要素是：温度、发射率、角系数。

角系数的概念反映了空间几何因素对辐射换热的影响。角系数的定义是，在固体表面朝向半球空间辐射出去的总能量中，有多少份额落到了参与辐射换热的另一个物体表面上，它是一个百分比，很显然，对一般物体而言，这个百分比除了与几何因素有关外，还和有些辐射特性有关。

为了使角系数仅仅与物体的几何因素有关，必须要有一定的条件。只有在这些限制条件下，才能将表面几何特性对辐射换热的影响单独分离出来。概括起来，应该具备两个条件：

①所研究的表面是符合朗伯定律的漫辐射表面;②在所研究表面的不同地点上向外发射的辐射热流密度是均匀的。实际工程问题虽然不一定满足这些假定,但由此造成的偏差一般在工程计算允许的范围之内,因此这种处理方法在工程辐射换热计算中被广泛采用。

1. 角系数的性质

角系数有如下一些性质。

(1) 角系数的互换性。

由式(8-3)和式(8-5),可以得到

$$X_{1,2}A_1 = X_{2,1}A_2 \tag{8-10}$$

(2) 角系数的完整性。

对于由多个表面组成的封闭空腔(见图 8-3),根据能量守恒原理,从任一表面发射出的辐射能必全部落到封闭空腔的各表面上。因此

$$1 = X_{i,1} + X_{i,2} + \cdots + X_{i,n} = \sum_{j=1}^{n} X_{i,j} \tag{8-11}$$

此式表达的关系称为角系数的完整性(summation rule)。若表面 i 为非凹表面,$X_{i,i}=0$;若表面 i 为凹表面,则 $X_{i,i} \neq 0$,即表面对自身的角系数不为零,意味着该表面向外发射出的辐射能有一些仍落在自身表面上。

(3) 角系数的分解性。

对于图 8-4 所示的几何系统进行分析,将表面 A_1 分为 A_3 和 A_4 两部分,或将表面 A_2 分为 A_5 和 A_6 两部分,仍然根据能量守恒定律,可以得到

$$A_1 X_{1,2} = A_3 X_{3,2} + A_4 X_{4,2} \tag{8-12a}$$

$$A_1 X_{1,2} = A_1 X_{1,5} + A_1 X_{1,6} \tag{8-12b}$$

即角系数具有分解性的性质(superposition rule)。

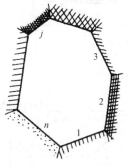
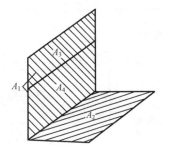
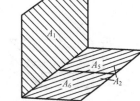

图 8-3　角系数完整性　　　　　　　图 8-4　角系数分解性

2. 角系数的计算

对于漫辐射表面,角系数可以按照定义式(8-3),通过直接积分法而获得。注意这是一个四重积分,很多情况下会遇到数学上的困难。

例 8-1　如图 8-5 所示,求微元表面 dA_1 和与它平行的直径为 D 的圆盘 A_2 之间的角系数。微元表面的

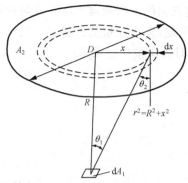

法线通过圆盘的圆心，两者的距离为 R。

解 在圆盘上取一圆环，$dA_2 = 2\pi x \, dx$

$$\cos\theta_1 = \frac{R}{\sqrt{R^2 + x^2}}, \quad \cos\theta_2 = \frac{R}{\sqrt{R^2 + x^2}}$$

则根据角系数的定义式

$$X_{dA1,dA2} = \frac{1}{dA_1} \frac{\cos\theta_1 \cos\theta_2}{\pi r^2} dA_1 dA_2$$

即

$$X_{dA1,dA2} = \frac{\cos\theta_1 \cos\theta_2}{\pi r^2} dA_2$$

图 8-5 例题 8-5 附图

微元表面 dA_1 对圆盘 A_2 之间的角系数

$$X_{dA1,A2} = \int_{A_2} \frac{\cos\theta_1 \cos\theta_2}{\pi r^2} dA_2 = \int_0^{\frac{D}{2}} \frac{\dfrac{R^2}{R^2 + x^2}}{\pi(R^2 + x^2)} 2\pi x \, dx = \frac{D^2}{4R^2 + D^2}$$

工程上已将大量的几何系统角系数的求解结果绘制成图线。本教材仅给出其中一些代表性的计算公式和图线（见表 8-1，图 8-6 ～图 8-8）。

表 8-1 几种几何系统的角系数 $X_{1,2}$ 计算公式

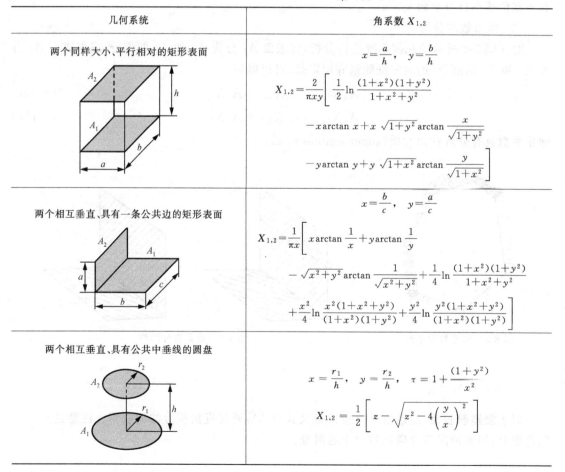

几何系统	角系数 $X_{1,2}$
两个同样大小、平行相对的矩形表面	$x = \dfrac{a}{h}, \quad y = \dfrac{b}{h}$ $X_{1,2} = \dfrac{2}{\pi x y}\left[\dfrac{1}{2}\ln\dfrac{(1+x^2)(1+y^2)}{1+x^2+y^2}\right.$ $-x\arctan x + x\sqrt{1+y^2}\arctan\dfrac{x}{\sqrt{1+y^2}}$ $\left. -y\arctan y + y\sqrt{1+x^2}\arctan\dfrac{y}{\sqrt{1+x^2}}\right]$
两个相互垂直、具有一条公共边的矩形表面	$x = \dfrac{b}{c}, \quad y = \dfrac{a}{c}$ $X_{1,2} = \dfrac{1}{\pi x}\left[x\arctan\dfrac{1}{x} + y\arctan\dfrac{1}{y}\right.$ $-\sqrt{x^2+y^2}\arctan\dfrac{1}{\sqrt{x^2+y^2}} + \dfrac{1}{4}\ln\dfrac{(1+x^2)(1+y^2)}{1+x^2+y^2}$ $\left. +\dfrac{x^2}{4}\ln\dfrac{x^2(1+x^2+y^2)}{(1+x^2)(1+y^2)} + \dfrac{y^2}{4}\ln\dfrac{y^2(1+x^2+y^2)}{(1+x^2)(1+y^2)}\right]$
两个相互垂直、具有公共中垂线的圆盘	$x = \dfrac{r_1}{h}, \quad y = \dfrac{r_2}{h}, \quad \tau = 1 + \dfrac{(1+y^2)}{x^2}$ $X_{1,2} = \dfrac{1}{2}\left[z - \sqrt{z^2 - 4\left(\dfrac{y}{x}\right)^2}\right]$

几何系统	角系数 $X_{1,2}$
一个圆盘和一个中心在其中垂线上的球 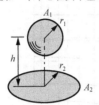	$$X_{1,2} = \frac{1}{2}\left[1 - \frac{1}{\sqrt{1+\left(\frac{r_2}{h}\right)^2}}\right]$$

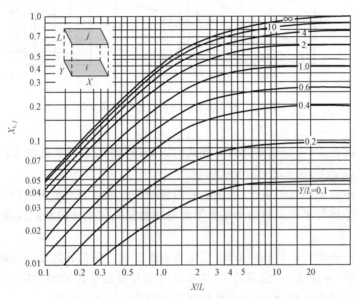

图 8-6 平行长方形表面间的角系数

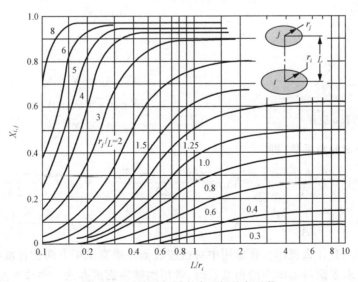

图 8-7 同轴平行圆盘表面间的角系数

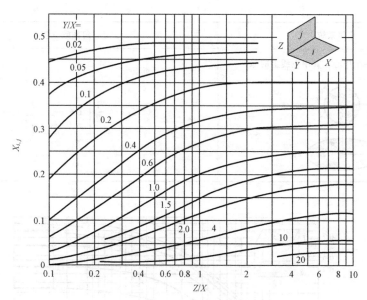

图 8-8 相互垂直长方形表面间的角系数

利用角系数的性质,可以通过代数方程式的方法,根据已知的角系数求得未知的角系数。称为**代数分析法**(algebraic analysis method)。

对于一些特定放置的几何系统,如大空腔内部的任一球体与空腔壁之间的角系数、无限大平板上方放置的球体与平板之间的角系数等都可以根据几何系统的特点以及角系数的互换性方便地确定。

对于由三个凸表面组成的几何系统,假定垂直于纸面方向的长度是很长的,因而可以认为它是一个封闭空腔(见图 8-9),也就是说,从系统两端开口处逸出的辐射能可忽略不计。利用代数法很容易确定其角系数,设三个表面的面积分别为 A_1、A_2 和 A_3。

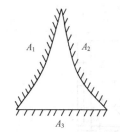

图 8-9 非凹表面空腔

根据角系数的互换性和完整性,有

$$X_{1,2} + X_{1,3} = 1 \tag{a}$$

$$X_{2,1} + X_{2,3} = 1 \tag{b}$$

$$X_{3,1} + X_{3,2} = 1 \tag{c}$$

$$X_{1,2}A_1 = X_{2,1}A_2 \tag{d}$$

$$X_{1,3}A_1 = X_{3,1}A_3 \tag{e}$$

$$X_{2,3}A_2 = X_{3,2}A_3 \tag{f}$$

可以解出 6 个未知的角系数,即

$$X_{1,2} = \frac{A_1 + A_2 - A_3}{2A_1}, \quad X_{1,3} = \frac{A_1 + A_3 - A_2}{2A_1}, \quad X_{2,1} = \frac{A_2 + A_1 - A_3}{2A_2}$$

$$X_{2,3} = \frac{A_2 + A_3 - A_1}{2A_2}, \quad X_{3,1} = \frac{A_3 + A_1 - A_2}{2A_3}, \quad X_{3,2} = \frac{A_3 + A_2 - A_1}{2A_3} \tag{8-13}$$

看一看这些表达式有什么规律? 在应用中对这些表面在垂直纸面方向的长度有何要求?

代数分析法求多面封闭体中的角系数时,常用加辅助面的办法。在作辅助面时,辅助面需是平面,并且不能将原有的面切割成多个面。同时,应注意辅助面是假想面,不能由于它的出现,使系统内的辐射能量分布发生变化。否则就会引起误差,甚至错误。

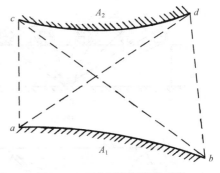

图 8-10　两表面之间的角系数

下面运用代数分析法来确定图 8-10 所示的表面 A_1 和 A_2 之间的角系数。假定在垂直于纸面的方向上表面的长度是无限延伸的。作辅助面 ac 和 bd,它们代表在垂直于纸面的方向上无限延伸的两个表面。因此可以认为辅助面和原有的两个表面构成了一个封闭系统。在此系统内,根据角系数的完整性,表面 A_1 对 A_2 的角系数为

$$X_{ab,cd} = 1 - X_{ab,ac} - X_{ab,bd} \tag{a}$$

同时,作交叉辅助面 ad 和 bc,也可以把 abc 和 abd 看成两个各有三个表面组成的封闭系统。可以直接应用式(8-13)

$$X_{ab,ac} = \frac{A_{ab} + A_{ac} - A_{bc}}{2A_{ab}} \tag{b}$$

$$X_{ab,bd} = \frac{A_{ab} + A_{bd} - A_{ad}}{2A_{ab}} \tag{c}$$

将式(b)和式(c)代入式(a),得到

$$X_{ab,cd} = \frac{(A_{bc} - A_{ac}) + (A_{ad} - A_{bd})}{2A_{ab}} \tag{8-14}$$

按照式(8-14)的特征,可以归纳出如下的一般关系

$$X_{1,2} = \frac{交叉线长度之和 - 非交叉线长度之和}{2 \times 表面 A_1 线段长度} \tag{8-15}$$

注意辅助面(线)的增添不应改变空间中各表面之间原有的辐射传递关系。比如,在四边形 $abcd$ 构成的空腔中的 $X_{ab,bd}$,应与三边形 abd 构成的空腔中 $X_{ab,bd}$ 一致。这也是在利用辅助面(线)时,辅助面(线)ad、bd 等不能采用曲面(线)的原因。

辅助面(线)法也称为张弦法,意即用弦紧绷在表面的两端。这种方法避开了繁琐的多重积分,仅仅用简单的代数运算就能计算出形状比较复杂,而且任意放置的物体表面之间的角系数。不过张弦法的应用条件除了满足角系数应用需要具备的条件之外,只能用在延伸表面。

一个具体的应用实例:如图 8-11(a)所示,沿炉膛周围炉墙布置的水冷管排和炉腔构成锅炉内火焰的辐射受热面,火焰辐射能只有全部通过与管排相切的假想表面 A_3 才能到达水冷管排和炉腔,因此 A_3 可以作为火焰辐射面。因为管长较之管距要大得多,近似符合在一个方向上无限延伸的条件,所以可以把问题简化为图 8-11(b)所示,火焰对水冷管壁的角系数,即平面 AB 对凸表面 $AC'E'$ 和 BEC 的角系数。从而利用张弦法确定火焰对水冷管排的辐射角系数。

例题 8-2　如图 8-12 所示,由一个筒形面与一个球形面组成封闭体,求筒形底面 1 对球面 2 的角系数。如果把球形面分解为 3 个面,求面 1 对面 $2'$ 的角系数。

解　作辅助面 a,得

$$X_{1,2} = X_{1,a} \cdot X_{a,2} = X_{1,a}$$

此式的物理意义为:$X_{1,2}$ 等于面 1 对 a 投射能量的百分数乘以面 a 对面 2 投射能量的百分数。由于 $X_{a,2} = 1$,所以 $X_{1,2} = X_{1,a}$。

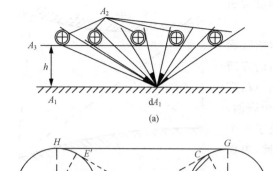

(a)

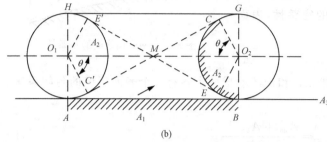

(b)

图 8-11　火焰对水冷管排辐射角系数示意图

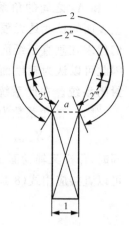

图 8-12　例题 8-2 附图

进一步思考,如果将面 2 分成 3 个面,求面 1 对面 $2'$ 的角系数。

由于面 1 与面 $2'$ 彼此不可见,显然 $X_{1,2'}=0$。

讨论:如果利用加辅助面的方法,则有

$$X_{1,2'} = X_{1,a} \cdot X_{a,2'} \neq 0$$

显然这是一个错误的结论。那么问题出在什么地方呢?

根据角系数的条件,所有面都是漫辐射面,因此在计算中就自觉地加进了面 a 是漫辐射面的假设。这样,就使通过面 a 的辐射能量在方向分布上发生了变化,使面 1 原本只能投射到面 $2''$ 的能量,部分能量转移到了面 $2'$。即此时的辅助面将能量作了重新分布。

例题 8-3　如图 8-13 所示,长 6m、直径为 60mm 的两圆柱体,与纸面垂直放置,两轴心相距 100mm。求两圆柱体相对两表面之间的角系数。

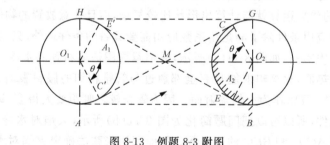

图 8-13　例题 8-3 附图

解　作辅助线 AB 和 HG,以及交叉线 CC' 和 EE'。则表面 $AC'E'H$ 对表面 $BECG$ 的角系数可以按照式 (8-15) 求出。即

$$X_{1,2} = \frac{(AC'CG + BEE'H) - (AB + HG)}{2 \times AC'E'H}$$

由几何关系,容易求出

$$E'M = EM = \sqrt{O_1M^2 - O_1E'^2} = \sqrt{50^2 - 30^2} = 40(\text{mm})$$

$$HE' = BE = O_1E'\left(\frac{\pi}{2} - \theta\right) = O_1E'\left(\frac{\pi}{2} - \arccos\frac{O_1E'}{O_1M}\right) = 19.3\,(\text{mm})$$

因此

$$X_{1,2} = \frac{2 \times (2 \times 40 + 2 \times 19.3) - 2 \times 100}{2 \times 3.14 \times 30} = 0.197$$

8.1.3　两灰体表面间的辐射换热

非黑体表面间的辐射换热比黑体表面要复杂,这是因为它不能全部吸收投射在其上的辐射能,必然有部分被反射回去,从而形成多次反射、吸收的现象。漫灰表面的假设使工程辐射换热计算得到了很大简化,同时认为漫灰表面之间的介质是透明的,这样就不必考虑介质参与辐射换热的作用。

在分析被透明介质隔开的漫灰表面之间的辐射换热问题时,有效辐射(effective radiation)的概念是非常有意义的。有效辐射 J 为灰体本身的辐射(辐射力 E)与投入辐射 G 的反射辐射(ρG)之和(见图 8-14)。

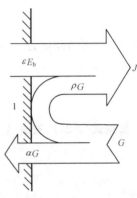

$$J = E + \rho G = \varepsilon E_b + \rho G \qquad (\text{W/m}^2) \qquad (8\text{-}16)$$

有效辐射可以看成是单位时间内,由灰体的单位表面积所射离的总能量。用辐射探测仪能测到的表面辐射实际上就是其有效辐射。由于投入辐射要取决于投射辐射源的温度和辐射特性,因此有效辐射不仅与辐射体本身的辐射特性相关,而且还取决于投射辐射源的辐射特性。在辐射换热计算中,灰体表面向外传出的净辐射换热量也可以归结为有效辐射的函数。

图 8-14　有效辐射示意图

灰体表面的净辐射热流密度从表面外部的效果看,是有效辐射与投入辐射之差。

$$\frac{\Phi}{A} = q = J - G \qquad (8\text{-}17)$$

而从灰体内部的热平衡来看,则应是本身固有辐射与吸收辐射之差。

$$\frac{\Phi}{A} = q = E - \alpha G = \varepsilon E_b - \alpha G \qquad (8\text{-}18)$$

从式(8-17)和式(8-18)中消去 G,对于漫灰表面,$\alpha = \varepsilon$,可以得到该表面向外传出的净辐射换热量

$$\Phi = \frac{\varepsilon}{1-\varepsilon}A(E_b - J) = \frac{E_b - J}{\frac{1-\varepsilon}{\varepsilon A}} \qquad (8\text{-}19)$$

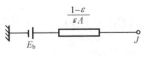

图 8-15　表面辐射热阻

式(8-19)给漫灰体表面间辐射换热计算的网络法提供了依据。如图 8-15 所示,如果把 E_b 和 J 比作电势,则可以把 $(1-\varepsilon)/(\varepsilon A)$ 比作辐射换热中灰体表面的表面辐射热阻(space radiation resistance)。这一热阻可以理解为表面对辐射能转变为热能的阻力。如果表面能将投射在其上的全部辐射能转变成热能,即被全部吸收,则表面热阻为零。

对于由两个等温的漫灰表面组成的封闭系统,如任意放置的二无限大灰体表面之间的辐

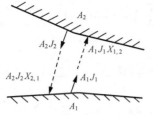

图 8-16 两灰体表面间的辐射换热

射换热(见图 8-16)

$$\Phi_{(1,2)} = A_1 J_1 X_{1,2} - A_2 J_2 X_{2,1}$$
$$= A_1 X_{1,2}(J_1 - J_2) \tag{8-20}$$

或

$$\Phi_{(1,2)} = \frac{J_1 - J_2}{\dfrac{1}{A_1 X_{1,2}}} = \frac{J_1 - J_2}{\dfrac{1}{A_2 X_{2,1}}} \tag{8-21}$$

根据式(8-19),表面 A_1 失去的能量为

$$\Phi_1 = \frac{E_{b1} - J_1}{\dfrac{1 - \varepsilon_1}{\varepsilon_1 A_1}} \tag{a}$$

表面 A_2 获得的能量为

$$\Phi_2 = \frac{J_2 - E_{b2}}{\dfrac{1 - \varepsilon_2}{\varepsilon_2 A_2}} \tag{b}$$

根据式(8-21),表面 A_1 和表面 A_2 之间的辐射换热量为

$$\Phi_{(1,2)} = \frac{J_1 - J_2}{\dfrac{1}{A_1 X_{1,2}}} \tag{c}$$

在系统内只有两个灰体表面参与辐射的情况下,两灰体表面之间辐射换热的等效网络图如图 8-17 所示,$\Phi_1 = \Phi_2 = \Phi_{(1,2)}$,则

$$\Phi_{(1,2)} = \frac{E_{b1} - E_{b2}}{\dfrac{1 - \varepsilon_1}{\varepsilon_1 A_1} + \dfrac{1}{A_1 X_{1,2}} + \dfrac{1 - \varepsilon_2}{\varepsilon_2 A_2}} \tag{8-22}$$

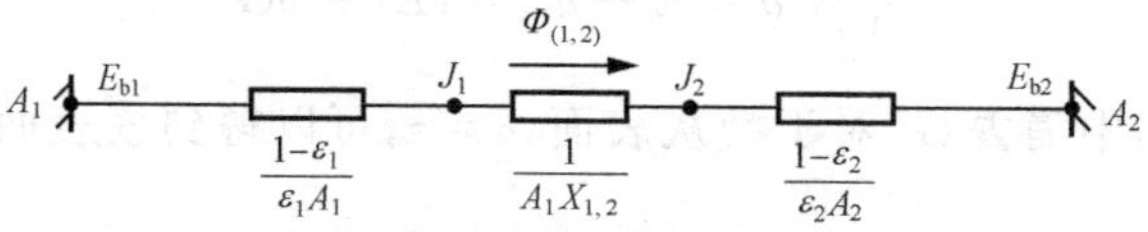

图 8-17 两灰体表面之间辐射换热的等效网络

若用表面 A_1 作为计算面积,式(8-22)可以改写为

$$\Phi_{(1,2)} = \frac{A_1(E_{b1} - E_{b2})}{\left(\dfrac{1}{\varepsilon_1} - 1\right) + \dfrac{1}{X_{1,2}} + \dfrac{A_1}{A_2}\left(\dfrac{1}{\varepsilon_2} - 1\right)} = \varepsilon_s A_1 X_{1,2}(E_{b1} - E_{b2}) \tag{8-23}$$

式中

$$\varepsilon_s = \frac{1}{1 + X_{1,2}\left(\dfrac{1}{\varepsilon_1} - 1\right) + X_{2,1}\left(\dfrac{1}{\varepsilon_2} - 1\right)} \tag{8-24}$$

与黑体系统的辐射换热式(8-8)相比,灰体系统的计算式(8-23)多了一个修正因子 ε_s,该修正因子小于1,它是考虑由于灰体系统发射率值小于1引起的多次吸收与反射对辐射换热量影响的因子,称为系统发射率或系统黑度。

例题 8-4 如图 8-18 所示,在大块金属件上,钻有直径为 20mm、深 30mm 的孔。如果金属块维持 1000℃ 的温度,孔表面的发射率为 0.6,环境温度为 20℃,试求通过孔的辐射散热损失。

解 对于孔外大空间而言,虽然空气属于透明介质,由于周围室壁的表面积远远超过孔口面积,可看作是温度维持环境温度的黑体辐射,相当于在孔口处有一个维持 20℃ 的黑表面。

一种处理方式,是把钻孔内表面 A_1 与孔口黑表面 A_2 看成一个封闭空间。$X_{2,1}=1$。

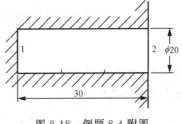

图 8-18 例题 8-4 附图

$$A_1 = \frac{\pi}{4} \times 0.02^2 + \pi \times 0.02 \times 0.03 = 7 \times 10^{-4}\pi$$

$$A_2 = \frac{\pi}{4} \times 0.02^2 = 1 \times 10^{-4}\pi$$

$$\Phi = \Phi_{(1,2)} = \frac{A_2(E_{b1} - E_{b2})}{\frac{1}{\varepsilon_2} + \frac{A_2}{A_1}\left(\frac{1}{\varepsilon_1} - 1\right)} = 42.1\text{W}$$

讨论 这样处理时,实际上是把整个孔内表面的有效辐射看成是均匀分布的。尽管钻孔整个表面温度维持均匀,严格地说,钻孔表面的有效辐射沿深度方向是有变化的。因此,将钻孔内表面视为一个表面 A_1,并不完全符合有效辐射均匀分布假设。在 8.2 节多表面封闭系统辐射换热中再作具体讨论。

8.2 被透明介质隔开的封闭系统表面间辐射换热

在由两个表面组成的封闭系统中,一个表面的净辐射换热量也就是该表面与另一表面之间的辐射换热量。而在多表面系统中,一个表面的净辐射换热量是与其余各表面分别换热的换热量之和。工程计算的主要目的是获得某个表面的净辐射换热量,这是本教材的讨论重点。对于多表面系统,可以采用网络法或数值方法来计算每一个表面的净辐射换热量。

8.2.1 网络法

在前面已经介绍了表面辐射热阻和空间辐射热阻的概念。这种把辐射热阻比拟成等效的电阻从而通过等效的网络图来求解辐射换热的方法称为辐射换热的网络法(radiation network)。应用网络图求解多表面系统辐射换热问题的主要步骤为:首先要确定空间辐射热阻和表面辐射热阻,构造等效的网络图;然后对辐射网络中的各个节点,用电路中的基尔霍夫定律,流入节点的电流总和等于零,就可以得到各节点有效辐射的联立方程组。

对于图 8-19 所示的三灰体表面系统而言,可以构造出如图 8-20 所示的等效网络图。注意,每一个参与辐射的表面(净换热量不为零的表面)均应有一段相应的电路,它包括源电势 E_b、表面热阻以及节点电势 J;各表面之间的连接,由节点电势出发通过空间热阻进行,每一个节点电势都应与其他节点电势连接起来。

对于网络中各节点,根据电学中的基尔霍夫定律,可以得到

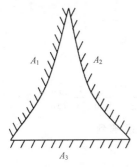

图 8-19 三表面组成的封闭系统

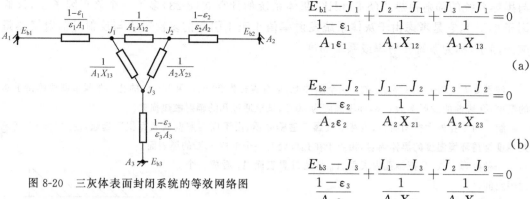

图 8-20　三灰体表面封闭系统的等效网络图

$$\frac{E_{b1}-J_1}{\dfrac{1-\varepsilon_1}{A_1\varepsilon_1}}+\frac{J_2-J_1}{\dfrac{1}{A_1X_{12}}}+\frac{J_3-J_1}{\dfrac{1}{A_1X_{13}}}=0 \tag{a}$$

$$\frac{E_{b2}-J_2}{\dfrac{1-\varepsilon_2}{A_2\varepsilon_2}}+\frac{J_1-J_2}{\dfrac{1}{A_2X_{21}}}+\frac{J_3-J_2}{\dfrac{1}{A_2X_{23}}}=0 \tag{b}$$

$$\frac{E_{b3}-J_3}{\dfrac{1-\varepsilon_3}{A_3\varepsilon_3}}+\frac{J_1-J_3}{\dfrac{1}{A_3X_{31}}}+\frac{J_2-J_3}{\dfrac{1}{A_3X_{32}}}=0 \tag{c}$$

以上方程组包含 J_1, J_2, J_3 三个未知量，通过求解可以得到各表面的有效辐射，进而得到各表面的净辐射换热量，即

$$\Phi_1=\frac{E_{b1}-J_1}{\dfrac{1-\varepsilon_1}{\varepsilon_1A_1}}, \quad \Phi_2=\frac{E_{b2}-J_2}{\dfrac{1-\varepsilon_2}{\varepsilon_2A_2}}, \quad \Phi_3=\frac{E_{b3}-J_3}{\dfrac{1-\varepsilon_3}{\varepsilon_3A_3}} \tag{8-25}$$

例题 8-5　两块长 1m、宽 0.5m 的平行平壁，其间距为 0.5m，并排地放置在一个墙壁温度 $T_3=27℃$ 的大房间内。两平壁的温度和表面发射率分别为 $T_1=1000℃$，$\varepsilon_1=0.2$ 和 $T_2=500℃$，$\varepsilon_2=0.5$。试计算两个互相对着的平壁表面间的辐射热流以及墙壁所吸收的辐射热量。假设两平壁的背面不参与换热。

解　本题为三表面之间的辐射换热问题，即两平壁的互相对着的表面以及墙壁。因此可以构造出如图 8-20 所示的等效网络图。注意到，墙壁的表面积 A_3 与平壁面积相比大得多，故其表面热阻可以近似地认为接近于零。简化后的系统等效网络图如图 8-21 所示，此时 $J_3=E_{b3}$。

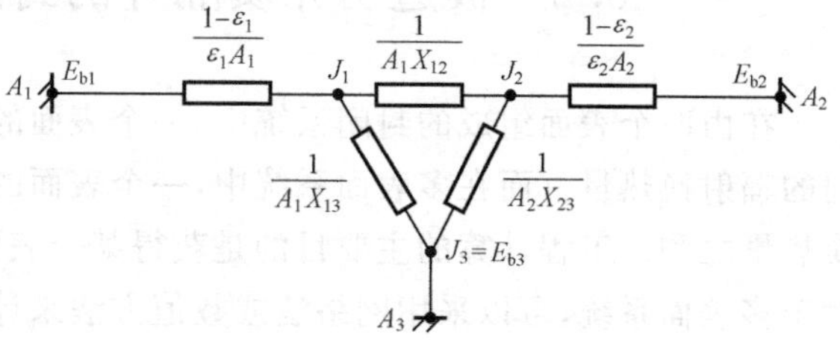

先求出各表面的角系数。

两平行平壁间的角系数可由角系数图 8-6 查出，$X_{1,2}=X_{2,1}=0.285$

图 8-21　例题 8-5 的等效网络图

根据角系数的完整性，$X_{1,3}=1-X_{1,2}=1-0.285=0.715$，$X_{2,3}=1-X_{2,1}=0.715$

计算网络中的各个热阻。

表面热阻

$$\frac{1-\varepsilon_1}{A_1\varepsilon_1}=\frac{1-0.2}{0.5\times0.2}=8.0, \quad \frac{1-\varepsilon_2}{A_2\varepsilon_2}=\frac{1-0.5}{0.5\times0.5}=2.0$$

空间热阻

$$\frac{1}{A_1X_{1,2}}=\frac{1}{0.5\times0.285}=7.02, \quad \frac{1}{A_1X_{1,3}}=\frac{1}{0.5\times0.715}=2.8, \quad \frac{1}{A_2X_{2,3}}=\frac{1}{0.5\times0.715}=2.8$$

由于 $J_3=E_{b3}$，在网络中只有两个未知量 J_1, J_2，对于这两个节点，由基尔霍夫定律，得到

$$\frac{E_{b1}-J_1}{8.0}+\frac{J_2-J_1}{7.02}+\frac{E_{b3}-J_1}{2.8}=0 \tag{a}$$

$$\frac{J_1-J_2}{7.02}+\frac{E_{b2}-J_2}{2.0}+\frac{E_{b3}-J_2}{2.8}=0 \tag{b}$$

由已知数据,得到各源电势值

$$E_{b1} = \sigma T_1^4 = 5.67 \times 10^{-8} \times (1000 + 273)^4 = 148.87(\text{kW/m}^2)$$

$$E_{b2} = \sigma T_2^4 = 20.24 \text{kW/m}^2$$

$$E_{b3} = \sigma T_3^4 = 0.46 \text{kW/m}^2$$

求解代数方程组(a)、(b),得到

$$J_1 = 33.47 \text{kW/m}^2, \quad J_2 = 15.05 \text{kW/m}^2$$

两平壁互相对着的表面间的辐射热流为

$$\Phi_{(1,2)} = \frac{J_1 - J_2}{1/(A_1 X_{1,2})} = \frac{33.47 - 15.05}{7.02} = 2.62(\text{kW})$$

墙壁吸收的热流为

$$\Phi_3 = \frac{J_1 - J_3}{1/(A_1 X_{1,3})} + \frac{J_2 - J_3}{1/(A_2 X_{2,3})} = \frac{33.47 - 0.46}{2.8} + \frac{15.05 - 0.46}{2.8} = 17(\text{kW})$$

讨论 本题中的 Φ_3 不能用式(8-25)求解,因为此时表面3的表面热阻接近于零。而该表面热阻接近于零的原因并不是由于该表面为黑体所导致的,而是由于表面积过大所引起的。所以尽管该表面不一定为黑体,但由于该表面面积相对较大,可以认为投射的能量可以完全被其吸收而近似视为黑体表面。

8.2.2 重辐射面

在多表面封闭系统中有两个重要的特例可使工程辐射换热计算大为简化,即系统中某一个表面为黑体表面,或为重辐射表面。所谓重辐射表面(reradiating surface),是指在辐射换热系统中,表面温度未定、净辐射换热量为零的表面。工程中常遇到重辐射面的情形,如电炉及加热炉中保温很好的耐火墙,可认为它把落在其表面上的辐射能又完全重新辐射出去。尽管重辐射面是一个绝热表面,但在整个辐射系统中,重辐射作用却影响其他表面之间的辐射换热。如图8-22所示,两半圆形平壁 A 和 B 的温度分别为 T_1 和 T_2,$T_1 >$

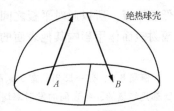

绝热球壳

图8-22 重辐射表面作用示意

T_2,假设两者接触面没有导热,则当两半圆形平壁放置在同一平面时,两者之间因为角系数为零而不存在相互间的辐射换热。但是,若两半圆形平壁上方罩入一具有重辐射表面特征的球壳后,尽管球壳表面没有热量的净得失,但它却能对平壁 A 和平壁 B 之间的辐射换热起到一个中间"桥梁"的作用。

黑体表面和重辐射表面在辐射等效网络中的应用是有差别的,请在学习中注意体会。

图8-23和图8-24反映了在三表面封闭系统中,其中有一个表面为黑体表面或绝热表面时辐射等效网络的区别。

1. 有一个表面为黑体

假设表面3为黑体。表面热阻 $(1 - \varepsilon_3)/(\varepsilon_3 A_3) = 0$,因而 $J_3 = E_{b3}$。此时等效网络简化成图8-23所示,这时上述代数方程组简化为二元方程组。

2. 有一个表面绝热,即净辐射换热量为零

假设表面3绝热。则 $\Phi_3 = 0$,因而 $J_3 = E_{b3}$。即该表面有效辐射等于某一温度黑体辐射。此时等效网络简化成图8-24所示。

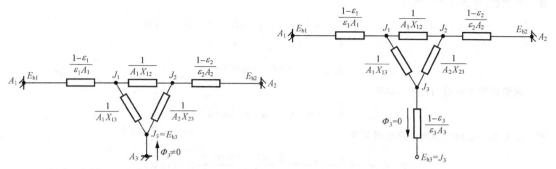

图 8-23　辐射热阻网络(有一个表面为黑体)　　　　图 8-24　辐射热阻网络(有一个表面为绝热)

注意,尽管这两种特殊情形下都有 $J_3 = E_{b3}$ 的特征,但却具有不同的物理含义。对于黑体表面,表面的有效辐射是由该表面的源电势 E_{b3} 确定的,是一个固定的电势;而对于重辐射表面,由于绝热表面温度是未知的,由其他两个表面决定,所以 $J_3 = E_{b3}$ 是一个浮动的电势,它取决于 J_1、J_2 及其间的两个空间热阻。表面温度取决于 J_3,由 $E_{b3} = J_3 = \sigma T_3^4$ 确定。

同时还值得注意的是,在辐射网络中,两表面之间的辐射换热量 $\Phi_{(12)} = (J_1 - J_2)/(1/A_1 X_{12})$ 应理解为在有其他辐射表面参与下的换热效果。譬如,处于同一平面内的两块温度不同的平板,由于两者的辐射角系数为零,则两平板之间的辐射换热量应为零;但是若在两平板上方罩上一绝热半球壳,则高温平板辐射的热量就可以用过球壳的吸收-辐射作用传递给低温平板。所以此时平板之间的辐射换热量不能理解为两个表面之间的直接换热量,因为重辐射表面作用影响其他表面的辐射换热。

例题 8-6　有一长 3m、宽 3m、高 2.5m 的房间,地板温度为 $T_1 = 25℃$,天花板温度为 $T_2 = 13℃$,四周墙壁都是绝热的。各表面的发射率均为 0.8,求地板和天花板之间的辐射换热量以及墙壁的温度。

解　本题为含重辐射表面的三表面系统的辐射换热问题,即将四周墙壁视为一个表面。因此可以构造出如图 8-25 所示的等效网络图。

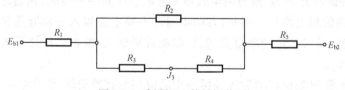

图 8-25　例题 8-6 等效网络图

地板和天花板间的角系数可由角系数图 8-6 查出,$X_{1,2} = X_{2,1} = 0.255$

根据角系数的完整性,$X_{1,3} = 1 - X_{1,2} = 0.745$,$X_{2,3} = 1 - X_{2,1} = 0.745$

计算网络中的各个热阻

$$R_1 = \frac{1 - \varepsilon_1}{A_1 \varepsilon_1} = \frac{1 - 0.8}{9 \times 0.8} = 0.0278, \quad R_5 = \frac{1 - \varepsilon_2}{A_2 \varepsilon_2} = \frac{1 - 0.8}{9 \times 0.8} = 0.0278$$

$$R_2 = \frac{1}{A_1 X_{1,2}} = \frac{1}{9 \times 0.255} = 0.436, \quad R_3 = \frac{1}{A_1 X_{1,3}} = \frac{1}{9 \times 0.745} = 0.149,$$

$$R_4 = \frac{1}{A_2 X_{2,3}} = \frac{1}{9 \times 0.745} = 0.149$$

总热阻为

$$R_0 = R_1 + \frac{R_2(R_3 + R_4)}{R_2 + R_3 + R_4} + R_5 = 0.233$$

由已知数据,得到各源电势值

$$E_{b1} = \sigma T_1^4 = 5.67 \times 10^{-8} \times (25 + 273)^4 = 447.1(\text{W/m}^2), \quad E_{b2} = \sigma T_2^4 = 379.3 \text{W/m}^2$$

地板和天花板间的辐射热流为

$$\Phi_{(1,2)} = \frac{E_{b1} - E_{b2}}{R_0} = \frac{447.1 - 379.3}{0.233} = 291(\text{W})$$

由于网络的对称性

$$J_3 = \frac{E_{b1} + E_{b2}}{2} = \frac{447.1 + 379.3}{2} = 413.2(\text{W/m}^2)$$

于是,根据

$$E_{b3} = J_3 = \sigma T_3^4$$

得到

$$T_3 = 292.2\text{K} = 19.2℃$$

8.2.3 净热量法

当组成封闭空间的辐射表面较多时,用网络法求解就非常困难。可以借助于净热量法。对于有效辐射均匀表面组成的封闭系统的辐射换热问题,利用表面的投入辐射、有效辐射的概念,建立表面的内部或外部能量平衡,可以得到各表面的净辐射热量与角系数、温度和辐射特性间的相互关系。

对于由 n 个有效辐射均匀表面组成的封闭系统,对于任意一个表面 k,可以列出 3 个基本方程。

(1) k 表面的外部热平衡式。

$$\Phi_k = q_k A_k = (J_k - G_k) A_k \tag{8-26}$$

式中,Φ_k 为表面 k 的净辐射热流量;J_k 和 G_k 分别为表面 k 的有效辐射和投入辐射。

(2) k 表面的有效辐射表达式。

$$J_k = \varepsilon_k E_{bk} + (1 - \varepsilon_k) G_k = \varepsilon_k \sigma T_k^4 + (1 - \varepsilon_k) G_k \tag{8-27a}$$

或

$$J_k = E_{bk} - \left(\frac{1}{\varepsilon_k} - 1\right) \frac{\Phi_k}{A_k} = \sigma T_k^4 - \left(\frac{1}{\varepsilon_k} - 1\right) q_k \tag{8-27b}$$

(3) k 表面的投入辐射表达式。

k 表面的投入辐射来自封闭空腔内所有表面的有效辐射的总和,即

$$A_k G_k = A_1 J_1 X_{1,k} + A_2 J_2 X_{2,k} + \cdots + A_n J_n X_{n,h} = \sum_{i=1}^{n} A_i J_i X_{i,k} \tag{8-28}$$

利用角系数的互换性,$A_i X_{i,k} = A_k X_{k,i}$,得到

$$G_k = \sum_{i=1}^{n} J_i X_{k,i} \tag{8-29}$$

根据上述几个方程,可以推导出以下几个关系式。

(1) q-J-T 关系式。

由式(8-27b),整理得到表面 k 的净辐射热流密度、有效辐射和温度之间的关系式为

$$q_k = \frac{\varepsilon_k (E_{bk} - J_k)}{1 - \varepsilon_k} = \frac{\varepsilon_k (\sigma T_k^4 - J_k)}{1 - \varepsilon_k} \tag{8-30}$$

(2) q-J 关系式。

将投入辐射表达式(8-29)代入式(8-26),得到表面间净辐射热流和有效辐射之间的关系式为

$$q_k = J_k - G_k = J_k - \sum_{i=1}^{n} J_i X_{k,i}$$

引入克罗内克算符

$$\delta_{ij} = \begin{cases} 1, & i = j \\ 0, & i \neq j \end{cases}$$

则

$$q_k = \sum_{i=1}^{n} (\delta_{ki} - X_{k,i}) J_i \tag{8-31}$$

(3) q-T 关系式。

从 q-J-T 关系式(8-30)和 q-J 关系式(8-31)中消去有效辐射量,得到表面间净辐射热流和温度之间的对应关系式为

$$\sum_{i=1}^{n} \left(\frac{\delta_{ki}}{\varepsilon_i} - \frac{1 - \varepsilon_i}{\varepsilon_i} X_{k,i} \right) q_i = \sum_{i=1}^{n} (\delta_{ki} - X_{k,i}) \sigma T_k^4 \tag{8-32}$$

(4) J-T 关系式。

从 q-J-T 关系式(8-30)和 q-J 关系式(8-31)中消去净辐射热流量,得到表面间有效辐射和温度之间的对应关系式为

$$\sum_{i=1}^{n} [\delta_{ki} - (1 - \varepsilon_k) X_{k,i}] J_i = \varepsilon_k \sigma T_k^4 \tag{8-33}$$

在净热量法计算中,确定各表面的有效辐射是过程的关键。首先根据表面的热状况条件(或已知表面温度,或已知表面净辐射热流),利用 q-J 关系式或 J-T 关系式,建立关于有效辐射变量之间方程组。

对于 n 个均匀表面组成的封闭系统,如果表面 $1, 2, \cdots, m$ 的温度已知,表面 $m+1, m+2, \cdots, n$ 的热流密度已知,则

$$\sum_{i=1}^{n} [\delta_{ki} - (1 - \varepsilon_k) X_{k,i}] J_i = \varepsilon_k \sigma T_k^4 \quad (k = 1, 2, \cdots m) \tag{8-34a}$$

$$q_k = J_k - G_k = J_k - \sum_{i=1}^{n} J_i X_{k,i} \quad (k = m+1, m+2, \cdots n) \tag{8-34b}$$

为适应计算机求解,上述两式合并成

$$\sum_{i=1}^{n} a_{ki} J_i = c_k \tag{8-35}$$

式中

$$a_{ki} = \begin{cases} \delta_{ki} - (1 - \varepsilon_k) X_{k,i} \\ \delta_{ki} - X_{k,i} \end{cases}, \quad c_k = \begin{cases} \varepsilon_k \sigma T_k^4 \\ q_k \end{cases}$$

在确定各表面的有效辐射之后,利用 q-J-T 关系式求出其余待定的表面温度或净辐射热流量。

在工程实际中,J_i 和 q_i 沿整个表面保持均匀分布的可能性较小,以上分析中所涉及的 J_i 和 q_i 应该严格地看作是有效辐射热流密度和净辐射热流密度的平均值。

例题 8-7 如图 8-26 所示,在大块金属件上,钻有直径为 20mm、深 30mm 的孔。如果金属块维持 1000℃ 的温度,孔表面的发射率为 0.6,环境温度为 20℃,试求通过孔的辐射散热损失。

解 在例题 8-4 中,曾对将钻孔内表面与孔口表面看成一个封闭空间的计算方法进行了讨论。这样处理时,实际上是把整个孔内表面的有效辐射看成是均匀分布的。

尽管钻孔整个表面温度维持均匀,严格地说,钻孔表面的有效辐射沿深度方向是有变化的。因此,将钻孔内表面视为一个面的并不完全符合假设。把钻孔内表面划分为 1、2、3、4 共 4 个部分,6 和 7 为假想表面。

通过有关辐射角系数的手册,可以查找两平行圆盘之间的辐射角系数。

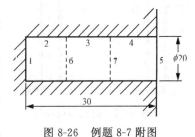

图 8-26 例题 8-7 附图

$$X_{1,6} = 0.37, \quad X_{1,7} = 0.175, \quad X_{1,5} = 0.1$$

将 1、2 和 6 表面组成封闭空间,将 1、2、3 和 7 表面组成封闭空间,将 1、2、3、4 和 5 表面组成封闭空间,通过角系数的完整性可以确定各表面之间的辐射角系数。

$X_{1,1}=0$	$X_{1,2}=0.63$	$X_{1,3}=0.195$	$X_{1,4}=0.075$	$X_{1,5}=0.1$
$X_{2,1}=0.315$	$X_{2,2}=0.37$	$X_{2,3}=0.2175$	$X_{2,4}=0.06$	$X_{2,5}=0.0375$
$X_{3,1}=0.0975$	$X_{3,2}=0.2175$	$X_{3,3}=0.37$	$X_{3,4}=0.2175$	$X_{3,5}=0.0975$
$X_{4,1}=0.0375$	$X_{4,2}=0.06$	$X_{4,3}=0.2175$	$X_{4,4}=0.37$	$X_{4,5}=0.315$

把这些角系数代入式(8-34),可以得到如下方程组($J_5 = E_{b5}$)

$$J_1 = 0.252J_2 + 0.078J_3 + 0.03J_4 + 0.895 \times 10^5$$

$$J_2 = 0.126J_1 + 0.148J_2 + 0.087J_3 + 0.024J_4 + 0.894 \times 10^5$$

$$J_3 = 0.039J_1 + 0.087J_2 + 0.148J_3 + 0.087J_4 + 0.895 \times 10^5$$

$$J_4 = 0.015J_1 + 0.024J_2 + 0.087J_3 + 0.148J_4 + 0.899 \times 10^5$$

解得

$$J_1 = 1.4 \times 10^5, \quad J_2 = 1.43 \times 10^5, \quad J_3 = 1.39 \times 10^5, \quad J_4 = 1.26 \times 10^5$$

利用 $\Phi_{(ij)} = \dfrac{J_i - J_j}{\dfrac{1}{A_i X_{i,j}}}$,确定钻孔内各个表面(1、2、3、4 共 4 个部分)对孔口假想表面的辐射换热量为

$$\Phi_{(1,5)} = 4.4[\text{W}], \quad \Phi_{(2,5)} = 3.38[\text{W}], \quad \Phi_{(3,5)} = 8.51[\text{W}], \quad \Phi_{(4,5)} = 24.93[\text{W}]$$

从而得到

$$\Phi = \Phi_{(1,5)} + \Phi_{(2,5)} + \Phi_{(3,5)} + \Phi_{(4,5)} = 41.2$$

讨论 与例题 8-4 相比较,尽管两者的计算结果差异并不大,但在某些辐射系统中,将表面的有效辐射看成是均匀分布的简化却可能引起较大的偏差。

8.3 遮 热 板

在隔热保温技术方面,不仅高温领域,用于超导等极低温领域的超级热绝缘也常常采用空

心壁结构，使内部抽成高度真空，这当然可以有效地防止导热和对流两种传热方式起作用，但还未能减弱辐射换热，需要在冷、热两表面之间安置发射率低的遮热板。所谓遮热板(radiation shield)，是指插入在两个辐射换热表面之间以削弱辐射换热的低发射率薄板。在测量高温气体温度时，通常在裸露的热电偶外面安装遮热罩，以减小测温误差。

A1
T1
ε1
A2
T2
ε2
A3
T3
ε3

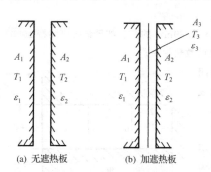

(a) 无遮热板　　(b) 加遮热板

图 8-27　遮热板的作用

为了说明遮热板的工作原理，首先分析在两无限大平行平板之间插入一块薄金属板所引起的辐射换热的变化，如图 8-27 所示，设定 $A_1=A_2=A$。

两平板的温度和辐射参数一定的情况下，无遮挡板时[见图 8-27(a)]，可以构造出如图 8-28(a)所示的辐射等效网络图，两平板之间的辐射换热量为

$$\Phi_{(1,2)}=\frac{A\sigma(T_1^4-T_2^4)}{\dfrac{1}{\varepsilon_1}+\dfrac{1}{\varepsilon_2}-1}$$

当插入遮热板 3 之后[见图 8-27(b)]，

$$\Phi_{(1,3)}=\frac{A\sigma(T_1^4-T_3^4)}{\dfrac{1}{\varepsilon_1}+\dfrac{1}{\varepsilon_3}-1},\quad \Phi_{(3,2)}=\frac{A\sigma(T_3^4-T_2^4)}{\dfrac{1}{\varepsilon_3}+\dfrac{1}{\varepsilon_2}-1}$$

式中，$\Phi_{(1,3)}$ 和 $\Phi_{(3,2)}$ 分别为平板 1 和平板 3 之间、平板 3 和平板 2 之间的辐射换热量。

在热稳态条件下，$\Phi_{(1,2)}=\Phi_{(1,3)}=\Phi_{(3,2)}=\Phi$，则

$$\Phi_{(1,2)}=\frac{A\sigma(T_1^4-T_2^4)}{\left(\dfrac{1}{\varepsilon_1}+\dfrac{1}{\varepsilon_3}-1\right)+\left(\dfrac{1}{\varepsilon_3}+\dfrac{1}{\varepsilon_2}-1\right)} \tag{8-36}$$

式(8-36)为插入遮热板后表面 1 和 2 之间的辐射换热量。注意式(8-36)是在遮热板两侧发射率相等(均为 ε_3)的条件下得到的，如果遮热板两侧的发射率不同，则式(8-36)将有所变化。请读者自行推导。

若遮热板两侧的表面发射率分别为 ε_3 和 ε_3'，插入遮热板后的辐射等效网络图如图 8-28(b)所示，可以看出，加入一个遮热板后，辐射网络中增加了二个表面热阻和一个空间热阻，因此可以有效地降低辐射换热量。

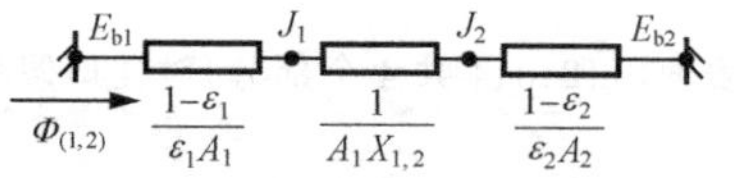

Eb1
J1
J2
Eb2
Φ(1,2)
1-ε1 / ε1A1
1 / A1X1,2
1-ε2 / ε2A2

(a) 两表面间的辐射等效网络图

1-ε1 / ε1A1
1 / X1,3A1
1-ε3 / ε3A3
1-ε3' / ε3'A3
1 / X2,3A2
1-ε2 / ε2A2
Eb1
J1
J3
(Eb3)
J3'
J2
Eb2

(b) 两表面间插入遮热板的辐射等效网络图

图 8-28　辐射等效网络图

利用式(8-36)可以证明，若遮热板两侧的发射率、平板 1 和平板 2 的发射率均为 ε，则插入一块遮热板，可以使平板 1 和平板 2 之间的辐射换热量降为原来的 1/2；若放置 n 个遮热板，则可降至原来的 $1/(n+1)$。如果遮热板采用发射率较小的表面抛光的金属板，则辐射换热量

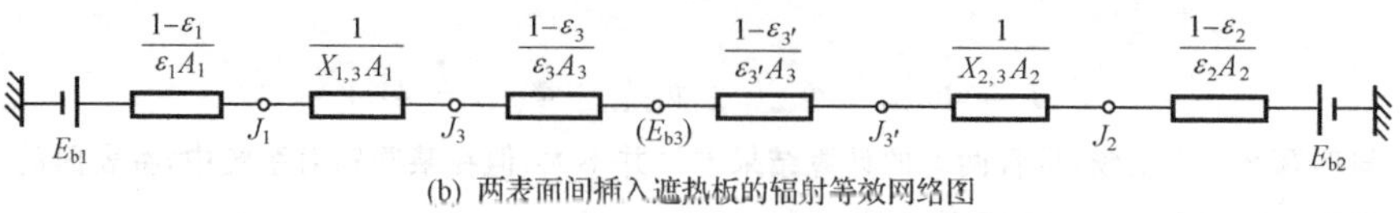

可以大幅度减小。

对于无限长筒状遮热板，参看图 8-29，未加遮热板时，A_1 和 A_2 表面之间的辐射换热量为

$$\Phi_{(1,2)} = \frac{\sigma(T_1^4 - T_2^4)A_1}{\dfrac{1}{\varepsilon_1} + \dfrac{A_1}{A_2}\left(\dfrac{1}{\varepsilon_2} - 1\right)} \qquad (8\text{-}37)$$

插入一块筒状遮热板 A_s 后，增加了遮热板两侧的表面辐射热阻以及空间热阻，辐射换热量为

$$\Phi'_{(1,2)} = \frac{\sigma(T_1^4 - T_2^4)A_1}{\dfrac{1}{\varepsilon_1} + \dfrac{A_1}{A_s}\left(\dfrac{2}{\varepsilon_s} - 1\right) + \dfrac{A_1}{A_2}\left(\dfrac{1}{\varepsilon_2}\ \ 1\right)} \qquad (8\text{-}38)$$

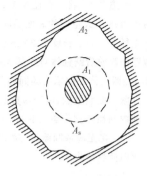

图 8-29　筒状遮热板

可见，筒状遮热板的面积 A_s 也将影响辐射换热量，A_s 越小，即筒状遮热板越接近凸表面 A_1，遮热的效果越显著。板状遮热板是筒状遮热板的特例，即 $A_1 = A_2 = A_s$。

例题 8-8　两漫灰平行平板间存在着辐射换热，并保持表面温度 $T_1 > T_2$，表面发射率分别为 ε_1 和 ε_2。为减少两板间的辐射热流，用一个两侧面发射率不同分别为 ε_3 和 ε'_3 的薄遮热板将两板隔开。试问：

(1) 为使两板之间的辐射换热有最大的减少，遮热板应如何放置，即应将该板发射率小的还是大的一侧朝向温度为 T_1 的平板？

(2) 上述两种放置方法中哪一种使遮热板温度更高？

解　(1) 遮热板不同放置时，其辐射网络图如图 8-30 所示。

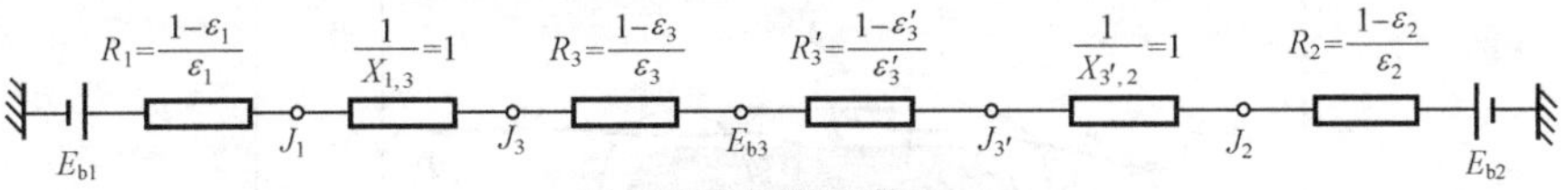

$$R_1 = \frac{1-\varepsilon_1}{\varepsilon_1} \quad \frac{1}{X_{1,3}} = 1 \quad R_3 = \frac{1-\varepsilon_3}{\varepsilon_3} \quad R'_3 = \frac{1-\varepsilon'_3}{\varepsilon'_3} \quad \frac{1}{X_{3',2}} = 1 \quad R_2 = \frac{1-\varepsilon_2}{\varepsilon_2}$$

$E_{b1} \quad J_1 \quad J_3 \quad E_{b3} \quad J_{3'} \quad J_2 \quad E_{b2}$

(a) ε_3 侧面向高温平板

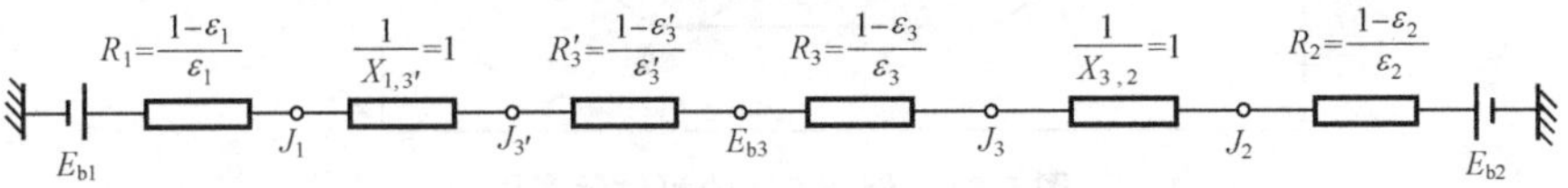

$$R_1 = \frac{1-\varepsilon_1}{\varepsilon_1} \quad \frac{1}{X_{1,3'}} = 1 \quad R'_3 = \frac{1-\varepsilon'_3}{\varepsilon'_3} \quad R_3 = \frac{1-\varepsilon_3}{\varepsilon_3} \quad \frac{1}{X_{3,2}} = 1 \quad R_2 = \frac{1-\varepsilon_2}{\varepsilon_2}$$

$E_{b1} \quad J_1 \quad J_{3'} \quad E_{b3} \quad J_3 \quad J_2 \quad E_{b2}$

(b) ε'_3 侧面向高温平板

图 8-30　例题 8-8 辐射等效网络图

考虑到空间热阻均为 1，该系统的总辐射热阻为

$$R = \frac{1-\varepsilon_1}{\varepsilon_1} + 1 + \frac{1-\varepsilon_3}{\varepsilon_3} + \frac{1-\varepsilon'_3}{\varepsilon'_3} + 1 + \frac{1-\varepsilon_2}{\varepsilon_2}$$

可见，无论遮热板如何放置，该系统总热阻 R 与遮热板放置位置无关，因此辐射热流也与遮热板放置位置无关。

(2) 遮热板辐射力为 $E_{b3} = \sigma T_3^4$，设 $\varepsilon_3 < \varepsilon'_3$，表面热阻 $R_3 > R'_3$。

板发射率小的一侧朝向温度为 T_1 [见图 8-30(a)]，有

$$q = \frac{E_{b1} - E_{b3}}{R_1 + 1 + R_3}$$

板发射率大的一侧朝向温度为 T_1 [见图 8-30(b)]，有

$$q = \frac{E_{b1} - E_{b3}}{R_1 + 1 + R'_3}$$

显然，在总辐射热流不变时，当板发射率小的一侧朝向温度为 T_1 的平板，$E_{b3} = \sigma T_3^4$ 更小，即遮热板温度低。

例题 8-9 将一直径为 10cm、长度为 20cm 的圆柱体置于大空间腔体中,圆柱体表面的温度为 1000K,发射率为 0.8,大空间的表面温度为 300K。为了减少圆柱体对大空间表面的辐射换热,在该圆柱体外侧罩上一个直径为 20cm、长度为 20cm 的同心薄壁圆筒,表面发射率为 0.2。假设薄壁圆筒处于辐射平衡,试分析加入薄壁圆筒前后圆柱体对外部大空间的辐射散热量。(记圆柱体外表面面积为 A_1,大空间腔体内表面面积为 A_3,在圆柱体外侧罩上的同心薄壁圆筒的表面积 A_2,假定加入薄圆筒后,$X_{2,1}=0.4126$,$X_{2,2}=0.3286$)

解 按照题意,由于薄壁圆筒的厚度很小,因此其内侧和外侧的表面可以认为相同,为区别起见,薄壁圆筒的内侧和外侧分别用下标 i 和 o 表示。相应的空间布置如图 8-31 所示。

(1) 在无薄壁圆筒时,对于仅由圆柱体外侧表面和大空间腔体内表面的辐射系统,$X_{1,3}=1$,则无遮挡时的辐射换热量为

$$\Phi_{(1,3)}^{\text{noshield}} = \frac{E_{b1} - E_{b3}}{\dfrac{1-\varepsilon_1}{\varepsilon_1 A_1} + \dfrac{1}{A_1 X_{1,3}} + \dfrac{1-\varepsilon_3}{\varepsilon_3 A_3}}$$

由于大空间腔体内表面积 $A_3 \gg A_1$,$A_1 = \pi d_1 l_1 + 2\dfrac{\pi d_1^2}{4} = \pi \times 0.1 \times 0.2 + 2\dfrac{\pi \times 0.1^2}{4} = 0.0785 (\text{m})^2$,得到

$$\Phi_{(1,3)}^{\text{noshield}} = \frac{E_{b1} - E_{b3}}{\dfrac{1-\varepsilon_1}{\varepsilon_1 A_1} + \dfrac{1}{A_1 X_{1,3}}} = \frac{\sigma(1000^4 - 300^4)}{\dfrac{1-0.8}{0.8 \times 0.0785} + \dfrac{1}{0.0785 \times 1}} = 3523.7(\text{W})$$

(2) 在加入薄壁圆筒时,注意到由于圆柱体和薄壁圆筒的长度是有限的,因此不能应用式(8-38)计算圆柱体与外部大空间之间的辐射换热量。

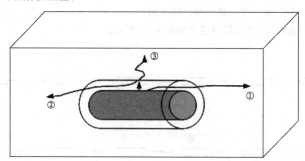

图 8-31 例题 8-9 的辐射示意图

在此情形下,参与辐射换热的表面涉及 4 个,即圆柱体外侧表面、大空间腔体内表面、薄壁圆筒内侧表面和外侧表面,那么如何构造此辐射系统的辐射网络呢?

注意到,薄壁圆筒处于辐射平衡,即其无净辐射热流的得失,是一个重辐射表面。因此从圆柱体表面散入外部大空间的辐射热量可以归于三个部分(见图 8-31):① 圆柱体表面通过与薄壁圆筒的夹层端面散入大空间的辐射热量;② 圆柱体表面的辐射传至薄壁圆筒内侧表面后,由薄壁圆筒内侧表面通过夹层端面散入大空间的辐射热量;③ 圆柱体表面的辐射传至薄壁圆筒内侧表面后,由薄壁圆筒外侧表面散入大空间的辐射热量。由此,得到如图 8-32 所示的辐射网络。

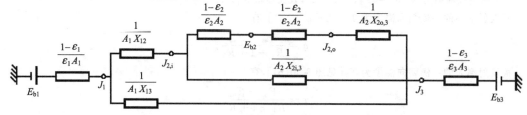

图 8-32 例题 8-9 的辐射网络

$$A_{2,i} = A_{2,o} = A_2 = \pi d_2 l_2 = \pi \times 0.2 \times 0.2 = 0.1256(\text{m}^2)$$

$$X_{1,2} = \frac{A_2}{A_1}X_{2,1} = \frac{0.1256}{0.0785} \times 0.4126 = 0.6602, \quad X_{1,3} = 1 - X_{1,2} = 0.3398$$

$$X_{2i,3} = 1 - X_{2,1} - X_{2,2} = 0.2588, \quad X_{2o,3} = 1$$

由此解得

$$\Phi_{(1,3)}^{\text{shield}} = \frac{E_{b1} - E_{b3}}{\Sigma R} = 2474.8\text{W}$$

讨论 圆柱体表面的辐射传至薄壁圆筒内侧表面后,由薄壁圆筒内侧表面通过夹层端面散入大空间的辐射热量是如何计算的? 如果要进一步确定薄壁圆筒的辐射平衡温度,如何求得?

8.4 气体与包壳间的辐射换热

气体的辐射特性比固体表面复杂得多,当确定了气体的发射率和吸收率后,气体和包壳之间的工程辐射换热计算则相对简单。假设包壳内充满的介质是具有均匀温度和浓度的气体。

首先讨论当包壳是黑体时的辐射换热情况(见图 8-33):包壳温度 T_w,辐射力 σT_w^4,被气体吸收 $\alpha_g \sigma T_w^4$;气体温度 T_g,辐射力 $\varepsilon_g \sigma T_g^4$,被包壳吸收 $\varepsilon_g \sigma T_g^4$。由于包壳为黑体,气体与黑体包壳之间的辐射换热为

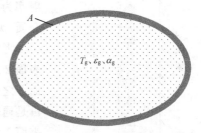

$$\Phi = \sigma(\varepsilon_g T_g^4 - \alpha_g T_w^4)A \tag{8-39}$$

当包壳是灰体时,辐射换热过程要复杂得多。设包壳的发射率为 ε_w,可以定性分析气体和包壳之间的辐射换热过程。

图 8-33 气体与包壳之间的辐射换热

(1) 气体辐射到包壳的能量 $\varepsilon_g \sigma T_g^4$,一部分被包壳吸收 $\alpha_w \varepsilon_g \sigma T_g^4$,另一部分则被反射回气体 $(1-\alpha_w)\varepsilon_g \sigma T_g^4$;

(2) 被反射回气体的能量 $(1-\alpha_w)\varepsilon_g \sigma T_g^4$,一部分被气体吸收 $\alpha_g'(1-\alpha_w)\varepsilon_g \sigma T_g^4$,另一部分再次被投射到包壳上 $(1-\alpha_g')(1-\alpha_w)\varepsilon_g \sigma T_g^4$;

(3) 被投射到包壳上的能量 $(1-\alpha_g')(1-\alpha_w)\varepsilon_g \sigma T_g^4$ 再次经历吸收和反射的过程,如此经过反复吸收和反射,灰包壳从气体辐射中吸收的总能量为

$$\varepsilon_w \varepsilon_g \sigma A T_g^4[1 + (1-\alpha_g')(1-\varepsilon_w) + (1-\alpha_g')^2(1-\varepsilon_w)^2 + \cdots] \tag{8-40}$$

同理,气体从灰包壳辐射中吸收的总能量为

$$\varepsilon_w \alpha_g \sigma A T_w^4[1 + (1-\alpha_g)(1-\varepsilon_w) + (1-\alpha_g)^2(1-\varepsilon_w)^2 + \cdots] \tag{8-41}$$

式中,α_g' 是气体对来自其自身的辐射(温度为 T_g)的吸收率;α_g 是气体对来自壁面的辐射(温度为 T_w)的吸收率。

如果只考虑第一次吸收,而将二次吸收及其后各项带来的误差用包壳有效发射率进行修正

$$\Phi = \varepsilon_w' \sigma A(\varepsilon_g T_g^4 - \alpha_g T_w^4) \tag{8-42}$$

式中,ε_w' 为包壳有效发射率,通常取 $\varepsilon_w' = (\varepsilon_w + 1)/2$。

则气体与灰外壳间的辐射换热量采用工程计算简化为

$$\Phi = \frac{\varepsilon_w + 1}{2} \sigma A (\varepsilon_g T_g^4 - \alpha_g T_w^4) \qquad (8-43)$$

8.5 被非透明介质隔开的两表面间辐射换热

在 8.1 节中讨论了被透明介质隔开的两表面之间的辐射换热,在很多工程场合,辐射换热表面之间往往充斥具有发射(emitting)、吸收(absorbing)、散射(scattering)能力的气体介质,或其间夹有非透明的固体隔板,使得辐射换热问题更趋复杂。

本教材仅讨论一种简单的情形,如图 8-34 所示,两平行平板之间具有一定厚度的部分透明介质层,假设该介质层的反射率为零,即只具有吸收和透过能力,且介质层内部的温度均匀。同时假设该介质层具有灰体的特征,则

$$\alpha_m + \tau_m = 1 = \varepsilon_m + \tau_m \qquad (8-44)$$

式中,下标 m 表征介质。

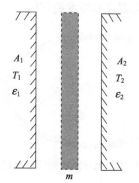

图 8-34 被部分透明介质层
隔开的两平行平板

上述假设是为了使辐射换热问题简单化。对于气体介质,反射率为零通常是成立的,但灰体的假设与实际偏离;而对于固体介质,无反射能力的假设则与实际存在较大的偏离。

考察图 8-34 所示的辐射换热过程,设定表面 1 的温度高于表面 2。由于介质层具有发射和透射的能力,因此在表面 1 和表面 2 之间的辐射换热可以分解为两个过程。即一部分辐射换热量是通过介质层的直接透射实现的;另一部分则是通过介质层与表面 1 和表面 2 之间的吸收与发射实现的。

首先分析介质层的透射过程。从表面 1 射离的有效辐射通过透过介质层到达表面 2 为

$$A_1 J_1 X_{1,2} \tau_m \quad 或 \quad A_1 J_1 X_{1,2} (1 - \varepsilon_m)$$

同样从表面 2 射离的有效辐射通过透过介质层到达表面 1 为

$$A_2 J_2 X_{2,1} \tau_m \quad 或 \quad A_2 J_2 X_{2,1} (1 - \varepsilon_m)$$

利用角系数的互换性,表面 1 和表面 2 之间通过介质层的透射而形成的净辐射换热量为

$$\Phi_{(12)}^{\text{transmitted}} = \frac{J_1 - J_2}{\dfrac{1}{A_1 X_{1,2} (1 - \varepsilon_m)}} \qquad (8-45)$$

式(8-45)反映了表面 1 和表面 2 之间通过介质层的透射而形成的净辐射换热量,与两平行表面之间被完全透明介质隔开的情形相比[见式(8-21)],式中附加了介质层非完全透明($\tau_m < 1$)的修正。

其次,分析在不考虑介质层透射时表面 1 和介质层之间的辐射换热过程。由于假设介质层的反射率为零,因此在表面 1 和介质层表面构成的辐射系统中,从介质层射离的有效辐射就是其自身的固有辐射,即

$$J_m = \varepsilon_m E_{bm}$$

到达表面 1

$$A_m X_{m,1} J_m = A_m X_{m,1} \varepsilon_m E_{bm}$$

由表面 1 射离的有效辐射到达介质层并被其吸收的能量为

$$A_1 J_1 X_{1,m} \alpha_m = A_1 J_1 X_{1,m} \varepsilon_m$$

因此,介质层和表面 1 之间的净辐射换热量为

$$\Phi_{(m-1)net} = A_m X_{m,1} \varepsilon_m E_{bm} - A_1 J_1 X_{1,m} \varepsilon_m$$

该式中,右侧第 1 项为介质层向表面 1 发射的辐射能量,第 2 项为介质层吸收的来自表面 1 射离的有效辐射能量。

利用角系数的互换性,介质层和表面 1 之间的净辐射换热量可以表示为

$$\Phi_{(m-1)net} = \frac{E_{bm} - J_1}{\dfrac{1}{A_1 X_{1,m} \varepsilon_m}} \tag{8-46}$$

同样介质层和表面 2 之间的净辐射换热量为

$$\Phi_{(m-2)net} = \frac{E_{bm} - J_2}{\dfrac{1}{A_2 X_{2,m} \varepsilon_m}} \tag{8-47}$$

综上分析,图 8-34 所示辐射换热系统的辐射网络可以用图 8-35 来反映。若介质层温度保持为恒定,则介质层的辐射势 E_{bm} 是固定值,辐射网络见图 8-35(a);如果介质层中无净热量释放,则介质层的辐射势 E_{bm} 是浮动值,由辐射网络中的其他环节确定,见图 8-35(b)。

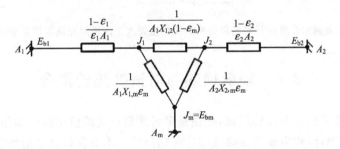

(a) 介质层温度恒定

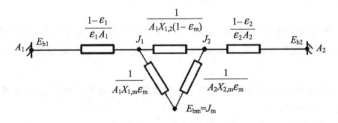

(b) 介质层中无净热量释放

图 8-35　被部分透明介质层隔开的两平行平板辐射网络

例题 8-10　两无限大平行平板之间充满灰体介质,平板 1 的表面温度 $T_1 = 800\text{K}$,发射率 $\varepsilon_1 = 0.3$,平板 2 的表面温度 $T_2 = 400\text{K}$,发射率 $\varepsilon_2 = 0.7$。灰体介质的发射率和透射率分别为 $\varepsilon_g = 0.2$ 和 $\tau_g = 0.8$,假设介质层无净热量释放且内部的温度均匀,试确定两平板之间的辐射换热量以及介质层的温度,并与两板被完全透明介质隔开时的辐射换热进行对比。

解　这一问题的辐射网络见图 8-35(b)。

辐射网络中的单位面积辐射热阻分别为

$$\frac{1-\varepsilon_1}{\varepsilon_1} = \frac{1-0.3}{0.3} = 2.333, \quad \frac{1}{X_{1,2}(1-\varepsilon_g)} = \frac{1}{1-0.2} = 1.25$$

$$\frac{1-\varepsilon_2}{\varepsilon_2} = \frac{1-0.7}{0.7} = 0.4286, \quad \frac{1}{X_{1,g}\varepsilon_g} = \frac{1}{X_{2,g}\varepsilon_g} = \frac{1}{0.2} = 5$$

充满灰体介质时的辐射换热量为

$$q_{(1,2)} = \frac{E_{b1} - E_{b2}}{\Sigma R} = 5616 \text{W/m}^2$$

有效辐射可以通过下式确定

$$q_{(1,2)} = (E_{b1} - J_1)\frac{\varepsilon_1}{1-\varepsilon_1} = (J_2 - E_{b2})\frac{\varepsilon_2}{1-\varepsilon_2}$$

可得，$J_1 = 10096 \text{W/m}^2$，$J_2 = 3858 \text{W/m}^2$。

注意到 $\frac{1}{X_{1,g}\varepsilon_g} = \frac{1}{X_{2,g}\varepsilon_g}$，$E_{bg}$ 可以取 J_1 和 J_2 的平均值

$$E_{bg} = \frac{1}{2}(J_1 + J_2) = 6977 = \sigma T_g^4$$

从而确定介质层的温度

$$T_g = 592.3 \text{K}$$

两板被完全透明介质隔开时的辐射换热换热量为

$$q_{(1,2)} = \frac{E_{b1} - E_{b2}}{\frac{1-\varepsilon_1}{\varepsilon_1} + 1 + \frac{1-\varepsilon_2}{\varepsilon_2}} = 5781 \text{W/m}^2$$

讨论　两板被完全透明介质隔开时的辐射换热换热量要大于两板间充满灰体介质时的辐射换热量。

8.6　辐射换热与对流换热的耦合

工程实际中遇到的许多传热问题，往往是多种热量传递的机制同时起作用，即导热与对流换热、辐射换热的耦合，称为复合传热或综合传热问题。本节仅针对辐射换热和对流换热耦合的问题，通过两个例子来说明综合传热的分析方法。

例题 8-11　一块薄的氧化铜板，面积为 1m^2，水平放置在室外，板底面绝热，假若表面对流换热系数为 $10\text{W/(m}^2 \cdot \text{K)}$，试求在晴朗的冬天夜晚，当铜板周围空气的温度为 $1℃$ 时，铜板的温度为多少？（设氧化铜板的发射率为 0.56）

说明：根据有关文献资料，夜空可视为温度为 T_k 的黑体，天空温度与地面空气温度 T_a 之差为：冬天 $T_a - T_k = 20℃$，夏天 $T_a - T_k = 6℃$。

解　这一问题是对流换热和辐射换热的耦合问题。空气与平板表面发生对流换热，同时平板表面与天空进行辐射换热。本例所求的温度即为平板从周围空气中吸收的对流换热热流量等于其与夜空背景之间的辐射换热热流量时的平衡温度。

平板通过对流换热从周围空气中吸收的热流量

$$\Phi_c = hA(T_a - T_w)$$

平板通过辐射换热向夜空背景散发的热流量

$$\Phi_r = \varepsilon\sigma A(T_w^4 - T_k^4)$$

当两者处于平衡时

$$hA(T_a - T_w) = \varepsilon\sigma A(T_w^4 - T_k^4)$$

将 $T_a = 273 + 1 = 274(\mathrm{K})$ 和 $T_k = T_a - 20 = 254(\mathrm{K})$ 代入,采用试凑法获得

$$T_w = 270\mathrm{K} = -3\text{℃}$$

讨论 由于表面向夜空的辐射,使得铜板表面即使在周围空气温度大于零度的环境中也会低于水的冰点,出现结霜现象。

辐射制冷器就是利用这一原理进行冷却的。

例题 8-12 如图 8-36 所示,为了减小由于辐射换热引起的热电偶测量误差,在热电偶接头周围套以辐射遮热管,热电偶接头、管壁和遮热管的发射率均为 0.8。管壁温度为 $T_w = 100\text{℃}$,热电偶接头处的对流换热系数为 $h_1 = 45\mathrm{W/m^2 \cdot K}$,在未加辐射遮热管时,热电偶读数为 $T_1 = 200\text{℃}$。如果遮热管内外表面的对流换热系数均为 $h_2 = 10\mathrm{W/m^2 \cdot K}$,试求采用遮热措施后热电偶读数的误差。

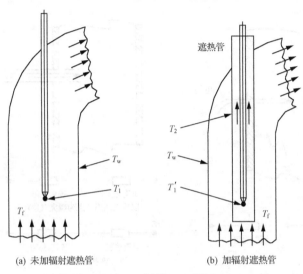

(a) 未加辐射遮热管   (b) 加辐射遮热管

图 8-36　例题 8-12 附图

解 (1) 对于未加辐射遮热管的情形,热电偶接头因与高温气流之间的对流换热而得到热流,又由于与管壁之间的辐射换热而丢失热流,得失抵消后才会得到稳定的读数。

$$A_1 h_1 (T_f - T_1) = \varepsilon_1 \sigma A_1 (T_1^4 - T_w^4)$$

将上述数据代入,得到气流的真实温度 $T_f = 504\mathrm{K} = 231\text{℃}$。因此热电偶读数的相对误差为 $(T_f - T_1)/T_f = 13.4\%$。

热电偶读数之所以偏低,是由于流道壁面温度低、测温元件对流道壁面产生辐射换热的结果。要想提高测量气流温度的准确性,除了对壁面采取保温措施外,更有效的方法是在热电偶周围套上遮热管。

(2) 采用遮热管后,设辐射遮热管的壁面温度为 T_2,热电偶接头热平衡式为

$$A_1 h_1 (T_f - T_1') = \varepsilon_1 \sigma A_1 (T_1'^4 - T_2^4)$$

遮热管内外表面两侧和热气流对流换热,还从热电偶接头得到辐射热流,并对流道壁面产生辐射换热,可以确定以下的热平衡方程

$$2 A_2 h_2 (T_f - T_2) + \varepsilon_1 \sigma A_1 (T_1'^4 - T_2^4) = \varepsilon_2 \sigma A_2 (T_2^4 - T_w^4)$$

考虑到 $A_1 \ll A_2$,有

$$2 A_2 h_2 (T_f - T_2) = \varepsilon_2 \sigma A_2 (T_2^4 - T_w^4)$$

由(1)已确定 $T_f = 231\text{℃}$,则 T_2 和 T_1' 可以通过试算法确定,最终得到 $T_1' = 214.4\text{℃}$。

采用遮热管后相对误差为 7.2%。

讨论 严格地说,采用遮热管后会带来一种负面影响,与热电偶接头接触的气流速度有可能受到阻碍,

而使得热电偶接头处的对流换热系数有所降低。如果降低到 $h_1 = 30 W/(m^2 \cdot K)$，重新计算本题则得到 T'_1 $= 211℃$，相对误差为 8.7%。为了克服这一负面因素，特别是在测量高温气流温度时，可使用"抽吸式温度计"，用外加的抽吸装置接通遮热管，强迫少量气流以一定的流速从遮热管内流动，以保证热电偶接头处的对流换热系数不降低，从而提高测量的准确性。

图 8-37 定性画出了热电偶测温过程中加遮热罩前后的热量传递热阻。要减小热电偶测温误差，即使得 T_1 尽可能接近 T_f。为此要尽可能减小气流与热电偶接点之间的对流换热热阻，为此采取抽气方法；同时还要尽量减少热电偶接点向温度相对较低的壁面辐射散热，则需增加与之辐射换热表面的温度，为此采用遮热罩，显然遮热罩的表面温度 T_2 要高于管道壁面的温度 T_w。从而有效地减小高温气流的测温误差。

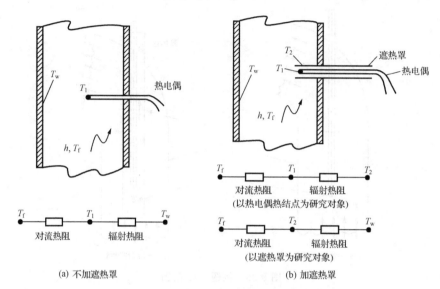

(a) 不加遮热罩 (b) 加遮热罩

图 8-37　遮热罩在热电偶测温中的应用

思 考 题

8-1　简述角系数的定义。角系数是一个纯几何因子成立的条件是什么？

8-2　角系数有哪些特性？

8-3　如图 8-38 所示，A_1 和 A_2 在垂直于纸面上无限长，在利用辅助面（线）时，辅助线 ad、bd 等能否选择为曲线？并分析原因。

提示：辅助面（线）的增添不应改变空间中各表面之间原有的辐射传递关系。比如，在四边形 $abcd$ 构成的空腔中，$X_{ab,bd}$ 应与三边形 abd 构成的空腔中 $X_{ab,bd}$ 一致。

8-4　辨析空间辐射热阻和表面辐射热阻的概念。

8-5　何谓固有辐射、投入辐射和有效辐射？有效辐射的引入对于灰体表面系统辐射换热计算有什么作用？

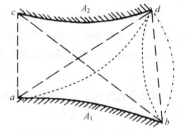

图 8-38　思考题 8-3 附图

8-6　为什么计算一个表面与外界之间的净辐射换热量时要采用封闭的模型？

8-7　何谓重辐射表面？在辐射热网络中，重辐射表面和黑体表面的区别何在？

8-8　在哪些情况下，表面热阻等于或趋近于零？在热网络图中，哪些情况下 J 和 E_b 相等？

8-9　在测量管道中气流温度时，试分析由于温度计头部和管壁之间的辐射换热而引起的测温误差，并提出减小误差的措施。

8-10 简述遮挡板的作用。

8-11 黑体表面和重辐射面均有 $J=E_b$，这是否意味着重辐射面与黑体具有相同的性质？

8-12 有人认为，重辐射表面是一个绝热表面，因此在整个辐射系统中不参与辐射换热，因此重辐射作用不会影响其他表面的辐射换热。你同意这一观点吗？

8-13 两漫灰同心圆球壳之间插入一同心辐射遮热球壳，试问遮热球壳是靠近外球壳还是靠近内球壳时，两球壳表面之间的辐射换热量衰减得越大？

8-14 冬季晴朗的夜晚，测得地表附近的空气温度大于摄氏零度，但有人却发现地面上树叶上有结霜，试解释这种现象。

练 习 题

8-1 设有如图 8-39 所示的两个微小面积 $A_1=2\times10^{-4}\,\mathrm{m}^2$，$A_2=2\times10^{-4}\,\mathrm{m}^2$。$A_1$ 为漫辐射表面，辐射力为 $E_1=5\times10^4\,\mathrm{W/m}^2$。试计算由 A_1 发出而落到 A_2 上的辐射能。

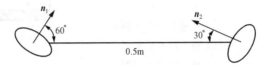

图 8-39 练习题 8-1 附图

8-2 试用简捷方法确定图 8-40 中的角系数 $X_{1,2}$ 和 $X_{2,1}$。

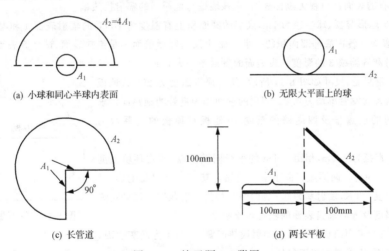

(a) 小球和同心半球内表面   (b) 无限大平面上的球

(c) 长管道   (d) 两长平板

图 8-40 练习题 8-2 附图

8-3 如图 8-41 所示，直径为 d 的圆柱表面及平面在垂直纸面方向均为无限长。试求平面与圆柱外表面之间的辐射角系数。

8-4 试确定图 8-42 所示表面 1 和表面 2 之间的角系数。

8-5 有一个开有小孔的空腔，小孔面积与空腔内壁面积比为 0.005，如果空腔内壁的发射率为 0.5，求小孔的发射率。

提示：物体的发射率定义为其本身辐射力与同温度下黑体辐射力的比值。本身辐射力可以理解为是物体与温度为绝对零度、吸收率为 1 的环境之间的辐射换热量。

8-6 在一块厚金属板上钻一个直径为 $d=2\mathrm{cm}$ 的不穿透小孔，孔深 $H=4\mathrm{cm}$，锥顶角为 $90°$，如图 8-43 所示。设孔的表面是发射率为

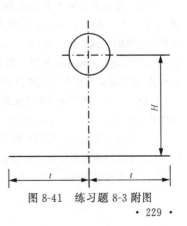

图 8-41 练习题 8-3 附图

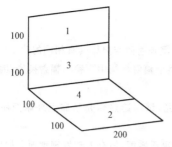
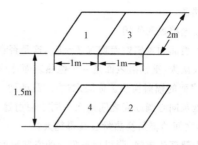

图 8-42 练习题 8-4 附图

0.6 的漫射体,整块金属块处于 500℃ 的温度下,试计算从孔口向外界辐射的能量。

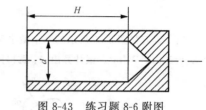

图 8-43 练习题 8-6 附图

8-7 两块平行放置的平板表面发射率均为 0.6,其板间距远小于板的宽度和高度,且两表面温度分别为 700K 和 300K。试确定:

(1) 板 1 的自身辐射;   (2) 对板 1 的投入辐射;

(3) 板 1 的反射辐射;   (4) 板 1 的有效辐射;

(5) 板 1、2 间的辐射换热量;   (6) 板 2 的有效辐射。

提示:板 2 的有效辐射即对板 1 的投入辐射。

8-8 有一 3m×3m×3m 的房间,其一面墙壁的温度为 30℃,地板温度为 10℃,其余三面墙壁和顶面完全绝热,假设所有的表面都可视为黑体表面,求该墙壁与地板间的辐射换热量。

8-9 有以半球形容器,球半径为 1m,底部的圆面积上有温度为 200℃ 的辐射表面 1 和温度为 40℃ 的表面 2,表面 1 和表面 2 各占底部圆面积的一半(1/2 半圆),容器壁面 3 是绝热表面,试计算表面 1 和表面 2 之间的辐射换热量和容器壁 3 的温度。设表面的发射率均为 0.8。

8-10 有一密封舱,尺寸如图 8-44 所示,其中顶板温度为 298K,地板温度为 286K,两者的发射率均为 0.8。四周的壁面均为良好的绝热面。求顶板与地板之间的换热量及四周壁的温度。(地板对顶板的角系数为 0.255)。

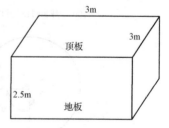

图 8-44 练习题 8-10 附图

8-11 两个直径为 0.4m,相距 0.1m 的平行同轴圆盘,放在环境温度保持为 300K 的房间内。两圆盘背面不参与换热。其中一个圆盘绝热,另一个保持均匀温度 500K,发射率为 0.6。两圆盘均为漫射灰体。试确定绝热圆盘的表面温度及等温圆盘表面的辐射热流密度。

提示:这是三个表面组成封闭系的辐射换热问题,表面 1 为漫灰表面,表面 2 为绝热表面,表面 3 相当于黑体。

8-12 将一个直径为 75mm、反射率为 0.8、温度为 980℃ 的圆形电加热棒,置于一个直径为 500mm 的半圆形反射器的中心,如图 8-45 所示,假设反射器是绝热的。试计算分析,在一个可以忽略对流换热的大空间中(壁温恒定为 15℃),电加热棒单位长度的辐射热损失。并通过与未采用反射器的情形对比,分析反射器对于电加热棒辐射热损失的影响。

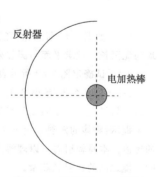

图 8-45 练习题 8-12 附图

8-13 有两块大平板,其温度和发射率分别为:$T_1 = 900℃$,$\varepsilon_1 = 0.4$;$T_2 = 400℃$,$\varepsilon_2 = 0.6$,在它们中间放置一块两面黑度均为 0.05 的遮热板。试求:

(1) 没有遮热板时两板间单位面积的辐射换热量;

(2) 有遮热板时单位面积的辐射换热量;

(3) 遮热板的温度。

8-14　两漫灰平行平板间存在着辐射换热,并保持表面温度 $T_1 > T_2$,表面发射率分别为 ε_1、ε_2。为减少两板间的辐射热流,用一个两侧发射率不同的薄遮热板将两板隔开。试问:

(1) 遮热板放置朝向对两板之间的辐射热流衰减有无影响?

(2) 为使遮热板的温度升高最小,遮热板应如何放置?

8-15　一直径为 100mm 的薄壁水平长管,管内有蒸气通过使管壁温度保持为 120℃,在管的周围放置一同心的遮热屏,若管和遮热屏之间的空气夹层间隔为 10mm,遮热屏表面温度为 35℃,管和屏的发射率分别为 0.8 和 0.1,问单位管长上的辐射热流量是多少?

8-16　在飞机的发动机短舱里,装一块磨光的不锈钢防护罩,发射率为 0.074,周围的温度 $T_f = 350$K,发动机外壁温度 $T_w = 550$K,发射率为 0.65。试求:

(1) 发动机壁通过防护罩对周围散失的辐射热流;

(2) 没有防护罩时发动机散失的辐射热流。

8-17　在发动机尾喷管出口处用铂-铑热电偶测得燃气温度为 900K,壁面温度为 750K,若燃气的对流换热系数为 $200\text{W}/(\text{m}^2 \cdot \text{K})$,热电偶头部的发射率为 0.3,试求燃气的真实温度。

8-18　单管燃烧室火焰筒外壁温度 $T_{w1} = 1000$K,燃烧室外套的壁温度 $T_{w2} = 500$K,空气在火焰筒与外套之间通过,火焰筒的发射率 $\varepsilon_1 = 0.8$,外套的发射率 $\varepsilon_2 = 0.65$。设空气的温度 $T_f = 500$K,空气对火焰筒外壁的对流换热系数 $h = 300\text{W}/(\text{m}^2 \cdot \text{K})$,火焰筒外壁直径为 150mm,外套内直径为 200mm,试求火焰筒外壁所散失的热流密度,并确定此时对流换热量与辐射换热量的相对大小。

8-19　在发动机火焰筒内某一截面,燃气压力为 10 个大气压,温度为 1843K,余气系数为 1。火焰筒内径为 0.138m,壁面温度为 1000K,发射率为 0.81。燃料为航空煤油,求燃气对火焰筒内壁的辐射热流密度。

8-20　若将锅炉炉膛近似视为直径为 1m 的圆柱体壳,高度为 2m,其内是由二氧化碳、水蒸气和非吸收性气体组成的 1400K 的燃气,总压力为 10^5Pa,二氧化碳的分压力为 2×10^4Pa,水蒸气的分压力为 10^4Pa。炉膛四周布置有冷却水管。试计算为保证炉膛四壁温度维持在 600K,冷却水应带走多少热量?燃气与炉膛间的对流换热忽略不计。

8-21　一功率为 20W 的电烙铁,端部面积为 0.0013m^2,发射率为 0.88。在 25℃ 的空气中自然对流的对流换热系数为 $11\text{W}/(\text{m}^2 \cdot \text{K})$,设环境温度与空气温度大致相同,试求其端部温度。

8-22　用集总参数法计算下落铝滴的初始冷却速率 $\mathrm{d}T/\mathrm{d}\tau$。若球状铝滴的直径 $d = 0.5$mm,初始温度 $T_0 = 1700$K,下落速度 $u = 1$m/s。铝滴可看成是灰体,其表面发射率 $\varepsilon = 0.2$,密度 $\rho = 2100\text{kg/m}^3$,比热 $c = 1100\text{J}/(\text{kg} \cdot \text{K})$,铝滴所处的环境及空气温度 $T_\infty = 300$K,空气导热系数 $\lambda = 0.067\text{W}/(\text{m} \cdot \text{K})$,运动黏度 $\nu = 117.3 \times 10^{-6}\text{m}^2/\text{s}$,$Pr = 0.7$,空气外掠球体的对流换热规律为 $Nu = 2 + (0.4Re^{1/2} + 0.06Re^{2/3})Pr^{0.4}$。

8-23　将直径为 D、初始均温为 T_i 的金属圆球悬挂在四周壁温为 T_w、空气温度为 T_∞ 的大房间内。已知圆球表面发射率 ε,空气对流换热系数 h。如果对流换热与辐射换热两者的数量级相当,试建立:

(1) 能运用集总参数法的准则;

(2) 在上述准则下,圆球温度随时间变化的微分方程。

参 考 文 献

曹玉璋,陶智,徐国强,等,2005. 航空发动机传热学[M]. 北京:北京航空航天大学出版社:169-183

闵桂荣,郭舜,1998. 航天器热控制[M]. 2 版. 北京:科学出版社:110-139,359-364

斯帕罗 E M,塞斯 R D,1982. 辐射传热[M]. 顾传保,张学学,译. 北京:高等教育出版社:127-149

王宝官,1997. 传热学[M]. 北京:航空工业出版社:170

王补宣,1998. 工程传热传质学(上册)[M]. 北京:科学出版社:302-310

杨世铭,陶文铨,2006. 传热学[M]. 4 版. 北京:高等教育出版社:396,436-438

杨贤荣,马庆芳,1982. 辐射换热角系数手册[M]. 北京:国防工业出版社:44-353

余其铮,2000. 辐射换热原理[M]. 哈尔滨:哈尔滨工业大学出版社:41-50

Cengel Y A,2003. Heat transfer,A practical approach[M]. 2nd ed. New York:McGraw-Hill Book Company:

637-638

Holman J P, 2002. Heat transfer[M]. 9th ed. New York:McGraw-Hill Book Company:410-415

Kang H J, Tao W Q, 1994. Discussion on the network method for the calculating radiant interchange within an enclosure[J]. Journal of Thermal Science,3(2):130-135

Siegel R, Howell J R, 1982. Thermal radiation heat transfer[M]. 2nd ed. Washington:Hemisphere Publishing Corporation:172-224,233-273

第9章 几个专题

在前8章中,以传热学的基础知识为主线,对导热、对流换热和辐射换热理论进行了较为系统的介绍。本章选择了导热波动学说、换热器热计算、射流冲击换热、气膜冷却和传质学简介5个专题,以使读者拓展视野,增进传热理论与工程实际的深度联系。

9.1 导热波动学说

9.1.1 非傅里叶效应

自从17世纪傅里叶建立了导热的数学模型以来,傅里叶导热定律广泛应用于导热问题分析的各个领域。无论物体中导热过程的发生机理如何,其传热分析都是建立在傅里叶导热定律的基础上。众所周知,傅里叶定律是导热现象规律性的总结,作为导热理论的本构方程,描述了热流量和温度分布之间的关系。值得思考的问题是,这一本构关系是建立在大量常规导热实验(热作用时间较长、强度较低)的基础上的,其本身不涉及导热时间项,那么将其轻易地推广应用于瞬态导热过程中是否存在限定条件?

首先来考察一下应用傅里叶定律对第一类边界条件下的一维半无限大物体瞬态导热进行分析的结果。其物理问题描述为:一个初始温度为 T_i 的半无限大平板($x \geqslant 0$),当时间 τ 大于零时,在 $x=0$ 边界表面处具有恒定温度 T_w,试求半无限大平板内的温度分布。

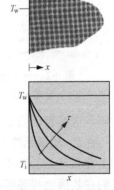

数学模型

$$\frac{\partial T}{\partial \tau} = a \frac{\partial^2 T}{\partial x^2} \qquad (9\text{-}1)$$

初始条件和边界条件

$$\tau = 0 \text{ 时,在 } 0 \leqslant x < \infty \text{ 内} \qquad T(x,\tau) = T_i \quad (a)$$
$$\tau > 0 \text{ 时,在 } x = 0 \text{ 处} \qquad T(x,\tau) = T_w \quad (b)$$
$$\tau > 0 \text{ 时,在 } x \to \infty \text{ 处} \qquad T(x,\tau) = T_i \quad (c)$$

引入过余温度,$\theta = T - T_i$,温度分布的解析式为

图9-1 半无限物体的非稳态导热过程

$$\theta(x,\tau) = \theta_w \left[1 - \mathrm{erf}\left(\frac{x}{2\sqrt{a\tau}} \right) \right] \qquad (9\text{-}2)$$

从解的解析式中,可以直观地发现半无限大物体内部的温度分布是空间坐标和时间坐标的连续性函数。这意味着一旦表面的温度从初始温度 T_i,在 τ 大于零后变化为恒定的 T_w,则内部的温度分布在时间上存在着一一对应的同步变化关系。按照热力学第一定律,不考虑变形因素时,质点温度若发生了变化(即内能发生了变化),则必有热量进出该质点。针对上述示例,在某个瞬间,一旦表面的温度发生变化,则物体内部任意位置上都能立即感受到其变化,体现了热扰动传播速度是无限大的趋向。

其次,从瞬态导热的宏观物理行为出发,实际的温度扰动传播速率取决于构成粒子(分子、原子、自由电子等)的平均热运动速度,也就是说,就导热的粒子碰撞和晶格振动机理而言,其传播速率与给定介质中的声速应为同一数量级。从热量传递的物理机制上分析,由于热量在介质中的传播速度有限,因此,对瞬态热传导而言,在已传播到或未传播到区域之间应有明显的分界。即在热量传播到的区域,其内各点温度才会变化。同样地,对于物体内部某空间位置,只有在经历一个特定的时间之后才能感受到热扰动的作用。很显然,在非稳态导热过程中,与真实物理行为相符的温度分布不应是连续的,体现出波动行为的物理机制。

经典傅里叶定律隐含了热扰动传播速度为无限大的假设。对于热作用时间较长的稳态导热过程以及热扰动传播速度较快的非稳态导热过程,傅里叶定律的正确性是毋庸置疑的。但是,对于极端热传递条件下的非稳态导热过程,如极高或极低温条件的传热问题、超急速传热问题以及微时间或微空间尺度下的传热问题,热扰动传播速度的有限性却必须考虑,由此也必定会出现一些有别于常规瞬态导热过程的物理特征。我们把在极端热条件下出现的一些不遵循或偏离傅里叶导热定律的热传递效应称为导热的非傅里叶效应(non-Fourier effect)。

9.1.2 傅里叶定律的再认识

前已述及,傅里叶定律是由稳态实验的经验经过数学处理而得到的。那么在稳态情况下热量传递的情况又是怎样的呢? 考察如图 9-2 所示的一维平壁稳定热传导过程,显然有 $\Phi_1 = \Phi_2 = \Phi$,平壁内任意一点温度不再发生变化。

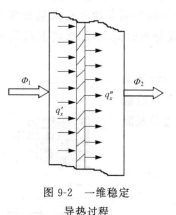

注意到,尽管温度场不再改变,但热量在平壁内的传递并没有停止。对于任一微元厚平板,在任意瞬间,都存在如下的关系

$$q'_x = q''_x$$

意味着在某一瞬间,进入微元厚平板的热量瞬时就离开了微元厚平板。

图 9-2 一维稳定导热过程

容易想象,只要导热过程是稳态的,不管平壁有多厚,看起来就好像从平壁一侧进入的热量瞬时地就离开了平壁的另一侧。这是否说明了热量传递速度是无限的呢?

注意,从微元厚平板离开的热量 q''_x 尽管在数值上与进入微元厚平板的热量 q'_x 相等,但本质上存在差异。即离开了平壁一侧的"此"热流量并不是进入平壁一侧的"彼"热流量,只不过它们在数值上相等而已,虽然进入平壁一侧的热流量在瞬间并不能传递到平壁的另一侧,但是在同一瞬间,由于有相同数量的热流量从平壁另一侧离开,因此在稳定导热过程中,热量传播速度可以"等同于"是无限大的。

傅里叶定律实际上建立在热量传播速度为无限大基础之上,或者说傅里叶定律隐含了热量传播速度为无限大这样一个假设。对于稳定的导热过程,由于热量传播速度可以视为满足无限大的前提,所以将傅里叶定律应用于稳态导热过程是完全正确的。但是对于瞬态的导热过程,也把热量传播速度认为是无限大,出现上述的非傅里叶现象就不奇怪了。造成经典的热传导理论与实际的物理过程之间存在差别的原因在于:把认为热量传播速度等同于无限大的稳态情况下得到的傅里叶定律应用到热量传播速度不是无限大的瞬态热传导问题中。显然,为了对瞬态导热问题作出更合理的描述,必须对傅里叶定律进行修正。

9.1.3 通用的傅里叶定律和导热微分方程

按照经典的傅里叶定律,热量是以无限大的速度在介质中传递,因此温度分布是连续的,体现了纯粹的扩散行为的物理机制;而实际的传递机制应该是热量在平板内以有限的速度传递,只有在热量传播到的区域,其内各点温度才会变化,显然这是一种波动行为的物理机制。热扰动和由此而引起的瞬时温度分布在时间上已不再是一一对应关系。温度场的重新建立在时间上将滞后于热扰动的改变。

从热力学的观点分析,温度场的重新建立滞后于热扰动改变的时间称为松弛时间,或弛豫时间。因此,以热量传播速度无限大为基础建立起来的经典的导热理论,所描述的物理过程十分类似于热力学中的准静态过程,即弛豫时间为零的瞬态过程。

记 c_h 为热波传递速度,τ_0 为弛豫时间,根据量纲的要求,可以将两者关联起来。

$$c_h = \sqrt{\frac{a}{\tau_0}} \qquad (9\text{-}3)$$

式中,a 为热扩散系数。

弛豫时间对热波传递速度影响很大,其数量级与分子二次碰撞的时间间隔相当。如气态氢的弛豫时间为 10^{-9} s,铝的弛豫时间为 10^{-11} s,低温下生物薄层材料的弛豫时间约为 $10^{-5} \sim 10^{-4}$ s。

考虑到热波传递速度这一因素,经典的傅里叶导热定律被修正为

$$\frac{a}{c_h^2} \frac{\partial \boldsymbol{q}}{\partial \tau} + \boldsymbol{q} = -\lambda \,\mathrm{grad}\, T \qquad (9\text{-}4\mathrm{a})$$

或

$$\tau_0 \frac{\partial \boldsymbol{q}}{\partial \tau} + \boldsymbol{q} = -\lambda \,\mathrm{grad}\, T \qquad (9\text{-}4\mathrm{b})$$

式中,$\partial \boldsymbol{q}/\partial \tau$ 为温度梯度所在截面上热流密度对时间的变化率;$\tau_0 \partial \boldsymbol{q}/\partial \tau$ 则为在弛豫时间间隔内截面上热流密度的改变量。该项的引进是因为温度场的重新建立和温度梯度的改变在时间上滞后于热扰动,而导致在弛豫时间间隔内截面上热流密度出现 $\tau_0 \partial \boldsymbol{q}/\partial \tau$ 的改变。

对于稳态导热过程,热波传递速度可以视为无限大,或者说弛豫时间可以认为是零(其实并不为零,这一认识正像是对于静止的流体来说可认为其黏度为零,实际上并不为零而只是没有体现出来一样)。在这种情况下,热流密度的矢量场不随时间变化,因此 $\tau_0 \partial \boldsymbol{q}/\partial \tau = 0$,因此,式(9-4)退化为经典的傅里叶定律形式。在深冷、急速加热或冷却、超高热负荷情形下,即热波传递速度低(例如在 1.4 K 的液氦 II 中,热波传递速度仅为 19 m/s)和热流密度变化异常剧烈(例如短脉冲强激光的热流密度高达 10^{10} W/m² 以上,加热频率达到 $10^7 \sim 10^{10}$ Hz)的极端条件下,传播项的影响必须考虑。

与经典的傅里叶导热定律相比,通用傅里叶导热定律中增加了传播项 $\tau_0 \partial \boldsymbol{q}/\partial \tau$,必然导致导热方程中出现对时间的升阶。

$$q_x = -\lambda \frac{\partial T}{\partial x} - \tau_0 \frac{\partial q_x}{\partial \tau}$$

$$q_y = -\lambda \frac{\partial T}{\partial y} - \tau_0 \frac{\partial q_y}{\partial \tau} \qquad (9\text{-}5)$$

$$q_z = -\lambda \frac{\partial T}{\partial z} - \tau_0 \frac{\partial q_z}{\partial \tau}$$

将式(9-5)代入能量守恒方程

$$\rho c \frac{\partial T}{\partial \tau} = -\left(\frac{\partial q_x}{\partial x} + \frac{\partial q_y}{\partial x} + \frac{\partial q_z}{\partial x}\right) + q_v \tag{9-6}$$

得到

$$\rho c \frac{\partial T}{\partial \tau} = \frac{\partial}{\partial x}\left(\lambda \frac{\partial T}{\partial x}\right) + \frac{\partial}{\partial y}\left(\lambda \frac{\partial T}{\partial y}\right) + \frac{\partial}{\partial z}\left(\lambda \frac{\partial T}{\partial z}\right) + q_v + \tau_0\left(\frac{\partial^2 q_x}{\partial \tau \partial x} + \frac{\partial^2 q_y}{\partial \tau \partial y} + \frac{\partial^2 q_z}{\partial \tau \partial z}\right) \tag{9-7}$$

将能量方程式(9-6)对时间求导,可得

$$\frac{\partial^2 q_x}{\partial \tau \partial x} + \frac{\partial^2 q_y}{\partial \tau \partial y} + \frac{\partial^2 q_z}{\partial \tau \partial z} = \frac{\partial q_v}{\partial \tau} - \rho c \frac{\partial^2 T}{\partial \tau^2}$$

将该式代入式(9-7),经整理得到通用导热微分方程式

$$\frac{\partial}{\partial x}\left(\lambda \frac{\partial T}{\partial x}\right) + \frac{\partial}{\partial y}\left(\lambda \frac{\partial T}{\partial y}\right) + \frac{\partial}{\partial z}\left(\lambda \frac{\partial T}{\partial z}\right) + q_v + \tau_0\left(\frac{\partial q_v}{\partial \tau} - \rho c \frac{\partial^2 T}{\partial \tau^2}\right) = \rho c \frac{\partial T}{\partial \tau} \tag{9-8}$$

当导热系数为常数,且不计内热源,则通用导热微分方程式简化为

$$a \nabla^2 T = \frac{\partial T}{\partial \tau} + \tau_0 \frac{\partial^2 T}{\partial \tau^2} \tag{9-9}$$

从而使基于经典傅里叶导热定律建立的"抛物线"型瞬态导热微分方程转变为"双曲线"型瞬态导热微分方程,两者分别对应扩散和波动两种物理行为的数学描述。通用傅里叶定律作为强瞬态导热问题的本构方程,使得经典的导热微分方程无论在形式上还是在本质上都发生了变化。

以通用傅里叶导热定律作为瞬态导热问题的本构方程进行分析,称为非傅里叶导热分析。在什么情况下必须考虑到热波传递速度的影响?由于大部分材料的弛豫时间都比较小,与 q 相比,$\tau_0 \partial q / \partial \tau$ 的影响可以忽略,即所谓的弱瞬态导热过程,则可以认为物体内部的瞬态温度场与热扰动同步变化,两者之间存在一一对应关系,采用经典的傅里叶导热定律作为瞬态导热问题的本构方程进行分析是合理的。然而对于强瞬态导热过程,即热扰动的幅度大($\partial q / \partial \tau$ 大),以至于物体内部温度场的重新建立总是跟不上热扰动的变化,因此只要是物体的弛豫时间不是极小的话,传播项 $\tau_0 \partial q / \partial \tau$ 和 q 就具有处于同一数量级的可能性。此时必须考虑热波传递速度的影响因素,才能更准确地揭示热流密度矢量场与温度梯度场之间的关系,进而得到温度场的变化规律。

图 9-3 所示为基于经典导热定律和修正导热定律计算获得的碳钢(热扩散系数为 $a = 8.086 \times 10^{-6}\,\mathrm{m^2/s}$,弛豫时间 $\tau_0 = 10^{-10}\,\mathrm{s}$)在强瞬态导热条件下的温度分布对比,按照非傅里叶导热分析得到的温度分布是间断曲线,存在一个阶跃,介质内温度间断处即为热波波前达到位置。热波运动到的区域温度发生变化,热波未到达的区域由于没有热量流入温度不发生变化,仍保持初始温度。随着时间的延长,非傅里叶导热效应逐步减弱,在大于 10 倍弛豫时间后,与基于经典傅里叶导热定律的温度分布曲线十分吻合。因此,只有在极短时间的强瞬态条件下,非傅里叶效应才能显著地得以体现,需要考虑以通用傅里叶导热定律来计算强瞬态温度分布。

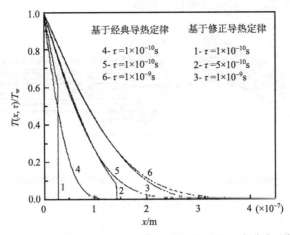

图 9-3　基于经典导热定律和修正导热定律的温度分布比较

9.2　换热器热计算

换热器是一种使流体实现加热或冷却的装置,热量将从一种(热流体)传给另一种(冷)流体。换热器的用途非常广泛,不仅在能源动力、化工建筑等工业领域,在航空航天领域也具有重要的作用,例如用于飞机座舱空气调节系统和航空发动机燃滑油系统中的各类散热器、油冷却器等,在航空发动机空气系统中,为了有效降低从压气机引出的冷却空气温度,也可在外涵中设置换热器。限于篇幅,本节仅介绍换热器热计算的相关内容。

9.2.1　换热器的分类

换热器(heat exchanger)可以按不同的方式分类。

按换热器操作过程,可将其分为间壁式、混合式和回热式换热器。

1. 间壁式换热器(recuperative heat exchanger)

间壁式换热器是应用最广泛的换热器,蒸气锅炉、飞机座舱空气调节系统中的散热器和燃气轮机装置的回热器等就采用这种换热器类型。在间壁式换热器中,热流体和冷流体同时在换热器内隔着间壁(换热面)流动,热流体的热量通过对流换热(有时也需考虑辐射换热)传给间壁热侧表面,再经过固壁导热传给间壁冷侧,再通过对流换热传给冷流体。这种热量传递方式即可视为通过复杂换热面的传热过程。换热面的形式是多种多样的,可呈管状(见图 9-4),也可呈板状(见图 9-5)。在工程技术领域,常以单位体积内所包含的换热面积作为衡量换热器紧凑程度的指标,并把这一指标大于 $700\mathrm{m}^2/\mathrm{m}^3$ 的换热器称为紧凑式换热器(compact heat exchanger)。高效紧凑式换热器具有高的比表面面积特征,其流动通道的几何尺度往往较小。例如,板翅式结构由于其传热面可达到 $4300\mathrm{m}^2/\mathrm{m}^3$,单位体积内的换热量很大,其应用日益广泛(见图 9-6)。特别值得关注的是,利用多孔金属孔隙结构特征制备的紧凑式换热器和管内填充多孔材料的强化传热方法在实际应用上也取得了很好的效果(见图 9-7),多孔结构不仅具有极高的比表面,同时蜂窝孔隙通道具有强烈的热弥散效应和壁面扰动的边界效应,从而形成强化对流换热的物理机制。随着 3D 打印技术的发展,多孔骨架结构的形式优化和制备为发展更为先进的高效紧凑式换热器提供了保障。

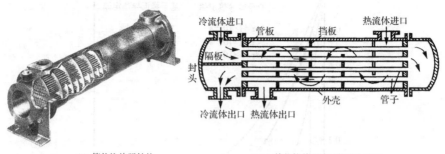

(a) 管状换热器结构　　　　　　　　(b) 管状换热器流动换热示意图

图 9-4　管状换热器

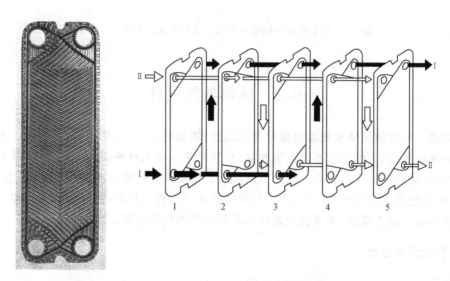

图 9-5　板状换热器流动换热示意图

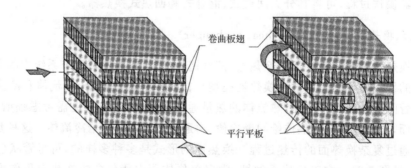

图 9-6　板翅式换热器结构示意图

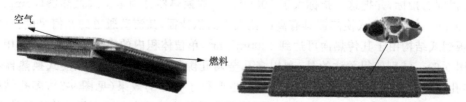

图 9-7　多孔金属换热器

2. 混合式换热器(direct contact heat exchanger)

在混合式换热器中,换热是依靠热流体和冷流体直接接触和混合而实现的。它无需换热面,换热效率亦高,但两流体不能分开,故应用受到一定限制。火力发电厂的冷却塔和喷射冷凝器就属于这类换热器。在飞行器排气系统中,利用发动机排气动量的引射作用抽吸环境冷空气与热排气混合降温,也是属于这种热量交换方式(见图9-8)。

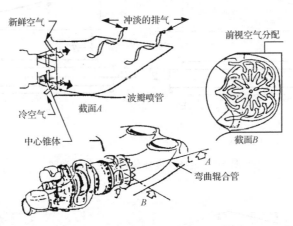

图 9-8   红外抑制器混合流排气示意图

3. 回热式换热器(regenerative heat exchanger)

在回热式换热器中,热流体和冷流体交替地流过换热器内同一换热面,换热面具有蓄热作用,从而周期性地从热流体吸收热量和向冷体释放热量。回热式换热器也称为蓄热式换热器,在连续运行中,虽然换热面吸收和释放的热量相等,但传热过程为非稳态的。

9.2.2 间壁式换热器

在间壁式换热器中,又可按换热器内冷热流体的流动方向分为顺流式、逆流式、叉流式、折流式和混流式。其中顺流式和逆流式是两种极端布置的基本方式。

(1)顺流式换热器(parallel flow heat exchanger)。在顺流式换热器中,热流体和冷流体同向平行地相对流动[见图9-9(a)]。热流体的温度随换热面积的增加而降低,冷流体的温度随换热面积的增加而增加。

(2)逆流式换热器(counter flow heat exchanger)。在逆流式换热器中,热流体和冷流体反向平行地相对流动[见图9-9(b)]。热流体的温度随换热面积的增加而降低,冷流体的温度随换热面积的增加而降低。注意,这里换热面积的计算从热流体进口侧算起,与冷流体沿其流动方向温度增加并不矛盾,只是相对坐标取得不同而已。

(3)叉流式换热器(cross flow heat exchanger)。冷、热流体沿互为交叉的方向流动。在叉流换热器中,常常还根据流体在与流动相垂直的方向上有无混合分成有混合叉流、无混合叉流和半混合叉流。图9-10表示的即为无混合叉流的换热器。

(4)折流式换热器。如果冷、热流体中,一种流体只沿一个方向流动,而另一种流体先沿着一个方向流动,而后折回以相反方向流动,使换热面两侧的流体相对而言既有顺流又有逆

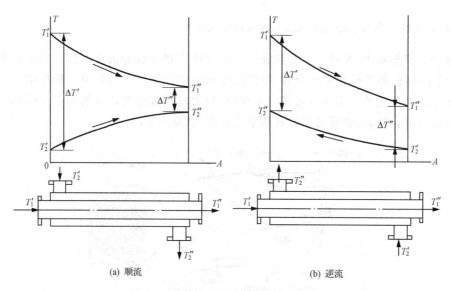

(a) 顺流   (b) 逆流

图 9-9   流体温度随传热面变化示意图

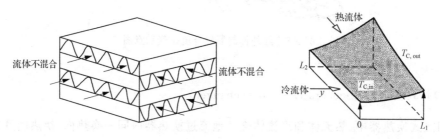

图 9-10   叉流式换热器

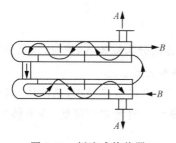

图 9-11   折流式换热器

流。图 9-11 表示的即为一种折流式换热器。

（5）混流式换热器。除了这些基本的相对运动方式外，还可由上述四者组成各种实用的、复杂的相对流动方式。

9.2.3 换热器计算的基本因素

换热器的计算分析是多方面的，除了确定其传热效果的热分析计算之外，还有确定功率消耗的流动阻力计算以及强度计算、经济核算等。就换热器热分析计算而言，由于所解决的问题不同，换热器的热计算可以分为两类：①设计计算，在设计新的换热器时，根据已知的冷、热流体的流量，进、出口温度，确定能够传递该热量的换热面积；②校核计算，根据已有换热器的特性（换热面积和传热系数），冷、热流体流量及进口温度，确定流体的出口温度。

无论是设计计算，还是校核计算，都需要利用换热器热力计算的基本方程和因素。

1. 传热方程

对于通过平壁或圆筒壁的传热过程，冷热流体之间的温差可以看成一个定值。在换热器中,也可以采用类似的传热过程方程,但由于冷热流体沿换热面进行换热,流体温度沿流向不断变化,因此,传热过程方程中的传热温差应该是整个换热面的平均温差。

换热器的传热方程为

$$\Phi = KA\Delta T_{\mathrm{m}} \tag{9-10}$$

式中,A 为换热器的换热面积;K 为整个换热面积上的平均传热系数(overall heat transfer coefficient);ΔT_{m} 为两流体通过换热器时的对数平均温差(log mean temperature difference),对于不同的冷热流体相对流动方式,ΔT_{m} 的确定将在后面介绍。

2. 热平衡方程

在换热器中,由于结构布置及对外界绝热工作的改进,几乎可以忽略换热器对外界的散热损失,而认为热流体失去的热量就等于冷流体得到的热量。故有热平衡方程

$$\Phi = m_1 c_{\mathrm{p}1}(T_1' - T_1'') = m_2 c_{\mathrm{p}2}(T_2'' - T_2') \tag{9-11}$$

式中,mc_{p} 称为流体的热容量(heat capacity rate)。

3. 换热器效能与传热单元数

由式(9-11)可知,热容量大的流体,在换热过程中,温度变化较小;而热容量较小的流体,温度变化比较大。对发生相变的流体,在换热过程中,温度不发生变化,热容量可视为无限大,即使是热容量小的流体,在换热器中,温度的变化也是有一定的范围限制。

当 $(mc_{\mathrm{p}})_1 = (mc_{\mathrm{p}})_{\min}$ 及 T_1' 一定时,T_1 的变化极限最多只能达到 T_2',而决不能小于 T_2';当 $(mc_{\mathrm{p}})_2 = (mc_{\mathrm{p}})_{\min}$ 及 T_2' 一定时,T_2 的变化极限最多只能达到 T_1',而决不能大于 T_1'。否则就违反热力学第二定律。由这两种情形分析,换热器所能实现的极限传热量为

$$\Phi_{\max} = (mc_{\mathrm{p}})_{\min}(T_1' - T_2') \tag{9-12}$$

定义换热器效能(heat transfer effectiveness)为

$$\varepsilon = \frac{\Phi}{\Phi_{\max}} \tag{9-13}$$

即为实际传热量与理想传热量之比。显然换热器效能可以表征换热器的性能。也可表示为

$$\varepsilon = \frac{\mid T' - T'' \mid_{\max}}{T_1' - T_2'} \tag{9-14}$$

式中,分母为流体在换热器中可能发生的最大温度差值,而分子则为冷流体或热流体在换热器中的实际温度差值中的大者。如果冷流体的温度变化大,则 $\mid T' - T'' \mid_{\max} = T_2'' - T_2'$;反之则 $\mid T' - T'' \mid_{\max} = T_1' - T_1''$。

在换热器热力计算中,还常使用另一个无因次参量,称为传热单元数(number of transfer units),用 NTU 表示

$$\mathrm{NTU} = \frac{KA}{(mc_{\mathrm{p}})_{\min}} \tag{9-15}$$

从 $KA = \Phi/\Delta T_{\mathrm{m}}$ 及 $(mc_{\mathrm{p}})_{\min} = \Phi/(T_1' - T_1'')$ 或 $(mc_{\mathrm{p}})_{\min} = \Phi/(T_2'' - T_2')$ 可知,传热单元数的物理意义为:小热容量流体的温度变化与冷热流体平均温差的比值。

换热器效能 ε、传热单元数 NTU 及冷热流体热容量之比 $(mc_{\mathrm{p}})_{\min}/(mc_{\mathrm{p}})_{\max}$ 之间有一定的函数关系。

4. 对数平均温差

在换热面上的平均温差计算中,作如下假设:①冷热流体的质量流量及比热容在整个换热面上均为常数;②传热系数在整个传热面上不变;③不计散热损失;④换热面沿流动方向的导热量也忽略不计。

首先考察顺流和逆流两种流动方式下的对数平均温差(见图 9-12)。取微元换热面 dA,在 dA 两侧冷热流体的温度分别为 T_1 和 T_2,温差为 ΔT。

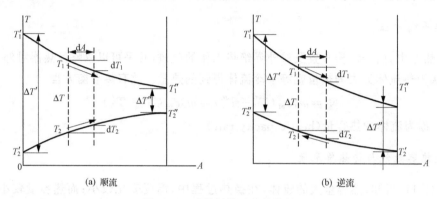

图 9-12 对数平均温差的推导

在顺流时,沿着换热面 A 向,随着换热面积的增加,热流体的温度下降,而冷流体的温度上升。由传热过程方程(9-10)和热平衡方程(9-11),得到

$$d\Phi = K\,dA\,\Delta T = K\,dA\,(T_1 - T_2) \tag{a}$$

$$d\Phi = -m_1 c_{p1}\,dT_1 = m_2 c_{p2}\,dT_2 \tag{b}$$

此处一正一负说明顺流时,冷、热流体的温度变化沿同一换热面方向是一增一减的。由式(a)可得 $\Delta T = T_1 - T_2$,对 $\Delta T = T_1 - T_2$ 求导

$$d(\Delta T) = dT_1 - dT_2 = \left(-\frac{1}{m_1 c_{p1}} - \frac{1}{m_2 c_{p2}} \right) d\Phi \tag{c}$$

记 $S = -\left(\dfrac{1}{m_1 c_{p1}} + \dfrac{1}{m_2 c_{p2}} \right)$,则有

$$d(\Delta T) = S\,d\Phi = SK\,\Delta T\,dA \tag{d}$$

对式(d)进行积分

$$\int_{\Delta T'}^{\Delta T_x} \frac{d(\Delta T)}{\Delta T} = SK \int_0^{A_x} dA \tag{e}$$

式中,$\Delta T'$ 和 ΔT_x 分别为进口 $A=0$ 处和某一换热面积 $A=A_x$ 处的热流体与冷流体之间的温差。$\Delta T' = T_1' - T_2'$。积分结果为

$$\ln \frac{\Delta T_x}{\Delta T'} = SKA_x \tag{f}$$

$$\Delta T_x = \Delta T' e^{SKA_x} \tag{g}$$

由此可见,温差沿换热面的变化按照指数规律。整个换热面的平均温差可由式(g)得到

$$\Phi = KA\Delta T_{\mathrm{m}} = \int_0^A K\Delta T_x \,\mathrm{d}A$$

$$\Delta T_{\mathrm{m}} = \frac{1}{KA}\int_0^A K\Delta T_x \,\mathrm{d}A = \frac{1}{A}\int_0^A \Delta T_x \,\mathrm{d}A = \frac{1}{A}\int_0^A \Delta T' \mathrm{e}^{SKA_x} \,\mathrm{d}A_x = \frac{\Delta T'}{SKA}(\mathrm{e}^{SKA} - 1) \qquad (\mathrm{h})$$

注意到,由式(f)和式(g),当 $A_x = A$ 时,记 $\Delta T'' = T_1'' - T_2''$,得到

$$\ln\frac{\Delta T''}{\Delta T'} = SKA, \quad \Delta T'' = \Delta T' \mathrm{e}^{SKA}$$

代入式(h),得到

$$\Delta T_{\mathrm{m}} = \frac{\Delta T'}{\ln\dfrac{\Delta T''}{\Delta T'}}\left(\frac{\Delta T''}{\Delta T'} - 1\right) = \frac{\Delta T'' - \Delta T'}{\ln\dfrac{\Delta T''}{\Delta T'}} = \frac{\Delta T' - \Delta T''}{\ln\dfrac{\Delta T'}{\Delta T''}} \qquad (\mathrm{i})$$

由于计算式中出现了对数,故将 ΔT_{m} 称为对数平均温差(log mean temperature difference)。

对于逆流方式,沿着换热面 A 向,热流体的温度下降,而冷流体的温度也下降。故有 $\mathrm{d}\Phi = -m_1 c_{\mathrm{p}1}\mathrm{d}T_1 = -m_2 c_{\mathrm{p}2}\mathrm{d}T_2$,同样可以得到上述关系式。但此时,$\Delta T' = T_1' - T_2''$,$\Delta T'' = T_1'' - T_2'$。

不论顺流、逆流,对数平均温差可统一用以下计算式表示

$$\Delta T_{\mathrm{m}} = \frac{\Delta T_{\max} - \Delta T_{\min}}{\ln\dfrac{\Delta T_{\max}}{\Delta T_{\min}}} \qquad (9\text{-}16)$$

式中,$\Delta T_{\max}$ 代表换热器进、出口中较大的一个温差;$\Delta T_{\min}$ 代表换热器进、出口中较小的一个温差。

这里所讨论的对数平均温差与算术平均温差相比,主要区别在于,对数平均温差是根据传热过程方程推导出来的,反映了换热器中局部温差 ΔT_x 沿整个换热面并不是按照线性规律变化的,因此比较接近于实际情况。在某些情况下,如 $\Delta T'/\Delta T'' = 0.6 \sim 1.67$ 时,对数平均值与算术平均值之间的差别是很小的,相对误差不到 3%,这时为了方便起见,可用算术平均值来取代对数平均温差。

还必须注意的是,对数平均温差的推导,是在一系列假设的条件下得到的。

例题 9-1 在空气加热器中,要求将空气从 430℃冷却到 270℃,冷空气从 30℃加热到 230℃,试求采用逆流及顺流时的平均温差各为多少?

解 顺流时

$$\Delta T' = 430 - 30 = 400(℃), \quad \Delta T'' = 270 - 230 = 40(℃)$$

$$\Delta T_{\mathrm{m}} = \frac{400 - 40}{\ln\dfrac{\Delta 400}{\Delta 40}} = 156.2(℃)$$

逆流时

$$\Delta T' = 430 - 230 = 200(℃), \quad \Delta T'' = 270 - 30 = 240(℃)$$

$$\Delta T_m = \frac{240 - 200}{\ln\dfrac{\Delta 240}{\Delta 200}} = 219.3(℃)$$

讨论 在同一个冷、热流体进出口状态下,采用逆流时的对数平均温差较大。如果换热量一定,传热系数也一样,则换热面积逆流的比顺流的要小。

通常对于折流或叉流的平均温差,不是从很复杂的数学演算出发进行计算的,而是采用一种比较简单的图解计算方法。先求出两边流体假定在逆流情况下的对数平均温差,然后再根据具体的相对流动方式,乘上一个由对应图线查得的修正系数,求得平均温差。

$$\Delta T_m = \psi(\Delta T_m)_{ctf} \tag{9-17}$$

式中,$(\Delta T_m)_{ctf}$ 为将给定的冷、热流体的进出口布置成逆流时的对数平均温差;ψ 为小于 1 的修正系数,该修正系数是两个无量纲参数 R 和 P 的函数。

$$R = \frac{(mc_p)_2}{(mc_p)_1} = \frac{T_1' - T_1''}{T_2'' - T_2'} = \frac{\text{热流体冷却程度}}{\text{冷流体加热程度}}$$

$$P = \frac{T_2'' - T_2'}{T_1' - T_2'} = \frac{\text{冷流体加热程度}}{\text{两种流体进口温度差}}$$

图 9-13 为壳侧 1 程、管侧 2 程的折流换热器的修正系数图。

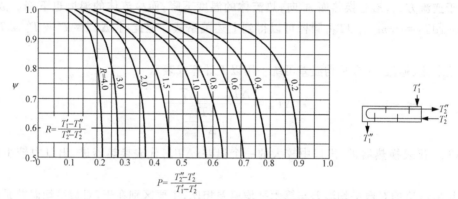

图 9-13　壳侧 1 程、管侧 2 程的折流换热器的修正系数图

图 9-14 为两侧流体均不混合的叉流换热器的修正系数图。

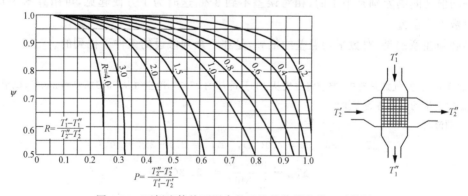

图 9-14　两侧流体均不混合的叉流换热器的修正系数图

9.2.4　换热器热计算的平均温差法

平均温差法的基本依据是传热过程方程。

平均温差法多用于设计性热力计算。其目的在于确定换热器在满足一定工作条件下所需

要的换热器面积的大小。

在这类计算中,通常给出的原始数据有:冷热流体的流量,冷热流体的进出口温度(其中 3 个)。除此之外,还应该给定换热器的原则性布置及结构方案,冷热流体的相对流动类型,采用的流程数目及换热器的外形、轮廓尺寸等。

计算包括的内容有:

(1) 根据换热面的主要结构参数和流动参数,确定传热系数。

(2) 由热平衡方程,确定流体进出口温度中未知的一个。

(3) 根据冷热流体的进出口温度及相对流动方式,进行平均温差的计算。

(4) 根据冷热流体的热平衡确定热负荷。

(5) 由传热方程求出换热面积。

同时,还应计算换热面两侧流体的流动阻力,如流动阻力过大,则需改变方案重新设计。

例题 9-2 采用逆流同心套管换热器冷却燃气涡轮发动机的润滑油,冷却水在内径 $d_i=25mm$ 的管内流动,质量流量 $m_2=0.2kg/s$,润滑油在环形通道内流动,外管直径 $d_o=45mm$,质量流量 $m_1=0.1kg/s$。油和水的进口温度分别为:$T_1'=100℃$,$T_2'=30℃$,如果金属管壁很薄,导热热阻可以忽略。要把润滑油冷却到 $T_1''=60℃$,试问套管要有多长?

解 由 $T_1=(100+60)/2=80(℃)$,查得发动机润滑油物性参数

$$c_{p1}=2131J/(kg·K), \quad \mu_1=3.25\times10^{-2}Pa·s, \quad \lambda_1=0.138W/(m·K)$$

由已知条件,求得热负荷

$$\Phi=m_1c_{p1}(T_1'-T_1'')=0.1\times2131\times(100-60)=8524(W)$$

又由热平衡,对水取 $c_{p2}=4178J/(kg·K)$,得水进口温度

$$T_2''=\frac{\Phi}{m_2c_{p2}}+T_2'=\frac{8524}{0.2\times4178}+30=40.2(℃)$$

由 $T_2=(40.2+30)/2=35.1(℃)$,查得水物性参数

$$c_{p2}=4178J/(kg·K), \quad \mu_2=725\times10^{-6}Pa·s, \quad \lambda_1=0.652W/(m·K), \quad Pr_2=4.85$$

平均换热温差为

$$\Delta T_m=\frac{(T_1'-T_2'')-(T_1''-T_2')}{\ln\dfrac{T_1'-T_2''}{T_1''-T_2'}}=\frac{59.8-30}{\ln\dfrac{59.8}{30}}=43.2(℃)$$

利用对流换热的知识,根据水在管内的流动状态和油在环形通道内的流动状态,可求得

$$h_1=38.4W/(m^2·K), \quad h_2=2250W/(m^2·K)$$

传热系数

$$K=\frac{1}{1/h_1+1/h_2}=37.8W/(m^2·K)$$

代入传热方程,求得所需套管长度为

$$l=\frac{\Phi}{\pi d_i K\Delta T_m}=\frac{8524}{3.14\times0.025\times37.8\times43.2}=66.5(m)$$

9.2.5 换热器热计算的效能-传热单元数法

效能-传热单元数法与平均温差法的实质是一样的,只不过效能-传热单元数法引用了换热器效能 ε、传热单元数 NTU 及热容量比 $(mc_p)_{min}/(mc_p)_{max}$ 等无因次参数之后,作图线求解,使问题简化了许多。在此方法中,对于各种不同的冷热流体的相对流动方式,可依据由其平均

温差推导得出的不同的 NTU、$(mc_p)_{min}/(mc_p)_{max}$ 与 ε 之间的函数关系,把这些函数关系绘成曲线图,由查图便可解决换热器热计算的问题。

根据换热器效能 ε 和传热单元数 NTU 的定义式(9-14)和式(9-15),可以建立顺流、逆流下的如下关系式。

顺流
$$\varepsilon = \frac{1 - \exp\left[-NTU\left(1 + \dfrac{(mc_p)_{min}}{(mc_p)_{max}}\right)\right]}{1 + \dfrac{(mc_p)_{min}}{(mc_p)_{max}}} \tag{9-18}$$

逆流
$$\varepsilon = \frac{1 - \exp\left[-NTU\left(1 - \dfrac{(mc_p)_{min}}{(mc_p)_{max}}\right)\right]}{1 - \dfrac{(mc_p)_{min}}{(mc_p)_{max}}\exp\left[-NTU\left(1 - \dfrac{(mc_p)_{min}}{(mc_p)_{max}}\right)\right]} \tag{9-19}$$

图 9-15 和图 9-16 分别为顺流和叉流的 ε～NTU 关系图。图中,$C = mc_p$。

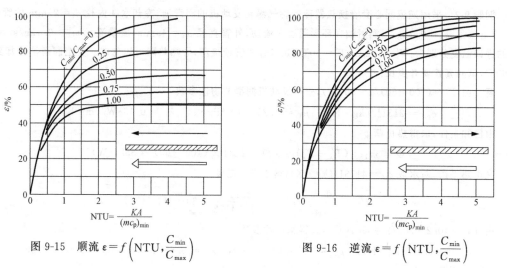

图 9-15 顺流 $\varepsilon = f\left(NTU, \dfrac{C_{min}}{C_{max}}\right)$ 图 9-16 逆流 $\varepsilon = f\left(NTU, \dfrac{C_{min}}{C_{max}}\right)$

图 9-17 为两侧流体均不混合的叉流换热器的 ε～NTU 关系图。图 9-18 为壳侧 1 程、管侧 2 程的折流换热器的 ε～NTU 关系图。

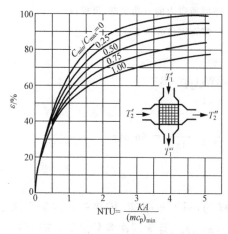

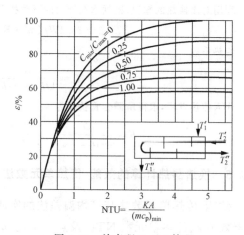

图 9-17 一次交叉流(两种流体都不混合)   图 9-18 单壳程 2、4、6 管程

效能-传热单元数法用于换热器设计计算的步骤如下。

（1）根据换热面的主要结构参数和流动参数,确定传热系数。

（2）根据冷热流体进出口温度求出换热器效能 ε。

（3）由公式或线图确定传热单元数 NTU。

（4）根据传热单元数 NTU 确定所需要的换热面积。

效能-传热单元数法用于换热器校核计算的步骤如下。

（1）根据已知的条件确定传热单元数 NTU。

（2）由公式或线图确定换热器效能 ε。

（3）根据换热器效能定义确定待校核的流体出口温度。

例题 9-3 在一逆流油冷器中,用冷却水使油冷却。已知油 $m_1=0.5\text{kg/s}$,$c_{p1}=2220\text{J/(kg·K)}$,$T_1'=130℃$;冷却水 $m_2=0.3\text{kg/s}$,$c_{p2}=4182\text{J/(kg·K)}$,$T_2'=15℃$。换热面积 $A=2.4\text{m}^2$,传热系数 $K=1530\text{W/}$ $(\text{m}^2·\text{K})$。求换热器效能,油和冷却水的出口温度。

解
$$(mc_p)_1 = 0.5 \times 2220 = 1110[\text{J/(s·K)}]$$
$$(mc_p)_2 = 0.3 \times 4182 = 1255[\text{J/(s·K)}]$$

由传热单元数的定义,得到

$$\text{NTU} = \frac{KA}{(mc_p)_{\min}} = \frac{1530 \times 2.4}{1110} = 3.31$$

又有

$$\frac{(mc_p)_{\min}}{(mc_p)_{\max}} = \frac{1110}{1255} = 0.885$$

由换热器效能的公式(9-19)或查图线

$$\varepsilon = \frac{1 - \exp\left[-\text{NTU}\left(1 - \frac{(mc_p)_{\min}}{(mc_p)_{\max}}\right)\right]}{1 - \frac{(mc_p)_{\min}}{(mc_p)_{\max}}\exp\left[-\text{NTU}\left(1 - \frac{(mc_p)_{\min}}{(mc_p)_{\max}}\right)\right]} = \frac{1 - \exp[-3.31(1 - 0.885)]}{1 - 0.885\exp[-3.31(1 - 0.885)]} = 0.8$$

利用换热器效能的定义有

$$\varepsilon = \frac{(T' - T'')_{\max}}{T_1' - T_2'} = \frac{130 - T_1''}{130 - 15}$$

可求得油的出口温度

$$T_1'' = 38℃$$

最后利用热平衡方程 $\Phi = -m_1 c_{p1}(T_1' - T_1'') = -m_2 c_{p2}(T_2' - T_2')$,得到冷却水的出口温度

$$T_2'' = 96.5℃$$

9.3 射流冲击换热

9.3.1 基本概念

将流体通过圆形或狭缝喷嘴直接喷射到固体表面进行冷却或加热的方法称为射流冲击(jet impingement),这是一种极其有效的强化传热方法。由于流体直接冲击需要冷却或加热的表面,边界层很薄,因此换热系数比通常的管内换热要高出几倍以至一个量级。

为此,它得到了越来越广泛的应用,如航空发动机热端部件(如涡轮叶片、火焰筒、涡轮机匣和排气喷管等)强化冷却(见图 9-19)、高热流密度电子器件散热、飞行器机翼前缘和发动机

进口部件热气防冰(见图 9-20)、金属薄板退火、玻璃回火等。

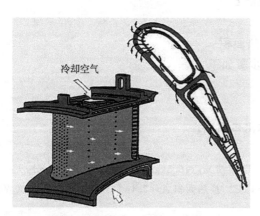

图 9-19 涡轮叶片典型冷却结构

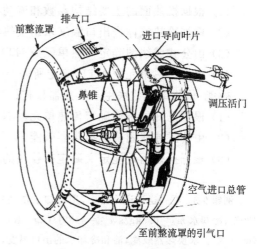

图 9-20 进口部件典型防冰结构

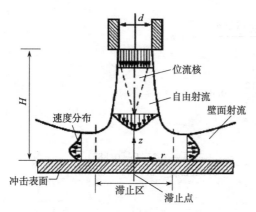

图 9-21 单股射流结构示意图

图 9-21 是单股射流冲击到表面上的流动结构示意图。概括地说,射流的流场可以分为三部分。

(1)自由射流区。射流离开喷嘴后,与外部流体进行质量和动量交换,结果使得射流的宽度不断增加,速度分布剖面也逐渐发展成钟形。

(2)滞止区(也称驻点区)。当自由射流冲击到壁面后,则转化为驻点区流动以及壁面射流区流动。在驻点区的射流边界层厚度极薄,一般只有喷嘴直径的千分之几,这就决定了驻点区有很高的换热系数。

(3)壁面射流区。由驻点区向外发展的径向流动(即壁面射流)是加速的,因而流动的稳定性是非常高的,并且保持着层流的特征,如果有较高的流速,就有可能从层流向湍流过渡,这种过渡自然也会使换热系数提高。

根据射流能否与周围流体自由混合,冲击冷却可以分为大空间冲击、有限空间冲击;如果按照射流冲击时是否存在横流影响,又可以分为有横流和无横流的射流冲击。比如,涡轮叶片弦中区的冲击射流往往会受到横流的影响。

影响射流冲击换热效果的因素众多,归纳起来,有以下几个方面。

(1)流动参数。

① 射流雷诺数 $Re_j = u_j d/\nu, u_j$ 为射流速度;

② 射流湍流度;

③ 横流与射流质量流量比 m_c/m_j。

(2)射流孔结构参数。

① 射流喷射角度;

② 冲击间距;

③ 阵列射流孔孔间距；

④ 阵列射流孔布置方式(顺排,叉排)；

⑤ 射流孔形状。

(3)冲击靶面结构参数。

① 壁面曲率；

② 壁面粗糙度；

③ 导热系数。

9.3.2 单孔射流冲击

图 9-22 为单个圆孔射流冲击表面对流换热系数随冲击间距 H/d、冲击雷诺数 Re_j,在不同位置 r/d 处的对流换热系数变化曲线。可以看出,在较小的冲击间距下,对流换热系数曲线出现双峰分布,其他情形则为单峰分布;冲击间距在 $H/d=3\sim5$ 时的峰值对流换热系数最高。第一个峰值的出现是由于冲击驻点边界层最薄的缘故,而第二个峰值则是由于壁面射流从层流向湍流过渡引起的,因此是否会出现双峰现象的影响机制也是十分复杂的。

Goldstein 等提出了单股冲击射流的平均努塞特数关联式。

恒热流

$$\frac{Nu}{Re_j^{0.76}}=\frac{A-|H/d-7.75|}{B+C\,(r/d)^{1.285}} \quad (9-20)$$

恒壁温

$$\frac{Nu}{Re_j^{0.76}}=\frac{A-|H/d-7.75|}{B+C\,(r/d)^{1.394}} \quad (9-21)$$

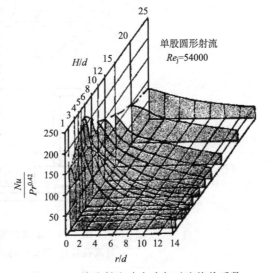

图 9-22 单孔射流冲击冷却对流换热系数

式中,$Nu=\dfrac{hd}{\lambda}$。$Re_j=\dfrac{u_jd}{\nu}$ 为射流雷诺数;H 为射流的冲击间距;r 为距离射流几何中心的径向距离。公式中的系数取为 $A=24,B=533,C=44$。

9.3.3 阵列射流冲击

在实际应用中,射流可以是单束的,也可以排列成阵列。在气冷涡轮叶片冷却结构中,一般都存在前缘射流和弦中区射流,在涡轮叶片前缘,射流冲击可以看成是受限空间凹腔表面的射流冲击问题;对于涡轮叶片的弦中区而言,由于冲击前缘的射流沿内部冲击管表面向尾缘流动所形成的壁面射流相当于初始横流作用,因此,对于涡轮叶片弦中区的冲击冷却必须考虑这一横流的影响(见图 9-23)。

图 9-24 为多股射流冲击冷却实验装置示意图。射流和初始横流由两股各自独立的管路系统供给,横流与射流质量流量比 (m_c/m_j) 可以在一定范围内调整。冲击靶板用有机玻璃制成,内侧敷设复合的靶电热液晶膜。热色液晶颜色随着温度的升高逐渐呈现红、黄、蓝、紫的变化,利用热色液晶的测试技术对冲击射流换热进行研究,可以获得清晰的冲击靶板表面温度

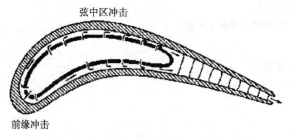

图 9-23 涡轮叶片前缘和弦中区多股射流冲击

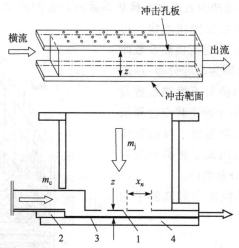

图 9-24 多股射流冲击冷却实验装置
1-射流孔板；2-调节板；3-电热液晶膜；4-有机玻璃板

场,进而确定对流换热系数。

射流冲击板上的冲击孔排列方式有叉排和顺排两种,如图 9-25 所示,沿流向和展向的孔间距与孔径之比分别为 x_n/d 和 y_n/d。

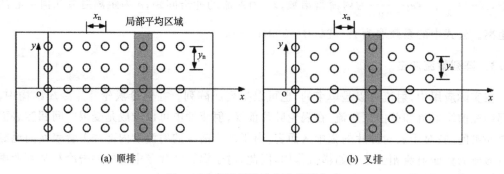

图 9-25 多股射流冲击孔排列方式

图 9-26 显示了无初始横流下阵列射流冲击靶面的液晶示温图像。一般地,顺排射流孔的冷却效果要好于叉排射流孔布置。其主要原因在于沿流向上排成一条直线的射流对于横流或前几排射流孔中喷射出的气流而言起到了分流的作用,使大部分的横向气流沿着孔排之间流

动阻力最小的通道流过,削弱了它对后排各股射流的迎面影响。处在前面的射流,一方面对后面的射流带来了有限的横流作用,另一方面,它又遮挡了来自上游的迎面横流的影响,保护了射流冲击作用的发挥。而在叉排布置方式中,后排的射流恰好处于前排展向两射流孔中间,使其前缘和侧边受到上游横流的和前排射流的影响较大。顺排与叉排之间的相对冷却效果随流向而加大,因而顺排孔在下游的优越性更为显著。

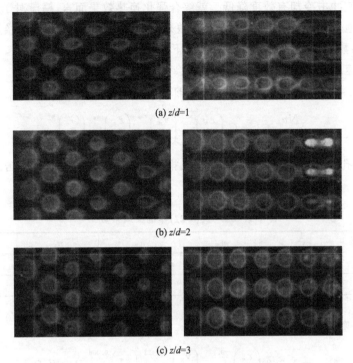

(a) $z/d=1$

(b) $z/d=2$

(c) $z/d=3$

图 9-26 无初始横流下阵列射流冲击靶面液晶示温图像

图 9-27 为冲击间距与孔径比 $z/d=1$ 时,在无初始横流和有初始横流条件下,冲击靶面的局部对流换热系数分布实验结果,其中横流质量流量为 m_c,射流质量流量为 m_j。在总的冷却流量不变的条件下,随着初始横流流量的增加,冲击射流在靶面上的局部强化冷却效果随之下降,但顺排和叉排的影响趋势却基本一致。射流冲击在靶面上的冷却效果与射流和横流的相互作用有关,这种作用和初始横流与射流质量流量比、冲击间距比有非常密切的关系。在横流

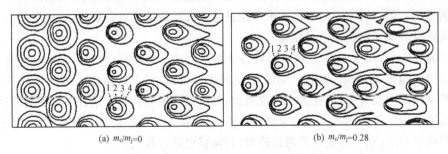

(a) $m_c/m_j=0$ 　　　　　　　　　　(b) $m_c/m_j=0.28$

图 9-27 冲击靶面局部对流换热系数分布

1-520W/(m² · K);2-415W/(m² · K);3-345W/(m² · K);4-260W/(m² · K)

与射流质量流量比不变的条件下，一方面小的冲击间距易保持大的射流速度，另一方面过小的冲击间距导致通道中横流的速度增加，易造成射流在横流的作用在发生偏转，从而影响了垂直冲击的效果。总体来看，横流对小冲击间距比流向下游的靶面对流换热有增强的作用，但对大冲击间距比流向下游的靶面对流换热有削弱的作用。

横流使射流偏离冲击位置。若横流比较强，且射流离靶板足够远，则横流就会使射流偏离冲击表面，从而使冲击冷却有效度降低。就综合强化换热效果而言，横流对于对流换热的影响非常复杂，一般地，因射流偏离而使冲击冷却效果有所降低，且射流冲击的换热系数远高于横流的对流换热系数，所以，在存在横流的情况下，平均努塞特数也就降低了。然而，较小的横流，也就是横流速度小于 10% 的射流速度，则会使平均换热系数有所增强。

Florschuetz 等提出了一个阵列射流冲击的对流换热准则关联式

$$\frac{Nu}{Nu_1} = 1 - C \left(\frac{x_n}{d}\right)^{n_x} \left(\frac{y_n}{d}\right)^{n_y} \left(\frac{z_n}{d}\right)^{n_z} \left(\frac{G_c}{G_j}\right)^{n} \tag{9-22}$$

式中，x_n 为射流孔排的流向间距；y_n 为射流孔排的展向间距；z_n 为射流冲击距。关联系数取值见表 9-1。

表 9-1　式(9-22)中的关联系数

射流孔排列方式顺排	C	n_x	n_y	n_z	n
顺排	0.596	-0.103	-0.38	0.803	0.561
叉排	1.07	-0.198	-0.406	0.788	0.660

正则化的努塞特数 Nu_1 为

$$Nu_1 = 0.363 \left(\frac{x_n}{d}\right)^{-0.554} \left(\frac{y_n}{d}\right)^{-0.422} \left(\frac{z_n}{d}\right)^{0.068} Re_j^{0.727} Pr^{1/3} \tag{9-23}$$

射流冲击出流取向对于对流换热也有较大的影响，图 9-28 示出了三种典型的射流冲击出流取向及其对应的展向平均对流换热系数分布，此处雷诺数是按平均射流喷出速度和射流孔直径计算的。结果表明，结构(a)的射流冲击作用过的空气从相对进口而言的最远端流出，冲击射流的局部对流换热系数是不均匀的，接近流动进口处，射流冲击局部对流换热系数较高，向着流动出口逐渐降低；结构(b)的射流冲击作用过的气流从两端开口流出，射流冲击的局部对流换热系数比较均匀，横流的动量较小，因而由横流造成的射流偏移效应也比较小，从而具有较高的努塞特数；结构(c)的射流冲击作用过的空气从最接近进口处流出，由于横流较强，峰值对流换热系数低于结构前两种结构。

为了方便起见，图 9-28 中表明了射流的位置。出口流动向右，冲击射流向右偏移，峰值努塞特数也向右偏移；出口流动向左，射流向左偏移。然而，对于结构(b)，射流偏移并不对称，虽说这种结构是两端开口，但在大多数位置上，射流还是向右偏移。这种不对称的原因在于射流的相对强度取决于通到压力室的流动进口的位置，接近进口的射流更强些，因而其由横流造成的偏移也要小些，而右边的射流则比较弱，其偏移也就比较大。

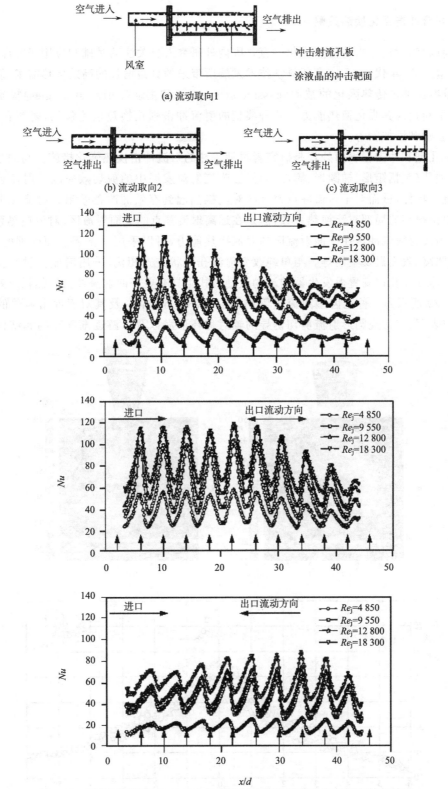

图 9-28　三种不同流动出口方向的展向平均努塞特数分布与雷诺数的关系

9.3.4 射流冲击强化换热策略

长期以来,射流冲击的传热强化一直是国内外研究人员关注的基础和应用研究课题,尤其是自 20 世纪 80 年代,为适应高新科学技术发展所带来的日益增长的高效传热需求,研究人员更加注重射流冲击传热强化的被动(passive strategies)和主动(active strategies)措施和机制探索,以不断提高其强化换热能力。几种典型的射流冲击强化换热措施包括:射流孔型、靶面处理、涡激励和添加物等。

射流孔型和冲击靶表面处理是研究者早期关注的射流冲击换热强化措施。与圆形射流孔相比,异型孔(包括矩形、椭圆形、瓣形等)能够改变射流发展中的剪切效应以及射流趋近冲击靶面的流动特性,进而对于射流驻点附近的对流换热起到有效的改善效果。射流冲击在驻点区可以取得很高的局部对流换热系数,但是在远离射流驻点的壁面射流区,对流换热系数迅速地衰减,为改善射流冲击在壁面射流区的对流换热能力,可以采用冲击靶表面处理的方式,如粗糙肋、凹窝、表面涡发生器等。与单纯改变射流孔形状方式相比,采用诸如在射流孔中安置旋流发生器或在孔口安置涡发生器的流动激励方式则具有更好的射流冲击传热强化效果。

图 9-29 所示为一种冠齿型射流喷管结构(chevron nozzle),及其对于冲击换热的增强效果。研究表明,与常规圆形射流剪切诱导的轴对称环形涡以及下游逐渐破碎的涡结构演变趋

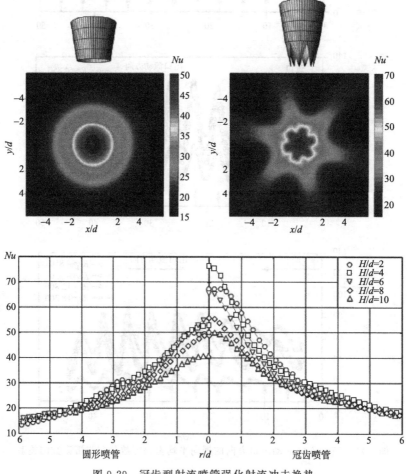

图 9-29　冠齿型射流喷管强化射流冲击换热

势不同,齿形突片能够在射流孔下游诱导出阵列的流向涡对,由于流向涡的卷吸和强化掺混作用,不仅加强了射流剪切层内的湍流动能,同时提高了射流抵至冲击靶面的湍动强度,进而提高了射流冲击的传热效果。相对于圆形喷管,冠齿喷管在射流冲击驻点附近的局部对流换热系数可以提高 25% 以上。

射流冲击换热也可以通过脉冲激励、添加纳米颗粒或液滴等主动方式得以强化。例如,利用旋转阀、高速电磁阀等激励装置诱导周期性脉冲的冲击射流,已有研究表明,与稳定连续的射流冲击相比,非稳定脉冲射流在冲击换热的机制上更为复杂,由于脉冲射流具有的脉动特征,一方面增强了射流湍流强度,周期性地破坏热边界层;另一方面,导致射流与周围流体掺混加剧,使射流核心区速度降低,因此脉冲射流相对于稳定连续射流冲击能否形成换热增强效果,与射流固有的脉冲特征(波形、频率、幅值)以及射流时均雷诺数、射流冲击间距等密切相关。采用向气体射流中添加少量液体,借助雾化喷嘴使得液体破碎为大量的微细液滴,即形成气/液两相射流(见图 9-30),进而极大地强化了单相气流的冲击换热能力。

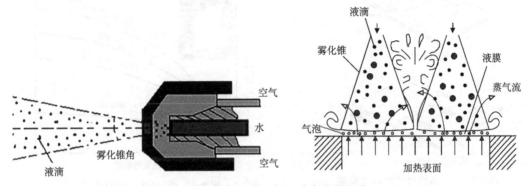

图 9-30　添加液滴的射流冲击强化方式

9.4　气膜冷却

9.4.1　基本概念

气膜冷却通过缝隙或孔引入一股较冷的二次流体,借以对紧接喷吹处的下游表面形成冷却气流的气膜层覆盖(film layer),既可以起到隔离高温主流的作用,也可以起到冷却壁面的作用,从而对暴露于高温气流中的壁面进行有效的热防护(见图 9-31)。二次气流可为与主流相同的流体,或是其他异种流体。气膜冷却是七十年代开始在航空燃气轮机上使用的一种新颖冷却方法,目前已成为现代燃气轮机高温部件的主要冷却措施(见图 9-32 和图 9-33)。

由于冷却射流喷吹进入主流后,与主流之间发生卷吸和掺混,因此主流和气膜出流之间的相干性异常复杂。一方面,气膜射流作为高能流体补充到主流边界层中势必会影响近壁流场的结构;另一方面,近壁主流流动的行为也在很大程度上主导了气膜射流的发展。因此,气膜射流与主流的相互作用衍生出的流动换热复杂物理现象始终是研究人员不断探索和创新的研究课题,尤其是在跨音叶栅通道内,叶片吸力面、压力面、端壁和叶尖等不同部位的气膜射流受到主流通道涡、激波、转-静叶排干涉尾迹以及泄漏涡等的影响异常复杂,蕴含着固有的、甚至是独特的相互作用和耦合传热物理机制。

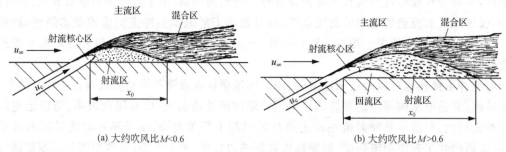

(a) 大约吹风比 M<0.6   (b) 大约吹风比 M>0.6

图 9-31　气膜冷却原理

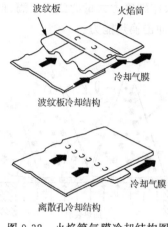

图 9-32　火焰筒气膜冷却结构图

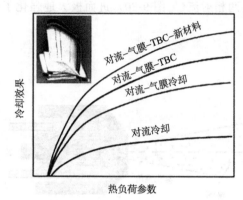

图 9-33　涡轮叶片的冷却能力

通常影响气膜冷却效果的主要参数包括：

(1)流动参数。

① 吹风比 $M = \rho_c u_c / (\rho_\infty u_\infty)$，式中 u_c 为气膜出流速度，u_∞ 为主流速度；

② 动量比 $I = (\rho u^2)_c / (\rho u^2)_\infty$；

③ 密度比 $DR = \rho_c / \rho_\infty$；

④ 来流湍流度；

⑤ 来流雷诺数。

(2)气膜孔结构参数。

① 气膜出流角度(冷气流出射方向与被冷却壁面切向的夹角 α 和侧向倾角 β)；

②多股气膜孔孔间距；

③ 多股气膜孔布置方式(顺排,叉排)；

④ 气膜孔长度和孔径比；

⑤ 气膜孔形状。

(3)气膜壁面结构参数。

① 壁面曲率；

② 壁面粗糙度；

③ 导热系数。

9.4.2 气膜冷却的相似准则

反映气膜冷却表面冷却效果的参数主要包括绝热壁面有效温比(也称绝热气膜冷却效率, adiabatic film cooling effectiveness)η_{ad}和对流换热系数 h_f 等。

绝热气膜冷却效率定义为

$$\eta_{ad} = (T - T_{aw})/(T - T_c) \tag{9-24}$$

式中,T 为主气流的恢复温度,一般取为主气流的进口温度 T_∞;T_{aw} 是有气膜冷却的情况下沿气膜下游某处绝热壁面上的恢复温度,它既不等于主流的恢复温度,也不等于冷气流的恢复温度,而是等于热侧壁面附近冷、热流体按某种比例掺混的混合气体的恢复温度,也就是壁面冷侧在绝热条件下的壁面温度,称为绝热壁温;T_c 为冷却气膜出口的温度。

若 $T_{aw} = T_c$,表示壁面温度与冷气温度相等,此时 $\eta_{ad} = 1$,气膜冷却效果最好;若壁温与主气流温度相等,此时 $\eta_{ad} = 0$,气膜冷却效果最差。一般地 $0 < \eta_{ad} < 1$,η_{ad} 越大代表壁温越接近冷气流的温度,气膜冷却效率也就越高。

气膜冷却对流换热系数的定义式为

$$h_f = \frac{q}{T_{aw} - T_w} \tag{9-25}$$

式中,q 为混合气流与壁面之间的对流换热量;T_w 为壁面的实际温度。

值得注意的是,在这一定义式中,对流换热的驱动温差采用了混合气流的恢复温度(或绝热壁温)与实际壁面温度的差值。可以理解为由于在主流与壁面之间存在冷气膜,降低了主流与壁面之间的对流换热驱动温差。由于冷气膜温度 T_c 低于主流温度 T_∞,因而两者共同作用(掺混)的结果使热侧气流温度下降,降为有冷气膜存在时的热侧混气恢复温度(即绝热壁温)T_{aw}。

要计算有气膜冷却时主流与壁面之间的对流换热热流量,必须确定绝热壁面有效温比和气膜冷却对流换热系数的准则关联式。

1. 绝热气膜冷却效率的准则关联式

如图 9-34 所示,假设冷气与主流均为空气,并平行吹入平行平板,二次流出口高度为 s,由于主流和二次流温差较大,引起气流密度差异较大,因此采用稳态、低速、常物性、变密度的连续方程、动量方程、能量方程、状态方程和适当的边界条件来描述气膜冷却。变密度主要体现在描述质量守恒的连续方程中,而动量方程中由于密度差引起的浮升力予以忽略。

连续方程

$$\frac{\partial(\rho u)}{\partial x} + \frac{\partial(\rho v)}{\partial y} = 0 \tag{9-26a}$$

动量方程

$$\rho u \frac{\partial u}{\partial x} + \rho v \frac{\partial u}{\partial y} = \mu \frac{\partial^2 u}{\partial y^2} \tag{9-26b}$$

能量方程

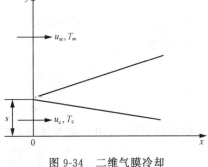

图 9-34 二维气膜冷却

$$\rho c_{p}\left(u\,\frac{\partial T}{\partial x}+v\,\frac{\partial T}{\partial y}\right)=\lambda\,\frac{\partial^{2} u}{\partial y^{2}} \tag{9-26c}$$

状态方程

$$\frac{\partial \rho}{\rho}+\frac{\partial T}{T}=0 \tag{9-26d}$$

边界条件

$x<0$ 处

$$y\leqslant s \qquad u=u_{c}, \quad T=T_{c}, \quad \rho=\rho_{c}$$

$$s<y<\infty \qquad u=u_{\infty}, \quad T=T_{\infty}, \quad \rho=\rho_{\infty}$$

$x\geqslant 0$ 处

$$y=0 \qquad u=0, \quad v=0, \quad q_{w}=0$$

$$y\to\infty \qquad u=u_{\infty}, \quad T=T_{\infty}$$

采用壁面绝热($q_{w}=0$)的热边界条件,这时壁面温度为绝热壁温 T_{aw}。对上述方程组和边界条件无量纲化,选择特征尺寸为二次流出口高度 s,特征温度为主流温度 T_{∞},特征速度为主流速度 u_{∞}。

$$U=\frac{u}{u_{\infty}}, \quad V=\frac{v}{u_{\infty}}, \quad \bar{T}=\frac{T}{T_{\infty}}, \quad \bar{\rho}=\frac{\rho}{\rho_{\infty}}, \quad X=\frac{x}{s}, \quad Y=\frac{y}{s}$$

于是上述方程组及边界条件无量纲化结果为

$$\frac{\partial(\bar{\rho}U)}{\partial X}+\frac{\partial(\bar{\rho}V)}{\partial Y}=0$$

$$\bar{\rho}U\,\frac{\partial U}{\partial X}+\bar{\rho}V\,\frac{\partial U}{\partial Y}=\frac{\mu}{\rho_{\infty}u_{c}s}\,\frac{\partial^{2} U}{\partial Y^{2}}$$

$$\bar{\rho}U\,\frac{\partial \bar{T}}{\partial X}+\bar{\rho}V\,\frac{\partial \bar{T}}{\partial Y}=\frac{\lambda}{\rho_{\infty}u_{\infty}c_{p}s}\,\frac{\partial^{2} \bar{T}}{\partial Y^{2}} \tag{9-27}$$

$$\frac{\partial \bar{\rho}}{\bar{\rho}}+\frac{\partial \bar{T}}{T}=0$$

$X<0$ 处

$$Y\leqslant 1 \qquad U=\frac{u_{c}}{u_{\infty}}, \quad \bar{T}=\frac{T_{c}}{T_{\infty}}, \quad \bar{\rho}=\frac{\rho_{c}}{\rho_{\infty}}=\frac{T_{\infty}}{T_{c}}$$

$$1<Y<\infty \qquad U=1, \quad \bar{T}=1, \quad \bar{\rho}=1$$

$X\geqslant 0$ 处

$$Y=0 \qquad U=0, \quad V=0, \quad \frac{\partial \bar{T}}{\partial Y}=0$$

$$Y\to\infty \qquad U=1, \quad \bar{T}=1$$

根据相似理论,由上述无量纲方程组及其边界条件,可以得到如下的关系式

$$U=f_{1}\left[\frac{\mu}{\rho_{\infty}u_{\infty}s}, \quad \frac{\lambda}{\rho_{\infty}u_{\infty}c_{p}s}, \quad \frac{u_{c}}{u_{\infty}}, \quad \frac{T_{c}}{T_{\infty}}, \quad X, \quad Y\right]$$

$$V=f_{2}\left[\frac{\mu}{\rho_{\infty}u_{\infty}s}, \quad \frac{\lambda}{\rho_{\infty}u_{\infty}c_{p}s}, \quad \frac{u_{c}}{u_{\infty}}, \quad \frac{T_{c}}{T_{\infty}}, \quad X, \quad Y\right]$$

$$\overline{T} = f_3 \left[\frac{\mu}{\rho_\infty u_\infty s}, \ \frac{\lambda}{\rho_\infty u_\infty c_p s}, \ \frac{u_c}{u_\infty}, \ \frac{T_c}{T_\infty}, \ X, \ Y \right] \tag{9-28}$$

$$\overline{\rho} = f_4 \left[\frac{\mu}{\rho_\infty u_\infty s}, \ \frac{\lambda}{\rho_\infty u_\infty c_p s}, \ \frac{u_c}{u_\infty}, \ \frac{T_c}{T_\infty}, \ X, \ Y \right]$$

注意到 $\dfrac{T_c}{T_\infty} = \dfrac{\rho_\infty}{\rho_c}$，以及 $\dfrac{\mu}{\rho_\infty u_\infty s} \Big/ \dfrac{\lambda}{\rho_\infty u_\infty c_p s} = Pr$，于是可以得到

$$\overline{T} = f_5 \left[\frac{\rho_\infty u_\infty s}{\mu}, \ Pr, \ \frac{u_c}{u_\infty}, \ \frac{\rho_c}{\rho_\infty}, \ X, \ Y \right] \tag{9-29}$$

当 $Y = 0$ 时，$T = T_{aw}$，则

$$\frac{T_{aw}}{T_\infty} = \overline{T}_w = f_5 \left[\frac{\rho_\infty u_\infty s}{\mu}, \ Pr, \ \frac{u_c}{u_\infty}, \ \frac{\rho_c}{\rho_\infty}, \ X \right] \tag{9-30}$$

根据气膜冷却有效温比的定义式(9-24)，有

$$\eta_{ad} = \frac{T_\infty - T_{aw}}{T_\infty - T_c} = \frac{1 - T_{aw}/T_\infty}{1 - T_c/T_\infty}$$

引入式(9-30)，可得

$$\eta_{ad} = f_6 \left[\frac{\rho_\infty u_\infty s}{\mu}, \ Pr, \ \frac{u_c}{u_\infty}, \ \frac{\rho_c}{\rho_\infty}, \ X \right] \tag{9-31}$$

式(9-31)中，可将 $\dfrac{u_c}{u_\infty}$，$\dfrac{\rho_c}{\rho_\infty}$ 合并为 $\dfrac{\rho_c u_c}{\rho_\infty u_\infty}$，称为吹风比(blowing ratio) M。同时记 $Re_\infty = \dfrac{\rho_\infty u_\infty s}{\mu}$，则有

$$\eta_{ad} = f\left[Re_\infty, Pr, M, X \right] \tag{9-32}$$

2. 对流换热系数的准则关联式

对于另一个非定型准则 Nu，根据气膜冷却对流换热系数的定义式(9-25)，有

$$h_f (T_w - T_{aw}) = -\lambda \left(\frac{\partial T}{\partial y} \right)_w \tag{9-33}$$

与气膜冷却有效温比准则式推导过程略有差异的是，热边界条件应改为等壁温边界条件 $T = T_w$ 或等热流边界条件 $q = q_w$，其他边界条件不变。

记无量纲过余温度 $\Theta = \dfrac{T - T_w}{T_\infty - T_w}$，$\Theta_w = \dfrac{T_\infty - T_c}{T_\infty - T_w}$，则无量纲能量方程和换热方程分别为

$$U \frac{\partial \Theta}{\partial X} + V \frac{\partial \Theta}{\partial Y} = \frac{a}{u_\infty s} \frac{\partial^2 \Theta}{\partial Y^2} \tag{9-34}$$

$$\frac{h_f s}{\lambda} (1 - \eta_{ad} \Theta_w) = \left(\frac{\partial \Theta}{\partial Y} \right)_w \tag{9-35}$$

同样可以得到

$$\frac{h_f s}{\lambda} = f\left[Re_\infty, Pr, \eta_{ad}, \Theta_w, X \right] \tag{9-36}$$

将式(9-32)代入式(9-36)，并经适当变换，则得

$$Nu = f\left[Re_\infty, Pr, M, \Theta_w, X \right] \tag{9-37}$$

理论及实验结果均表明，Θ_w 对对流换热系数的影响可以忽略。故

$$Nu = f\,[Re_\infty, Pr, M, X] \tag{9-38}$$

9.4.3 二维狭缝气膜冷却的经验关联式

对于二维狭缝气膜冷却，应用较为广泛的计算气膜绝热冷却效率公式有

(1) Goldstein 等关联式。

$$\eta_{ad} = \frac{1.9\,Pr^{2/3}}{1 + c_m \left(\dfrac{x}{sM}\right) \dfrac{c_{p\infty}}{c_{pc}}} \tag{9-39}$$

式中，c_m 为湍流混合系数。在燃烧室火焰筒中其值为 0.09～0.11，在低速风洞中则为 0.01～0.02。它是主流雷诺数、冷却气流雷诺数以及喷吹角度的函数，一般地，可采用下式进行估算

$$c_m = 0.329 \left(1 + 1.5 \times 10^{-4}\,Re_c\,\frac{\mu_c}{\mu_\infty}\sin\alpha\right) Re_\infty^{-0.2}$$

式中，α 为气膜射流喷吹方向与主流方向之间的夹角。

(2) Paradis 关联式。

$$\eta_{ad} = 3.7 \left(\frac{x}{sM}\right)^{-0.8} Re_c^{0.2} \tag{9-40}$$

(3) 葛绍岩气膜公式。

$$\eta_{ad} = \left(\frac{0.1x}{sM}\right)^{-0.5} \qquad M = 1 \sim 1.5, \qquad 5 < x/(Ms) < 150 \tag{9-41a}$$

$$\eta_{ad} = 1.75 \left(\frac{x}{sM}\right)^{-0.33} \qquad M = 1.75 \sim 3.19, \quad 50 < x/(Ms) < 100 \tag{9-41b}$$

(4) Sturgess 公式。

在燃烧室火焰筒气膜冷却结构中，对于结构良好的机械加工缝槽，有

$$\eta_{ad} = 1.0 - \frac{as_n^b}{x_r}, \qquad s_n = \frac{x - x_p}{Ms}\left[Re_s\,\frac{\mu_c}{\mu_\infty}\right]^{-0.15} \tag{9-42}$$

$$a = 0.12 + 0.004(1 + \text{PTB})$$

$$b = 0.65 - 0.0028(1 + \text{PTB})$$

式中，PTB 为表征火焰筒内湍流度的参数，主燃区为 8%～10%，掺混区为 4%～5%；x_p 为射流核心区长度；s 为缝槽高度。

$$x_p = \begin{cases} (6M + 0.8)s & M < 0.5 \\ (5.2 - 4\text{MIXN})s & 0.5 \leqslant M \leqslant 2.5 \\ (4.2452 - 3.6525\text{MIXN})s & M > 2.5 \end{cases}$$

$$x_r = \begin{cases} C_1 + \exp\left[\ln\left[(0.5 - \text{MIXN})/C_2\right]/2.1\right] & \text{MIXN} < 0.5 \\ 0.88 & \text{MIXN} = 0.5 \\ C_1 - \exp\left[\ln\left[(\text{MIXN} - 0.5)/C_2\right]/2.1\right] & 0.5 < \text{MIXN} \leqslant 1 \\ 0.76 & \text{MIXN} > 1 \end{cases}$$

这里，MIXN 定义为

$$\mathrm{MIXN} = \frac{P \cdot s \cdot I}{d \cdot D \cdot L}$$

缝隙几何参数 MIXN 中的各变量物理意义如图 9-35 所示。

当 $5 < \dfrac{x - x_{\mathrm{p}}}{Ms} < 40$ 时, $C_1 = 0.86$, $C_2 = 31.056$; 否则, $C_1 = 0.88$, $C_2 = 42.9185$。

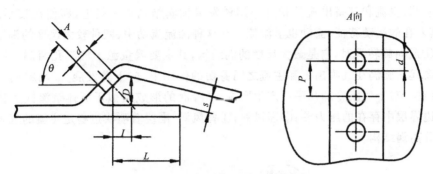

图 9-35　缝隙几何参数示意图

P-孔间距;s-缝槽出口高度;I-冷却驻点与孔中心线的轴向距离;

d-孔径;D-初始高度;L-舌片长度

在距气膜缝槽较远的区域(一般 $x/s > 50$),气膜的影响逐渐消失,因而主要反映了一般湍流边界层流动区的特点,可采用常规的无气膜冷却的对流换热公式。在气膜缝槽附近,常用的对流换热公式有以下几个。

(1) Seban-Back 公式。

$$Nu_x = 0.069 \left(\frac{Re_s x}{s} \right)^{0.7} \tag{9-43}$$

适用于 $0.5 < M < 1.3, x/s < 50$。

(2) Myers-Schauer-Eustis 公式。

$$Nu_x = 0.1 \, Re_s^{0.8} \left(\frac{x}{s} \right)^{0.44} \tag{9-44}$$

适用于 $M < 1.3$。

(3) 葛绍岩气膜公式。

(a) 当 $M \leqslant 1, 8 \leqslant x/s \leqslant 60$ 时

$$Nu_{x\infty} = 0.144 \, Re_{x\infty}^{0.66} M^{-0.1} \tag{9-45}$$

式中, $Nu_{x\infty} = \dfrac{h_{\mathrm{f}} x}{\lambda_\infty}$, $Re_{x\infty} = \dfrac{u_\infty x}{\nu_\infty}$。

(b) 当 $1 < M < 2, x/s < 10$ 时

$$Nu_{xc} = 0.057 \, Re_{xc}^{0.7} \tag{9-46}$$

式中, $Nu_{xc} = \dfrac{h_{\mathrm{f}} x}{\lambda_{\mathrm{c}}}$, $Re_{xc} = \dfrac{u_{\mathrm{c}} x}{\nu_{\mathrm{c}}}$。

(c) 当 $1 < M < 2, 10 < x/s < 35$ 时

$$Nu_{xc} = 6.39 \times 10^{-5} \, (Re_{xc}/M)^{1.3} \tag{9-47}$$

9.4.4 离散孔气膜冷却及其强化

气膜冷却的理想效果是在壁面上形成连续均匀的冷却气膜,二维狭缝冷却气流喷注方式显然是一种理想的冷却结构。然而,在实际应用中,限于结构因素的制约,二维狭缝往往难以采用,而代之以离散的单排或多排气膜孔。

研究表明,主流和气膜出流的相互作用诱发多种涡结构。一般地,即使在较小的吹风比下,由于其内在的运动特征,流动也呈湍流。在这种湍流流动中,四种较大尺度的涡结构为(见图 9-36):①反向旋转涡对,它是最大尺度的涡结构,其主要涡量源于气膜孔两侧边缘,气膜孔两侧边缘卷起的旋涡在气膜出流和主流之间剪切的作用下,向下游发展;②马蹄涡,它是尺度最小的涡结构,对于气膜冷却几乎不产生影响,马蹄涡的形成类似于流体绕流钝头物体,源于气膜出流边界层中存在的压力差;③迎风涡;④背风涡,围绕着喷吹进稳定主流的气膜出流,出现旋进的分离涡结构。

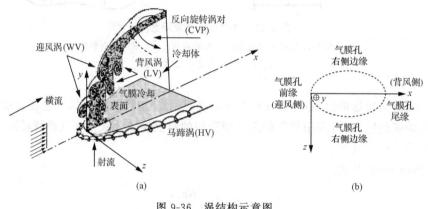

图 9-36　涡结构示意图

在这种复杂的湍流流动中,反向旋转的卵形涡对是尺度最大的涡结构,该反向旋转的卵形涡对使得气膜射流抬离壁面,同时诱导高温主流侵入气膜射流下方,成为影响离散孔气膜冷却效果的主要诱因,尤其是在高的吹风比或动量比下。图 9-37 显示了典型动量比下气膜孔中心线截面上的无量纲温度 $\Theta=(T_\infty-T)/(T_\infty-T_c)$ 分布,可以看出,在小动量比下,气膜射流能够较好地覆盖壁面(fully attached)[见图 9-37(a)],随着动量比的增加,气膜射流呈现“脱离-再附”(detached and reattached)的流动特征[见图 9-37(b)],在高动量比,射流向主流的法向穿透加剧,导致其脱离壁面(fully detached),进而导致气膜冷却效率的急剧恶化[见图 9-37(c)]。

基于气膜射流与主流的相干机制,强化气膜冷却效果的物理机制在于有效控制卵形涡对的发展。如图 9-38 所示,气膜孔两侧边缘卷起抬升的旋涡在气膜射流和主流之间剪切的作用下向下游发展,使得高温主流侵入气膜射流下方[见图 9-38(a)],为改善气膜射流的冷却效果,国内外研究人员针对气膜射流的卵形涡对的抑制开展了大量的研究工作,通过诱导逆-卵形涡对控制气膜射流与近壁主流的相互作用[见图 9-38(b)],降低气膜射流向主流的法向穿透动量,同时增强气膜射流的贴壁流动动量,从而实现气膜冷却效果的改善。几种典型的气膜冷却强化措施包括:成型气膜孔、上游斜坡和埋入浅槽等。

成型气膜孔(shaped hole)是最为引人瞩目的气膜冷却强化技术进展。扇形孔(fan-

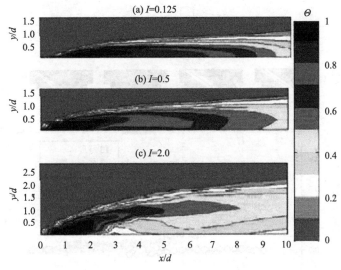

图 9-37 气膜孔中心截面上的无量纲温度分布

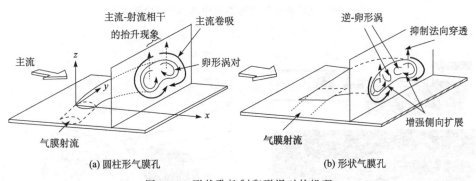

图 9-38 形状孔抑制卵形涡对的机理

shaped hole)是最早为研究人员所关注的成型孔结构,近年来,在扇形气膜孔的结构优化方面不断取得研究进展,同时,在成型气膜孔创新方面提出了多种更为复杂的异形结构。其中,特别值得关注的是,英国牛津大学和罗·罗公司的研究团队联合提出了一种圆转缝的收敛缝形气膜孔结构(converging slot-hole,缩写为 console),该气膜孔出口形状接近于狭缝气膜冷却方式,但却维系了离散孔气膜冷却结构的特点。针对如图 9-39 所示的四种气膜孔形状,在吹风比为 1.1 时进行的对比实验表明,收敛缝形和扇形气膜孔在出口下游的冷却效率与狭缝气膜非常接近,明显高于常规的圆柱形孔。

在气膜孔上游设置斜坡,通过改变主流的边界层流动也可以有效控制气膜射流与主流的相干机制。当在气膜孔上游设置横向斜坡时[见图 9-40(a)],主流绕掠上游斜坡发生流动的偏转,并在斜坡后缘形成回流区,使得气膜射流从气膜孔两侧出流更为顺畅,沿测向的流动能力得以增强,因而在气膜孔下游有利于形成较为均匀的气膜层横向覆盖,但同时也由于上游斜坡导致的主流流动分离而引起较大的气膜冷却流动损失;采用流线型的沙丘型斜坡结构,则可以很好地兼顾气膜冷却效率和气动性能,尤其值得关注的是,沙丘型斜坡能够在其两侧尾脊诱导出反卵形涡对[见图 9-40(b)],因而相对于横向斜坡具有更为显著的气膜冷却效率改善效果。

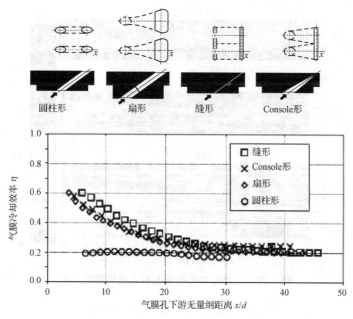

图 9-39   几种典型气膜孔结构的绝热气膜冷却效率

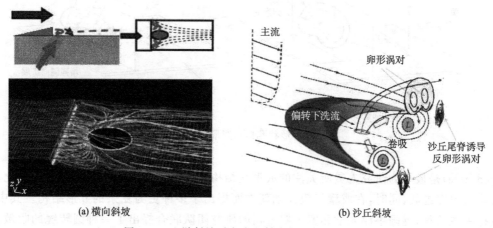

(a) 横向斜坡   (b) 沙丘斜坡

图 9-40   上游斜坡对主流和射流相干的影响机制

9.4.5　多孔全覆盖气膜冷却

在高性能航空发动机上,采用多斜孔全覆盖气膜冷却正得到越来越广泛的应用,甚至采用致密性的多孔发散冷却方式(见图 9-41)。多股气膜冷却可以有效地保护被冷却壁面,影响因素也更为复杂,除了单股气膜的影响因素之外,还包括气膜孔排布方式等影响因素。

对多孔壁全覆盖气膜冷进行的研究揭示了多孔壁全覆盖气膜强化冷却的机制。

(1)多孔壁冷侧对流换热增强,原因是气膜孔进气的抽吸作用破坏了冷侧壁面的冷却气流流动附面层,特别是形成气膜溢流效应,使得冷侧换热增强。

(2)气膜孔内进口区换热和多孔壁内等效导热增强,这是由于气膜孔内换热以及多孔壁内

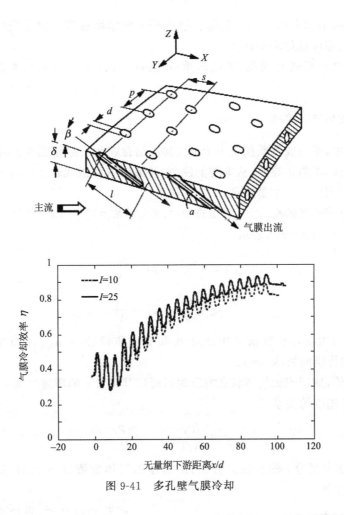

图 9-41 多孔壁气膜冷却

部冷却面积增加的缘故。

（3）在高温气流热侧形成全气膜保护，由于气膜孔均匀密布，因而冷气层均匀铺开，可以有效降低高温气流对壁面的对流换热。

高性能航空发动机热端部件的强化传热或冷却结构，常常是包含有对流、冲击、气膜的复合形式。对于新型的冷却结构和创新冷却概念的不断探索，进一步挖掘常规冷却方式的潜力，仍有许多的研究工作亟待开展。

9.5 传质学简介

物质由高浓度向低浓度方向转移的过程，称为传质，也称质量传递（mass transfer）。正如温度差是热量传递的推动力一样，浓度差（concentration difference）是质量传递的推动力。传质现象也是工程中广泛涉及的现象，在能源动力、低温制冷、化工及环境等领域，存在着大量的干燥、加湿、去湿、吸收和脱吸等过程。在航空航天科学技术领域，传质冷却作为一种保护壁面的有效方法，在推进系统中得到广泛应用，如航空发动机采取的气膜冷却、高超声速飞行器蒙皮采取的发汗冷却等；飞行器环境调节和防冰系统的分析也与传质过程密切相关。

质量扩散也能由温度梯度或压力梯度引起，前者称为热扩散（thermal diffusion），后者称为压力扩散(pressure diffusion),它们都会造成相应的浓度梯度。但是当温度梯度或压力梯度不很大,其影响都可以忽略不计。

质量传递的基本形式有两类:扩散传质(diffusion mass transfer),对流传质(convection mass transfer)。

9.5.1 扩散传质与菲克定律

在静止流体中,某组成物质仅仅由于浓度梯度的存在而引起微观粒子的质量传递,称为扩散传质。扩散传质,类似于导热,从本质上说,它们都是依靠微观粒子的运动所引起的迁移现象,只是对象不同而已。一个是能量,一个是质量。

浓度梯度是扩散传质的推动力。在混合物中,组分的浓度通常用质量浓度 ρ(单位为 kg/m³)和摩尔浓度 c(单位为 kmol/m³)表示

$$\rho_A = \frac{m_A}{V}, \quad \rho_B = \frac{m_B}{V} \tag{9-48a}$$

$$c_A = \frac{n_A}{V}, \quad c_B = \frac{n_B}{V} \tag{9-48b}$$

式中,m_A、m_B 分别为混合物容积 V 中组分 A 和 B 的质量(kg);n_A、n_B 分别为混合物容积 V 中组分 A 和 B 的物质的量(kmol)。

对于混合气体,应用理想气体状态方程时可得出其组分 i 的质量浓度 ρ_i 或摩尔浓度 c_i 与组分分压力 p_i 及温度的关系

$$\rho_i = \frac{p_i}{R_i T}, \quad c_i = \frac{p_i}{RT} \tag{9-49}$$

式中,p_i 为混合物中组分 i 的分压力(Pa);R 为摩尔气体常数,$R = 8.314 \text{J}/(\text{kmol} \cdot \text{K})$。$R_i$ 为组分 i 的气体常数。

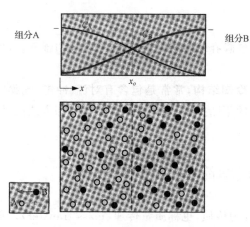

图 9-42 二元组分的相互扩散

如图 9-42 所示,组分 A 和组分 B 用一块很薄的隔板分隔在容器的两室,抽取隔板时(图中虚线表示隔板已抽去),由于浓度梯度的存在,组分 A、B 相互扩散。单位时间内在垂直于质量扩散方向的面积上所扩散的组分传质速率可以用菲克定律(Fick's law of diffusion)计算

$$M_A = -D_{AB} \frac{\partial \rho_A}{\partial x} \tag{9-50a}$$

$$N_A = -D_{AB} \frac{\partial c_A}{\partial x} \tag{9-50b}$$

式中,M_A 和 N_A 分别为质量通量密度(diffusive mass flux)和摩尔通量密度(diffusive molar flux),单位分别为 kg/(m² · s)和 kmol/(m² · s);D_{AB} 为质量扩散系数(binary diffusion coefficient or mass diffusivity),单位为 m²/s,下角标 AB 表示物质 A 向物质 B 扩散;负号表示质量扩散指向浓度降低的方向。

质量扩散系数 D 是个物性参数,它表征了物质扩散能力的大小。其值取决于混合物的性质、压力和温度,主要靠实验确定。对于气相物质,当已知温度 T_0、压力 p_0 下的扩散系数 D_0

时,温度 T、压力 p 下的扩散系数可按式(9-51)估算

$$D = D_0 \left(\frac{T}{T_0} \right)^{1.5} \frac{p_0}{p} \qquad (9\text{-}51)$$

不难看出,式(9-50)与导热中的傅里叶定律有类似的形式。

$$q = -\lambda \frac{\partial T}{\partial x} = -a \frac{\partial(\rho c_p T)}{\partial x}$$

与流体中的牛顿黏性定律也是类似的。

$$\tau = \mu \frac{\partial u}{\partial x} = \nu \frac{\partial(\rho u)}{\partial x}$$

反映出热量、动量和质量三种传递现象内在机理上的一致性。

下面就两种典型的扩散传质过程进行分析。

1. 等摩尔逆向扩散

如图 9-43 所示,有两个大的容器,各装有均匀的 A、B 气体混合物,但是两个容器中各组分的浓度不同,在各自总的压力相等、温度均匀的条件下,如果用一根细的管子将两个容器连接起来,那么组分 A 就会从高浓度的容器通过连接管向低浓度的容器扩散,而组分 B 则以相同的扩散通量密度反方向扩散。这种扩散过程称为等摩尔逆向扩散。

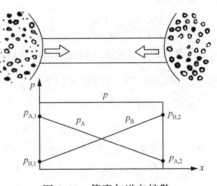

图 9-43 等摩尔逆向扩散

由于容器足够大,在扩散过程中整个系统总压力为常数

$$p_0 = p_A + p_B = \text{const}$$

即

$$\frac{\mathrm{d}p_A}{\mathrm{d}x} + \frac{\mathrm{d}p_B}{\mathrm{d}x} = 0$$

根据菲克定律,有

$$N_A = -D_{AB} \frac{\mathrm{d}c_A}{\mathrm{d}x} = -\frac{D_{AB}}{RT} \frac{\mathrm{d}p_A}{\mathrm{d}x}, \quad N_B = -D_{BA} \frac{\mathrm{d}c_B}{\mathrm{d}x} = -\frac{D_{BA}}{RT} \frac{\mathrm{d}p_B}{\mathrm{d}x}$$

因为 $N_A = -N_B$,故得

$$-\frac{D_{AB}}{RT} \frac{\mathrm{d}p_A}{\mathrm{d}x} = \frac{D_{BA}}{RT} \frac{\mathrm{d}p_B}{\mathrm{d}x} = -\frac{D_{BA}}{RT} \frac{\mathrm{d}p_A}{\mathrm{d}x}$$

即

$$D_{AB} = D_{BA} = D \qquad (9\text{-}52)$$

由此可见,对二元混合物,两种组分各自的扩散系数是相等的。

从上述推导过程可以进一步导出等摩尔逆向扩散中的扩散通量密度。

$$N_A = -\frac{D_{AB}}{RT} \frac{\mathrm{d}p_A}{\mathrm{d}x}$$

积分得到

$$N_A = \frac{D_{AB}}{RT} \frac{p_{A1} - p_{A2}}{\Delta x} \tag{9-53}$$

式中，p_{A1} 和 p_{A2} 分别为组分的分压力。

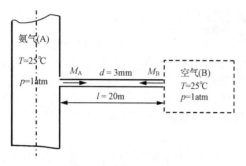

图 9-44 例题 9-4 附图

例题 9-4 如图 9-44 所示,为了防止氨气在输运管道内超压,并保持在一个大气压左右,常在管道上打孔,装上一根直径为 3mm、长度延伸 20m 的细管,通往大气。假设系统保持在 25℃,试确定:

(1) 氨气漏往大气的质量流率;

(2) 管子内掺混的空气质量流率;

(3) 当管道内氨气的流量为 5kg/h 时,空气在管道内的质量流量比。

(已知氨气-空气的质量扩散系数为 $0.28 \times 10^{-4} \, \text{m}^2/\text{s}$)

解 本题是等摩尔逆向扩散的一种情况。近似认为在细管与管道连接处的进口空气浓度为 0,在细管通向大气的出口处氨气的浓度为 0。这一假定也意味着不同组分在该处的分压力为 0。

对组分 A(氨气)

$$N_A = \frac{D_{AB}}{RT} \frac{p_{A1} - p_{A2}}{\Delta x} = \frac{0.28 \times 10^{-4}}{8314 \times (273 + 25)} \frac{1.0133 \times 10^5 - 0}{20} = 5.726 \times 10^{-8} \, [\text{kmol/(m}^2 \cdot \text{s)}]$$

由于氨气的摩尔质量为 17kg/kmol,所以漏往大气的质量流率

$$M_A A = 17 \times 5.726 \times 10^{-8} \times \frac{\pi}{4} \times 0.003^2 = 6.89 \times 10^{-12} (\text{kg/s}) = 2.48 \times 10^{-8} (\text{kg/h})$$

对组分 B(空气)

$$N_B = -N_A = -5.726 \times 10^{-8} \, \text{kmol/(m}^2 \cdot \text{s)}$$

由于空气的摩尔质量为 28.97kg/kmol,所以管道内掺入的空气质量流率

$$M_B A = 28.97 \times 5.726 \times 10^{-8} \times \frac{\pi}{4} \times 0.003^2 = 1.172 \times 10^{-11} (\text{kg/s}) = 4.22 \times 10^{-8} (\text{kg/h})$$

当管道内氨气的质量流量为 5kg/h 时,掺混的空气与氨气的质量流量比为

$$4.22 \times 10^{-8} / 5 = 8.44 \times 10^{-9}$$

2. 单向扩散

考察图 9-45 所示的量筒内部的水层向大气的蒸发过程。由于水面上水分的蒸发,水蒸气不断地向上扩散,假设筒口有一股极低流速的气流不断地把水蒸气带走,则可以建立起一个稳定的扩散过程。假设系统是等温的,筒口处的气流速度很小不至于引起扰动而影响筒内浓度分布。由于筒内水面上的水蒸气分压力可以认为等于水温下的饱和压力,它比筒

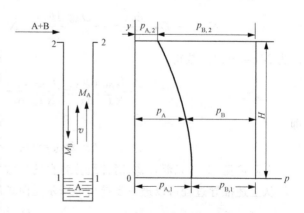

图 9-45 水面蒸气向空气中的扩散

口空气流中的水蒸气分压力高,从而产生水蒸气自下而上的扩散,质流密度为 M_A;由于筒内水蒸气与空气混合物的总压力 p_0 不变,筒内空气压力分布如图 9-45 所示,从而产生空气向下

的扩散。

因为空气在水中的溶解度几乎为零,因而不能向水中扩散,必然要形成混合物向上的整体流动使空气不至于在水面积聚而破坏压力平衡,这股整体流动的质量平均速度为 v,称为补偿气流。由于在这一过程中,水面上的水蒸气不断地向空气扩散,而空气不能进入水面,故称为单向扩散。与等摩尔逆向扩散不同,系统中分压力的变化较为复杂,$\mathrm{d}p/\mathrm{d}y$ 并不是常数。

在量筒的任意截面处,整体向上混合物的平均速度应使该截面上空气的净质量交换率(空气向下扩散与补偿气流向上夹带的空气之差)为零,即

$$N_B = -\frac{D}{RT}\frac{\mathrm{d}p_B}{\mathrm{d}y} + c_{B,y}v_y = 0 \tag{9-54}$$

式中,$c_{B,y}$ 和 v_y 分别为 y 截面处气体中空气的摩尔浓度及补偿气流的速度。即

$$v_y = \frac{1}{c_{B,y}}\frac{D}{RT}\frac{\mathrm{d}p_B}{\mathrm{d}y} = -\frac{1}{c_{B,y}}\frac{D}{RT}\frac{\mathrm{d}p_A}{\mathrm{d}y} \tag{9-55}$$

于是在该截面上水蒸气的总质量交换率为

$$N_A = -\frac{D}{RT}\frac{\mathrm{d}p_A}{\mathrm{d}y} + c_{A,y}v_y = -\frac{D}{RT}\frac{\mathrm{d}p_A}{\mathrm{d}y} - \frac{c_{A,y}}{c_{B,y}}\frac{D}{RT}\frac{\mathrm{d}p_A}{\mathrm{d}y} \tag{9-56}$$

对于理想气体,根据式(9-49),有

$$\frac{c_{A,y}}{c_{B,y}} = \frac{p_A}{p_B}$$

代入式(9-56)中,得到

$$N_A = -\frac{D}{RT}\frac{p_A + p_B}{p_B}\frac{\mathrm{d}p_A}{\mathrm{d}y} = -\frac{D}{RT}\frac{p_0}{p_0 - p_A}\frac{\mathrm{d}p_A}{\mathrm{d}y} \tag{9-57}$$

这是在菲克定律的基础上考虑了单向扩散特点后得出的摩尔通量密度表达式,称为<u>斯蒂芬定律</u>(Stephan's law)。有利于强化质量扩散的诱发对流流动也称为<u>斯蒂芬流</u>(Stephan flow)。

利用 $\frac{\mathrm{d}p_A}{\mathrm{d}y} + \frac{\mathrm{d}p_B}{\mathrm{d}y} = 0$,对式(9-57)进行改写

$$N_A = -\frac{D}{RT}\frac{p_0}{p_B}\frac{\mathrm{d}p_A}{\mathrm{d}y} = \frac{D}{RT}\frac{p_0}{p_B}\frac{\mathrm{d}p_B}{\mathrm{d}y} \tag{9-58}$$

积分得到

$$N_A = \frac{Dp_0}{RT}\frac{1}{\Delta y}\ln\frac{p_{B2}}{p_{B1}} \tag{9-59}$$

若以水蒸气的气体常数 R_w 来代替摩尔气体常数,则计算得到的是质量通量密度。

$$M_w = \frac{Dp_0}{R_wT}\frac{1}{\Delta y}\ln\frac{p_{a2}}{p_{a1}} \tag{9-60}$$

式中,下标 w 表征水蒸气,下标 a 表征空气。

例题 9-5 直径 10mm 的量筒底部的水层向空气中扩散。水面至筒口的高度为 150mm,量筒处的大气为干空气,整个系统处于 25℃的恒温条件下,试确定水的蒸发率。

(已知水蒸气-空气的质量扩散系数为 $0.256 \times 10^{-4}\ \mathrm{m^2/s}$,水蒸气的摩尔质量为 18kg/kmol)

解 水蒸气在水面上的分压力为 25℃下的饱和压力,查附录表 $p_{w1} = 0.0317 \times 10^5\ \mathrm{Pa}$。量筒口为干空气,

因此 $p_{w2}=0$。

$$p_{a1} = p_0 - p_{w1} = (1.0132 - 0.0317) \times 10^5 = 0.9815 \times 10^5 \,(\text{Pa})$$

$$p_{a2} = p_0 - p_{w2} = 1.0132 \times 10^5 \,\text{Pa}$$

由式(9-60),有

$$M_w = \frac{Dp_0}{R_w T} \frac{1}{\Delta y} \ln \frac{p_{a2}}{p_{a1}} = \frac{0.256 \times 10^{-4} \times 1.0132 \times 10^5}{\frac{8314}{18} \times (273 + 25) \times 0.15} \ln \frac{1.0132 \times 10^5}{0.9815 \times 10^5} = 3.99 \times 10^{-6} [\text{kg}/(\text{m}^2 \cdot \text{s})]$$

蒸发率为

$$M_w A = 3.99 \times 10^{-6} \times 3.14 \times 0.01^2/4 = 3.13 \times 10^{-10} \,(\text{kg/s})$$

讨论 如果用精密的天平测定在一定时间间隔内量筒中液体的蒸发率,则可以确定该液体的蒸气在空气中的扩散系数。

9.5.2 对流传质与对流传质系数

对流传质是指当流体流经一个相界面时与界面之间发生的质量交换。这种界面可以是液体界面也可以是固体界面(见图9-46)。例如空气掠过水面引起的水蒸发质量传递,掠过萘表

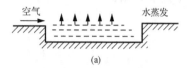
(a)

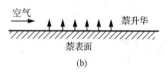
(b)

图 9-46 对流传质举例

面引起的萘升华质量传递。在对流传质过程中也采用类似于牛顿冷却公式的形式来计算对流传质量

$$N_A = h_m(c_{A,w} - c_{A,f}) \tag{9-61a}$$

$$M_A = h_m(\rho_{A,w} - \rho_{A,f}) \tag{9-61b}$$

式中,h_m 为对流传质系数(m/s)。

对流传质与对流换热具有类似性。表9-2为对流传质和对流换热的控制方程组对比,因此可以采用类比方法加以研究。

表 9-2 对流传质与对流换热对比

方程与边界条件	对流质交换	对流换热
传递过程微分方程	$h_m(c_{A,w} - c_{A,\infty}) = -D\left(\dfrac{\partial c_A}{\partial y}\right)_w$	$h(T_w - T_\infty) = -\lambda\left(\dfrac{\partial T}{\partial y}\right)_w$
传递过程边界层微分方程组	$\dfrac{\partial u}{\partial x} + \dfrac{\partial v}{\partial y} = 0$ $u\dfrac{\partial u}{\partial x} + v\dfrac{\partial u}{\partial y} = v\dfrac{\partial^2 u}{\partial y^2}$ $u\dfrac{\partial c_A}{\partial x} + v\dfrac{\partial c_A}{\partial y} = D\dfrac{\partial^2 c_A}{\partial y^2}$	$\dfrac{\partial u}{\partial x} + \dfrac{\partial v}{\partial y} = 0$ $u\dfrac{\partial u}{\partial x} + v\dfrac{\partial u}{\partial y} = v\dfrac{\partial^2 u}{\partial y^2}$ $u\dfrac{\partial T}{\partial x} + v\dfrac{\partial T}{\partial y} = a\dfrac{\partial^2 T}{\partial y^2}$
边界条件	$y=0, u=0, v=v_w, c_A = c_{A,w}$ $y \to \infty, u \to u_\infty, c_A \to c_{A,\infty}$	$y=0, u=0, v=0, T = T_w$ $y \to \infty, u \to u_\infty, T \to T_\infty$

边界条件的差异体现在:传质时,从壁面向主流的质量扩散形成壁面法向速度,即界面的速度 v_w 不为零。但是当 v_w 远小于主流速度时或在质流通量比较小的场合,该速度很小,这时对流传质与对流换热问题接近完全类似。

在对流传质问题中,与对流换热相对应,也存在三个重要的相似准则。

(1) 施密特数(Schmidt number),$Sc = v/D$,表示速度分布和浓度分布的相互关系,或动量传递与质量传递的相对关系,体现了流体传质特性。与对流换热中的普朗特数 Pr 相对应。

（2）刘易斯数（Lewis number），$Le = a/D$，表示温度分布和浓度分布的相互关系，或热量传递与质量传递的相对关系。

（3）舍伍德数（Sherwood number），$Sh = h_m l/D$，反映了对流传质的强度。与对流换热中的努塞特数 Nu 相对应。

在浓度比较低、质流通量比较小的前提下，热量和质量传递在数学描述上的类似，使得表面传质系数的准则关联式与表面传热系数的准则关联式有类似的形式

$$Nu = CRe^m Pr^n \qquad Sh = CRe^m Sc^n$$

于是有

$$\frac{Nu}{Sh} = \left(\frac{Pr}{Sc}\right)^n \qquad 或 \qquad \frac{hl}{\lambda}\frac{D}{h_m l} = \left(\frac{\nu}{a}\frac{D}{\nu}\right)^n$$

即

$$\frac{h}{h_m} = \left(\frac{D}{a}\right)^n \frac{\lambda}{D} = \rho c_p \left(\frac{a}{D}\right)^{1-n} = \rho c_p Le^{1-n} \qquad (9\text{-}62)$$

式中，ρ、c_p 和 Le 为主气流的物性。

例题 9-6 在 20℃、100m/s 的空气流中，悬浮有一个对流换热的物体，其特征尺寸为 1m，表面温度为 80℃，在表面某一无量纲位置 X 上，测得热流密度为 $10^4\,\text{W/m}^2$，在边界层中的 (X,Y) 点测得温度为 60℃；另一个形状相似的对流传质的物体，特征长度为 2m，表面上有一薄层水膜，在流速为 50m/s 的干空气中蒸发传质，空气与表面的温度均为 50℃。试由传热与传质的类比关系，求：

（1）与第一个物体相对应的边界层中 (X,Y) 点的水蒸气浓度为多少？

（2）与第一个物体相对应的 X 处，水蒸气的摩尔通量密度为多少？

（取在上述温度范围内，空气 $\nu = 18.2 \times 10^{-6}\,\text{m}^2/\text{s}$，$\lambda = 28 \times 10^{-3}\,\text{W/(m·K)}$，$Pr = 0.7$；饱和水蒸气 $\rho_A = 0.082\,\text{kg/m}^3$，水对空气的质量扩散系数为 $D_{AB} = 0.26 \times 10^{-4}\,\text{m}^2/\text{s}$，水蒸气的摩尔质量为 18kg/kmol）

解 （1）由边界层类比的理论知识

$$T^* = \frac{T - T_w}{T_\infty - T_w} = f_1\left(X, Y, Re_l, Pr, \frac{dP}{dX}\right)$$

及

$$c_A^* = \frac{c_A - c_{A,w}}{c_{A,\infty} - c_{A,w}} = f_2\left(X, Y, Re_l, Sc, \frac{dP}{dX}\right)$$

对于对流换热物体

$$Re_{l1} = \frac{100 \times 1}{18.2 \times 10^{-6}} = 5.5 \times 10^6, \quad Pr = 0.7$$

对于对流传质物体

$$Re_{l2} = \frac{50 \times 2}{18.2 \times 10^{-6}} = 5.5 \times 10^6, \quad Sc = \frac{\nu}{D_{AB}} = \frac{18.2 \times 10^{-6}}{0.26 \times 10^{-4}} = 0.7$$

对比两种情况有，$Re_{l1} = Re_{l2}$，$Pr = Sc$，因形状相似 $(dP/dX)_1 = (dP/dX)_2$。于是，在 $(X,Y)_2 = (X,Y)_1$ 处，有 $f_2 = f_1$，即

$$\left.\frac{c_A(X,Y) - c_{A,w}}{c_{A,\infty} - c_{A,w}}\right|_2 = \left.\frac{T(X,Y) - T_w}{T_\infty - T_w}\right|_1 = \frac{60 - 80}{20 - 80} = 0.33$$

由于在干空气中，$c_{A,\infty} = 0$，又 $c_{A,w} = \dfrac{\rho_{A,w}}{18} = \dfrac{0.082}{18} = 0.0046(\text{kmol/m}^3)$，故

$$c_A(X,Y) = 0.33(c_{A,\infty} - c_{A,w}) + c_{A,w} = 0.0031\,\text{kmol/m}^3$$

（2）根据对流传质的计算公式

$$N_A = h_m(c_{A,w} - c_{A,\infty})$$

对流传质系数 h_m 可由类比关系式求出

$$Nu = f_3(X, Re_l, Pr), \quad Sh = f_4(X, Re_l, Sc)$$

同样在 $(X)_2 = (X)_1$ 处，有 $f_4 = f_3$，即

$$\frac{hl_1}{\lambda} = \frac{h_m l_2}{D_{AB}}$$

$$h_m = \frac{l_1}{l_2}\frac{D_{AB}}{\lambda}h = \frac{l_1}{l_2}\frac{D_{AB}}{\lambda}\frac{q}{T_w - T_{\infty 1}} = \frac{1}{2} \times \frac{0.26 \times 10^{-4}}{0.028} \times \frac{10^4}{80 - 20} = 0.077(\text{m/s})$$

$$N_A(X) = 0.077 \times (0.0046 - 0) = 3.54 \times 10^{-4}[\text{kmol/(m}^2 \cdot \text{s})]$$

9.5.3 防冰表面的热流量计算

飞机在含有过冷液滴的云层中飞行时，飞机迎风表面收集了云层中的过冷水滴，若此表面温度低于 0℃，表面就会结冰。因此进气道进口前缘和机翼前缘都需要采取防冰措施。

对防冰表面的加热量应等于防冰表面对外的散热量。由于结冰的物理过程非常复杂，在结冰表面的热量传递关系也很复杂。图 9-47 为防冰表面的外部流动和换热示意图，涉及外壁的过冷水滴凝结形成的水膜流动、对流传质和蒸发相变换热等。忽略一些次要的因素，在施加防冰热流不形成水膜层的情形下，防冰表面对外的散热，有两种换热机理，一种是防冰表面与外部气流之间对流换热，另一种是由于防冰表面上水滴的蒸发，质量传递所引起的热量传递。

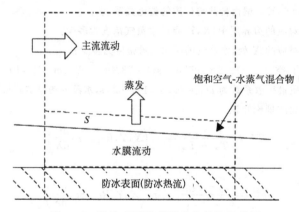

图 9-47　防冰表面外部流动和换热示意图

这样，防冰表面热平衡关系为

$$\Phi = \Phi_c + \Phi_m \tag{9-63}$$

式中，Φ 为防冰所需的加热热流；Φ_c 为防冰表面与外界气流的对流换热热流，Φ_m 为水滴蒸发质量传递所引起的换热热流。

防冰表面与外界气流的对流换热热流计算可以按照对流换热的经验准则关联式计算，在此仅介绍水滴蒸发质量传递所引起的换热热流。

当气流流经湿表面时，表面温度 T_w 高于气流温度，紧贴湿表面空气层中水蒸气的浓度比气流主流中水蒸气浓度要高，这样近壁面的水蒸气要向主流扩散，根据对流传质定律，扩散传质通量为

$$M = h_m(\rho_{v,w} - \rho_{v,\infty}) \qquad (9\text{-}64)$$

式中，$\rho_{v,w}$、$\rho_{v,\infty}$分别为壁面处和主流中水蒸气的质量浓度，可根据状态方程确定。

$$\rho_{v,w} = \frac{p_{v,w}}{R_v T_w}, \quad \rho_{v,\infty} = \frac{p_{v,\infty}}{R_v T_\infty}$$

式中，$p_{v,w}$、$p_{v,\infty}$分别为壁温T_w和主流温度T_∞下的饱和蒸气压力。R_v为水蒸气的气体常数，$R_v = 461.4 \mathrm{J/(kg \cdot K)}$。

根据对流传热与传质的类比关系，在刘易斯数$Le=1$的情况下

$$h_m = \frac{h}{\rho_\infty c_p} \qquad (9\text{-}65)$$

代入式(9-64)，得到

$$M = \frac{h}{\rho_\infty c_p}\left(\frac{p_{v,w}}{R_v T_w} - \frac{p_{v,\infty}}{R_v T_\infty}\right) = \frac{h}{c_p}\frac{1}{R_v}\left(\frac{p_{v,w}}{\rho_\infty T_w} - \frac{p_{v,\infty}}{\rho_\infty T_\infty}\right) \qquad (9\text{-}66)$$

主气流中水蒸气成分所占比例很小，可略去不计。同时在边界层内假设气体为不可压，则$\rho_w = \rho_\infty$。

$$\rho_\infty = \frac{p_\infty}{R_\infty T_\infty}, \quad \frac{p_w}{R_\infty T_w} = \frac{p_\infty}{R_\infty T_\infty}$$

式中，R_∞为空气的气体常数，$R_\infty = 287 \mathrm{J/(kg \cdot K)}$。

代入式(9-66)，整理得到

$$M = \frac{h}{c_p}\frac{R_\infty}{R_v}\left(\frac{p_{v,w}}{p_\infty} - \frac{p_{v,\infty}}{p_\infty}\right) \qquad (9\text{-}67)$$

防冰表面上由于水蒸气蒸发所引起的热交换热流为

$$\Phi_m = MAr = \frac{h}{c_p}\frac{R_\infty}{R_v}rA\left(\frac{p_{v,w}}{p_\infty} - \frac{p_{v,\infty}}{p_\infty}\right) \qquad (9\text{-}68)$$

式中，r为水的汽化潜热；A为湿表面表面积。

9.5.4 液体蒸发时的热质交换

火箭发动机推力室中燃烧产生的气流具有高温（3000～4500K）、高压（8～25MPa）以及高速的特点，因此气流向推力室壁面传递的热流密度可能高达$10^7 \mathrm{W/m^2}$的量级；高超声速飞行器穿越大气层时，气动加热将形成巨大的热负荷。为保护壁面，往往需要采取用温度较低的液体作为冷却剂对壁面进行冷却。

如图9-48所示，当固体表面覆盖的液体薄层接受来自气流的热量时，发生蒸发，带走一定的热量。液面蒸发时，质流方向是从液面指向气体；此时由于气流温度T_∞高于液面温度T_w，则热流的方向是从气体到液面。

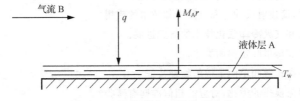

图9-48 液体蒸发时的热质交换

在稳态条件下,气流传到气-液界面上的热量与液体薄层蒸发所带走的热量相等

$$q = h(T_\infty - T_w) = M_A r \tag{9-69}$$

式中,r 为液体 A 的汽化潜热;M_A 为组分 A 的质量通量密度。

根据对流传质定义,有

$$M_A = h_m(\rho_{A,w} - \rho_{A,\infty}) \tag{9-70}$$

由式(9-69)和式(9-70)得

$$q = h(T_\infty - T_w) = h_m(\rho_{A,w} - \rho_{A,\infty})r \tag{9-71}$$

式中,$\rho_{A,w}$、$\rho_{A,\infty}$ 分别为壁面处和主流中组分 A 的质量浓度,可根据状态方程确定。

$$\rho_{A,w} = \frac{p_{A,w}}{R_A T_w}, \quad \rho_{A,\infty} = \frac{p_{A,\infty}}{R_A T_\infty}$$

式中,$p_{A,w}$、$p_{A,\infty}$ 分别为壁温 T_w 和主流温度 T_∞ 下的 A 组分饱和蒸气压力;R_A 为组分 A 的气体常数。

$$T_\infty - T_w = \frac{r}{R_A} \frac{h_m}{h}\left(\frac{p_{A,w}}{T_w} - \frac{p_{A,\infty}}{T_\infty}\right) \tag{9-72}$$

利用对流传热与传质的类比关系,有

$$\frac{h}{h_m} = \rho c_p Le^{1-n}$$

代入式(9-72),得到

$$T_w = T_\infty - \frac{r}{R_A} \frac{1}{\rho c_p Le^{1-n}}\left(\frac{p_{A,w}}{T_w} - \frac{p_{A,\infty}}{T_\infty}\right) \tag{9-73}$$

式中,ρ、c_p 和 Le 为主气流的物性。根据式(9-64)可计算出蒸发冷却时的表面温度 T_w。

思 考 题

9-1 简述非傅里叶效应,在什么情形下必须考虑其影响?

9-2 间壁式、混合式和回热式换热器各有何特点?

9-3 间壁式换热器有哪些形式?

9-4 在推导顺流或逆流换热器的对数平均温差计算式时做了一些什么假设?

9-5 对于 $m_1 c_{p1} > m_2 c_{p2}$,$m_1 c_{p1} < m_2 c_{p2}$ 及 $m_1 c_{p1} = m_2 c_{p2}$ 三种情形,定性画出顺流与逆流时冷、热流体温度沿流动方向的变化曲线。

9-6 进行换热器热设计时所依据的基本方程是哪些?有人认为传热单元数法不需要用到传热方程式,你同意吗?

9-7 换热器的设计计算和校核计算各有什么特点?

9-8 简述射流冲击表面上局部对流系数分布的特征。

9-9 简述气膜冷却的基本原理。

9-10 如何计算气膜冷却条件下的对流换热热流量?

9-11 结合专业背景,简述射流冲击和气膜冷却技术的应用。

9-12 了解射流冲击和气膜冷却强化技术的研究进展。

9-13 简述菲克定律和傅里叶定律的类比。

9-14 理解等摩尔逆向扩散和单向扩散的物理特征。

9-15 对流传质和对流换热的类比,对应的相似准则有哪些?

9-16 质量扩散系数、表面对流传质系数的单位各是什么?

9-1 管内、外直径分别为 19mm、24mm 的管式换热器,管内对流换热系数为 560W/(m²·K),管外对流换热系数为 105W/(m²·K),在使用过程中,由于污垢沉积在管内产生了热阻 0.00065m²·K/W。如果忽略污垢所引起的流体温度变化,试计算在除去污垢层后,可以增加的传热量的百分数(忽略管壁导热热阻)。

9-2 在逆流换热器中用油来加热水,水温从 20℃ 升到 40℃,油温从 95℃ 降到 60℃。试计算对数平均温差。如果平均传热面积为 1.6m²,平均总传热系数为 325W/(m²·K),求传热量。

9-3 一台新设计的逆流换热器,相对于 14m² 换热面积的总传热系数为 230W/(m²·K),热流体的进、出口温度分别为 150℃ 和 90℃;冷流体的进、出口温度分别为 20℃ 和 75℃,试求换热量。经过多年使用之后,如果沉积在管内表面的污垢热阻为 0.0003m²·K/W,试求传热量减少的百分数。

9-4 在一台螺旋板式换热器中,热水质量流量为 2000kg/h,冷水质量流量为 3000kg/h;热水进口温度 $T_1' = 80℃$,冷水进口温度 $T_2' = 10℃$。如果要求将冷水加热到 $T_2'' = 30℃$,试求顺流和逆流时的平均温差。

9-5 在一台逆流式的水-水换热器中,$T_1' = 80℃$,质量流量为 9000kg/h,$T_2' = 30℃$,质量流量为 13000kg/h,总传热系数 $K = 1700W/(m²·K)$,传热面积为 $A = 3.75m²$。试确定热水的出口温度。

9-6 在叉流换热器中,用发动机排出的燃气来预热空气,燃气进、出换热器的温度为 450℃ 和 200℃,空气进、出换热器的温度为 70℃ 和 250℃,流量为 10kg/s,假若燃气的性质与空气相接近,换热器的总传热系数为 154W/(m²·K),试计算下列两种情况下所需要的换热器面积(用效率法计算)。

(1)燃气混合,空气不混合;

(2)两者均不混合。

9-7 在换热器中,用热空气来加热水,水的流量为 2.4kg/s,空气的流量为 2kg/s,水与空气的进口温度分别为 40℃ 和 460℃,传热系数为 275W/(m²·K),换热面积为 14m²,试求:

(1)顺流、逆流时的换热器效率;

(2)在这两种情况下冷、热流体的出口温度各为多少?

9-8 在蒸气动力装置中,冷凝器是一个把蒸气凝结成水的换热器,它由壳体、30000 根管子组成,每根管子有两个流程。管子壁薄,直径为 25mm,蒸气在管子的外壳面凝结,对流换热系数为 11000W/(m²·K),蒸气凝结时放出的热流量为 $2×10^9$W,它是依靠管内冷却水的流量 $3×10^4$kg/s 带走的,如果蒸气的凝结温度为 50℃,冷却水的进口温度为 20℃,试求:

(1)冷却水的出口温度;

(2)传热系数;

(3)每一流程管子的长度。

9-9 在直径和管长分别为 55mm 和 1m 的圆管内,二氧化碳和氮气正经历一个等摩尔逆向扩散过程。系统的总压力为 1 大气压,温度为 25℃,管子的两端与大的容器相连接,各端保持一定的组分浓度。已知二氧化碳在管子的一端分压力为 100mmHg,另一端为 50mmHg,试求通过管子的二氧化碳传质率。(扩散系数为 $0.16×10^{-4}$m²/s)

9-10 压力为 1 大气压,温度为 25℃ 的干空气,吹过一块 30cm×30cm 的冰块,速度为 1.5m/s,冰块除了暴露于气流中的表面外,其余表面无质交换。试计算每小时内因质交换而引起的冰块质量的损失。

9-11 在一次空气外掠圆柱体的萘升华试验中,测得以下 4 组数据。

编号	升华量 /mg	试验时间 /min	试件表面的萘蒸气密度 /(kg/m³)	来流 Re	来流温度 /℃
1	3.08	60	$1.2192×10^{-4}$	746	9.1
2	3.10	50	$1.2627×10^{-4}$	902	9.4
3	2.70	38	$1.2664×10^{-4}$	1123	9.4
4	2.23	25	$1.4002×10^{-4}$	1289	10.4

试件的升华面积为 $1.508 \times 10^{-3} \, \mathrm{m^2}$，$Sc = 2.5$，来流中萘的浓度为零。试计算 4 种工况下的 Sh 数。萘试件圆柱体的直径为 30mm。

参 考 文 献

曹玉璋，邱绪光，1998. 实验传热学[M]. 北京：国防工业出版社：4-18

曹玉璋，陶智，徐国强，等，2005. 航空发动机传热学[M]. 北京：北京航空航天大学出版社：97-100，186-198，290-298

葛绍岩，刘登瀛，徐靖中，1985. 气膜冷却[M]. 北京：科学出版社：49-57，105-106

顾维藻，神家锐，马重芳，等，1990. 强化传热[M]. 北京：科学出版社：1-9，9-21

姜任秋，1997. 热传导与动量传递中的瞬态冲击效应[M]. 北京：科学出版社：44-55

蒋方明，刘登瀛，2002. 非傅里叶导热的最新研究进展[J]. 力学进展，32(1)：128-138

林宏镇，汪火光，姜章焰，2005. 高性能航空发动机传热技术[M]. 北京：国防工业出版社：60-69

茹卡乌斯卡斯 A A，1986. 换热器内的对流换热[M]. 马昌文，居滋泉，肖宏才，译. 北京：科学出版社：337-370

史美中，王中铮，1996. 换热器原理与设计[M]. 2 版. 南京：东南大学出版社：1-6

王补宣，1998. 工程传热传质学[M]（上册）. 北京：科学出版社：160-163

王补宣，2002. 工程传热传质学[M]（下册）. 北京：科学出版社：459-462

杨世铭，陶文铨，2006. 传热学[M]. 4 版. 北京：高等教育出版社：162-172，497-502，540-548

余宁，胡明娟，潘健生，等，2001. 强瞬态非傅立叶导热效应判据与激光冲击硬化应用的探讨[J]. 材料热处理学报，22(3)：28-32

周兴傊，1991. 制冷空调工程中的质量传递[M]. 上海：上海交通大学出版社：52-96

Acharya S, Kanani Y, 2017. Advances in film cooling heat transfer[J]. Advances in Heat Transfer, 49：91-156

Bunker R S, 2005. A review of shaped hole turbine film-cooling technology[J]. ASME Journal of Turbomachinery, 127：441-453.

Bunker R S, 2007. Gas turbine heat transfer：ten remaining hot gas path challenges[J]. ASME Journal of Turbomachinery, 129：193-210

Carlomagno G M, Ianiro A, 2014. Thermo-fluid-dynamics of submerged jets impinging at short nozzle-to-plate distance：a review[J]. Experimental Thermal and Fluid Science, 58：15-35

Florschuetz L W, Metzger D E, Su C C, 1984. Heat transfer characteristics for jet array impingement with initial crossflow[J]. ASME Journal of Heat Transfer, 106：34-41

Florschuetz L W, Truman C R, Metzger D E, 1981. Streamwise flow and heat transfer distribution for jet array impingement with crossflow[J]. ASME Journal of Heat Transfer, 103：337-342

Goldstein R J, Behbahani A I, Heppelmann K K, 1986. Streamwise distribution of the recovery factor and the local heat transfer coefficient to an impinging circular air jet[J]. International Journal of Heat and Mass Transfer, 29：1227-1235

Na S, Shih T I-P, 2007. Increasing adiabatic film-cooling effectiveness by using an upstream ramp[J]. ASME Journal of Heat Transfer, 129：464-471.

Sargison J E, Guo S M, Oldfield M L, et al., 2002a. A converging slot-hole film cooling geometry, part 1：low speed flat plate heat transfer and loss[J]. ASME Journal of Turbomachinery, 124：453-460

Sargison J E, Guo S M, Oldfield M L, et al., 2002b. A converging slot-hole film-cooling geometry, part 2：transonic nozzle guide vane heat transfer and loss[J]. ASME Journal of Turbomachinery, 124：461-471

Silva G A L, Silvares O M, Zerbini E J G J, 2007a. Numerical simulation of airfoil thermal anti-ice operation, part 1：mathematical modeling[J]. Journal of Aircraft, 44(2)：627-634

Silva G A L, Silvares O M, Zerbini E J G J, 2007b. Numerical simulation of airfoil thermal anti-ice operation, part 2：implementation and results[J]. Journal of Aircraft, 44(2)：635-641

Violato D, Ianiro A, Cardone G, et al., 2012. Three-dimensional vortex dynamics and convective heat transfer in circular and chevron impinging jets[J]. International Journal of Heat and Fluid Flow, 37: 22-36

Yang C F, Zhang J Z, 2012. Experimental investigation on film cooling characteristics from a row of holes with ridge-shaped tabs[J]. Experimental Thermal and Fluid Science, 37: 113-120

Yao Y, Zhang J Z, 2011. Investigation on film cooling characteristics from a row of converging slot-holes on flat plate[J]. Science in China Technology Science, 54: 1793-1800

Zhang J Z, Li L G, 2001. High resolution heat transfer coefficient measurement for jet impingement using thermochromic liquid crystals[J]. Chinese Journal of Aeronautics, 14(4):205-209

Zhou W, Hu H, 2016. Improvements of film cooling effectiveness by using barchan dune shaped ramps[J]. International Journal of Heat and Mass Transfer, 103: 443-456.

附　录

附录1　常用单位换算表

物理量名称	符号	换算系数		
		我国法定计量单位	工程单位	
压力	p	Pa	atm	
		1	9.86923×10^{-6}	
		1.01325×10^{5}	1	
运动黏度	ν	m²/s	m²/s	
		1	1	
		0.092 903	0.092 903	
动力黏度	μ	Pa·s	kgf·s/m²	
		1	0.101 972	
		9.806 65	1	
比热容	c	kJ/(kg·K)	kcal/(kgf·℃)	
		1	0.238 846	
		4.186 8	1	
热流密度	q	W/m²	kcal/(m²·h)	
		1	0.859 845	
		1.163	1	
导热系数	λ	W/(m·K)	kcal/(m·h·℃)	
		1	0.859 845	
		1.163	1	
对流换热系数 传热系数	h k	W/(m²·K)	kcal/(m²·h·℃)	
		1	0.859 845	
		1.163	1	
功率 热流量	P Φ	W	kcal/h	kgf·m/s
		1	0.859 845	0.101 972
		1.163	1	0.118 583
		9.806 65	8.433 719	1

附录 2 金属材料的密度、比热容和导热系数

材料名称	20℃			导热系数 λ/[W/(m·K)]									
	质量密度	比热容	导热系数	温度/℃									
	ρ/(kg/m³)	c/[J/(kg·K)]	λ/[W/(m·K)]	−100	0	100	200	300	400	600	800	1000	1200
纯铝	2710	902	236	243	236	240	238	234	228	215	—	—	—
杜拉铝(96Al-4Cu,微量 Mg)	2790	881	169	124	160	188	188	193					
铝合金(92Al-8Mg)	2610	904	107	86	102	123	148	—					
铝合金(87Al-13Si)	2660	871	162	139	158	173	176	180					
铍	1850	1758	219	382	218	170	145	129	118				
纯铜	8930	386	398	421	401	393	389	384	379	366	352		
铝青铜(90Cu-10Al)	8360	420	56	—	49	57	66	—					
青铜(89Cu-11Sn)	8800	343	24.8	—	24	28.4	33.2	—					
黄铜(70Cu-30Zn)	8440	377	109	90	106	131	143	145	148				
铜合金(60Cu-40Ni)	8920	410	22.2	19	22.2	23.4	—						
黄金	19300	127	315	331	318	313	310	305	300	287			
纯铁	7870	455	81.1	96.7	83.5	72.1	63.5	56.6	50.3	39.4	29.6	29.4	31.6
阿姆口铁	7860	455	73.2	82.9	74.7	67.5	61.0	54.8	49.9	38.6	29.3	29.3	31.1
灰铸铁($w_C \approx 3\%$)	7570	470	39.2	—	28.5	32.4	35.8	37.2	36.6	20.8	19.2		
碳钢($w_C \approx 0.5\%$)	7840	465	49.8	—	50.5	47.5	44.8	42.0	39.4	34.0	29.0		
碳钢($w_C \approx 1.0\%$)	7790	470	43.2	—	43.0	42.8	42.2	41.5	40.6	36.7	32.2		
碳钢($w_C \approx 1.5\%$)	7750	470	36.7	—	36.8	36.6	36.2	35.7	34.7	31.7	27.8		
铬钢($w_{Cr} \approx 5\%$)	7830	460	36.1	—	36.3	35.2	34.7	33.5	31.4	28.0	27.2	27.2	27.2
铬钢($w_{Cr} \approx 13\%$)	7740	460	26.8	—	26.5	27.0	27.0	27.0	27.6	28.4	29.0	29.0	
铬钢($w_{Cr} \approx 17\%$)	7710	460	22	—	22.0	22.2	22.6	22.6	23.3	24.0	24.8	25.5	
铬钢($w_{Cr} \approx 26\%$)	7650	460	22.6	—	22.6	23.8	25.5	27.2	28.5	31.8	35.1	38.0	
铬镍钢(18-20Cr/8-12Ni)	7820	460	15.2	12.2	14.7	16.6	18.0	19.4	20.8	23.5	26.3	—	
铬镍钢(17-19Cr/9-13Ni)	7830	460	14.7	11.8	14.3	16.1	17.5	18.8	20.2	22.8	25.5	28.2	30.9
镍钢($w_{Ni} \approx 1\%$)	7900	460	45.5	40.8	45.2	46.8	46.1	44.1	41.2	35.7	—		
镍钢($w_{Ni} \approx 3.5\%$)	7910	460	36.5	30.7	36.0	38.8	39.7	39.2	37.8				
镍钢($w_{Ni} \approx 25\%$)	8030	460	13	—	—	—	—	—	—			
镍钢($w_{Ni} \approx 35\%$)	8110	460	13.8	10.0	13.4	15.4	17.1	18.6	20.1	23.1			
镍钢($w_{Ni} \approx 44\%$)	8190	460	15.8	—	15.7	16.1	16.5	16.9	17.1	17.8	18.4		
镍钢($w_{Ni} \approx 50\%$)	8260	460	19.6	17.3	19.4	20.5	21.0	21.1	21.3	22.5			
锰钢($w_{Mn} \approx 12\% \sim 13\%$)($w_{Ni} \approx 3\%$)	7800	487	13.6	—	—	14.8	16.0	17.1	18.3				
锰钢($w_{Mn} \approx 0.4\%$)	7860	440	51.2	—	—	51.0	50.0	47.0	43.5	35.5	27.0		

材料名称	20℃			导热系数 λ/[W/(m·K)]									
	质量密度 ρ/(kg/m³)	比热容 c/[J/(kg·K)]	导热系数 λ/[W/(m·K)]	温度/℃									
				−100	0	100	200	300	400	600	800	1000	1200
钨钢(w_w≈5%~6%)	8070	436	18.7	—	18.4	19.7	21.0	22.3	23.6	24.9	26.3	—	—
铅	11340	128	35.3	37.2	35.5	34.3	32.8	31.5					
镁	1730	1020	156	160	157	154	152	150					
钼	9590	255	138	146	139	135	131	127	123	116	109	103	93.7
镍	8900	444	91.4	144	94	82.8	74.2	67.3	64.6	69.0	73.3	77.6	81.9
铂	21450	133	71.4	73.3	71.5	71.6	72.0	72.8	73.6	76.6	80.0	84.2	88.9
银	10500	234	427	431	428	422	415	407	399	384	—		
锡	7310	228	67	75.0	68.2	63.2	60.9						
钛	4500	520	22	23.3	22.4	20.7	19.9	19.5	19.4	19.9			
铀	19070	116	27.4	24.3	27.0	29.1	31.1	33.4	35.7	40.6	45.6		
锌	7140	388	121	123	122	117	112						
铂	21450	133	71.4	73.3	71.5	71.6	72.0	72.8	73.6	76.6	80.0	84.2	88.9
锆	6570	276	22.9	26.5	23.2	21.8	21.2	20.9	21.4	22.3	24.5	26.4	28.0
钨	19350	134	179	204	182	166	153	142	134	125	119	114	110

附录3 保温、非金属材料的密度和导热系数

材料名称	温度 T/℃	质量密度 ρ/(kg/m³)	导热系数 λ/[W/(m·K)]
膨胀珍珠岩散料	25	60~300	0.021~0.062
沥青膨胀珍珠岩	31	233~282	0.069~0.076
磷酸盐膨胀珍珠岩制品	20	200~250	0.044~0.052
水玻璃膨胀珍珠岩制品	20	200~300	0.056~0.065
岩棉制品	20	80~150	0.035~0.038
膨胀蛭石	20	100~130	0.051~0.07
沥青蛭石板管	20	350~400	0.081~0.10
石棉粉	22	744~1400	0.099~0.19
石棉砖	21	384	0.099
石棉绳	—	590~730	0.10~0.21
石棉绒	—	35~230	0.055~0.077
石棉板	30	770~1045	0.1~0.14
碳酸镁石棉灰	—	240~490	0.077~0.086
硅藻土石棉灰	—	280~380	0.085~0.11

材料名称	温度 $T/℃$	质量密度 $\rho/(kg/m^3)$	导热系数 $\lambda/[W/(m \cdot K)]$
粉煤灰砖	27	458~589	0.12~0.22
矿渣棉	30	207	0.058
玻璃丝	35	120~492	0.058~0.07
玻璃棉毡	28	18.4~38.3	0.043
软木板	20	105~437	0.044~0.079
木丝纤维板	25	245	0.048
稻草浆板	20	325~365	0.068~0.084
麻秆板	25	108~147	0.056~0.11
甘蔗板	20	282	0.067~0.072
葵芯板	20	95.5	0.05
玉米梗板	22	25.2	0.065
棉花	20	117	0.049
丝	20	57.7	0.036
锯木屑	20	179	0.083
硬泡沫塑料	30	29.5~56.3	0.041~0.048
软泡沫塑料	30	41~162	0.043~0.056
铝箔间隔层(5层)	21	—	0.042
红砖(营造状态)	25	1860	0.87
红砖	35	1560	0.49
松木(垂直木纹)	15	496	0.15
松木(平行木纹)	21	527	0.35
水泥	30	1900	0.30
混凝土板	35	1930	0.79
耐酸混凝土板	30	2250	1.5~1.6
黄沙	30	1580~1700	0.28~0.34
泥土	20	—	0.83
瓷砖	37	2090	1.1
玻璃	45	2500	0.65~0.71
聚苯乙烯	30	24.7~37.8	0.04~0.043
花岗石	—	2643	1.73~3.98
大理石	—	2499~2707	2.70
云母	—	290	0.58
水垢	65	—	1.31~3.14
冰	0	913	2.22
黏土	27	1460	1.3

附录4 大气压力下几种气体的热物理性质

T/K	ρ /(kg/m³)	c_p /[kJ/(kg·K)]	$\mu \times 10^7$ /(Pa·s)	$\nu \times 10^6$ /(m²/s)	$\lambda \times 10^3$ /[W/(m·K)]	$a \times 10^6$ /(m²/s)	Pr
			空气				
100	3.5562	1.032	71.1	2.0	9.34	2.54	0.786
150	2.3364	1.012	103.4	4.426	13.8	5.84	0.758
200	1.7458	1.007	132.5	7.590	18.1	10.3	0.737
250	1.3947	1.006	159.6	11.44	22.3	15.9	0.720
300	1.1614	1.007	184.6	15.89	26.3	22.5	0.707
350	0.9950	1.009	208.2	20.92	30.0	29.9	0.700
400	0.8711	1.014	230.1	26.41	33.8	38.3	0.690
450	0.7740	1.021	250.1	32.39	37.3	47.2	0.686
500	0.6964	1.030	270.1	38.79	40.7	56.7	0.684
550	0.6329	1.040	288.4	45.57	43.9	66.7	0.683
600	0.5804	1.051	305.8	52.69	46.9	76.9	0.685
650	0.5356	1.063	322.5	60.21	49.7	87.3	0.690
700	0.4975	1.075	338.8	68.10	52.4	98.0	0.695
750	0.4643	1.087	354.6	76.37	54.9	109	0.702
800	0.4354	1.099	369.8	84.93	57.3	120	0.709
850	0.4097	1.110	384.3	93.80	59.6	131	0.716
900	0.3868	1.121	398.1	102.9	62.0	143	0.720
950	0.3666	1.131	411.3	112.2	64.3	155	0.723
1000	0.3482	1.141	424.4	121.9	66.7	168	0.726
1100	0.3166	1.159	449.0	141.8	71.5	195	0.728
1200	0.2920	1.175	473.0	162.9	76.3	224	0.728
			一氧化碳(CO)				
200	1.6888	1.045	127	7.52	17.0	9.63	0.781
220	1.5341	1.044	137	8.93	19.0	11.9	0.753
240	1.4055	1.043	147	10.5	20.6	14.1	0.744
260	1.2967	1.043	157	12.1	22.1	16.3	0.741
280	1.2038	1.042	166	13.8	23.6	18.8	0.733
300	1.1233	1.043	175	15.6	25.0	21.3	0.730
320	1.0529	1.043	184	17.5	26.3	23.9	0.730
340	0.9909	1.044	193	19.5	27.8	26.9	0.725
360	0.9357	1.045	202	21.6	29.1	29.8	0.725
380	0.8863	1.047	210	23.7	30.5	32.9	0.729
400	0.8421	1.049	218	25.9	31.8	36.0	0.719

T/K	ρ /(kg/m³)	c_p /[kJ/(kg·K)]	$\mu \times 10^7$ /(Pa·s)	$\nu \times 10^6$ /(m²/s)	$\lambda \times 10^3$ /[W/(m·K)]	$a \times 10^6$ /(m²/s)	Pr
			一氧化碳(CO)				
450	0.7483	1.055	237	31.7	35.0	44.3	0.714
500	0.673 52	1.065	254	37.7	38.1	53.1	0.710
550	0.612 26	1.076	271	44.3	41.1	62.4	0.710
600	0.561 26	1.088	286	51.0	44.0	72.1	0.707
650	0.518 06	1.101	301	58.1	47.0	82.4	0.705
700	0.481 02	1.114	315	65.5	50.0	93.3	0.702
750	0.448 99	1.127	329	73.3	52.8	104	0.702
800	0.420 95	1.140	343	81.5	55.5	106	0.705
			氦(He)				
100	0.4817	5.193	96.3	19.8	73.0	28.9	0.686
120	0.4060	5.193	107	26.4	81.9	38.8	0.679
140	0.3481	5.193	118	33.9	90.7	50.2	0.676
160	—	5.193	129	—	99.2	—	—
180	0.2708	5.193	139	51.3	107.2	76.2	0.673
200	—	5.193	150	—	115.1	—	—
220	0.2216	5.193	160	72.2	123.1	107	0.675
240	—	5.193	170	—	130	—	—
260	0.1875	5.193	180	96.0	137	141	0.682
280	—	5.193	190	—	145	—	—
300	0.1625	5.193	199	122	152	180	0.680
350	—	5.193	221	—	170	—	—
400	0.1219	5.193	243	199	187	295	0.675
450	—	5.193	263	—	204	—	—
500	0.097 54	5.193	283	290	220	434	0.668
600	—	5.193	320	—	252	—	—
700	0.069 69	5.193	350	502	278	768	0.654
800	—	5.193	382	—	304	—	—
900	—	5.193	414	—	330	—	—
1000	0.048 79	5.193	446	914	354	1400	0.654
			氢(H₂)				
100	0.242 55	11.23	42.1	17.4	67.0	24.6	0.707
200	0.121 15	13.54	68.1	56.2	131	79.9	0.704
300	0.080 78	14.31	89.6	111	183	158	0.701
400	0.060 59	14.48	108.2	170	226	258	0.695
500	0.048 48	14.52	126.4	261	266	378	0.691
600	0.040 40	14.55	142.4	352	305	519	0.678
700	0.034 63	14.61	157.8	456	342	676	0.675
800	0.030 30	14.70	172.4	569	378	849	0.670
900	0.026 94	14.83	186.5	692	412	1030	0.671
1000	0.024 24	14.99	201.3	830	448	1230	0.673

T/K	ρ /(kg/m³)	c_p /[kJ/(kg·K)]	$\mu \times 10^7$ /(Pa·s)	$\nu \times 10^6$ /(m²/s)	$\lambda \times 10^3$ /[W/(m·K)]	$a \times 10^6$ /(m²/s)	Pr
			氢(H_2)				
1100	0.022 04	15.17	213.0	966	488	1460	0.662
1200	0.020 20	15.37	226.2	1120	528	1700	0.659
1300	0.018 65	15.59	238.5	1279	568	1955	0.655
1400	0.017 32	15.81	250.7	1447	610	2230	0.650
1500	0.016 16	16.02	262.7	1626	655	2530	0.643
1600	0.0152	16.28	273.7	1801	687	2815	0.639
			氮(N_2)				
100	3.4388	1.070	68.8	2.0	9.58	2.60	0.768
150	2.2594	1.050	100.6	4.45	13.9	5.86	0.759
200	1.6883	1.043	129.2	7.65	18.3	10.4	0.736
250	1.3488	1.042	154.9	11.48	22.2	15.8	0.727
300	1.1233	1.041	178.2	15.86	25.9	22.1	0.716
350	0.9625	1.042	200.0	20.78	29.3	29.2	0.711
400	0.8425	1.045	220.4	26.16	32.7	37.1	0.704
450	0.7485	1.050	239.6	32.01	35.8	45.6	0.703
500	0.6739	1.056	257.7	38.24	38.9	54.7	0.700
550	0.6124	1.065	274.7	44.86	41.7	63.9	0.702
600	0.5615	1.075	290.8	51.79	44.6	73.9	0.701
700	0.4812	1.098	321.0	66.71	49.9	94.4	0.706
800	0.4211	1.122	349.1	82.90	54.8	116	0.715
900	0.3743	1.146	375.3	100.3	59.7	139	0.721
1000	0.3368	1.167	399.9	118.7	64.7	165	0.721
1100	0.3062	1.187	423.2	138.2	70.0	193	0.718
1200	0.2807	1.204	445.3	158.6	75.8	224	0.707
1300	0.2591	1.219	466.2	179.9	81.0	256	0.701
			氧(O_2)				
100	3.945	0.962	76.4	1.94	9.25	2.44	0.796
150	2.585	0.921	114.8	4.44	13.8	5.80	0.766
200	1.930	0.915	147.5	7.64	18.3	10.4	0.737
250	1.542	0.915	178.6	11.58	22.6	16.0	0.723
300	1.284	0.920	207.2	16.14	26.8	22.7	0.711
350	1.100	0.929	233.5	21.23	29.6	29.0	0.733
400	0.9620	0.942	258.2	26.84	33.0	36.4	0.737
450	0.8554	0.956	281.4	32.90	36.3	44.4	0.741
500	0.7698	0.972	303.3	39.40	41.2	55.1	0.716
550	0.6998	0.988	324.7	46.30	44.1	63.8	0.726

T/K	ρ /(kg/m³)	c_p /[kJ/(kg·K)]	$\mu\times10^7$ /(Pa·s)	$\nu\times10^6$ /(m²/s)	$\lambda\times10^3$ /[W/(m·K)]	$a\times10^6$ /(m²/s)	Pr
			氧(O_2)				
600	0.6414	1.003	343.7	53.59	47.3	73.5	0.729
700	0.5498	1.031	380.8	69.26	52.8	93.1	0.744
800	0.4810	1.054	415.2	86.32	58.9	116	0.743
900	0.4275	1.074	447.2	104.6	64.9	141	0.740
1000	0.3848	1.090	477.0	124.0	71.0	169	0.733
1100	0.3498	1.103	505.5	144.5	75.8	196	0.736
1200	0.3206	1.115	532.5	166.1	81.9	229	0.725
1300	0.2960	1.125	588.4	188.6	87.1	262	0.721
			二氧化碳(CO_2)				
220	2.4733	0.783	111.05	4.490	10.805	5.92	0.818
250	2.1675	0.804	125.90	5.813	12.884	7.401	0.793
300	1.7973	0.871	149.58	8.321	16.572	10.588	0.77
350	1.5362	0.900	172.05	11.19	20.47	14.808	0.755
400	1.3424	0.942	193.2	14.39	24.61	19.463	0.738
450	1.1918	0.980	213.4	17.90	28.97	24.813	0.721
500	1.0732	1.013	232.6	21.67	33.52	30.84	0.702
550	0.9739	1.047	250.8	25.74	38.21	37.50	0.685
600	0.8938	1.076	268.3	30.02	43.11	44.83	0.668

附录5 空气在不同压力和温度下的热物理性质

p/atm T/K	$\lambda\times10^2$/[W/(m·K)]		$\mu\times10^5$/(Pa·s)		Pr	
	3	10	3	10	3	10
300	2.554	2.554	1.78	1.78	0.704	0.704
400	3.224	3.224	2.24	2.24	0.705	0.705
500	3.852	3.852	2.64	2.64	0.705	0.705
600	4.480	4.480	3.00	3.00	0.706	0.706
700	5.066	5.066	3.33	3.33	0.706	0.706
800	5.652	5.652	3.63	3.63	0.706	0.706
900	6.238	6.238	3.92	3.92	0.706	0.706
1000	6.783	6.783	4.19	4.19	0.706	0.706
1100	7.327	7.327	4.44	4.44	0.705	0.705
1200	7.829	7.829	4.69	4.69	0.705	0.705
1300	8.374	8.374	4.93	4.93	0.705	0.705
1400	8.918	8.918	5.17	5.17	0.704	0.704

T/K	$\lambda \times 10^2 /[\mathrm{W}/(\mathrm{m} \cdot \mathrm{K})]$		$\mu \times 10^5 /(\mathrm{Pa} \cdot \mathrm{s})$		Pr	
p/atm	3	10	3	10	3	10
1500	9.462	9.462	5.40	5.40	0.704	0.704
1600	10.006	10.006	5.63	5.63	0.703	0.703
1700	10.551	10.551	5.85	5.85	0.702	0.702
1800	11.137	11.137	6.07	6.07	0.701	0.702
1900	11.723	11.723	6.29	6.29	0.700	0.701
2000	12.398	12.305	6.50	6.50	0.699	0.700
2100	13.107	12.979	6.72	6.72	0.696	0.698
2200	13.944	13.689	6.93	6.93	0.693	0.696
2300	14.910	14.491	7.14	7.14	0.688	0.693
2400	16.073	15.363	7.35	7.35	0.681	0.689
2500	17.503	16.456	7.57	7.57	0.673	0.684

附录6　干饱和水蒸气的热物理性质

$T/℃$	p /10^5Pa	ρ'' /(kg/m³)	h'' /(kJ/kg)	r /(kJ/kg)	c_p /[kJ /(kg·K)]	λ /[10^{-2}W /(m·K)]	a /(10^{-3} m²/h)	μ /(10^{-6} Pa·s)	ν /(10^{-6} m²/s)	Pr
0	0.006 11	0.004 847	2 501.6	2 501.6	1.854 3	1.83	7 313.0	8.022	1 655.01	0.815
10	0.012 27	0.009 396	2 520.0	2 477.7	1.859 4	1.88	3 881.3	8.434	896.54	0.831
20	0.023 38	0.017 29	2 538.0	2 454.3	1.866 1	1.94	2 167.2	8.84	509.90	0.847
30	0.042 41	0.030 37	2 556.5	2 430.9	1.874 4	2.00	1 265.1	9.218	303.53	0.863
40	0.073 75	0.051 16	2 574.5	2 407.0	1.885 3	2.06	768.45	9.620	188.04	0.883
50	0.123 35	0.083 02	2 592.0	2 382.7	1.898 7	2.12	483.59	10.022	120.72	0.896
60	0.199 20	0.130 2	2 609.6	2 358.4	1.915 5	2.19	315.55	10.424	80.07	0.913
70	0.311 6	0.198 2	2 626.8	2 334.1	1.936 4	2.25	210.57	10.817	54.57	0.930
80	0.473 6	0.293 3	2 643.5	2 309.0	1.961 5	2.33	145.53	11.219	38.25	0.947
90	0.701 1	0.423 5	2 660.3	2 283.1	1.992 1	2.40	102.22	11.621	27.44	0.966
100	1.013 0	0.597 7	2 676.2	2 257.1	2.028 1	2.48	73.75	12.023	20.12	0.984
110	1.432 7	0.826 5	2 691.3	2 229.9	2.070 4	2.56	53.83	12.425	15.03	1.00
120	1.985 4	1.122	2 705.9	2 202.3	2.119 8	2.65	40.15	12.798	11.41	1.02
130	2.701 3	1.497	2 719.7	2 173.8	2.176 3	2.76	30.46	13.170	8.80	1.04
140	3.614	1.967	2 733.1	2 141.1	2.240 8	2.85	23.28	13.543	6.89	1.06
150	4.760	2.548	2 745.3	2 113.1	2.314 5	2.97	18.10	13.896	5.45	1.08
160	6.181	3.260	2 756.6	2 081.3	2.397 4	3.08	14.20	14.249	4.37	1.11
170	7.920	4.123	2 767.1	2 047.8	2.491 1	3.21	11.25	14.612	3.54	1.13
180	10.027	5.160	2 776.3	2 013.0	2.595 8	3.36	9.03	14.965	2.90	1.15
190	12.551	6.397	2 784.2	1 976.6	2.712 6	3.51	7.29	15.298	2.39	1.18
200	15.549	7.864	2 790.9	1 938.5	2.842 8	3.68	5.92	15.651	1.99	1.21

$T/℃$	p /(10^5Pa)	ρ'' /(kg/m³)	h'' /(kJ/kg)	r /(kJ/kg)	c_p /[kJ/(kg·K)]	λ /[10^{-2}W/(m·K)]	a /(10^{-3}m²/h)	μ /(10^{-6}Pa·s)	ν /(10^{-6}m²/s)	Pr
210	19.077	9.593	2 986.4	1 989.3	2.987 7	3.87	4.86	15.995	1.67	1.24
220	23.198	11.62	2 799.7	1 856.4	3.149 7	4.07	4.00	16.338	1.41	1.26
230	27.976	14.00	2 801.8	1 811.6	3.331 0	4.30	3.32	16.701	1.19	1.29
240	33.478	16.76	2 802.2	1 764.7	3.536 6	4.54	2.76	17.073	1.02	1.33
250	39.776	19.99	2 800.6	1 714.4	3.772 3	4.84	2.31	17.446	0.873	1.36
260	46.943	23.73	2 796.4	1 661.3	4.047 0	5.18	1.94	17.848	0.752	1.40
270	55.058	28.10	2 789.7	1 604.8	4.373 5	5.55	1.63	18.280	0.651	1.44
280	64.202	33.19	2 780.5	1 543.7	4.767 5	6.00	1.37	18.750	0.565	1.49
290	74.461	39.16	2 767.5	1 477.5	5.252 8	6.55	1.15	19.270	0.492	1.54
300	85.927	46.19	2 751.1	1 405.9	5.863 2	7.22	0.96	19.839	0.430	1.61
310	98.700	54.54	2 730.2	1 327.6	6.650 3	8.06	0.80	20.691	0.380	1.71
320	112.89	64.60	2 703.8	1 241.0	7.721 7	8.65	0.62	21.691	0.336	1.94
330	128.63	76.99	2 670.3	1 143.8	9.361 3	9.61	0.48	23.093	0.300	2.24
340	146.05	92.76	2 626.0	1 030.8	12.210 8	10.70	0.34	24.692	0.266	2.82
350	165.35	113.6	2 567.8	895.6	17.150 4	11.90	0.22	26.594	0.234	3.83
360	186.75	144.1	2 485.3	721.4	25.116 2	13.70	0.14	29.193	0.203	5.34
370	210.54	201.1	2 342.9	452.0	76.915 7	16.60	0.04	33.989	0.169	15.7
374.15	221.20	315.5	2 107.2	0.0	∞	23.79	0.0	44.992	0.143	∞

附录7　大气压力下标准烟气的热物理性质

（烟气中组成成分的质量分数：$w_{CO_2}=0.13$，$w_{H_2O}=0.11$，$w_{N_2}=0.76$）

$T/℃$	ρ /(kg/m³)	c_p /[kJ/(kg·K)]	λ /[10^{-2}W/(m·K)]	a /(10^{-6}m²/s)	μ /(10^{-6}Pa·s)	ν /(10^{-6}m²/s)	Pr
0	1.295	1.042	2.28	16.9	15.8	12.20	0.72
100	0.950	1.068	3.13	30.8	20.4	21.54	0.69
200	0.748	1.097	4.01	48.9	24.5	32.80	0.67
300	0.617	1.122	4.84	69.9	28.2	45.81	0.65
400	0.525	1.151	5.79	94.3	31.7	60.38	0.64
500	0.457	1.185	6.56	121.1	34.8	76.30	0.63
600	0.405	1.214	7.42	150.9	37.9	93.61	0.62
700	0.363	1.239	8.27	183.8	40.7	112.1	0.61
800	0.330	1.264	9.15	219.7	43.4	131.8	0.60
900	0.301	1.290	10.00	258.0	45.9	152.5	0.59
1 000	0.275	1.306	10.90	303.4	48.4	174.3	0.58
1 100	0.257	1.323	11.75	345.5	50.7	197.1	0.57
1 200	0.240	1.340	12.62	392.4	53.0	221.0	0.56

附录8 大气压力下过热水蒸气的热物理性质

T/K	ρ /(kg/m³)	c_p /[kJ/(kg·K)]	μ /(10⁻⁵Pa·s)	ν /(10⁻⁵m²/s)	λ /[W/(m·K)]	a /(10⁻⁵m²/s)	Pr
380	0.5863	2.060	1.271	2.16	0.0246	2.036	1.060
400	0.5542	2.014	1.344	2.42	0.0261	2.338	1.040
450	0.4902	1.980	1.525	3.11	0.0299	3.07	1.010
500	0.4405	1.985	1.704	3.86	0.0339	3.87	0.996
550	0.4005	1.997	1.884	4.70	0.0379	4.75	0.991
600	0.3852	2.026	2.067	5.66	0.0422	5.73	0.986
650	0.3380	2.056	2.247	6.64	0.0464	6.66	0.995
700	0.3140	2.085	2.426	7.72	0.0505	7.72	1.000
750	0.2931	2.119	2.604	8.88	0.0549	8.33	1.005
800	0.2730	2.152	2.786	10.20	0.0592	10.01	1.010
850	0.2579	2.186	2.969	11.52	0.0637	11.30	1.019

附录9 饱和水的热物理性质

$T/℃$	p /10⁵Pa	ρ /(kg/m³)	h' /(kJ/kg)	c_p /[kJ/(kg·K)]	λ /[10⁻²W/(m·K)]	a /(10⁻⁶m²/s)	μ /(10⁻⁶Pa·s)	ν /(10⁻⁶m²/s)	β /(10⁻⁴K⁻¹)	σ /(10⁻⁴N/m)	Pr
0	0.006 11	999.9	0	4.212	55.1	13.1	1788	1.789	-0.81	756.4	13.67
10	0.012 27	999.7	42.04	4.191	57.4	13.7	1306	1.306	+0.87	741.6	9.52
20	0.023 38	998.2	83.91	4.183	59.9	14.3	1004	1.006	2.09	726.9	7.02
30	0.042 41	995.7	125.7	4.174	61.8	14.9	801.5	0.805	3.05	712.2	5.42
40	0.073 75	992.2	167.5	4.174	63.5	15.3	653.3	0.659	3.86	696.5	4.31
50	0.123 35	988.1	209.3	4.174	64.8	15.7	549.4	0.556	4.57	676.9	3.54
60	0.199 20	983.1	251.1	4.179	65.9	16.0	469.9	0.478	5.22	662.2	2.99
70	0.311 6	977.8	293.0	4.187	66.8	16.3	406.1	0.415	5.83	643.5	2.55
80	0.473 6	971.8	355.0	4.195	67.4	16.6	355.1	0.365	6.40	625.9	2.21
90	0.701 1	965.3	377.0	4.208	68.0	16.8	314.9	0.326	6.96	607.2	1.95
100	1.013	958.4	419.1	4.220	68.3	16.9	282.5	0.295	7.50	588.6	1.75
110	1.43	951.0	461.4	4.233	68.5	17.0	259.0	0.272	8.04	569.0	1.60
120	1.98	943.1	503.7	4.250	68.6	17.1	237.4	0.252	8.58	548.4	1.47
130	2.70	934.8	546.4	4.266	68.6	17.2	217.8	0.233	9.12	528.8	1.36
140	3.61	926.1	589.1	4.287	68.5	17.2	201.1	0.217	9.68	507.2	1.26
150	4.76	917.0	632.2	4.313	68.4	17.3	186.4	0.203	10.26	486.6	1.17
160	6.18	907.0	675.4	4.346	68.3	17.3	173.6	0.191	10.87	466.0	1.10

$T/℃$	p /10^5Pa	ρ /(kg/m³)	h' /(kJ/kg)	c_p /[kJ /(kg·K)]	λ /[10^{-2}W /(m·K)]	a /(10^{-6} m²/s)	μ /(10^{-6} Pa·s)	ν /(10^{-6} m²/s)	β /(10^{-4} K⁻¹)	σ /(10^{-4} N/m)	Pr
170	7.92	897.3	719.3	4.380	67.9	17.3	162.8	0.181	11.52	443.4	1.05
180	10.03	886.9	763.3	4.417	67.4	17.2	153.0	0.173	12.21	422.8	1.00
190	12.55	876.0	807.8	4.459	67.0	17.1	144.2	0.165	12.96	400.2	0.96
200	15.55	863.0	852.8	4.505	66.3	17.0	136.4	0.158	13.77	376.7	0.93
210	19.08	852.3	897.7	4.555	65.5	16.9	130.5	0.153	14.67	354.1	0.91
220	23.20	840.3	943.7	4.614	64.5	16.6	124.6	0.148	15.67	331.6	0.89
230	27.98	827.3	990.2	4.681	63.7	16.4	119.7	0.145	16.80	310.0	0.88
240	33.48	813.6	1 037.5	4.756	62.8	16.2	114.8	0.141	18.08	285.5	0.87
250	39.78	799.0	1 085.7	4.844	61.8	15.9	109.9	0.137	19.55	261.9	0.86
260	46.94	784.0	1 135.7	4.949	60.5	15.6	105.9	0.135	21.27	237.4	0.87
270	55.05	767.9	1 185.7	5.070	59.0	15.1	102.0	0.133	23.31	214.8	0.88
280	64.19	750.7	1 236.8	5.230	57.4	14.6	98.1	0.131	25.79	191.3	0.90
290	74.45	732.3	1 290.0	5.485	55.8	13.9	94.2	0.129	28.84	168.7	0.93
300	85.92	712.5	1 344.9	5.736	54.0	13.2	91.2	0.128	32.73	144.2	0.97
310	98.70	691.1	1 402.2	6.071	52.3	12.5	88.3	0.128	37.85	120.7	1.03
320	112.90	667.1	1 462.1	6.574	50.6	11.5	85.3	0.128	44.91	98.10	1.11
330	128.65	640.2	1 526.2	7.244	48.4	10.4	81.4	0.127	55.31	76.71	1.22
340	146.08	610.1	1 594.8	8.165	45.7	9.17	77.5	0.127	72.10	56.70	1.39
350	165.37	574.4	1 671.4	9.504	43.0	7.88	72.6	0.126	103.7	38.16	1.60
360	186.74	528.0	1 761.5	13.984	39.5	5.36	66.7	0.126	182.9	20.21	2.35
370	210.53	450.5	1 892.5	40.321	33.7	1.86	56.9	0.126	676.7	4.709	6.79

附录 10　几种饱和液体的热物理性质

液体	$T/℃$	ρ /(kg/m³)	c_p /[kJ/(kg·K)]	λ /[W/(m·K)]	a /(10^{-8}m²/s)	ν /(10^{-6}m²/s)	β /(10^{-3}K⁻¹)	σ /(kJ/kg)	Pr
NH₃	−50	702.0	4.354	0.6207	20.31	0.4745	1.69	1416.34	2.337
	−40	689.9	4.396	0.6014	19.83	0.4160	1.78	1388.81	2.098
	−30	677.5	4.448	0.5810	19.28	0.3700	1.88	1359.74	1.919
	−20	664.9	4.501	0.5607	18.74	0.3328	1.96	1328.97	1.776
	−10	652.0	4.556	0.5405	18.20	0.3018	2.04	1296.39	1.659
	0	638.6	4.617	0.5202	17.64	0.2753	2.16	1261.81	1.560
	10	624.8	4.683	0.4998	17.08	0.2522	2.28	1225.04	1.477
	20	610.4	4.758	0.4792	16.50	0.2320	2.42	1185.82	1.406
	30	595.4	4.843	0.4583	15.89	0.2143	2.57	1143.85	1.348
	40	579.5	4.943	0.4371	15.26	0.1988	2.76	1098.71	1.303
	50	562.9	5.066	0.4156	14.57	0.1853	3.07	1049.91	1.271

液体	$T/℃$	ρ /(kg/m³)	c_p /[kJ/(kg·K)]	λ /[W/(m·K)]	a /(10⁻⁸m²/s)	ν /(10⁻⁶m²/s)	β /(10⁻³K⁻¹)	σ /(kJ/kg)	Pr
R12	−50	1544.3	0.863	0.0959	7.20	0.2939	1.732	173.91	4.083
	−40	1516.1	0.873	0.0921	6.96	0.2666	1.815	170.02	3.831
	−30	1487.2	0.884	0.0883	6.72	0.2422	1.915	166.00	3.606
	−20	1457.6	0.896	0.0845	6.47	0.2206	2.039	161.81	3.409
	−10	1427.1	0.911	0.0808	6.21	0.2015	2.189	157.39	3.241
	0	1395.6	0.928	0.0771	5.95	0.1847	2.374	152.38	3.103
	10	1362.8	0.948	0.0735	5.69	0.1701	2.602	147.64	2.990
	20	1328.6	0.971	0.0698	5.41	0.1573	2.887	142.20	2.907
	30	1292.5	0.998	0.0663	5.14	0.1463	3.248	136.27	2.846
	40	1254.2	1.030	0.0627	4.85	0.1368	3.712	129.78	2.819
	50	1213.0	1.071	0.0592	4.56	0.1289	4.327	122.56	2.828
R22	−50	1435.5	1.083	0.1184	7.62	—	1.942	239.48	—
	−40	1406.8	1.093	0.1138	7.40	—	2.043	233.29	—
	−30	1377.3	1.107	0.1092	7.16	—	2.167	226.81	—
	−20	1346.8	1.125	0.1048	6.92	0.193	2.322	219.97	2.792
	−10	1315.0	1.146	0.1004	6.66	0.178	2.525	212.69	2.672
	0	1281.8	1.171	0.0962	6.41	0.164	2.754	204.87	2.557
	10	1246.9	1.202	0.0920	6.14	0.151	3.057	196.44	2.463
	20	1210.0	1.238	0.0878	5.86	0.140	3.447	187.28	2.384
	30	1170.7	1.282	0.0838	5.58	0.130	3.956	177.24	2.321
	40	1128.4	1.338	0.0798	5.29	0.121	4.644	166.16	2.285
	50	1082.1	1.414	—	—	—	5.610	153.76	—
R152a	−50	1063.3	1.560	—	—	0.3822	1.625	351.69	—
	−40	1043.5	1.590	—	—	0.3374	1.718	343.54	—
	−30	1023.3	1.617	—	—	0.3007	1.830	335.01	—
	−20	1002.5	1.645	0.1272	7.71	0.2703	1.964	326.06	3.505
	−10	981.1	1.674	0.1213	7.39	0.2449	2.123	316.63	3.316
	0	958.9	1.707	0.1155	7.06	0.2235	2.317	306.66	3.167
	10	935.9	1.743	0.1097	6.73	0.2052	2.550	296.04	3.051
	20	911.7	1.785	0.1039	6.38	0.1893	2.838	284.67	2.965
	30	886.3	1.834	0.0982	6.04	0.1756	3.194	272.77	2.906
	40	859.4	1.891	0.0926	5.70	0.1635	3.641	259.15	2.869
	50	830.6	1.963	0.0872	5.35	0.1528	4.221	244.58	2.857

液体	$T/℃$	ρ /(kg/m³)	c_p /[kJ/(kg·K)]	λ /[W/(m·K)]	a /(10^{-8} m²/s)	ν /(10^{-6} m²/s)	β /(10^{-3} K^{-1})	σ /(kJ/kg)	Pr
R134a	−50	1443.1	1.229	0.1165	6.57	0.4118	1.881	231.62	6.269
	−40	1414.8	1.243	0.1119	6.36	0.3550	1.977	255.59	5.579
	−30	1385.9	1.260	0.1073	6.14	0.3106	2.094	219.35	5.054
	−20	1356.2	1.282	0.1026	5.90	0.2751	2.237	212.84	4.662
	−10	1325.6	1.306	0.0980	5.66	0.2462	2.414	205.97	4.348
	0	1293.7	1.335	0.0934	5.41	0.2222	2.633	198.68	4.108
	10	1260.2	1.367	0.0888	5.15	0.2018	2.905	190.87	3.915
	20	1224.9	1.404	0.0842	4.90	0.1843	3.252	182.44	3.765
	30	1187.2	1.447	0.0796	4.63	0.1691	3.698	173.29	3.648
	40	1146.2	1.500	0.0750	5.36	0.1554	4.286	163.23	3.564
	50	1102.0	1.569	0.0704	4.07	0.1431	5.093	152.04	3.515
11号润滑油	0	905.0	1.834	0.1449	8.73	1336	—	—	15310
	10	898.8	1.872	0.1441	8.56	564.2	—	—	6591
	20	892.7	1.909	0.1432	8.40	280.2	0.69	—	3335
	30	886.6	1.947	0.1423	8.24	153.2	—	—	1859
	40	880.6	1.985	0.1414	8.09	90.7	—	—	1121
	50	874.6	2.022	0.1405	7.94	57.4	—	—	723
	60	868.8	2.064	0.1396	7.78	38.4	—	—	493
	70	863.1	2.106	0.1387	7.63	27.0	—	—	354
	80	857.4	2.148	0.1379	7.49	19.7	—	—	263
	90	851.8	2.190	0.1370	7.34	14.9	—	—	203
	100	846.2	2.236	0.1361	7.19	11.5	—	—	160

附录 11 液态金属的热物理性质

金属名称	$T/℃$	ρ /(kg/m³)	λ /[W/(m·K)]	c_p /[kJ/(kg·K)]	a /(10^{-6} m²/s)	ν /(10^{-8} m²/s)	$Pr/10^{-2}$
水银 熔点 −38.9℃ 沸点 357℃	20	13 550	7.90	0.1390	4.36	11.4	2.72
	100	13 350	8.95	0.1373	4.89	9.4	1.92
	150	13 230	9.65	0.1373	5.30	8.6	1.62
	200	13 120	10.3	0.1373	5.72	8.0	1.40
	300	12 880	11.7	0.1373	6.64	7.1	1.07

金属名称	$T/℃$	ρ /(kg/m³)	λ /[W/(m·K)]	c_p /[kJ/(kg·K)]	a /(10⁻⁶ m²/s)	ν /(10⁻⁸ m²/s)	$Pr/10^{-2}$
锡 熔点 231.9℃ 沸点 2 270℃	250	6980	34.1	0.255	19.2	27.0	1.41
	300	6940	33.7	0.255	19.0	24.0	1.26
	400	6865	33.1	0.255	18.9	20.0	1.06
	500	6790	32.6	0.255	18.8	17.3	0.92
铋 熔点 271℃ 沸点 1 477℃	300	10 030	13.0	0.151	8.61	17.1	1.98
	400	9910	14.4	0.151	9.72	14.2	1.46
	500	9785	15.8	0.151	10.8	12.2	1.13
	600	9660	17.2	0.151	11.9	10.8	0.91
锂 熔点 179℃ 沸点 1 317℃	200	515	37.2	4.187	17.2	111.0	6.43
	300	505	39.0	4.187	18.3	92.7	5.03
	400	495	41.9	4.187	20.3	81.7	4.04
	500	434	45.3	4.187	22.3	73.4	3.28
铋铅 (56.5%Bi) 熔点 123.5℃ 沸点 1 670℃	150	10 550	9.8	0.146	6.39	28.9	4.50
	200	10 490	10.3	0.146	6.67	24.3	3.64
	300	10 360	11.4	0.146	7.50	18.7	2.50
	400	10 240	12.6	0.146	8.33	15.7	1.87
	500	10 120	14.0	0.146	9.44	13.6	1.44
钠钾 (25%Na) 熔点 −11℃ 沸点 784℃	100	852	23.2	1.143	26.9	60.7	2.51
	200	828	24.5	1.072	27.6	45.2	1.64
	300	808	25.8	1.038	31.0	36.6	1.18
	400	778	27.1	1.005	34.7	30.8	0.89
	500	753	28.4	0.967	39.0	26.7	0.69
	600	729	29.6	0.934	43.6	23.7	0.54
	700	704	30.9	0.900	48.8	21.4	0.44
钠 熔点 97.8℃ 沸点 883℃	150	916	84.9	1.356	68.3	59.4	0.87
	200	903	81.4	1.327	67.8	50.6	0.75
	300	878	70.9	1.281	63.0	39.4	0.63
	400	854	63.9	1.273	58.9	33.0	0.56
	500	829	57.0	1.273	54.2	28.9	0.53
钾 熔点 64℃ 沸点 760℃	100	819	46.6	0.805	70.7	55	0.78
	250	783	44.8	0.783	73.1	38.5	0.53
	400	747	39.4	0.769	68.6	29.6	0.43
	750	678	28.4	0.775	54.2	20.2	0.37

附录 12 材料发射率

表面	温度/℃	ε	表面	温度/℃	ε
金属材料			钢,在600℃被氧化的	260	0.79
			铸铁,带表皮	40	0.70~0.80
铝			铸铁,新车削的	40	0.44
抛光的,纯度98%以上	200~600	0.04~0.06	铸铁,抛光的	200	0.21
工业用铝板	100	0.09	铸铁,氧化了的	40~260	0.57~0.66
粗糙板	40	0.07	铁,锈得发红的	40	0.61
严重氧化的	100~500	0.20~0.33	铁,锈得厉害的	40	0.85
锑			熟铁,光滑的	40	0.35
抛光的	40~250	0.28~0.31	熟铁,氧化无光泽的	20~360	0.94
铋			不锈钢,抛光的	40	0.07~0.17
光亮的	100	0.34	不锈钢反复加热冷却处理	230~900	0.5~0.7
黄铜			铅		
高度抛光的	260	0.03	抛光的	40~260	0.05~0.08
抛光的	40	0.07	灰色,氧化的	40	0.28
无光泽的板	40~260	0.22	在200℃被氧化的	200	0.63
氧化了的	40~260	0.46~0.56	在590℃被氧化过的	40	0.63
铬			镁		
抛光板	40~550	0.08~0.27	抛光的	40~260	0.07~0.13
钴			锰		
未被氧化的	260~550	0.13~0.23	轧制的,光亮的	100	0.05
铜			贡		
高度抛光的电解铜	100	0.02	纯的,清洁的	40~100	0.10~0.12
抛光的	40	0.04	钼		
轻微抛光的	40	0.12	抛光的	40~260	0.06~0.08
无光泽的	40	0.15	抛光的	540~1100	0.11~0.18
氧化变黑的	40	0.76	钼丝	540~2800	0.08~0.29
金			蒙乃尔合金		
高度抛光的纯金	100~600	0.02~0.035	经反复加热冷却处理的	230~900	0.45~0.70
铬镍铁合金			在600℃氧化的	204~260	0.41~0.46
X型,稳定氧化了的	230~870	0.55~0.78	抛光的	40	0.17
B型,稳定氧化了的	230~950	0.32~0.55	镍		
X型、B型,抛光的	150~310	0.20	抛光的	40~260	0.05~0.07
钢铁			氧化过的	40~260	0.35~0.49
低碳钢,抛光的	150~500	0.14~0.32	镍丝	260~1100	0.10~0.19
钢,抛光的	40~260	0.07~0.10	铂		
钢板,磨光的	930	0.55	纯的,抛光的板	200~600	0.05~0.10
钢板,轧制的	40	0.65	在600℃氧化的	260~540	0.07~0.11
钢板,粗糙,严重氧化的	40	0.80	电镀的	260~540	0.06~0.10

表面	温度/℃	ε	表面	温度/℃	ε
铂带	540～1100	0.12～0.14	耐火黏土	100	0.91
铂丝	40～1100	0.04～0.19	混凝土	40	0.94
铂线	200～1370	0.07～0.18	金刚砂	100	0.86
银			玻璃		
抛光的或蒸镀的	40～540	0.01～0.03	平板玻璃	40	0.94
氧化过的	40～540	0.02～0.04	石英玻璃(2mm)	260～540	0.96～0.66
德国银,抛光的	260～540	0.07～0.09	耐热玻璃	260～540	0.94～0.75
锡			石膏	40	0.85～0.90
光亮的镀锡铁皮	40	0.04～0.06	冰		
光亮的	40	0.06	平滑的	0	0.97
抛光的板	100	0.05	粗糙的晶体	0	0.99
钨			白霜	−18	0.99
钨丝	540～1100	0.11～0.16	石灰石	40～260	0.95～0.83
钨丝	2800	0.39	大理石	40	0.93
钨丝,经老化处理的	40～3300	0.03～0.35	云母	40	0.75
抛光的	40～540	0.04～0.08	油漆		
锌			铝漆	100	0.27～0.62
纯的,抛光的	40～260	0.02～0.03	光亮的黑漆	40	0.90
在400℃氧化的	400	0.11	黑色喷漆	40	0.80～0.93
镀锌,灰色	40	0.28	白漆	40	0.89～0.97
镀锌,相当明亮的	40	0.23	白色喷漆	40	0.80～0.95
无光泽的	40～260	0.21	纸		
			白纸	40	0.95
非金属材料			有色纸	40	0.92～0.94
石棉			石灰	40～260	0.92
石棉板	40	0.96	上釉的瓷	40	0.93
石棉水泥	40	0.96	石英	40～540	0.89～0.58
石棉纸	40	0.93～0.95	橡胶		
石棉瓦	40	0.97	硬质的	40	0.94
砖			软的,灰色,表面粗糙	40	0.86
红砖,粗糙的	40	0.93	砂石	40～260	0.83～0.90
硅砖	980	0.80～0.85	雪	−12～−7	0.82
耐火黏土砖	980	0.75	水(0.1mm以上)	40	0.96
普通耐火砖	1100	0.29	木材		
镁砖	980	0.38	橡木,刨平	40	0.90
白色耐火砖	1100	0.29	胡桃木,砂纸打磨	40	0.83
灰色釉砖	1100	0.75	云杉,砂纸打磨	40	0.82
碳			山毛榉	40	0.94
碳丝	1000～1400	0.53	刨削过的木材	40	0.78
灯黑	40	0.95	锯屑	40	0.75